移民文化视野下
闽海祠堂建筑空间解析

张 杰 著

东南大学出版社
SOUTHEAST UNIVERSITY PRESS
·南京·

内 容 提 要

闽海祠堂建筑是在民族大迁徙、征战、交流和融合之中逐步形成的,是文明交流的产物、工程技术的缩影与宗族文化的载体,也是当下与未来"留着乡愁"、加强两岸文化交流展示的平台。本书从移民的视角,探讨了闽海地区祠堂建筑空间构成要素、平面空间形态、建筑立面与装饰艺术,并深入剖析了闽海祠堂建筑的大木作与小木作营造技艺,揭示祠堂背后深邃的宗族文化,与闽台两地血脉相连、同根同源的文化本质。

本书可供建筑学、城市规划、文化遗产保护、民居建筑研究等相关专业研究者阅读参考。

图书在版编目(CIP)数据

移民文化视野下闽海祠堂建筑空间解析 / 张杰著.
—南京 : 东南大学出版社,2020.11
(闽台传统聚落空间形态研究丛书 / 张杰主编)
ISBN 978 - 7 - 5641 - 9155 - 9

Ⅰ. ①移… Ⅱ. ①张… Ⅲ. ①祠堂-建筑空间-研究
-福建②祠堂-建筑空间-研究-台湾 Ⅳ. ①TU252

中国版本图书馆 CIP 数据核字(2020)第 199146 号

移民文化视野下闽海祠堂建筑空间解析
Yimin Wenhua Shiyexia Minhai Citang Jianzhu Kongjian Jiexi

著　　者	张　杰	
责任编辑	杨　凡	
出版发行	东南大学出版社	
出 版 人	江建中	
网　　址	http://www.seupress.com	
社　　址	南京市四牌楼 2 号	
邮　　编	210096	
经　　销	全国新华书店	
排　　版	南京布克文化发展有限公司	
印　　刷	江阴金马印刷有限公司	
开　　本	889mm×1194mm　1/16	
印　　张	15.75	
字　　数	469 千	
版　　次	2020 年 11 月第 1 版	
印　　次	2020 年 11 月第 1 次印刷	
书　　号	ISBN 978 - 7 - 5641 - 9155 - 9	
定　　价	79.00 元	

本社图书若有印装质量问题,请直接与营销部联系,电话:025-83791830。

序

　　福建与台湾隔海相望,早在远古时期两岸的交往就已经开始。由于历史上前往台湾的移民主要来自福建的泉州、漳州地区,而且绝大多数都是普通劳动者,因此,闽海文化区的形成与闽南人移居台湾,并在台湾开垦奋斗、传承和发展闽南文化有着密切关系。闽海文化是指生活在闽、台两地人民所共同创造的,以闽方言为主要载体的区域文化,既是中国传统文化的重要组成部分,又富有鲜明的区域文化特色——海洋文化。

　　闽海同属一个文化区,都是中华文化的重要组成部分。闽海文化作为一种富有特色的地方文化,它与两岸民众的日常生活是息息相关的,并且在人们的生产与社会生活中不断被丰富和发展。闽海文化所包含的内容多种多样,诸如语言、节庆习俗、神明信仰、戏剧曲艺、聚落营造技艺、民居建筑文化等等,都是人们所熟悉和容易感受到的。

　　对于闽海两地传统聚落及建筑的研究,现有的成果主要有:泉州历史文化中心主编的《泉州古建筑》(1991)、曹春平《闽南传统建筑》(2006)、林从华《缘与源:闽海传统建筑与历史渊源》(2006)、戴志坚的《闽海民居建筑的渊源与形态》(2013)以及台湾学者李乾朗的《台湾民居》(2009)、《台湾建筑史》(2012)等,这些成果多从历史、地理、考古、民系等角度展开了深入的研究,其丰富的研究成果和多元的研究视角,对闽南两地传统聚落及建筑研究贡献良多,也为进一步深入和拓展研究打下了坚实基础。

　　张杰博士主编的"闽海传统聚落空间形态研究丛书"是一套系统介绍闽海两地聚落、民居、宫庙、园林等聚落建筑空间营建技艺的丛书,是基于空间分析的研究方法,以移民文化为线索,以聚落现场调查、古今文献整理解读为依托,对闽海两地的聚落及其建筑空间、文化等进行系统比较研究,以期深入探究闽海两聚落空间形态特征、发展规律、建筑营造技艺及其内在文化,进一步拓展闽海聚落及传统建筑遗产构成,充实其文化内涵的完整性、真实性,以此,对移民文化下闽海聚落保护、传统建筑遗产保护做出贡献。

　　闽海两地文化源远流长,现存历史文化遗存极其丰富,我曾多次赴闽海两地开展实地调研,对闽海两地印象深刻。两地都拥有许多挚爱家乡、热爱传统文化的老居民,特别是些老归侨,对老城堡、老历史遗存怀有强烈的感情。他们自发地出资、出力,组织起同村居民修缮宗庙、老屋及一些历史遗迹,并寻觅到同济大学国家历史文化名城研究中心请求帮助他们制定保护规划。张杰博士是我的学生,以他为首的团队认真做了福全、永宁、土坑等一系列的名镇、名村保护规划与文物建筑保护规划,并都顺利地通过了评审,他的工程实践为本套丛书提供了有力的支撑。

　　通过闽南地区大量的工程实践,张杰博士独具慧眼,他观察到闽南聚落所蕴含的丰富建筑文化资源远不是保护规划所能涵盖的。于是,近十年来,他带领学生们对闽海两地的传统聚落与建筑做了更深入的、大量的实地调查和研究,拓展了规划技术层面以外的内容,以移民文化为线索,以城镇空间为线索研究了各类空间演变,解读、分析以及探讨了聚落保护与发展及旅游活动等诸多方面,言之有物,析之有理。他先后完成了《海防古所——福全历史文化名村空间解析》《闽海传统聚落保护与旅游开发》《穿越永宁卫》等一系列的学术成果。张杰的"闽海聚落研究"先后获得了国家社会科学基金、教育部人文社会科学基金、上海市设计学Ⅳ类高峰学科开放基金等六项国家、省部级基金的资助,其成果丰富。

　　张杰博士治学严谨、学术端正,他的丛书必将有益于学科的发展,诚用心之人,费心成事。赞其用心,欣然命笔为序。

阮仪三

目 录

引 言

　　"闽海"地处我国东南部,历史悠久,早在距今约 20 万年前,就有远古人的活动,❶其文化发展经历了漫长的历程。在这一进程中,众多具有悠久历史的遗存留存至今。千百年来,闽海地域形成了多姿多彩的聚落祠堂建筑,它们是不同的地域、不同的历史、不同的家族、不同的建筑艺术的真实反映,凝聚了千百年人们的智慧与闽海的人文精神。因此,研究闽海地域传统建筑成为当前的热点课题。

　　自古以来,我们都崇拜自己的祖先。所谓"万物本乎天,人本乎祖",对祖先的崇拜与天神崇拜一样,处于重要的地位。祖先崇拜是一种以血缘关系为基础,受血缘观念支配的宗族行为,其核心是灵魂崇拜。按照中国千年的观念,同一高祖的血缘群体称之为家族,也叫"五服之亲"或"五属之亲"。高祖以上某代祖之下的血缘群体成为宗族。❷家庭是家族与宗族的组成单位。家庭包含了核心家庭与扩展家庭等。而作为一个家庭及家庭单位,祖先是维护其血缘关系的纽带。千百年来,中华民族一直秉承着"家国同构"的社会格局,"修身、齐家、治国、平天下","刑于寡妻,至于兄弟,以御于家邦"的思想皆阐释了"家"在社会中的基础作用。而家族是指以婚姻和血缘关系结成的亲属集团,是社会的基本单位,是由一系列的家庭组成。家族对整个社会具有一定影响和制约作用,成为左右社会行为的最小单位。家族变迁是社会变迁的缩影,无数家族迁移的历史构成了整部中国移民史。

　　闽海系作为民系的概念之一,其地理分布主要包含了福建省的闽南地区、莆仙地区、闽东地区、闽北地区、闽中地区及台湾地区等。闽海地区的发展与北人南迁密切相关,闽海文化是中华文化的重要组成部分。其中,福建发展史在某种意义上说就是一部移民史。在其历史变迁轨迹中,中原文化是随着移民传入闽地,与地域本土文化相融合,并在不断适应地域环境下形成闽文化,因此,闽文化源来自中原。而在闽文化的建构过程中,移民起了决定性的作用,是引发中原文化扩展、衍化、创新的重要因素。对于台湾地区而言,其人口 98% 以上的祖先都来自中国大陆,其中,85% 以上来自于闽粤两省。因此,在相当长的一段历史时期,台湾社会其实就是一个闽、粤移民的社会。在数百年的历史进程中,移民特别是来自闽地的移民及其后裔是台湾社会历史发展的最主要的推动力。

　　据此,移民是引发闽海社会、文化、经济发展的重要因素。对于移民的研究较早可以追溯到谭其骧先生的《晋永嘉丧乱后之民族迁徙》,现有的研究领域多集中于历史学、地理学、人类学等,以时间、历史事件、地域为轴,通过正史、地方志、家谱等文献,梳理移民发展历程、移民原因、规模、路径、发展规律,探究移民对地域文化、社会经济、聚落、宗族等方面的影响,剖析其地理空间的演变规律及其文化扩散、文化衍化等内容。其代表性的成果如:葛健雄、吴松弟、曹树基合著的《简明中国移民史》,李衡眉的《移民史论集》,林国平、邱季端的《福建移民史》等。而陈孔立较为系统地探究了清代台湾移民和移民社会结构、社会动乱以及福建平民偷渡台湾、人口的性别比例等问题。郑振满、陈支平、何绵山、刘登翰等以宗族血缘为切入点,以明清福建家族组织与社会变迁为研究基础,认为闽海两地宗族文化同根同源,并长期保持联系。杨彦杰与刘大可认为移民与闽南文化在台湾传播,为闽海文化的形成奠定了基础。汤漳平通过梳理几次移民浪潮,认为福建移民始于唐初,闽南文化形成于唐代。鼎仁、王晓敏、尹芳等梳理了福建省际移民古道和福州古驿道系统的分布与走向,明确了移民路径。上述成果都为本书提供了充实的研究基础。

　　移民催生了闽海聚落的兴起、发展、鼎盛与衰败。在传统聚落的诸多建筑类型中,民居无疑占据着最

❶ 引自:尤玉柱. 漳州史前文化[M]. 福州:福建人民出版社,1991:157.

❷ 引自:杜正胜. 传统家族试论[M]//黄宽重,刘增. 家族与社会. 北京:中国大百科全书出版社,2005:2.

重要的位置。民居在本质上是"家"的代名词,是家中成员生命的源头,是生命延续的过程,也是滋润家族生机的一股力量。而祠堂建筑作为民居建筑中的特殊类型,是一个家族组织的中心与重要标志,在中国传统社会中具有独特的、广泛影响的社会文化形态。传统祠堂不仅仅只是家族祭祀的场所,它的历史演变与聚落社会的发展有着密切的关系,"对于生活在中国农村的汉人来说,宗族不仅是一种将同姓同宗的人们按一种特定法则划分出来的人类亲属集团,而且还成为一种文化和一种生活方式"❶,因此,祠堂反映了区域经济、社会、文化、伦理道德、社会组织等地域特色,是了解聚落所在区域文化生态传统的重要窗口。

对于宗族与祠堂的研究,早在 1935 年,林耀华先生就对福建的义序和黄村展开了研究,揭示了宗族在聚落中的重要作用❷。之后,左云鹏、冯尔康、郑振满、常建华等学者对我国的宗族进行了历史的梳理,探究了宗族的构成要素与制度发展历程。其中,郑振满先生指出明中叶前后,福建建祠开始盛行,福建沿海各地的依附式宗族得到普遍的发展❸。

对于祠堂建筑空间的研究,2002 年,福建省文化厅组织专家对福建省域范围内 300 多座祠堂进行了较为系统的整理。而陈志华、黄汉民、方拥、戴志坚、林从华等从民系视角,探讨了客家土楼民居、泉州生土建筑、石塔及其闽海传统建筑的渊源与形态等多方面的问题。张玉瑜系统解读了福建地区大木匠师的技艺。曹春平、阮章魁以及杨莽华、马全宝、姚洪峰、陈志宏则从大木作、砖作、石作、灰塑、小木作等系统阐述了福建传统建筑的营造工艺。另外,台湾学者洪文雄、李乾朗、邱上嘉、林会承、徐裕健、徐明福、阎亚宁等学者对台湾地区传统建筑形制、工匠派别及承传系谱、设计思想及理论、设计图样等进行了深入研究。这些都为本书提供了基础资料与研究的支持。

总之,以祠堂为代表的祭祀建筑在某种程度上主宰着闽海传统聚落的发展和演变,其背后的宗法家族制更是强有力地维系着该地区近千年的社会秩序,以祖先崇拜为核心的宗法家族制是国人生活的精神支点,这些可以从现存的祠堂建筑和宗族习俗中管窥一二。祠堂在相当长的历史里是一个聚落的中心,一个血缘聚落的发展和兴衰都能从祠堂中得到充分反映。对聚落的研究,祠堂是无法绕过的重要部分,祠堂的变迁历程在一定程度上能清晰地反映出一个聚落的空间变迁。据此,本书基于移民文化,通过对闽海移民历史的梳理,结合调研普查,较为系统地梳理了家庭、宗族与宗法制度;从区域宏观与传统聚落微观层面,比较分析了闽海祠堂的发展历程;基于祠堂形制与构成要素,对闽海祠堂空间类型进行了分类与特色归纳;从营造图、大木作、小木作等方面剖析了闽海祠堂建筑的营造技艺;最后,对闽海祠堂建筑空间背后的深层次文化要素进行剖析,揭示祠堂建筑文化的内涵。

本书研究的主要目标:一、探究基于移民文化下闽海祠堂建筑的类型与空间特色;二、解析祠堂建筑的空间营造技艺,揭示建筑所承载的文化内涵。

据此,本书的研究基本思路为:基于调研普查、历史文献资料的解读,以问题为导向,综合运用城乡规划学、建筑学、历史学、地理学等相关学科的理论与知识,诠释移民文化下祠堂建筑的空间类型与特征、营造技艺与文化内涵。研究方法主要包括:一、文献与实地调研相结合。以历史文献查阅为理论基础,以实地考察、测绘调研、口述史访谈记录获取一手材料,为深入研究打下坚实基础。对闽海地区文博工作人员、营造技艺传承人、工匠、地方文史工作者及其民众等跟踪访谈、采访工作,为本研究积累丰富而鲜活的素材、经验与史料。二、多学科交互融合。通过历史学、地理学、建筑学、城乡规划学等多学科相互交融来实现研究目的。三、比较研究。本研究基于大量的调研案例,进行祠堂建筑的空间分布、二维平面、立面等比较分析,梳理祠堂建筑空间类型与空间特色,探究空间营造技艺。

基于移民文化视野下,闽海祠堂建筑空间特色的研究旨在:一、闽海两地留存的祠堂建筑数量众多,类型丰富,建筑空间特色突出,是国内传统建筑的翘楚,具有深入研究的价值。本书围绕闽海地区祠堂建

---

❶ 引自:钱杭. 中国宗族史研究入门[M]. 上海:复旦大学出版社,2009:2.

❷ 林耀华. 义序的宗族研究[M]. 北京:生活·读书·新知三联书店,2000:48.

❸ 郑振满. 明清福建家族组织与社会变迁[M]. 北京:中国人民大学出版社,2009:121,124,200.

筑类型、空间特色、大木作与小木作营造技艺及其祠堂建筑文化等方面展开研究,具有一定的学术价值,有利于丰富传统建筑研究的理论与方法。二、推动闽海两地历史文化遗产的保护工作。"闽海"地区历史文化遗产极其丰富,但是随着城市化进程的加快,许多传统祠堂正遭受着毁灭性的破坏。本研究有利于抢救文物古迹,有利于推动历史文化遗产的保护工作,能够为此提供基础研究。三、促进两岸文化的交流与发展,繁荣两岸文化。闽海地区传统祠堂建筑作为文化的重要组成部分,其间的血脉情结底蕴浓厚,本研究有助于正确认识祠堂文化,促进闽海文化交流,加强沟通两地人民的情感联系,本书的研究具有现实的政治、文化及情感意义。

1 闽海地区与移民

1.1 闽海系

民系(sub-nation),指一个民族内部的分支,分支内部有共同或同类的语言、文化、风俗,相互之间互为认同。其引申义用来指同属一地区有相互认同的人,不一定需要满足符合内部语言、文化、风俗相同的要求,民系使用仅限中国大陆。它是由广东学者罗香林因汉族等庞大的民族,因时代和环境的变迁而逐渐分化形成微有不同的亚文化群体现象而创立。❶ 经半个多世纪的发展,这一术语已约定俗成,为中外学术界所接受。

民系的内涵是同一民族内部具有稳定性和科学性的各个独立的支系或单元。❷ 因此,潘安先生认为,"民系是一种亚民族的社会团体,是民族内部交往不平衡的结果,每个民系都有自己的方言、相对稳定的地域和程式化的风俗习惯与生活方式"❸。

中国南方的五大民系都是民族迁徙的产物,闽海系是在汉民族的大迁徙过程中逐步形成的。根据历史学、语言学、人类学等领域的学者研究表明:闽海系的产生受到三方面因素的影响❹,一、语言条件。地方方言的产生是民系产生的前提条件。二、外界条件。战乱、异族入侵、社会动荡加速了民系的产生过程。三、自然条件。闽海人定居的地方交通不便,外界信息难以沟通,人们老死不相往来,割断了汉民族与其他民族的联系。在这三大方面因素的共同作用下,在汉民族文化发展过程中,闽海系的先民保存的原中华文化系统和语言系统逐渐产生变异,形成了相对独立的闽海系。

1.2 闽海地区

闽海系的分布基本上与今福建省的行政区域相吻合,仅闽西、闽西南为客家系所占,福建最北的县:浦城县为越海系的南部边界。闽海系的南部边界跨出了福建省界,延伸到广东的潮汕地区,东部边界越过台湾海峡,延伸到台湾、澎湖列岛等岛屿。具体而言,闽海系地区包括闽南地区、莆仙地区、闽东地区、闽北地区、闽中地区及台湾地区等。本书重点对闽南、闽东、莆仙及台湾地区展开研究。

1.3 移民

"移民"一词最早出现在《周礼·秋官·士师》中:"掌士之八成:……八曰为邦诬。若邦凶荒,则以荒辩之法治之。令移民通财,纠守缓刑。"此处"移民"为迁移人口。而《管子·七法》"不明于决塞,而欲殴众移民,犹使水逆流"中的"移民",也是迁移人口的意思。据此,移民成为迁移人口的动词,至少已有2200多年的历史。❺

❶ 引自:百度知识[EB/OL]. http://baike.baidu.com/view/835987.htm.
❷ 引自:戴志坚.闽台民居建筑的渊源与形态[M].福州:福建人民出版社,2003:6.
❸ 引自:潘安.客家民系与客家聚居建筑[M].北京:中国建筑工业出版社,1998:2.
❹ 引自:戴志坚.闽台民居建筑的渊源与形态[M].福州:福建人民出版社,2003:14.
❺ 引自:葛剑雄.中国移民史[M].福州:福建人民出版社,1997:4.

在现代汉语中,移民作动词用时释为将一部分人口从原居住地迁移至其他地方居住,作名词时就是指进行这种迁移行为的人(无论出于主动或被动)。

对于移民的定义,学术界依旧众说纷纭。如《大美百科全书》:"广义而言,人类的迁移是指个人或一群人穿越相当的距离而作的永久性移动。"❶《云五社会科学大辞典》第 11 册《地理学》:移民是人口动态的一种,"普通限于涉及有较长居住变更的人口迁徙",并非指任何一种的人口移动。❷《中国大百科全书·地理学》中,人口迁移(population migration)释为:"一定时期内人口在地区之间永久或半永久的居住地的变动。人口迁移的形式为移民。"❸据此,人口迁移即"移民过程"或"移民迁移过程"。

综上,本研究吸纳了葛剑雄先生对移民的定义,即为具有一定数量、一定距离、在迁入地居住了一定时间的迁移人口。据此,移民概念包含了三要素:一是要有一定的人数,即群体性;二是要有一定的迁徙距离,即空间性;三是要在新的地方定居,即时间性。

1.4 移民浪潮下的福建

1.4.1 移民福建

福建文化,即闽文化,其发展和演变经历了漫长的历程。距今 18 万年以前,福建中部的三明境内就有原始人类出现。距今 4 万~8 万年前,漳州也有原始人生活,并越过台湾海峡,成为在距今 2 万~3 万年前的台湾左镇人的祖先。❹ 距今 1 万年前,在福建的武夷山、三明、清流、泉州、厦门、漳州、东山、宁德、龙岩等地区都发现原始人活动的遗迹。这些远古人类往往以洞穴为家,过着狩猎、捕捞和采集生活。由于群体的发展和生存的需要,他们居无定所,常常迁徙。大约在距今 4000 至 1 万年前,福建先民的分布范围已经遍及全省各地,新石器时代遗址分布的特点是"大分散、小聚落",表明福建先民逐步由迁徙不定的、以游猎和采集为主的生活走向定居的、以原始农业为主、以采集和捕捞为辅的生活。新石器时代晚期至夏商之前,闽地的居民属闽族。《山海经·海内南经》载:"闽在海中。"❺因此,在福建各地不但产生了具有典型代表性的新石器时代文化,而且逐步形成古代原始民族——闽族。

在青铜时代(夏、商、周时期),福建各地已有古老民族"闽族"或"七闽"出现。《周礼·夏官》载:"职方氏掌天下之图,以掌天下之地,辨其邦国、都鄙、四夷、八蛮、七闽、九貉、五戎、六狄之人民与其财用,九谷、六畜之数要,周知其利害。"❻《周礼·秋官·司寇》:"象胥掌蛮、夷、闽、貉、戎、狄之国使。"❼福建地区有众多的支系或族团,由此不断迁徙、开垦,在蛮荒之地逐步建立起一个又一个居民点,其范围遍及福建各地,并且进入今福建毗邻的周边地区(如浙南、赣东北、粤东)。

(1)春秋至魏晋南北朝

战国后期,越人入闽,闽地文化发生一次大的变异。越族原居住于浙江,其中的一支建立了越国。越国的领地,据《国语·越语上》载:"勾践之地,南至于句无,北至于御儿,东至于鄞,西至于姑蔑,广运百里。"❽即今浙江的诸暨、崇德、鄞县、龙游。越灭吴,据有吴之地,于是向北发展,勾践还将国都迁往山东的琅琊。战国中期(前 334 年),楚越大战,楚军大败越军,杀越王无疆。据《史记·越王勾践世家》载:"越以此散,诸族子争立,或为王,或为君,滨于江南海上,服朝于楚。"❾《越绝书·越绝外传·记地传》载:"威王

❶ 引自:大美百科全书:第 19 卷[M]. 北京:北京外文出版社,1994:61.
❷ 引自:王云五. 云五社会科学大辞典:第 11 册[M]. 台北:台湾商务印书馆,1974:195.
❸ 引自:中国大百科全书[M]. 北京:中国大百科全书出版社,1990:358.
❹ 引自:尤玉柱. 漳州史前文化[M]. 福州:福建人民出版社,1991:157.
❺ 引自:周明初校注. 山海经[M]. 杭州:浙江文艺出版社,2016:126.
❻ 引自:徐正英,常佩雨,译注. 周礼[M]. 北京:中华书局,2014.
❼ 引自:(清)何焯,著 . 崔高维,校点. 周礼[M]. 北京:中华书局,1987:74.
❽ 引自:(战国)左丘明撰,(三国吴)韦昭注. 国语[M]. 上海:上海古籍出版社,2015:418.
❾ 引自:司马迁撰,李翰文主编. 全注全译史记全本(2)[M]. 北京:北京联合出版公司,2015:843.

灭无疆。无疆子之侯,窃自立为君长。之侯子尊,时君长。尊子亲,失众,楚伐之,走南山。"❶"南山"即闽地。在楚国重兵压境的情况下,越人越过浙闽边界的群山,南行以避兵。越人的南下入闽,是闽地发展史上的重要一环。而"闽越"说明南下的越人与原住地的闽人已相互融合。

大批越人南迁,进入闽中之后,与当地土著闽人结合形成闽越族。无诸作为勾践子孙,逐步消灭割据局面,统一闽中各地的主要闽族支系和于越族武装,并乘战国之世、诸侯争立的机会,自封"闽越王",建立闽越国,并奉祀越国先祖。这些既加强了越人的统治地位,又加速了闽、越两族的融合。

秦始皇在扫灭六国之后,建立起了强大的中央集权及郡县制度,于福建地区设立了闽中郡,在中国版图上第一次出现了福建行政区。秦末,闽越族首领无诸和繇率领越族军队参与了反秦战争,归属鄱阳令吴芮指挥。在战争中,越军英勇善战,立下了战功。因此,到汉高帝五年(前202年)时,复立无诸为闽越王,王闽中故地,都东冶。至惠帝三年(前192年)时,"举高帝时越功,曰闽君繇功多,其民便附,乃立繇为东海王,都东瓯,世俗号为东瓯王"。闽越国土地,北至浙南,西至赣东北,南抵粤东,据称其甲卒不下数十万,在诸侯国中称强。西汉王室宗亲诸侯与之交往者如吴王濞、江都王建、淮南王长等,均厚馈礼物,并约定"有急相助"。❷ 由此可见,江浙移入闽地的越人甚多,已在闽地占据统治地位。这是见于史书由今江浙移民入闽的第一次记载。❸

汉高祖五年(前202年),闽越国的建立,揭开了福建文明史的第一页。秦汉两朝初期中央政府虽然先后在福建设立闽中郡和闽越国,但均实行"以闽治闽"的方略,此时,汉文化在福建的影响还较少。❹ 自无诸受封闽越王,至汉武帝时余善杀郢自立,汉封无诸孙繇君丑为越繇王,奉闽越先祭祀,又封余善为东越王,"与繇王并处",闽越王国遂分为二。元鼎六年(前111年),余善与汉廷对抗,乃劫繇王居股等人,移师闽北,并在今武夷山市的城村另建新的都城。汉武帝下令发四路兵马征讨。翌年,闽越国降,余善被诛。汉武帝认为"东越狭,多阻,闽越悍,数反覆,诏军吏皆将其民徙处江淮间。东越地遂虚"。❺ 这次徙民,按照《史记》《汉书》与《资治通鉴》记载,都称"遂虚其地",而据《宋书·州郡志》云,仅迁部分居民,尚有一些闽越人逃入山谷中,未被迁走。所迁人数,据葛剑雄《中国移民史》第二卷的估算,约有十四五万人。这是见于史书记载的第二次移民,也是汉廷最大的一次政治移民。❻ 另是东越、闽越被徙后,汉廷未弃其地,即设东部侯官于今福州市驻兵镇守。❼ 东部侯官时属会稽郡东部都尉,所派兵员自当来自江浙,主要是为镇守闽地。随着管治的加强,为北方汉族民众入闽创造了便利条件。

东汉末年,中原战乱兴起,人们四处逃亡,闽中为人烟稀少的边陲之地,不少逃亡的中原汉民便开始大量入闽。进入东汉末,孙吴用心经营闽地,流放许多罪犯、官吏连同其家属至东冶发展造船事业,❽其间也有因"公私苛乱"等缘由,由今江浙逃亡邵武的。❾ 此时未被迁徙的闽越人,纷纷走出山谷(史称"山越"),相聚闽北各地作乱,孙吴为定闽地,又先后五次派兵入闽,"料出兵万人",❿且为强化军事占领,还在今建瓯增置南部都尉,⓫迨至山越平定,即在闽北分设建安、汉兴、建平与南平四县,又在福州分设侯官一县。此后又增将乐、昭武和东安等三县,并改南部都尉为建安郡,以领以上八县;又在福安市南增立罗江,另属临海郡统领。⓬ 可见此时又有一批江浙人纷纷入闽,使闽北、福州二地人口急增,并在以上各地先设

❶ 引自:佚名. 越绝书[M]. 沈阳:春风文艺出版社,1985:37.
❷ 引自:汤漳平. 中原移民与闽台多元文化之形成[J]. 中州学刊,2018(1):132-138.
❸ 引自:林汀水. 福建人口迁徙论考[J]. 中国社会经济史研究,2003(2):7-20.
❹ 引自:杨琮. 闽越国文化[M]. 福州:福建人民出版社,1998:7.
❺ 引自:司马迁. 史记(下)[M]. 长春:吉林大学出版社,2015:777-779.
❻ 引自:林汀水. 福建人口迁徙论考[J]. 中国社会经济史研究,2003(2):7-20.
❼ 引自:林汀水. 再谈冶都、冶县、东部侯国与东部侯官的沿革、治所问题[J]. 历史地理,1999(15):377-382.
❽ 引自:三国志·贺齐传、吕岱传、钟离牧传、张尚传、陆凯传、三嗣主传第三。
❾ 引自:(宋)乐史,王文楚. 太平寰宇记卷101[M]. 北京:中华书局,2008.
❿ 引自:三国志·贺齐传。
⓫ 引自:(南朝梁)沈约. 宋书·州郡志[M]. 北京:中华书局,1999:722.
⓬ 引自:《晋书·地理志》、《宋书·州郡志》、《资治通鉴》卷79晋武帝泰始五年条注引宋白语。

五县,再增三县。❶ 总之,三国时期占据东吴的孙吴集团把福建作为东吴的后方基地,先后五次派遣军队入闽,更带动了大批北方汉民入闽。经过东汉末、三国时期北方民众的南迁,在闽中的闽江流域及沿海地区,北方汉人的移民社会已经形成初步的规模,这一时期闽中的人口数量大约在 10 万至 20 万人之间。

永嘉之乱,中州板荡,引起北方人大规模的南迁。这次移民时间持续至东晋。住在黄河下游及今山东、河北与今河南东南部的难民大多移入长江下游及淮河流域避难。之后,也有少量难民由今江浙各地辗转入闽。据民国《建瓯县志》卷 19 记载:"晋永嘉末,中原丧乱,士大夫多携家避难入闽,建为闽上游,大率流寓者居多。时危京刺建州,亦率其乡族来避兵,遂以占籍。"《太平御览》卷 170 引《十道志》清源郡下也云:"东晋南渡,衣冠士族多萃其地,以求安堵。"而当侯景之乱,"是时,东境饥馑,会稽尤甚,死者十七八,平民男女并皆自卖,而晋安独丰沃。宝应自海道寇临安(应作临海)、永嘉及会稽、余姚、诸暨,又载米粟与之贸易,多致玉帛子女,其有能致舟乘者,亦并奔归之,由是大致赀产,士众盛",❷据此,由今浙东、浙南移入闽地的人更多。所以,至陈代,朝廷为此下专门的诏书:"诏侯景以来遭乱移在建安、晋安、义安郡者,并许还本土,其被略为奴婢者,释为良民。"❸按汉移徙闽越人至江淮后,闽地人口极稀,只设东部侯官于今福州市驻兵看守。直到东汉末加派部队平定山越,才在闽北和福州设置建安与候官等五县。至晋,已设建安、晋安二郡,有县十五,户 8600。❹ 后经永嘉之乱,特别是侯景之乱,又有大批浙民移入。至陈代,又增丰州、南安郡,有州一、郡三、县十四。而到隋代,新罗虽已早废,邵武也入临川郡,但时之建安郡在籍户口不包闽西、邵武二地,户数已达 12420,❺增户较多。增户除了自然增殖外,相当部分是来自江浙的移民。移民路线中,水路中大多移住沿海各地,❻陆路"出入多由处州龙泉逾柘岭",❼也有经今赣东北辗转邵武,❽多数留住闽北,少数再徙他处。

总之,两晋南北朝时期,北方汉人陆续迁入福建,出现第一次北方汉人入闽高潮,其中规模较大的又可以细分为三次:第一次发生在西晋末永嘉年间(307—312 年),为了躲避战乱,北方汉人大批入闽。清乾隆《福州府志》卷 75 有所谓入闽姓"林、黄、陈、郑、詹、丘、何、胡是也"之说,此亦即"中原八姓,衣冠南渡"之始。第二次发生在东晋末年,卢循率农民起义军攻入晋安,在福建活动达三年之久。失败后,其余部散居在福建沿海。第三次发生在南朝萧梁末年,侯景之乱,福建成了避乱之所,移民的数量很多,处境悲惨。

从汉代至魏晋南北朝时期,北方汉人入闽的主要路线大致有以下几条:①由浙江常山境内的广济驿上岸,转入旱路,绕道江西鄱阳、铅山至福建崇安经分水关(在今武夷山)入闽。这条沿山线距离较长,但路途较为平坦。②由江西临川、黎川越东兴岭经杉关入闽。杉关一带地势较为平坦。③由浙江江山的清湖上岸,转入旱路,经廿八都至福建浦城仙霞关入闽。这条"仙霞古道—南浦溪"路程较铅山线短,但路途险峻。④由海路入闽。这一时期北方汉民的入闽,不仅增加了众多的劳动力,而且带来先进的农业生产工具和技术,从而使闽中的许多地区得到开辟耕作,社会经济逐渐发展。

(2) 唐至五代

迄至唐、五代,移民入闽更多,出现了第二次较大规模的移民浪潮,该次移民浪潮是以军事移民为主。移民主要有四部分人群组成,即一、跟随部队入闽的军队和家族,他们利用政治上的优势,各自在福建寻找合适的地点定居下来,从而成为地方显姓。二、众多北方的政客、士子、文人入闽。散居的地方也扩大了。三、漂泊不定的僧人。四、北方各地的市民,包括仕宦、流卒、商贾及贫民等。❾ 具体如下:

---

❶ 引自:林汀水. 福建人口迁徙论考[J]. 中国社会经济史研究,2003(2):7-20.

❷ 引自:陈书·陈宝应传.

❸ 引自:陈书·世祖纪.

❹ 引自:晋书·地理志.

❺ 引自:隋书·地理志国.

❻ 引自:陈书·陈宝应传.

❼ 引自:浦城县志卷 14,浦城县志卷 36.

❽ 引自:隋书·虞荔传.

❾ 引自:林国平,邱季端. 福建移民史[M]. 北京:方志出版社,2004.

第一,陈政率军入闽。

唐初,九龙江流域爆发所谓"蛮獠"的"啸乱",唐高宗麟德年间(664—665年),朝廷派曾镇府驻扎九龙江东岸。总章二年(669年),朝廷派光州固始人陈政率军入闽,以镇压漳州地区"蛮獠"的啸乱,随行将士113员,府兵3600人。初战失利,又令其兄弟率领58姓军校前来支援。平叛后,这支部队连其家属就在漳州一带定居,成为漳州地区居民的始祖。❶ 朝廷准陈元光之请,在泉、潮之间置漳州,委陈元光任漳州刺史,把所属军队分布于闽南各地。陈军将士所到之处,且守且耕,招徕流亡,就地垦殖,建立村落。据统计,先后两批府兵共约7000人,可考姓氏计有六十余种,还有随军家眷可考姓氏者四十余种。另据新编《固始县志》载,当年跟随陈政、陈元光父子奉命入闽的将士、眷属的姓氏有:陈、许、卢、戴、李、欧、马、张、沈、黄、林、郑、魏、朱、刘、徐、廖、汤、涂、吴、周、柳、陆、苏、欧阳、司马、杨、詹、曾、萧、胡、赵、蔡、叶、颜、柯、潘、钱、余、姚、韩、王、方、孙、何、庄、唐、邹、邱、冯、江、石、郭、曹、高、钟、汪、洪、章、宋、丁、罗、施、翟、卜、尤、尹、韦、甘、宁、弘、名、阴、麦、邵、金、种、耿、谢、上官、司空、令狐、薛、蒋等84姓。❷ 这数十姓府兵将士及其家眷繁衍生息,形成了唐代开发九龙江流域的骨干力量,逐渐缩小了与泉州等地社会经济发展上的差距。此次入闽高潮是以军事移民为主。

第二,安史之乱后的移民。

唐天宝十四年(755年),安史叛乱。为避战争灾难,黄河流域的百姓纷纷南逃,"四海南奔似永嘉"❸"多士奔吴为人海"❹"两京蹂于胡骑,士君子多以家渡江东"❺。这次移民波及江西,使江西中、北部接受大量的北方难民。❻ 而福建则只有少数士人迁徙入闽。据《元和志》卷29记载,唐开元二十一年(733年)置汀州,"检责得诸州避役百姓共三千余户",其中一些避役人是由江西赣南逃入闽西,且人数不多,❼因为安史之乱后数十年,时人仍说"岭外(指福建)峭峻,风俗剽悍,岁比饥馑,民方札瘥,非威非怀,莫可绥也"❽,即把福建视为原始落后的蛮獠地区。

自肃宗上元之后,福建接受移民逐步增多。上元元年(760年)刘展叛乱,分兵略取淮南与江南各地,唐派平卢兵马使田神功率精兵五千南下,在长江南北击败刘展军。"安史之乱,乱兵不及江淮,至是,其民始荼毒矣"❾,遂使部分江南人南迁江西和福建。迨至乾符间,王仙芝与黄巢起义,接着军阀混战二三十年,战火燃遍黄淮流域,并波及长江地区,又使江淮各地成为移民的输出地,而远离战场的福建则成移民避难的安全区。黄滔在他的《福州雪峰山故真觉大师碑铭》中曾云,仅在一天内,入闽"僧尼士庶"便达5000多人,❿《十国春秋》卷97《闽八·黄岳传》也载,就连偏僻的感德场(今宁德市)在黄岳的帮助下,也使缺衣缺食的移民"从之者如市"。另外,时在闽地当官的一些官吏为避战乱,就留闽地定居。如宋的陈长方、叶隅、邓密等人之祖先原为北方人,黄巢起义前曾在闽地当官,乱后即居福建;清河人崔忆原任建阳县令、荥阳人潘季荀任官福州,乱后也都留在闽中。⓫ 不在福建当官的,也纷纷弃官入闽,如时之刘存,"光州固始人,中和初,巢寇乱,存率子弟避地入闽,居侯官之凤岗"⓬;"熊祕,乾符间官至右散骑常侍兵部尚书,因黄巢乱,自南昌避地入闽,至义宁,爱其山水,遂卜居焉"。⓭

第三,王绪、王潮率军入闽。

❶ 引自:漳州颍川开漳族谱、重纂福建通志卷121·陈元光传.
❷ 引自:纪谷芳.中原移民南迁入闽与福建人口姓氏的变化[J].寻根,2011(1):132-134.
❸ 引自:全唐诗卷167·永王东巡歌十一首.
❹ 引自:全唐文卷529·送宣歙李衙推八郎使东都序.
❺ 引自:旧唐书·权德舆传.
❻ 引自:周振鹤.现代汉语方言地理的历史背景[J].历史地理,1990(9):51-52.
❼ 引自:林汀水.福建人口迁徙论考[J].中国社会经济史研究,2003(2):7-20.
❽ 引自:全唐文卷387 独孤及.送王判官赴福州序.
❾ 引自:资治通鉴卷222·肃宗上元二年条.
❿ 引自:全唐文卷826.
⓫ 引自:中国移民史·第三卷九章四节所引资料.
⓬ 引自:1933年闽侯县志卷105·流寓.
⓭ 引自:赵模.建阳县志卷121·流寓.

至光启元年(885 年),福建移民规模增大。是年正月,王绪、王潮"悉举光、寿兵五千人,驱吏民渡江"❶,"自南康入临汀,陷漳浦,有众数万"❷。次年攻占泉州,景福二年(893 年)入占福州,弥兵后审知受封闽王,建都福州。闽王审知执政,保境安民,发展经济文化,"作四门义学,还流亡,定赋敛,遣吏劝农,人皆安之"。而"中原乱,公卿多来依之",遂有杨承休、郑璘、韩偓等一批北方籍士大夫入闽避难,又有王淡、杨沂、徐寅等人入闽仕宦。❸ 这些士大夫认为,时之天下大乱,"安莫安于闽越,诚莫诚于我公(审邦)",便都"东浮荆襄,南游吴楚",迁入福建。❹ 还有许多豪商巨贾在审知招引之下,入闽经商。❺ 但自审知死后,诸子争权,导致二三十年动乱,又使境内部分居民外迁。先是审知少子延羲夺位,迫使闽王亲军逃至吴越。❻ 接着民生扰困,又使泉州及其闽东北的许多人移居温州各地。❼ 迫至后唐长兴四年(933 年),又有建州土豪吴光率众万余人入奔吴国。❽ 而至南唐灭闽后,闽国的统治者王氏又再举族迁徙金陵。❾ 总之,在此期间内,有两次规模较大的移民入居闽地,其性质属军事移民。移民路线是由江州进入鄱阳湖畔,而溯赣水,然后沿着汀州至漳州,陈政、陈元光一支主要定居于此,王绪、王潮一支继续北上,直达泉州和福州,徙民大部分就在这里散处。另是分散性的移民,人数多。

综上可见,分散入闽的户数应以建、泉二州最多,次为南剑、邵武、福州和汀、漳与兴化。其次,流入建州的人口以江浙为多,主要是由婺、衢、处三州经今浦城而入;迁入泉州也由此路转南剑,再沿当时的进京古道经尤溪而入泉州。另由海路乘船或经浙东陆路辗转福州、泉州和漳州,此路移民大多来自江浙。移入邵武、汀州二地的,则来自江西,主要是沿信、赣二水分别进入的。❿

(3) 宋代至元代

宋代,中国的经济重心已继续南移,北方汉人大量向南方迁徙,已成为当时人口发展的一种趋向。自北宋以来,北方汉民在和平环境里迁移入闽的数量有明显的增长。北宋、南宋之交及宋元之交的战乱,促使许多北方汉民纷纷迁移入闽。宋元时期北方汉民入闽后,相当一部分散居于闽西、闽北地区,促使这一地区人口数量显著增长,进而促进闽西、闽北山区经济、社会的迅速发展。另外,在"海上丝绸之路"兴盛的宋元时代,外国人大批移居福建,众多的"番客"侨居在泉州、福州等沿海港口,形成"番坊""番人巷",如泉州德济门外的青龙巷、聚宝街一带就是当时海外移民的聚集地;他们还在侨居地建"番学"、传"番文"、播"番俗";有些长期侨居的番客还与本地人通婚,出现"夷夏杂处"的局面,成为宋元福建移民史上的一大特色。

具体而言,历经唐五代再次较大规模的移民入闽,至此福建自成一级政区,有州军 8,县 41。除鹫峰山、戴云山、博平岭等一些较高山地和较偏远的沿海地带外,都已有州县的设置。此时社会较安定,人力、物力富足。沿海的滩涂、山区的梯田纷纷被开辟。矿冶业、手工业、经济作物和商业也得到飞速的发展,福建面貌大为改观,其由地旷人稀、经济落后变为地狭人稠、经济发达的先进地区。如《宋史·地理志》所说,福建路"有银、铜、葛越之产,茶、盐、海物之饶。民安土乐业,川源浸灌,田畴膏沃,无凶年之忧",但又"土地迫狭,生籍繁夥;虽硗确之地,耕耨殆尽"。至是,又使福建发生巨变,即开始既成全国接受移民最多、又成输出移民最众的地区。对此,陈支平指出:"如果说在汉晋以至五代南迁入闽的北方汉民中,以避乱及拓边戡乱的突发性移民占有很大的比重,那么到了宋代,南迁入闽的北方汉民中,常规性移民所占的比重则有所加大。所谓常规性移民,是指那种在非战乱时期主动迁徙入闽的移民。唐宋时期,中国的经济重心已逐渐南移,北方汉人大量向南方迁徙,已成为当时人口发展的一种趋向。从政治上看,由于宋政

---

❶ 引自:资治通鉴卷 256·僖宗光启三年条.
❷ 引自:新五代史卷 68·闽王审知世家.
❸ 引自:新唐书卷 190·王潮传、王审邦传,新五代史卷 68·闽王审知世家,十国春秋卷 94·闽五·王审邦传.
❹ 引自:全唐文卷 825·黄滔. 丈六金身碑.
❺ 引自:新五代史·闽王审知世家等.
❻ 引自:资治通鉴卷 282 ·天福四年条.
❼ 引自:中国移民史第三卷十三章六节所引资料.
❽ 引自:十国春秋卷 3 吴四·睿帝纪、卷 9 吴九·蒋延徽传.
❾ 引自:十国春秋卷 92 闽三·景宗纪.
❿ 引自:林汀水. 福建人口迁徙论考[J]. 中国社会经济史研究,2003(2):7-20.

权鼓励大土地所有制,中原地区的土地关系日趋紧张,一般贫民占有的土地越来越少。再加上中国西北、北边生态环境的破坏,农业生产的自然环境开始恶化,这样就迫使中原及其他省份的民众,为了寻求生存空间,再次举家迁移,进居福建。因此,北宋以来,北方汉民在和平环境里迁移入闽的数量有明显的增长。"❶该阶段,最大规模的移民入闽可分两次。

第一,靖康之乱至南宋初年的移民。

北宋靖康元年(1126年)正月,金兵攻到黄河北岸,京师告急。徽宗忙带亲信大臣南下避难,开封城内"男子妇人老幼,相携出东水门沿河而走者数万,遇金人杀掠者几半",❷又"旬日,上皇移幸而南(赴镇江)。自是京师士民来者日夕继踵"❸。不久,宋军前来支援,金兵解围北撤,宋徽宗返京。八月,金兵复分东西二路大举进攻,宋军失利,徽、钦二帝被俘。赵构就在南京(今河南商丘市南)即位,重建南宋政权,改元建炎,是为高宗。高宗即位,就把宋室移至江宁、镇江和扬州。隆祐太后也在军队护卫下,亲率六宫与卫士家属南迁江宁避难,沿着运河南下扬州。后高宗渡越长江,"高宗南渡,民之从者如归市"❹,便形成历史上规模最大的北方人口的第三次南迁。

高宗南渡,金兵南下,兵锋直指江南,逼使宋廷再次退避,一支由隆祐太后率退江西,一支另由高宗亲自带领,转向浙东。跟随隆祐逃亡的难民多未北归,都散处江西、岭南与汀州各地。而高宗一支也由越州退至明州,又下海逃入温州,跟随东迁的百官家属和大批流民,部分留居温、台,部分继续南徙,流入福建。❺ 期间,还有大批溃兵流民南下,纷纷组成武装集团。其中,李成部进入江西,连陷数州军,几乎席卷江西整个地面。❻ 进入江西的几支武装集团,也控制着不下百万的北方流民。

这一历史时段,"天下县州残为盗区",❼只有四川四路与今闽广二地未遭战乱,特别是福建社会经济最称富庶,遂使江浙赣大批难民再次入闽避难。时由浙西涌入闽地的难民,大多是经衢、信二州越过仙霞岭、武夷山来到浦城和崇安,然后再向南剑和福、泉、漳各地分散;浙东难民则由温、台乘船而至福、泉,或走陆路由闽东北而至福州,或经处州龙泉进入建州,再由建州转往福、泉、漳和兴化。

这次移民人数规模大。北宋元丰时,福州有户211519,至淳熙间增至321284户,❽增加109765户;泉州元丰时有户201406,至淳熙间增至255788户,增加54382户;❾漳州元丰时有户100469,至淳熙间增至112014户,增加11545户。❿ 福建路的户数却由元丰时的993087户增至绍兴三十二年(1162年)的1390566户,嘉定十六年(1223年)的1599214户。⓫

金兵南下,福建的闽方言区(福、建、泉、兴、漳等)接受的移民,主要来自两浙的原住民,而邵武和汀州,迁入的则多为江西之赣人。其中,邵武古为闽越地,隋属临川郡(治今江西抚州市),安史之乱后,已有较多赣人迁入。宋初置邵武军,元丰时有户87592,庆元四年(1198年)增至142100户。⓬ 南宋增户急速,盖因其时江西各地战乱,曾有大批难民涌入。到了宋末元初,蒙军南下,赣人移入邵武的更多。据陈遵统调查,"我在邵武的八个年头中,差不多邵武各大姓的家谱都看过,可以总括地下个结论:邵武的大部分人民是由中原移转而来,而迁徙的道路,十有八九由江西而来,考究它的年代,大部分是宋代,而宋代之中,南宋初期比北宋多,元兵围汴的前后,又比南宋初期多"。⓭ 迁徙路线主要当从南昌经抚州,再由资溪、黎

---

❶ 引自:陈支平. 福建六大民系[M]. 福州:福建人民出版社,2000:51-52.
❷ 引自:三朝北盟会编卷28·靖康中帙三.
❸ 引自:王明清. 玉照新志卷3引胡舜申·乙巳泗州录.
❹ 引自:宋史·食货志.
❺ 引自:建炎以来系年要录卷30·建炎三年十二月己丑宋会要辑稿·刑法二之一○三.
❻ 引自:宋史·高宗纪.
❼ 引自:孙觌. 鸿庆居士集卷21·蕙山陆子泉亭记.
❽ 引自:元丰九域志卷9,三山志卷10.
❾ 引自:元丰九域志卷9,乾隆泉州府志卷18.
❿ 引自:元丰九域志卷9,光绪漳州府志卷14.
⓫ 引自:梁方仲. 中国历代户口、田地、田赋统计.
⓬ 引自:陆游. 渭南文集卷20·邵武县修造记.
⓭ 引自:福建编年史·前言,1958年油印本.

川、南丰转入光泽、泰宁、建宁和邵武。

　　汀州本来也属蛮獠地,唐开元二十一年(733 年)开福、抚二州山洞置户 4680,乾宁间还发生"黄连洞蛮二万围汀州"。❶ 北宋元丰时,有户 81454,南宋隆兴(1164 年)二年,户数急增至 174517 户,到了庆元间,又增至 218570 户。❷ 至是,也使汀州"地狭人稠,至有赡养无资,生子不举者"。❸ 可见汀州人口急增,也从南宋开始。此时,金兵南下,迳袭洪州,跟随隆祐太后逃入江西的南宋官兵和家属沿着赣江河谷而上,退至虔州,部分官兵和家属即避难汀州。继后,又有溃兵流民武装集团进入江西,连陷数州军,又有大批江西的难民纷纷逃入,或由江西退避邵武,再由邵武辗转汀州。正因如是,所以见之族谱资料都说,汀州的祖先原住中原,后迁江西,迫金兵南下,始入闽西。❹

　　此外,尚有赵宋宗室与淮民的入闽。赵宋宗室之入闽,有西外宗正司与南外宗正司二支。前者原在泰州、高邮二地,至建炎三年(1129 年)迁入福州,属其管辖的 180 名宗子也随迁至此,后一度转徙潮州,❺"绍兴三年,诏西外宗正置司福州",❻不久又自潮州迁回福州。此后又有一些金朝的官吏被安置于此❼。而南外宗正司原在镇江,也在建炎三年(1129 年)十二月被迁泉州,随行宗子 349 人。❽ 还有一些士大夫如杨炳、傅伯成也来这里定居。❾ 而淮民之入闽,则在开禧兵变时,"自开禧兵变,淮民稍徙入于浙、于闽"。❿

　　第二,宋末元初的移民。

　　宋端平二年(1235 年)蒙军攻宋,荆襄、淮南重新沦为战场,"淮民避兵,扶老携幼渡江而南无虑数十百万"。⓫ 德祐二年(1276 年),元军兵临临安城下,南宋恭帝和太后降元,南宋灭亡。不愿降元的臣相陈宜中逃归温州,驸马杨镇等人奉度宗子益王赵昰、广王赵昺进入温州,文天祥、陆秀夫和张世杰也来温州。不久,这些人便自温州退入福州,立赵昰为宋主,改元景炎,筹划抗元事项,得到闽、浙、粤各地南宋残余势力的响应。后元军攻入闽地,陈宜中、张世杰等人即奉帝昺,自福州乘坐海船经泉州、潮州、惠州逃入珠江三角洲的井澳,随行官兵和百姓约有二三十万人。

　　元军攻宋进入江南两浙后,又使这些地方的许多难民逃入福建,如上所说蒙军攻宋,赣人入迁邵武"又比南宋初期多"。由是至咸淳七年(1271 年),便使邵武的户数比庆元四年(1198 年)增 7 万余户。⓬ 那时,文天祥部积聚力量于汀、赣二州抗元,也当有许多难民避难汀州。

　　福建多山,耕地有限,是南方各路户均亩数最少的。由于耕地不足,人们只得另谋出路,便开始转向对外移民,并成为全国输出人口最多的地方之一。由此,福建移民出现了人口外迁。户数减为 700817,人口 2935014⓭。外迁地主要有:钦、廉、雷、化、高、南恩各州与海南;潮汕、梅州、广州、韶州与宝安大奚山各地;浙南、淮南与荆楚、澎湖列屿、台湾、高丽等地。⓮

　　(4)明清时期

　　明清时期,随着北方移民不断入闽和人口的繁衍,福建人稠地狭的矛盾越来越突出,所谓"闽中有可耕之人,无可耕之地"。因此,这个时期的福建人口流动出现两大新的特点:第一个特点是结束了 1000 多

❶ 引自:资治通鉴卷 259·乾宁元年条.
❷ 引自:永乐大典卷 7890·"汀"字引临汀志.
❸ 引自:杨蓉江.临汀汇考卷 1.
❹ 引自:详见罗香林.客家源流考等。
❺ 引自:建炎以来系年要录卷 30·建炎三年十二月甲午.
❻ 引自:梁克家.三山志卷 7.
❼ 引自:三山志卷 24.
❽ 引自:真德秀.西山文集卷 15·申尚书省乞拨降度牒添助宗子请给,宋史·真德秀传,续资治通鉴卷 106·建炎三年条.
❾ 引自:真德秀.西山文集卷 42·李公墓志铭.
❿ 引自:(宋)叶绍翁.四朝闻见录卷 5·庆元开禧杂事《淮民浆枣》.
⓫ 引自:杜范.清献集卷 8·便民五事奏札.
⓬ 引自:嘉靖邵武府志卷 5 谓年户数增至 212953.
⓭ 引自:闽书卷 39·版籍志.
⓮ 引自:林汀水.福建人口迁徙论考[J].中国社会经济史研究,2003(2):7-20.

年以输入人口为主的迁徙史,开始以输出人口为主的迁徙史。输出人口的主要特征有:向周边省份迁徙、向台湾迁徙,向海外移民(移民琉球、移民东南亚、移民日本)。同时,省内的再次迁徙活动异常活跃。

众所周知,从汉晋到明清的1000多年时间里,北方汉民迁徙入闽的脚步从未停歇过。闽北是北方汉民入闽时最先到达的地点,但由于闽北山区山高林密,交通不便,生产及生活条件较为恶劣,从北方移居来的部分汉民,往往又从闽北地区向闽江下游及沿海平原地带等生活条件较为优越的区域转徙,随着这些区域的开发和社会经济的发展,人口数量急剧增长,农业开发逐渐趋于饱和状态,人口与土地之间的紧张关系促使平原和沿海先开发区的居民逐渐向省内那些自然条件较为恶劣的未开发区迁移。

明清时期,人口与土地之间的关系日趋紧张,加上福建地方变乱等社会因素的影响,福建地区人口出现外迁,但平原及沿海地区仍有一些族姓向闽西、闽北等后开发地区迁徙。如兴化朱氏,迁往闽西地区的有石阜沙棠房"十六世额,迁汀州上杭街",琳井瑞明房"廿一世嘉定,寓永定县";迁往闽北地区的有琳井瑞明房"廿二世文沂,寓建宁",石阜金紫房"廿四世鸿鼎,居建宁"。❶ 翁氏,明代"四桂处朴公长官房五十九世士中公,由莆田黄石迁居建宁府浦城县";清代"六桂处休韶判房六十二世德公,由莆田埭头迁居建宁府崇安县"。❷ 另如闽东福州郭氏,"第十二世人房以谋公,明末由福州府城析居建宁府城"❸。长乐青山黄氏,阳夏福公仁房"一世均佑,明诰封中宪大夫,由长乐县二都阳夏鹏上乡仁房徙居福州北门外柴桥头而迁(南平)漳湖坂";阳夏福公派官公义房"二十世国举,迁居延平"。❹ 闽南族姓,如詹氏,"明代由漳平、安溪迁到(永定)湖雷。今分布在湖雷乡白岽、合溪乡武北、抚市乡贝溪❺。徐氏,"始祖元指挥使自吉安府于大明洪武二年(1369年)入福建,……择于漳之(南靖)邑,相厥麟峰之麓,开基高才杜焉。生三子:长曰胡伯公,迁居上杭县"❻。梁氏,"第八世时菲,行辛二,迁浦始祖,发源于谷满山桥,今立为次秋房发派。生于明万历己亥年,终于康熙丁巳年"❼。

其中,闽南和兴化地区地域相连,生活习性相近。明清时期,闽南和兴化地区族姓双向互动的特点十分突出。闽南迁往兴化地区的族姓有沁后蔡氏,"始祖蔡惟溥,为蔡襄后裔,世居泉州府同安县西门外大池顶。明崇祯九年(1636年),因避乱迁居兴化府莆田县武化乡兴教里沁后村"。九峰庄氏,"明崇祯七年(1634年)从惠安迁入"❽。巩溪黄氏,"嘉靖季,倭夷寇泉安海,避倭来莆城之北山兴教里围庄,去古之北螺村里许也,因乐其山水,遂家焉"❾。罗峰傅氏,竹湾房"十七世初,字朝盛,由龙溪徙居莆田榆桥"❿。玉湖陈氏,评事公房惠邑侯卿派"第十四世祖生,字朴素,遭明季海氛,与父兴斋逃乱(自泉州)回莆,卜居莒溪"⓫。而由闽南迁往仙游的张氏族人繁衍发展较为旺盛。据《仙游张氏各宗支源流世系图》载:枫亭苍厅、埔头和下仔南张,"明正德年间(1506—1521年),从南安鹏溪迁回辗转返迁卜居于此地"。郊尾沙溪张,"入仙初祖绵夫公,明嘉靖五年(1526年),从漳州海澄县江口街徙居此地"。盖尾聚仙内坑张,"入仙初祖欲成公,明嘉靖年间(1522—1566年),从永春石鼓少卿村迁此居住,裔衍内坑张、内坑外张、前连张、城关东门张、南门张等村落"。榜头溪尾大望张,"入仙初祖均用公,明嘉靖乙未年(1535年),从永春石鼓少边村入仙卜居此地"。榜头何麓庄林张,"入仙初祖齐质公,明嘉靖年间,从泉州徙此定居"。郊尾东湖炉峰张和城东土寨张,"上述二张入仙初祖易洲公,明嘉靖年间携两子,长曰昌吾、次曰直吾从南安洪濑迁入仙游,长子昌吾卜居土寨繁衍生息,易洲公与次子直吾卜居郊尾东湖炉峰繁衍生息"。龙华平原青山张,

---

❶ 引自:莆田朱氏通谱·源流概述,莆田朱氏通谱编写委员会编,1999.
❷ 引自:翁氏族谱,《京兆翁氏族谱》编修理事会编,1994.
❸ 引自:(清)光绪福州郭氏支谱卷2·代迁.
❹ 引自:(长乐)青山黄氏世谱.
❺ 引自:(新修)永定县志卷3·人口.
❻ 引自:(南靖高才杜)徐氏族谱·世系.
❼ 引自:(三修)梁氏合修族谱卷4、卷6.
❽ 引自:(新修)梧塘镇志第三章人口,方志出版社1997年版.
❾ 引自:(清)莆阳巩溪黄氏宗谱甲辑(二).
❿ 引自:(民国)仙游罗峰傅氏族谱卷8-12.
⓫ 引自:莆阳玉湖陈氏家乘·世系.

"入仙初祖昇台公,明嘉靖年间,从南安迁来卜居繁衍,今建新下厝、顶张、后厝、新厝下张、溪坂庄安厝、向阳、安厝西坂张等村落"。此外,明清时期相继从惠安张坑迁入仙游繁衍生息的张氏还有六支:即枫亭兰友张、新街口张、园庄东坪张、岭北蒋宅张、内宅张和盖尾湖坂湖里张等。❶

同时,兴化地区族姓也大量分迁闽南地区。如朱氏,琳井瑞明房"十六世让、迈间,迁晋江内坑;十七世普满、应宗,迁泉州";琳井公与房"十八世俞,出赘惠安十都邵玉官家";琳井紫筠房"廿世晏,迁惠安";琳井蔡岭房"廿一世铭爵,明永乐廿二年迁居惠安";石皁花园房"廿五世荣,居晋江北门"。❷ 另玉湖陈氏徙惠安、泉州,如评事公房惠邑侯卿派,"第一世伯圆公三子,字源大,讳洪,明初徙惠安后坑,为侯卿陈氏始祖";丞相公房龙岩派,"十二世教,字叔训,徙惠安县龙山;十二世安,字士廷,迁惠邑峰尾;十三世旧弼,教公次子,子三文韬、武韬、龙韬,徙惠安";丞相公水关头派,"十五世孟洁,基公三子,邑庠生,徙泉州"。❸ 南湖郑氏,"皁公第十一代再分六房,二房叔元公十四代郑绚,迁漳州,为漳州始祖;三房叔庠公二十代郑璿,官惠安教谕,因家焉,为惠安始祖;四房叔达公二十一代郑德居泉州"。❹ 飞钱陈氏,明代,"富洋房十八世宋生公,迁居永春;大圳房廿二世宝公,迁居永春林黄,下楼房廿三世江公,迁往德化麻埕;东宅房廿三世于十一公、廿四世行良公,迁居惠安小溪"。清代,"林田房廿五世玉鸣公,迁居泉州城内田中"。❺

其次,客家人所处的闽西山区,农业生产条件不如沿海地区及闽江流域,且相较于福建的其他民系,客家先民迁入闽西的时间相对要迟一些,社会经济发展也相对滞后。因自然环境的制约和生存的需要,明清时期客家人族姓不断地向省内其他地区播迁。迁往闽南地区的,如九峰杨氏,"始祖原籍宁化县石壁村杨家坊,明洪武年间(1368—1398 年),杨世熙迁徙南靖县河头坪(现属平和九峰);明正德十三年戊寅(1518 年)平和建县始移福坪(今九峰杨厝坪),后其子孙繁衍于九峰、长乐、崎岭等地"。长乐秀峰游氏,"明嘉靖年间(1522—1566 年),游均政由永定县大溪迁居于(平和)长乐秀峰"。❻ 赖氏,"明洪武二年(1369 年),由宁化心田里石壁城迁往漳州平和县葛竹社"。❼ 而迁往闽东地区的,如福清市的一些姓氏就是明清时期由闽西客家区迁移而来:"叶氏、染布厝,清乾隆时自汀州迁(福清)方兴里染布厝村。李氏、霞坡,清乾隆时自汀州上杭县,迁方兴里霞坡村。李氏、青客,清乾隆时自汀州迁方兴里青客村。李氏、星玉,清道光时自上杭县迁永寿里星玉村。邱氏、邱厝,清康熙三十二年(1693 年)自永定县溪南乡大平里鉴霞村,迁平南里五九都邱厝村。"❽ 另如李姓,"明正统年间,由汀州上杭县金峰里迁入福鼎管阳章峰,始祖李耀"。❾ 罗氏,"有清韩公者,字希魏,号中山,清雍正进士,候选州司马,由连城亨子堡移居福州后浦铺"。❿

迁往兴化地区的,如戴氏,"明嘉靖间,华峰公自汀州迁居莆田华亭镇圳头戴厝"。⓫ 也有部分族姓迁往闽北地区,如巫氏,"清康熙四十五年(1706 年),巫式俊由长汀迁居(浦城)忠信李村"。余氏,"清康熙间,余弘远、余日葵避乱由连城上营溪项岭头迁居忠信雁塘鲤鱼山九牧黄碧洋竹下"。⓬

再次,龙岩人与闽南、客家民系的族姓渊源。历史上龙岩县长期归属于汀州府、漳州府管辖,但不能简单地把龙岩县的汉民归入客家人或闽南人,龙岩县的汉民具有其独特的民系特征,是一个独立的汉人民系。明清时期,龙岩人的族姓流动也相当频繁,与其关系密切的主要是闽南和客家民系。民国《龙岩县

❶ 引自:仙游张氏族谱第三章仙游张氏各宗支源流世系图,仙游县张氏族谱编委会编,2001.
❷ 引自:莆田朱氏通谱·源流概述,莆田朱氏通谱编写委员会编,1999.
❸ 引自:莆阳玉湖陈氏家乘·世系.
❹ 引自:(清)南湖郑氏大宗谱·序二.
❺ 引自:仙游飞钱陈氏族谱(续修本).
❻ 引自:(新修)平和县志卷 3 人口,群众出版社 1994 年版.
❼ 引自:(新修)宁化县志卷 3 人口.
❽ 引自:曹于恩.福清部分姓氏渊源[J].福清文史资料,第 9 期.
❾ 引自:(新修)福鼎县志第三篇人口.
❿ 引自:(民国)福州罗氏族谱.
⓫ 引自:福建莆田戴氏联谱·源流概述,莆田戴氏源流研究会编,2000.
⓬ 引自:(新修)浦城县志卷 5·人口.

志》卷 4《氏族志》记载了明清时期龙岩县的一些主要姓氏的入迁情况(表 1-1)。

表 1-1　明清时期龙岩县主要姓氏入迁情况

姓氏	迁入地	迁入时间	姓氏	迁入地	迁入时间
阮	永定湖雷	明末清初	吴	漳州、泉州、连城、宁洋	元末及明、清
赖	上杭、永定	明代	蔡	闽南	明初及清初
何	漳州、镇海	明末清初	魏	福州、长乐	元末明初
赵	镇海	明中叶	朱	宁化	明初
倪	漳州、将乐	明初	沈	漳平、永定	清中叶
郑	漳州	明初	曾	上杭、镇海	元末明初
萧	连城	明初	洪	泉州、漳平、海澄	明初
路	漳州	清雍乾年间	滕	宁化	明初
雷	蕉岭	清中叶	尤	漳平、永福	清中叶
马	上杭、长汀、漳州	明、清	叶	永春、漳平、武平、仙游	清初
卢	永定	元末明初	冯	福州	明代
邹	永福、上杭	明初	毛	漳州角尾	明末
侯	武平	清末	尹	武平	清末
易	漳平	明初	高	上杭	明末清初
林	福州、泉州、兴化、邵武、武平、连城	宋、元、明、清	潘	海澄	明初
游	漳平、永定	明中叶	石	镇海、武平	明、清
陈	漳平、连城	宋、元、明、清	曹	汀州	宋、元、明
张	连城、上杭、泉州、莆田、永定	宋、元、明、清	施	延平、漳州	明中叶
俞	永定、宁洋	清乾隆年间	竭	漳平、永福	明中叶
童	南靖	清初	涂	汀州、连城	明末
李	永福、上杭	明、清	罗	连城、沙县、延平	宋末及元、明、清

资料来源:林剑华.明清时期福建省内再次移民及动因探析[J].东南学术,2006(1):152-160.

　　根据上表,来自福州民系的有魏、冯、林 3 个姓氏。来自兴化民系的有叶、林、张 3 个姓氏。来自闽南民系的有吴、蔡、何、赵、倪、郑、曾、洪、杨、马、叶、毛、尹、林、潘、张、施、路、童 19 个姓氏。来自本省客家民系的有吴、阮、赖、曹、朱、沈、曾、萧、罗、徐、滕、杨、马、叶、卢、邹、侯、高、林、游、石、张、俞、涂、李 25 个姓氏。从以上统计数字可以看出,龙岩民系的源流差不多包括了福建省内的其他各个民系,其中绝大部分来自闽南和客家民系,这大概与龙岩县所处的地理区域及历史上的行政归属有直接的关系。

　　明清时期,福建各民系之间的族姓迁徙相当频繁。与此同时,各民系内部的人口流动也十分活跃,既有不同县份之间的相互迁移,也有同一县份不同乡村之间的人口流动。民系内部不同乡村之间的人口流动以闽西北和闽东山区较为活跃。如上杭县吴氏,始祖宋末由龙岩迁来上杭县城定居,历经明清两代,至民国初年,吴氏族人已分布在上杭县的许多村落,"附郭长坝、水南北门外各十数户。县东汤湖乡户口百数。……又大坝、官庄坪、黄连寨、竹马坑、下山溪等乡各户口数十。县南中都吉布乡有数十户。县西山田乡,县北岭头、梅溪、寨、古石背等乡各百数十户"。❶ 再如闽东的福安县,郭氏家族于宋孝宗时(1163—1189 年)迁居福安宸东,现称宸东郭氏,其后子孙渐多,分迁一支于宸西鹿斗,故又称宸西郭氏,"明季倭寇入城,十五世支祖大骞自鹿斗徙居白石隆源巷",衍派出白石郭氏。清代又有子孙分衍于曾坂、社口等处,

---

❶ 引自:(民国)上杭县志卷 8·氏族志,转引自陈支平.福建六大民系第三章.

故又分称为曾坂郭氏和社口郭氏。这些郭氏支族,如今都成了福安县内较为著名的族姓❶

由上述可知,北方汉民入迁福建后,其居住地并不是一成不变的。明清时期,福建各个地区都已得到开发,社会交往和区域间的联系更加密切。随着社会生产条件以及生存空间的不断变化,各个族姓的一部分族人必然要再次外迁,以寻求更为优良的生产和生活环境。而族姓的外移,必然受到各种社会因素的影响和制约。究其动因,大致有如下几点:①倭寇侵扰。②清初"迁界"。③驻军、屯田军入籍。如新修《德化县志》载:明洪武及永乐年间,泉州卫所拨军陆续入籍德化县。如"明洪武初,彭史亥由泉州右卫所拨军入籍德化浔中涂厝格;洪武三年(1370年),陈祖声由泉州右卫所拨军入籍德化三班奎斗;洪武四年(1371年),单毛俚由泉州右卫所拨军入籍德化浔中高阳;洪武廿二年(1389年),寇诸玖由泉州打锡巷拨军入籍德化仪林;洪武廿三年(1390年),徐茂一由泉州右卫所拨军入籍德化三班奎斗;洪武廿八年(1395年),易镇南由泉州右卫所拨军入籍德化吉岭;明永乐元年(1403年),彭闰由泉州拨军入籍德化霞碧"。❷④开荒、经商。明清时期,随着人口数量的急剧增长,农业开发逐渐趋于饱和状态,人口与土地之间的紧张关系促使省内许多族姓到异地垦荒并定居。如赖氏,"长孙六十一郎、次孙六十二郎、次孙六十三郎乃于洪武二年(1369年),闻朝廷开漳,招集新民,兄弟相率下漳择地开基。积玉公六十一郎择卢溪漳汀之地,乃漳水、鄞江分界往东交冲之所也。因筑室居住,便就问讯石壁城故居也。六十三郎即住溪,得心田其地广饶,舟车可通,乃开基焉。六十二郎取葛竹,去漳汀不远,层峦耸秀,媚色可餐,有竹林遗意焉。遂作室于后坪埔……"❸另外,一些族姓因生计所迫,到异地经商并定居。如章氏,"明正德年间(1506—1521年),章茂安由漳州入莆经商,后定居莆禧,子孙散居莆田城内外"。❹⑤逃难、避灾。如南阳陈氏,"兄弟三人乃南阳公十八世孙,询仁公官刑部给事中,因直谏触洪武怒,遁避宁德县白鹤岭。两弟恐累及,海公迁宁德县城,汝公避居古田二保"。❺⑥异地联姻。如莆田朱氏,琳井监镇房"十五世虎,明洪武间出赘惠安沙格陈解元家";琳井公与房"十八世俞,出赘惠安十都邵五官家";琳井紫筠房"廿六世塘,出嗣建阳"。❻⑦风水。在族姓流徙过程中,一些开族外地的族人为了日后繁衍生息、家族兴旺,往往择地而居,崇尚"风水"观念。如赖氏,"洪武二年(1369年),……六十二郎取葛竹,去漳汀不远,层峦耸秀,媚色可餐,有竹林遗意焉。遂作室于后坪埔,侧耳听风,虎形坐巳向亥兼巽乾,春秋享祀,血食万代,为不祧之祖云"。❼

鸦片战争之后,光绪十九年(1893年),清政府正式废除海禁,允许人们自由出入国境,对闽人移民海外产生了巨大影响。这个时期,闽人移民东南亚及欧美等国家和地区形成高潮,光绪十七年至民国19年(1891—1930年),出国人数多达116.8万人。

(5)福建移民历程小结

福建移民历程以明代为界,大致可分为前、后两个时期。前期以吸纳外来人口为主,以北方汉民为主体的移民把福建作为求生存和发展的福地,源源不断地迁入福建并定居,成为福建人。后期则以输出人口为主,闽人向周边省份、台湾地区、港澳地区及东南亚地区、日本、欧美各地迁移,足迹遍及世界。❽

移民极大地促进了福建的开发进程,至宋代,福建多数地区得到了开发,社会经济不但走出了长期落后的境地,而且在短时间内跻身于全国发达地区行列,成为东南全盛之邦。其次,北方移民带来先进的中原文化,并创造出具有福建地域特色的闽文化。福建文化对中国乃至世界做出了巨大的贡献。

1.4.2 移民下的闽文化与社会发展

基于上述,中原移民有力地推动了福建社会、经济、文化的发展。秦汉之前,福建经济远远落后于中

---

❶ 引自:(光绪)福安县志卷终·氏族,转引自陈支平.福建六大民系第三章.
❷ 引自:(新修)德化县志第三篇人口,新华出版社,1992.
❸ 引自:(南靖南坑)赖氏族谱之世系.
❹ 引自:(新修)梧塘镇志第三章人口,方志出版社,1997.
❺ 引自:(福清)南阳陈氏族谱之修谱记.
❻ 引自:莆田朱氏通谱·源流概述,莆田朱氏通谱编写委员会编,1999.
❼ 引自:(南靖南坑)赖氏族谱·世系.
❽ 引自:林国平,邱季端.福建移民史[M].北京:方志出版社,2005.

原地区。而福建偏处东南,自然条件优越,又远离频繁动乱的中原,社会相对安定,因此,它像一块强力磁铁,吸引着北方汉民,从汉晋开始,北方汉民不断迁入福建,前后延续 1000 多年。

移民,给福建地区带来了先进的中原文化。秦汉之前,福建为蛮荒之地,居住着闽越土著,其最重要的文化标志是以蛇为图腾和断发纹身,"信鬼神,重淫祀",巫术充斥整个社会。直到隋唐五代时,这一原始蒙昧才有了明显的改观。一方面,随着汉人不断移民福建,汉族与土著民族之间的融合速度加快。另一方面,北方移民不断入闽促使了福建人口的迅速增长,有力地推动经济的发展,从而为文化的发展提供了物质条件,加上地方官注重兴办教育,网罗人才,使福建文化长期落后中原的局面有所改观。

宋代时期,随着全国经济重心的南移,福建社会、经济、文化进入大发展时期。据统计,宋代福建有县学、州学 56 所,书院 75 所,还有数以百计的书堂、学校书堂遍布城乡。教育的发达和读书风气的形成,使福建科举鼎盛,人才辈出。据不完全统计,宋代福建进士多达 7038 人,占全国进士总数 35093 人的五分之一;宋代宰相共 134 人,福建籍宰相有 18 人,居全国第三位;被《宋史》收入的福建名人有 179 人,为全国之冠。宋代福建还涌现了一大批名扬中外的杰出人才,有理学的集大成者朱熹,有天文家苏颂,有法医家宋慈,有史学家郑樵和袁枢,有书法家蔡襄,有著名的诗人杨亿、慢词大师柳永、诗论家严羽、文学家刘克庄等等。

综上,福建发展史在某种意义上说就是一部移民史。而先民艰难迁徙的足迹印记在福建类各个历史城镇、古村落中。其次,在历史变迁轨迹中,中原文化随着移民传入闽地,闽文化的形成是人不断适应地域环境的产物,其间社会制度、战争、农耕技术、航海技术等众多因素是促使闽文化形成的推动力,而闽地文化的本源来自中原。再次,建构闽文化的过程中,移民因子起了决定性的作用,而伴随移民的社会制度、社会经济、生态自然环境等因素共同作用,并相互影响,使得移民适应环境与改造环境,由此形成了适合地域的新文化。最后,闽文化来源于中原文化,中原文化是闽文化体系中的核心文化,是文化基础。闽文化又是中华文化的亚文化,所以,闽文化圈亦为中华文化的重要组成部分。

1.5   移民浪潮下的台湾

1.5.1   移民台湾

从台湾岛的考古发现来看,大陆的文化在旧石器时代就已传到台湾。台湾各地相继发掘出土的石器、黑陶、彩陶和殷代两翼式铜镞等大量的文物证明,台湾的史前文化与祖国大陆同属一脉。

高山族是较早居住在台湾的民众。据考古发掘和出土文物,学者们研究认为,高山族大致有属于尼格利佗种的矮黑人,也有属于琉球人种的郎峤人;但绝大部分属于南亚蒙古人,他们是直接或间接从大陆移居台湾的。❶ 而南亚蒙古人发源于亚洲大陆,一支从东部沿海南下,散居于我国东南沿海地区,古称百越;一支从西北南下,散居于我国西南一带,史称百淮。百越族在历史时期又分为许多支,有主要居住在今浙江南部和福建北部一带的东瓯闽越,还有部分闽越族东渡台湾海峡,向台湾迁移。翦伯赞先生曾在《台湾番族考》中指出:"台湾的番族是百越族的支裔,这种番族之占领台湾,不在宋元之际,而是在遥远的太古时代。"❷

而台湾所发现的许多旧石器、新石器时代遗址和大量文物,充分说明了早在远古时代台湾就和大陆有了文化上的联系。1970 年在台南县左镇莱乡寮溪河谷里发现了一块灰红色人头骨化石,鉴定为青年的头顶骨,被命名为"左镇人",年代距今 1 万至 3 万年。据此,考古学家研究认为,左镇人应是经过长途跋涉从大陆现在的沿海一带进入台湾的原始人。另据三国时期吴丹阳郡太守沈莹所作的《临海水土志》载:

---

❶ 引自:许正文. 论历史时期大陆向台湾的移民与往来[J]. 中国历史地理理论丛,2001,16(3):67-71.
❷ 翦伯赞. 台湾番族考[C]//叶圣陶. 开明书店二十周年纪念文集. 上海:开明书店,1947:320.

"安家之民,悉依深山……居处、饮食、衣服、被饰,与夷州(台湾)民相似","今安阳、罗江二县民是其子孙也"。安阳东汉初为东瓯地,罗江为闽越地,都为越族居住区,可见台湾居民与古代越族同出一源,是由闽浙一带沿海漂流至台湾。

(1)先秦至隋唐时期

在中国古代文献里,台湾被称为蓬莱、岱舆、员峤、瀛洲、岛夷、夷洲、流求、琉球等。春秋至秦汉时期,大陆东南沿海居住着土著民族——百越,居住在福建境内的越人称"闽越",其最重要的文化标志是以蛇为图腾和断发文身。虽然台湾海峡阻碍了闽海之间的交往,但由于闽越族是一个善于舟楫的民族,所以仍有不少闽越人跨越台湾海峡,迁徙到台湾岛,成为台湾高山族的祖先。❶ 据连横的《台湾通史》载:"或曰楚灭越,越之子孙迁于闽,流落海上或居澎湖。"由此可以看出,这些先民给福建、台湾等地带去了先进的生产技术,对闽海社会的发展起了一定的促进作用。

三国时期孙权为"求取国家的利益,开疆拓土","觅取海外之发展,谋求贸易之利",曾派兵远航,出外探险。《三国志·吴书·吴主传》载:孙权"远规夷洲,以定大事","旨在普天一统"。公元230年,孙权派人"浮海求夷洲"(今台湾),带回土著数千人。东吴远征之举,促进了台海之间的联系,打破了海峡两岸隔膜的障壁,是祖国大陆政权经营台湾的开始,也是史料明文记载的大陆汉人大规模到达台湾活动的第一次。

隋朝时,台湾称为流求,或同音异写为留仇、流虬。《隋书》卷82载:"流求国居海岛之中,当建安郡(今福建北部)东,水行五日而至。"而隋炀帝于大业三年(607年)"令羽骑尉朱宽入海,求访异俗,何蛮言之,遂与蛮俱往,因到流求国,言不相通,掠一人而返。明年帝复令宽慰抚之,流求不从,宽取其布甲而还"。隋炀帝于大业六年(610年)又派遣武贲郎陈棱、朝请大夫张镇周(一作张镇州)"发东阳兵万余人,自义安(今广东潮安)泛海,击流求国","流求人初见船舰,以为商旅,往往诣军中贸易"。此记载说明了台湾人此前与大陆商船曾有不少贸易,同时也说明了台湾人已有较多物资可供交换,故已形成贸易习惯。据《闽书·方域志》载,陈棱从台湾掳回的数千人口,被就近安置于福清县福庐山。这是有历史记载的第一次台湾人定居大陆(福建)沿海。陈棱被后世奉祀为台湾的"开山祖",郑成功在台湾还为他修"开山宫"以为纪念。

唐代,因袭隋代称台湾为流求。这时,有一些大陆人士相继到澎湖去开发。元和年间(806—820年),大进士施肩吾不愿在宦海中浮沉,无心做官,"施肩吾始率其族迁居澎湖",从事开发澎湖的生产劳动。《全唐诗》中选有施肩吾❷《岛夷行》诗一首:"腥臊海边多鬼市,岛夷居处无乡里。黑皮年少学采珠,手把生犀照咸水。"全诗生动地描写了由大陆去澎湖的汉族人民和当地少数民族在一起生活劳动的情景。施肩吾曾在另外一首《赠友人归武林》诗中又写道:"去去程何远,悠悠思不穷。钱塘江上水,直与海潮通。"由此可见当时由大陆去澎湖、台湾的人具有相当规模。❸ 唐宣宗大中年间(847—859年),陵州(今广西)刺史周遇曾亲自登上台湾岛。唐时澎湖、台湾属岭南节度使管辖。

五代时期,闽王王审知在位29年,实行保境安民和发展对外贸易的政策,促进了福建社会经济的进一步发展。为了发展对外贸易,王审知还令人开凿了黄崎镇甘棠港(今福建福安黄崎甘棠)。甘棠港的建成,为外国商船入闽提供了方便,也有利于闽船由此发运,驶往台湾。闽国的海上贸易交通较为发达,因而闽海地区的联系得到了进一步的加强。

(2)宋元时期

宋元时期,由于中原战乱,人们屡屡遭受战争威胁,大陆沿海民众渡海求生者逐渐增多。"历更五代,终及两宋,中原板荡,战争未息,漳(州)泉(州)边民,渐来台湾,以北港为互市之口,故台湾旧志,有台湾亦名北港之语"❹。"蒙古崛起,侵灭女真,金人泛海避乱,漂入台湾,宋末零丁洋之败,残兵义士亦有至者,故

---

❶ 引自:何绵山. 闽台区域文化 [M]. 厦门:厦门大学出版社,2004.

❷ 施肩吾,浙江分水县人,字东斋,元和年间(806—820年)的进士,后率领族人渡海到澎湖定居。

❸ 引自:许正文. 论历史时期大陆向台湾的移民与往来[J]. 中国历史地理论丛,2001,16(3):67-71.

❹ 引自:连横. 台湾通史[M]. 北京:商务印书馆,1983.

名为部落,自耕自赡,同族相扶,以资捍卫飞"。❶ 又如清乾隆间,任台湾海防同知的朱景英所著《东海札记》中载:"台地多用宋钱,如太平、元祐、天禧、至道等年号钱,钱质小薄,千钱贯之,长不盈尺,重不逾二斤,相传初辟时,土中有掘出古钱千百瓮者。""太平"为"太平兴国",为太宗年号,"元祐"为哲宗年号,"天禧"为真宗年号,"至道"为太宗年号,都为北宋时期,可见北宋年间大批汉人移居台湾。❷

纵观整个宋代,福建已由移民社会变为定居社会,地方经济进入了大发展时期。这一时期,福建的海上交通和对外经济贸易获得空前发展,位居全国乃至世界的前列,有了发达的经济作为后盾,福建对台湾的联系,都较以往前进了一大步。

从现存的文献看,福建汉族民众较大规模迁居台澎是从宋朝开始的。据何乔远《闽书》引《宋志》云:"彭湖屿,在巨浸中,环岛三十六,人多侨寓其上,苫茅为舍,推年大者长之,不畜妻女,耕渔为业,雅宜放牧,魁然巨羊,散食山谷间,各劳耳为记。有争讼者,取决于晋江县。府外贸易岁数十艘,为泉州府。其人入夜不敢举火,以为近琉球,恐其望烟而来作犯。王忠文为守时,请添屯永宁寨水军守御。"❸另外,从《宋史·艺文志》《直斋书录题解》《文献通考·经籍考》《文渊阁书目》及宋淳祐的《清源志》均表明了:至少在南宋时福建人民已定居澎湖岛上,并建造了房屋,进行农耕和捕鱼业以及畜养山羊,"散食山谷间",而且民间争执事宜均到晋江县衙门审决,同时,泉州的商船也经常往来贸易。

闽南聚落家族族人最早徙居台湾,现有文字记载的是在北宋末南宋初,德化县城郊宝美村的苏氏族人。据《德化使星坊南市苏氏族谱》载,南宋绍兴三十年(1160年)该家族七世祖苏钦为本家族族谱所撰写的一篇序文云:苏氏一族于南宋绍兴年间,"分支仙游南门、兴化涵江、泉州晋江、同安、南安塔口、永春、尤溪、台湾,散居各处"。此外,泉州《德化上涌赖氏族谱》中也记载了宋代族人徙居台湾的内容。❹ 另外,台湾大学考古系在澎湖的实地考察,发现大量的宋代瓷片和宋代铜钱等等,都足以证明宋代福建人迁居台湾、澎湖等地。

元代,福建闽南与台湾的关系进一步密切。在继承宋代对台澎继续通航相互往来的基础上,于元世祖至元二十九年至三十一年(1292—1294年)间设立了隶属于福建省晋江县的澎湖巡检司,这是大陆在澎湖列岛上设立专门政权机构的开始,曾对台湾多次进行诏谕。第一次诏谕发生在至元二十九年(1292年)九月,根据海航副万户杨祥和书生吴志斗的建议,决定派兵6000人前往诏降。杨、吴率军亲往流求,但这次行动到达澎湖后,因内部纠纷而发生混乱,以致半途而废。大德元年(1297年),任福建省平章政事的高兴曾向朝廷上书:"泉州与流求相近,或诏或取,易得其情""不必他调兵力"。元政府便下令改福建省的平海等处为行中书省,将省治设于泉州。同年九月,高兴便派省都镇抚张浩、福州新军万户张进等往台湾,"禽生口一百三十余人"返回。次年正月,又将这些人遣送回去,要他们传达元政府"归谕其国,使之效顺"的意愿,结果一点反应都没有。这是由于当时台湾的土著民族处于大小不同、不相隶属的原始部落阶段,对于本部落以外的人则保持高度警惕,无法起到使之效顺的政治目的。

另一方面,闽南聚落族人移居台湾的人数也有所增加。泉州永春的《岵山陈氏族谱》、南安的《丰州陈氏族谱》,以及石井的《双溪李氏族谱》等都记录了元代时期族人过台湾的相关信息。如元末至正元年(1341年)时,江西南昌人汪大渊曾搭乘海船,从泉州出发,远游南洋各国,回来后据其亲眼所见、亲耳所闻的情况写成了著名的《岛夷志略》。该书真实地记载了当时澎湖、台湾的情况。该书澎湖条云:"岛分三十有六,巨细相间,坡陇相望,乃有七澳居其间,各得其名,自泉州顺风二昼夜可至。有草无木,土瘠不宜禾稻,泉人结茅为屋居之。气候常暖,风俗朴野,人多眉寿,男女穿长布衫,系以土布。煮海为盐,酿秫为酒,采鱼、虾、螺、蛤以佐食,爇牛粪以爨,鱼膏为油。地产胡麻、绿豆。山羊之孳生,数万为群,家以烙毛刻角为记,昼夜不收,各遂其生育。工商兴贩,以乐其利。"由此可见,元代时澎湖进一步得到开发。元朝中央

❶ 引自:元史卷206·琉球传.
❷ 引自:许正文.论历史时期大陆向台湾的移民与往来[J].中国历史地理论丛,2001,16(3):67-71.
❸ 引自:何乔远.闽书:卷7[M]//林仁川,黄福才.闽台文化交融史.福州:福建教育出版社,1997:18.
❹ 引自:苏黎明.家族缘:闽南与台湾[M].厦门:厦门大学出版社,2011:1.

政权所采取的重要政治措施,使台湾与祖国大陆的政治、经济联系不断地得到加深和扩大。另外,明代《泉州府志》曾记道:"东出海门,舟行二日程至澎湖屿,在巨浸中,环岛三十六,如排衙然,昔人多侨寓其上,苫茅为庐,推年大者为长,不畜妻女,耕渔为业,牧牛羊,散食山谷间。"可见当时移居于澎湖的汉族居民已具一定的规模。❶

(3)明清时期

明朝初年,朱元璋为了防止方国珍、张士诚等部逃往海上的残余势力卷土重来,及消除倭寇侵扰,洪武五年(1372年)命信国公汤和经略海上。在东南沿海一带实行迁界移民、坚壁清野的政策,澎湖亦属迁界范围。以澎湖"居民叛服不常,遂出大兵,驱其大旅,徙漳(州)泉(州)间","徙其民而虚其地"。朱元璋虽多次下令迁界移民,把澎湖人民移到漳、泉二州安置,但迁界政策并不能完全阻止福建沿海民众继续迁居澎湖、台湾的趋势。并且内地农民为了逃避沉重的赋税负担,亦"常常逃于其中,而同安、漳州之民为多"。明政府虽有迁界之名,实际并无虚地之实,澎湖、台湾依然成为沿海人民的逃难地。

明洪武五年(1372年),明朝政府遣使直达今琉球,然后以流求、琉球之名乃移以指今之琉球,台湾则改称为小琉球。明代中叶,明政府的文件中正式使用"台湾"这一名称。14世纪,由于倭寇骚扰我国东南沿海,明朝政府认为澎湖孤悬海外,难以防守,洪武二十一年(1388年)曾一度撤除澎湖巡检司,把岛上居民迁至漳、泉一带。永乐年间(1403—1424年),明政府积极发展对外关系,出现郑和下西洋的壮举。郑和的船队曾在台湾赤嵌汲水,并深入大冈山一带。郑和第七次(1431年)下西洋曾到过台江(即今台南、高雄之间海岸)。据蒋毓英的《台湾府志》载:"台湾古荒裔地也,前之废兴因革莫可考矣,所得古老之传闻者,近自明始,宣德间太监王三宝(景弘)舟下西洋,因风过此。"王三宝为郑和随员,曾三次参加郑和的远航,目前在台湾有许多关于郑和及三宝太监的传说和遗迹,如"大井取水""植姜风山"等。❷ 由此看来,郑和所率领的船队,对台湾地区产生了一定的政治影响。

至15、16世纪时,倭患猖獗,倭寇以沿海岛屿为据点,与此同时,西方殖民者也开始侵入台湾、澎湖。明朝政府认识到台湾、澎湖的重要性,于嘉靖四十二年(1563年),恢复了澎湖巡检司机构,又于天启年间,"筑城于澎湖,设游击一,把总二,统兵三千,筑炮台以守"。❸ 明代中叶,福建到台湾、澎湖的移民增多,进一步促进了台湾的开发。他们中著名的有林道干、林凤、颜思齐、郑芝龙等。

到了明代晚期,战火连绵,社会动荡不安。公元1624年,荷兰人赶走盘踞在台湾北部的西班牙殖民者,开始了其在台湾38年的殖民统治。这一时期,大陆汉人开始有组织地移民台湾,其中规模较大的有两次,即郑芝龙移民和荷兰殖民者移民。这两次移民对台湾的社会、经济、文化各方面产生了重要影响。荷人占据安平之初,主要从事贸易,所食用之米仰赖日本、暹罗,砂糖则需从中国大陆运入,后因人口增加,食米供应常感困难,因此,荷兰殖民者决定开发台湾的土地。但是荷兰人在台湾的人数较少,难以从事耕种,而当时的台湾本地居民人数虽多,但技术落后,农业生产力较低,且大多缺乏存储观念,收取粮食仅供自己消费。在此情况下,荷兰人便招募大陆农民前来开垦。

为了招募汉人入台,荷兰人采取了一些优惠措施:①提供生产资料。余文仪《续修台湾府志》载:"盖自红夷至台,就中土遗民,令之耕田输租,……其陂塘、堤圳修筑之费,耕牛、农具、籽种,皆红夷资给。"❹这些生产资料对于两手空空来台垦殖的大陆汉人来说,无疑是极其需要的。②实行免税政策。一类是对某些急需农作物的种植免税,如甘蔗和1650年以后种植的蓝田。另一类是对新垦土地的免税。如发生在大陆战乱加剧后的1645年和郑成功宣布海禁之时的1657年的两次免税,就吸引了不少移民。最后一类

---

❶ 引自:许正文.论历史时期大陆向台湾的移民与往来[J].中国历史地理论丛,2001,16(3):67-71.

❷ 蒋毓英在《台湾府志》载"大井取水"相传为赤嵌(今台南市)有一口大井,王三宝到了台湾后在此井取水饮用。他在井内中投放了药物,住在台湾岛上得了皮肤病而久治不愈的居民在井中取水洗浴得以治愈。"植姜风山"说的是王三宝到了台湾后在风山种姜,此姜食后可治百病。另外,龚柴的《台湾小志》载:"明成祖永乐末年,遣太监王三宝至西洋,遍历诸邦,采风问俗。宣德五年,三宝回行,近闽海为大风所吹,飘至台湾,……越数旬,三宝取药草数种,扬帆返国。"

❸ 引自:余文仪.续修台湾府志:卷1建置[M/OL].网络电子书.

❹ 引自:余文仪.续修台湾府志:五册[M].台北:台湾大通书局,1962:30.

是因发生自然灾害实行的免税。如1646年,赤嵌附近发生严重干旱,稻田颗粒无收,荷兰人便准许"免除是年稻作税"。❶ ③改善社会设置。为招徕汉人,荷兰殖民者在台湾修筑了一些简易公路和公营旅馆,甚至还建立医院,专门收容患病的种蔗汉人。❷ 在荷兰殖民者的优惠措施下,相当数量的大陆民众应荷兰人的招募前往台湾,对此,"闽粤沿海之民,相率而至,岁率数千人"。❸ 据此,荷兰殖民者招募的移民数量具有一定规模。

另一方面,天启六年(1626年)到崇祯四年(1631年),福建连年灾荒,丧失土地和无衣无食的农民横渡海峡,到台湾谋生。而这时的郑芝龙以台湾北港为基地,活动于海峡之间,并在台湾行使着政权职能。郑芝龙以"劫富施贫"为号召,招纳流亡失地农民,沿海饥民纷纷投奔。郑芝龙以优厚条件招抚赴台垦荒饥民。"乃招饥民数万人,人给银三两,三人给牛一头,用海舶载至台湾"。❹ 一时"漳泉之人,赴之如归市"。

此外,其他重要海商也出面组织招徕移民,其中最著名的是原巴达维亚城的华人首领苏名岗。苏名岗,又名苏明光,福建丹安人,万历年间与人结伴到东南亚谋生,后定居巴达维亚,从事制糖业和商业,逐渐成为一个"与荷兰人有交易而在海上具有势力的商人"。公元1635年以后,苏名岗来台,他向荷兰人申请了大片土地,并组织船队,将大批移民载入台湾,从事垦殖和制糖等生产活动。

综上,随着大陆移民的不断增加,台湾社会、经济、文化有了长足的发展。据荷兰人的记载及其他资料所做的统计,自1624年到1644年的二十年间,闽粤一带的汉族人民到台湾去的共有25000户。❺ 又据日本调查所得的资料,1644年时,台湾有汉族人口约3万户,共10万人左右。❻

其中,郑芝龙移民是"中国历史上第一次有组织地向台移民活动,掀起首次大陆汉族移台高潮"。❼ 这次移民对台湾的开发产生了重要影响。

第二次大陆移民入台湾是1661年,郑成功率2.5万人驱逐荷兰侵略者,收复台湾岛。二十几年先后有四批逾8万军民眷属迁往台湾。❽ 郑成功东渡之前已有把官兵眷属迁移台湾的打算,公元1661年正月"藩驾驻思明州……传令大修船只,听令出征,集诸将密议曰:……前年何延斌所进台湾一图,田园万顷,沃野千里,饷税数十万,造船制器,吾民鳞集所优为者……我欲平克台湾以为根本之地,安顿将领家眷,然后东征西讨,无内顾之忧,并可生聚教训也"。❾ 郑成功收复台湾后,立即下令官兵眷属迁移台湾。到郑经时,继续执行搬眷入台的政策,"国轩得泉属诸邑,分其众镇守……遂启经调乡勇充伍,并移乡勇之眷口过台安插,庶无脱逃流弊,缓急可用,亦寓兵于农之意,经允其请"。❿ 郑成功时期,陆续到来的士兵和自由移入的劳动人民,总人数达12万余人。⓫ 在荷兰殖民者投降后,郑成功又实行"寓兵于农"的屯田政策,加速了台湾经济的迅速开发,同时也吸引了大批由大陆而来的移民。清朝统治初年,又在沿海一带实行"迁界令",对于流离失所的民众郑成功"驰令各处",尽力收容。因此,郑成功收复台湾给台湾地区的开发开创了崭新的局面,台胞由此尊称其为"开台圣王"。在郑氏政权时期,台湾人口中,除高山族外,汉族移民和郑氏官兵约20万人。这些人不仅为台湾经济的发展增加了劳动力,而且还带去了大陆先进的生产技术,使得台湾经济进入了飞跃发展的时期。这一方面,使得原来人烟稀少、土地荒芜的地方,逐渐变为良田。

---

❶ 引自:杨彦杰.荷据时代台湾史[M].南昌:江西人民出版社,1992:179.
❷ 引自:曹永和.台湾早期历史研究[M].台北:联经出版事业公司,1979:62.
❸ 引自:连横.台湾通史:卷十七[M].北京:商务印书馆,1983:339.
❹ 引自:(明末清初)黄宗羲.黄宗羲全集·赐姓始末:第二卷[M].杭州:浙江古籍出版社,1986.
❺ 引自:刘大年,丁名楠,余绳武.台湾历史概述[M].北京:生活·读书·新知三联书店,1956:12.
❻ 引自:甘为霖.荷兰人侵占下的台湾[M]//厦门大学郑成功历史调查研究组.郑成功收复台湾史料选编.福州:福建人民出版社,1982.
❼ 引自:崔之清.台湾是中国领土不可分割的一部分:历史与现实的实录[M].北京:人民出版社,2001:19.
❽ 引自:彭心安."台湾自决论"的理论透视[J].台湾研究,1995(2):1-5.
❾ 引自:(清)杨英撰.陈碧笙校注.先王实录校注[M].福州:福建人民出版社,1981.
❿ 引自:(清)江日升.台湾外记:卷22[M].福州:福建人民出版社,1981.
⓫ 引自:许正文.论历史时期大陆向台湾的移民与往来[J].中国历史地理论丛,2001,16(3):67-71.

稻田面积的不断扩大,使谷米产量逐年递增;甘蔗种植面积的扩大,使蔗糖生产迅速发展;冶铁技术的传入,改变了农业和手工业的落后状况;晒法的传入,使台湾食盐的产量得到提高;渔业相应得到发展;原始森林也开始得到了有效的利用;海上贸易的发展,使造船业繁荣。另一方面,则促使一批新的村镇出现。开始时,拓殖区域限于承天府、安平镇附近,以后渐次向外拓展,南至凤山、恒春,北迄嘉义、云林、彰化、埔里社、苗栗、新竹、淡水、基隆各地。经过明郑几代的经营,台湾的农业、手工业、商业外贸和文化教育,都有了明显的发展,出现了人畜兴旺、物产丰饶的繁荣景象。

第三次是清朝治理台湾设立一府三县而产生的移民高潮。康熙二十四年(1685年)正式设定台湾的行政区划为一府三县,隶福建省,府为台湾府,府治设于东安坊,即今台南市。将明郑时期的天兴改为诸罗县,县治设在诸罗山(今嘉义市),另外又把万年州析为台湾县和凤山县,澎湖地区则属台湾县管辖。清统一台湾后,大陆沿海,主要是闽粤两省少地无地的农民一批又一批接踵渡海至台,掀起了一股前所未有的开发宝岛的高潮。与此同时,乾嘉年间,台湾的人口出现了高速的增长,除了自然增长的因素以外,也反映了这一时期移民高潮的形成。康熙二十四年(1685年),台湾的汉族人口大约不到7万人,到乾隆四十七年(1782年),发展到912900人,这期间,台湾人口的年增长率为26.55‰,到嘉庆十六年(1811年),台湾人口又增加到1901833人,29年间,年增长率为25.63‰;光绪十九年(1893年)台湾人口达到2545731人,82年间,平均增长率为3.56‰。因清政府实行禁止"偷渡",和禁止赴台者携眷的政策,而妇女进行偷渡又确实比男子要增加很多的困难,所以,在很长的一段时间里,台湾妇女人为缺少,人口的自然增长率应当低于全国的平均水平。而康熙二十三年至乾隆四十七年间(1684—1782年),台湾人口的平均增长率都要比当时全国人口的平均增长率12.76‰高出13.79‰;这充分说明:此期间台湾人口的增长主要依靠大陆移民。❶

清代大陆移民进入一个新阶段,不仅人数众多,至嘉庆十六年(1811年)在台汉民已达二百余万,而且成为开发台湾的主力,促进了台湾社会经济的全面发展,对开发台湾起了不可估量的作用。如乾隆年间,开发台湾的客家移民中,最负盛名的当推胡焯猷。胡焯猷字瑞铨,号仰堂,福建省汀州府永定县人,乾隆年间迁台,居住于淡水兴直堡之新庄山脚。"当时的兴直堡一带,多未垦辟",有"荒土之地"的古称,胡焯猷赴淡水厅请垦,出资募佃,建村落,筑陂圳,大兴水利,尽力农功,"不十数年,启田数千甲,翘然为一方之豪矣"。❷

总之,宋到清代时期,福建特别是闽南就有一些聚落家族族人渡台,从明末尤其是清初开始,台湾的人口迅速增加,主要在于移民人数的急剧增加,而这些移民当中,大部分来自闽南地区的各个家族。台湾的汉族移民中,福建人约占83.1%,其中泉州籍约占44.8%,漳州籍约占35.1%,汀州、龙岩、福州等籍约占3.2%。由于闽南人占台湾移民人口的绝大多数,所以,汉文化在台湾的传播历史也是福建文化移植到台湾并在台湾进一步发展的历史。诸如台湾移民大多数讲福建方言,闽南话几乎为台湾通用的方言;台湾移民社会基本上保留着闽南地区的饮食习惯、服饰文化、建筑风格、婚丧喜庆和岁时节庆风俗;台湾的文化娱乐,如戏剧歌舞、儿童游戏以及宗教信仰等也由福建传人传授、传播。

(4)清末至民国

1840年后,外国资本主义势力纷纷侵入中国。台湾与福建地处东南沿海,外国资本主义侵入较早,所受的祸害也较深。由于资本主义国家大量输入廉价的工业品,大量倾销从东南亚国家掠夺来的大米和布匹,闽海地区农业和手工业的发展受到了严重阻碍,台湾和大陆之间的贸易往来也遭到破坏。如因洋布、洋纱充斥而使得台湾、泉州、福州的棉布市场丢失,造成福建纺织手工业者大批破产。而台湾的稻米市场也被洋米占据,致使农业生产凋敝,大批农民破产。

19世纪60年代至90年代,面对着外国资本主义势力的军事侵略和经济掠夺,台湾人民一方面与外国侵略者作坚决的斗争,另一方面辛勤劳动,使台湾地区的社会经济仍有较快的发展。鸦片战争后,福建

❶ 引自:邓衍源.清代台湾的移民高潮[J].文史知识,1990(4):77-81.
❷ 引自:高峻,俞如先.清代福建汀州人入台垦殖及文化展拓[J].福建师范大学学报(哲学社会科学版),1994(1):109-113.

等地迁往台湾的居民仍然逐年增加,表明台湾的开发方兴未艾。如咸丰元年至五年(1851—1855年),淡水人黄阿凤集资募众2200余人,往垦台东岐莱(花莲港),同早先"已至其地"的汉人一起,开荒辟土,"居者千家,遂成一大都聚"。咸丰五年(1855年),凤山县人郑尚至卑南(今台东)与高山族贸易,并教以耕耘之法,得到高山族人民的欢迎,并"以师事之"。除了民间开垦外,清政府也开始有组织、有计划地推行垦殖措施,并在厦门、香港、汕头等地设招垦局,正式招募大陆人民赴台开垦,给应募者以种种优待,如渡台费用由官方发给,开垦期间每日给予口粮,每名授田一甲,并供给耕牛、农具、种子等,3年之后才课以租税。❶ 光绪十二年(1886年),清政府设立台湾抚垦总局,以刘铭传兼任抚垦大臣,台湾人林维源为帮办,分全台为三路,分区设局。自埔里以北至宜兰为北路,以南至恒春为南路,台东一带为东路。设大科嵌、东势角、埔里社、叭哩沙、林圯埔、蕃薯寮、恒春、台东等局,下设若干分局,主持土地开垦和有关高山族的各种经济行政事宜,开垦事业获得很大发展。

为了加强海防,防止资本主义列强的入侵,清政府于1885年将台湾设为行省,下设台湾、台南、台北三府及台东直隶州。1888年3月,刘铭传启用"福建台湾巡抚"关防,台湾建省最终完成。由此,台湾就成为当时全国行省之一。1894年,台湾又增设南雅厅。至中日甲午战争前夕,台湾共设有3府(台湾、台北、台南)、1直隶州(台东)、6厅(卑南、花莲、埔里社、南雅、基隆、澎湖)、11县(淡水、新竹、宜兰、安平、嘉义、凤山、恒春、云林、苗栗、彰化、台湾)。

近代台湾的发展并迈向近代化之路,与大陆的洋务运动有着密切的联系,19世纪70年代至90年代的20年内,经主持台湾新政的沈葆桢、丁日昌、刘铭传等人的努力,台湾的改革与建设取得了初步的成效,开始了近代化的进程。如设立抚垦委员、加强海防、修铁路、架电线、拓展台湾的洋务事业等等,都极大地促进了台湾社会、经济的发展。

第四次移民高潮是太平天国年间福建沿海为避战乱而移居台湾的民众。第四次移民潮的主体是来自福建泉州、漳州、兴化的闽南人和来自福建汀州及广州、惠州、潮州、嘉应等地的客家人。至1926年,台湾400万人口中,福建人达312万,广东人达59万。❷

1894年,日本发动了侵华战争,清政府签订《马关条约》,割让了台湾及其周边相关岛屿,开启了台湾军民对日的抗争。日本帝国主义殖民统治下的台湾,社会经济结构发生了巨大转变,成为日本帝国主义的投资场所、原料来源地和商品销售市场。

第五次移民高潮是1945—1949年,随国民党政权迁台的中国大陆军民,来自各省市共约200万人。❸

基于上述,台湾与大陆自远古时期就开始往来,海峡两岸人口迁移和流动源远流长,尤其是自宋代以后,大陆向台湾的迁移大规模增加。现代台湾是大陆汉民族移居台湾、开发台湾、建设台湾的结果,占总人口98%的台湾人源于自南宋开始的大陆移民,而且,高山族的祖先一部分也是直接从中国东南沿海去台的百越族,因此,台湾的历史某种意义上即为大陆移民的历史。

1.5.2 闽南人移民入台

对于台湾而言,移民入台的人群中,最显著的是闽南地区的人群。据台湾总督府编印的《台湾在籍汉民族乡贯别调查》可知,民国十五年(1926年)时,移民至台湾的汉人中,福建省占83.1%,广东省占15.6%,其他省份汉人只占1.3%。清代台湾民间的三大势力是:漳州人、泉州人和客家人(或称粤民)。由于地理的因素,闽南人成为汉族开发台湾最早的民系。闽南文化是随着闽南人的"唐山过台湾"而播迁台湾的。闽南人对台湾的移垦大致可分为三个时期:❹一、早期零星分散的移垦。基于上文,虽然早在宋代就有澎湖隶属晋江县的记载,元代在澎湖也设了巡检司,但是真正对台湾本岛的移垦,还是明成化后,

❶ 引自:连横. 台湾通史:卷15 抚垦志[M]. 北京:商务印书馆,2010:224.
❷ 引自:张环宙. 从台湾历史人口的构成看台湾与祖国大陆的渊源关系[J]. 安徽师范大学学报(自然科学版),2005,28(4):490-493.
❸ 引自:彭心安. "台湾自决论"的理论透视[J]. 台湾研究,1995(2):1-5.
❹ 引自:陈耕. 闽南文化与台湾社会[J]. 东南学术,2004(增刊):180-181.

开始有少数零星的渔民、商人到台湾岛上去定居、经商。据史学家的估计,直至17世纪初,至多也就1万~2万人。二,明郑时期有组织的移垦。基于上文可知,1628年,闽南大旱,郑芝龙招数万闽南灾民,用海船运往台湾,并提供耕牛、种子、农具,这是汉族第一次大规模有组织的移民开发台湾。1648年清军入闽,实行野蛮的屠杀政策,又有大批闽南人迁徙台湾。1861年郑成功收复台湾,数万军民屯田台湾,又招沿海不愿内迁的百姓迁台,其中主要为闽南人。三,清治时期大规模无组织的偷渡移垦。康熙二十二年(1683年).施琅统一台湾后,闽南百姓偷渡赴台持续200多年始终不停。它既不是明郑时期有组织的大规模迁徙,也不是早期零星分散,乃至迫不得已的入台,它是大规模自发渡台移垦。移民的高潮在1782年至1811年间,30年里台湾人口增加近99万,其中有66万为移民,平均每年有2万多人。到19世纪末,台湾汉族人口83%祖籍闽南。因此,有专家研究认为台湾人就是闽南人,台湾文化的基石是闽南文化,为此,从移民的角度展开进一步的探讨。

(1)泉州人渡台

在闽海之间的联系中,泉州人是最早,也是数量最大的移民群,据1926年台湾人口调查,祖籍泉州的后裔,占总人口的44.8%。❶ 17世纪以后,泉州沿海聚落如三邑、同安、安海等地方的居民大量移民台湾,并聚居在"一府(台南)、二鹿(鹿港)、三艋舺(台北西郊)"。据石狮宝盖镇龟湖村的铺锦黄氏家族的《铺锦黄氏族谱》载,族人黄宜三,崇祯年间(1628—1644年),"往北港浮门头南门内华四使家",成为铺锦黄氏在台湾的开基祖。另外,晋江东石镇的蔡氏家族、郭岑村的郭氏家族、金井镇新市村的曾氏家族、青阳镇的庄氏家族,南安石井镇双溪村的李氏家族、安溪东山的李氏家族、安溪龙门镇科榜村的翁氏家族等等都有族人移居台湾。其中,晋江安海颜氏家族的颜开誉携眷入台,成为台湾安平颜氏的开基祖,安溪龙门科榜村翁成斋的儿子翁尚勃、翁尚进,徙居嘉义县的义竹乡,成为科榜翁氏在台湾的开基祖。❷

泉州人移民渡海去台的过程中,交通工具、风向和海流等因素都起着决定性的作用。宋元以来,泉州造船业极其发达,航行多仰赖大型木帆船——戎克船。其次,台湾与泉州同属于东亚季风带,每年4月至9月,是由台湾吹向大陆的西南季风,9月至次年3月、4月,是由大陆吹向台湾的东北季风,因此,移民往返的季节以农历四月、八月、十月为佳,而在六月、七月遇台风,九月遇强烈的北风等,此时行船都是最大的忌讳。因此,海流的顺逆,也是行船考虑的重要因素,如果从泉州赴南洋,船可以顺流而下,较为安全,而往台湾则需要冒险横渡俗称"黑水沟"的深阔洋流,其间必须借助适当的风力和潮流相抗,才能顺利渡台。风大有帆破船沉的危险,风小则有漂流汪洋不知所终的可能,因此,渡台移民可谓"六死三留一回头"。❸

明末是泉州人一次移民热潮,其间台湾还处于蛮荒未辟之地,泉州人在荷兰人的招募之下,大量赴台。❹ 而乾隆、嘉庆时代是泉州人又一次移民的热潮。泉州人移民的成分复杂化,不仅仅包括农民,还包括了商人、官吏、士兵、城市平民、医生、僧侣等群体。泉州人移民到了台湾,不但带入了原乡的文化和生活方式,其在台湾的居住地也往往以大陆原乡的地名命名,如泉州街(台北市古亭区、彰化县鹿港镇)、泉州寮(南投县竹山镇)、刺桐乡(云林县)、安溪里、安溪寮(彰化县彰化市、新竹县竹北乡、嘉义县义竹乡、台南县后壁乡)等。❺(见表1-2,图1-1)

如泉港南埔玉湖派陈姓先民入垦台湾就是较为典型的案例。❻ 陈姓是泉州泉港区的大姓。泉港各地陈氏头北人,多数于南宋末年为逃避战乱,从莆田逃到当年的惠安县各地卜居,并成为当地的开基祖。自清康熙年间,玉湖陈氏派系后裔陈弓,入垦台湾彰化,至今已繁衍12世。另外,南埔玉湖陈氏派系东亭村中厝陈俊元房的后裔子孙、第14世孙陈使迁徙入垦台湾;东亭村中厝二房迁徙涂岭的第21世孙陈明宗

❶ 引自:戴志坚.闽台民居建筑的渊源与形态[M].福州:福建人民出版社,2003:120.
❷ 引自:苏黎明.家族缘:闽南与台湾[M].厦门:厦门大学出版社,2011:4.
❸ 引自:戴志坚.闽台民居建筑的渊源与形态[M].福州:福建人民出版社,2003:122.
❹ 引自:汉声.寻根系列·台湾的泉州人专集[C]//唐山人过台湾——泉州人移民的故事.台北:汉声杂志出版社,1989:18.
❺ 引自:戴志坚.闽台民居建筑的渊源与形态[M].福州:福建人民出版社,2003:125.
❻ 引自:陈金华.泉港陈姓先民入垦台湾的同宗村[J].寻根,2014(3):139-142.

的三子陈春寿、五子陈春星,迁徙台湾。泉港峰尾前亭陈润17世孙陈质、陈子德一脉繁衍16世时,陈氏族人迁居台湾。前黄顶坑内陈氏族人,入垦台湾苗栗县通霄镇白沙屯。割山村三世祖陈质忠后裔迁居台湾。界山大前村大路自然村陈氏七世祖陈汞道后裔外迁台湾。

表 1-2　原乡移民来台渡口情况

渡口		移民祖籍	原乡路径	备注
主要渡港口	蚶江口	晋江、惠安、安溪、永春、德化	晋江水系	
		南安		副港为安平港
	厦门	华安、长泰、龙溪、南靖、平和	九龙江水系	
		漳浦、云霄、诏安		赴厦门转运
	汕头港	海阳、揭阳、揭西、丰顺、普宁	榕江(榕南河)水系	
		梅县、五华、兴宁、平远、蕉岭	梅江接韩江水系	
		大埔	梅潭河接韩江水系	
		长汀、上杭、永定、龙岩州	汀江接韩江水系	
		饶平	黄冈河出海	
次要渡港口	五虎门	福州、闽侯、闽清		
	涵江口	兴化府的莆田、仙游		
	神泉港	惠来		
	汕尾港	陆河、海丰、陆丰		

资料来源:李乾朗,阎亚宁,徐裕健.台湾民居[M].北京:中国建筑工业出版社,2009:76.

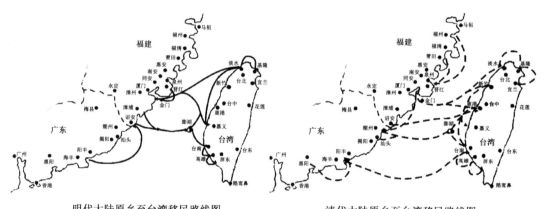

明代大陆原乡至台湾移民路线图　　　　　清代大陆原乡至台湾移民路线图

图 1-1　明清大陆至台湾移民路线示意图

再如入垦台湾,开基通霄镇白沙屯的九房陈氏先祖的陈朝合为福建泉港区后龙镇郭厝侯亭村人,出生于清康熙中叶。陈朝合的长子陈柏树(1742 年生)、次子陈柏林(1744 年生)均出生在泉港区后龙镇郭厝侯亭村。清乾隆十一年(1746 年),陈朝合携两子迁居到台湾白沙墩辟地拓垦,死后葬在泉港后龙镇南港里山边村的南山麓。《苗栗县通霄镇陈姓族谱》记载,郭厝侯亭村陈朝合派下柏树支派陈姓先民,入垦澎湖厝,即今中美里。陈朝合派下柏林支派陈姓先民,分别入垦通霄镇的山边和过港,即今南港里。根据台湾通霄镇九房陈氏历史文献:白沙屯陈氏宗族可分为四大宗支,即九房陈、下厝陈、风头厝陈、黄厝后陈。其中,较为有名的是九房陈。陈朝合携二子渡台后,长子陈柏树传四房,次子陈柏林传五房,合为九房,此是泉港陈氏先民入垦通霄镇白沙屯的陈氏九房形成之由。在通霄镇,下厝陈家族移民迁居白沙屯,亦始于清乾隆时期;其入垦白沙屯确切年代不可考,仅知在台湾出生之第一世祖陈连生,于清乾隆二十三年(1758 年)出生,至今陈氏传衍九代。通霄镇下厝陈的陈氏族裔繁衍规模虽不大,但于通霄镇白沙屯地区分布范围相当广泛,北起苗栗山顶地区,南至苗栗通霄湾,均分布有陈氏先人的墓葬。

另外,据台湾师范大学地理学系教授韦烟灶对新竹市和苗栗一带进行各姓族谱与田野调查发现,苗栗海岸线自竹南镇崎顶里海岸北端起,向南延伸至苑里镇房里海岸南端止,全长约 50 公里;这里主要是来自泉州府惠安县头北人入垦的聚居地带。目前,苗栗沿海的竹南、后龙、通霄及苑里四镇,主要居民为使用闽南语的族群。泉州府惠安县头北陈姓先民渡台入垦台湾新竹、苗栗一带的人数最多。据田野调查的族谱记载,约于康熙初,惠安县头北陈姓先民,渡台入垦海山罟,即今海山里。清康熙末年,惠安县涂岭土窟乡陈桐派下陈姓先民,渡台入垦牛埔,即今埔前里。约于道光十年(1830 年),惠安县埕洋铺埕边乡三房西刊骆当派下骆姓先民,渡台入垦今南港里。约于光绪初年,惠安县头北陈姓先民渡台入垦网罟寮,即今朝山里。另有泉州府惠安县头北陈姓先民,渡台入垦后厝仔,即今龙凤里。通霄镇不同宗支的四大陈氏族裔携手合作垦荒,成为当年白沙屯拓垦发展的主力军。❶

(2) 漳州人渡台

漳州人在台湾的移民人数中占据第二位,据 1984 年台湾人口普查中,在 1800 多万总人口中,祖籍漳州的人口占 35.8%。❷ 根据谱牒记载,南靖梧宅赖氏移民台湾 480 人,林氏 208 人;漳浦大坑陈氏移民台湾 231 人,平和壶嗣吴氏移民台湾 179 人,书洋金山萧氏移民台湾 275 人等等。❸ 龙海东园《圭海许氏世谱》:明末清初迁台者有港滨派"十二世士信,一鸿长子,士牛,一鸿次子,俱往台湾中路大东新园尾""十三世元,士牛长子,往东都台湾中路新园尾,生子延。升,士牛次子,往台湾中路新园尾"…… 再如云林县元长乡长北村即为清雍、乾年间自南安县芙蓉乡李氏族人移民入台的聚居地。而台南县白河镇河东里则为漳州吴氏族人入台的聚居地。❹

漳州人向台湾移民,主要集中在清初中叶时期,主要是农业移民。❺ 漳州人善于耕作,台湾西部平原、中部盆地、北部丘陵和平原、东部兰阳平原都是以漳州移民为主进行开拓、经营的。因此,现在的台北市的士林,台北县的石门、金山、万里、贡寮、双溪、板桥、中和、三峡等地依旧是漳州移民后裔的聚集地,台北的圆山、芝山岩都沿用了漳州的地名。台湾的许多地方,如台北三重埔的长泰、台中县的龙溪、云林县的海澄、嘉义县的云霄等都源于漳州诸县的地名,这些都是漳州移民开发台湾的历史见证。❻

纵观漳州长达 600 多公里的海岸线上,港湾众多。宋元以来,福建造船业和航海业都很发达。东山岛离澎湖仅有 98 海里,在宋代就有渔民在澎湖建立了渔村,而澎湖距离台湾西海岸的北港只隔一条几十海里的水道,因此交通非常便捷。从海澄月港、漳浦旧镇、东山铜陵、诏安宫口以及厦门港渡海去台湾,朝发夕至。清初郑氏政权垮台后,台湾百废待兴,有许多待开垦的处女地,这对漳州人而言是极富有吸引力的去处。其次,从地缘关系看,台湾与漳州地理纬度相当,气候相宜,水土相服,植物品种也相同,因而"闽人归之若市",漳州人过台湾成了自然之事。❼

漳州人过台湾多为同村同宗相携而行,在台湾各地找到落脚垦点后,又兴建起同宗同村的"血缘聚落"。经过世代繁衍生息,一些族姓成了当地乡、镇以及所在市县的望族大姓,如台中盆地的南投县草屯镇的洪、李、林、简四大姓氏的人口占了全镇的 70%。❽ 其次,随着大量的漳州人过台湾,闽南漳州文化也逐步移植至台湾漳州人所聚居的聚落之中,其中包括了语言文化、风俗习惯、信仰崇拜、戏剧艺术,甚至与漳州祖地一样的建筑等等。

(3) 客家人渡台

客家人在明末因海盗集团来往台湾而赴台并留居台湾❾,如南靖书洋乡《萧姓族谱》就记载了明万历

❶ 引自:陈金华. 泉港陈姓先民入垦台湾的同宗村[J]. 寻根,2014(3):139-142.
❷ 引自:林嘉书. 闽台移民系谱与民系文化研究[M]. 合肥:黄山书社,2006:247.
❸ 引自:林嘉书. 闽台移民系谱与民系文化研究[M]. 合肥:黄山书社,2006:249.
❹ 引自:林国平,范正义. 闽台家族移民与保生大帝信仰的传播[J]. 福州大学学报(哲学社会科学版),2010,24(1):5-11.
❺ 引自:林嘉书. 闽台移民系谱与民系文化研究[M]. 合肥:黄山书社,2006:255.
❻ 引自:刘子民. 寻根揽胜漳州府[M]. 北京:华艺出版社,1990:1.
❼ 引自:刘子民. 寻根揽胜漳州府[M]. 北京:华艺出版社,1990:28-30.
❽ 引自:戴志坚. 闽台民居建筑的渊源与形态[M]. 福州:福建人民出版社,2003:155.
❾ 引自:谢重光. 闽台客家社会与文化[M]. 福州:福建人民出版社,2003:170.

年间,族人迁徙台湾的相关信息。❶ 而其成规模移居台湾是在郑成功收复台湾后,郑氏军队中有不少客家子弟,随郑经略台湾的大家刘国轩就是汀州客家人,其部族多为客家子弟,他们随刘国轩来台,许多随后就移居台湾。❷

清初因政治原因,清廷禁止客家人渡台,后屡禁屡废,因此,客家人渡台往往偷渡多于合法渡台。其中,偷渡较为著名的港澳有:龙溪石码、紫泥、月港、浮宫、镇海等,这些港口距离台湾较近,可以抵达台湾的红毛、梧栖、鹿港、笨港(北港)、布袋、鹿耳门、安平等港口。❸ 随着海禁的松弛,客家移居台湾逐步增加,到了清代乾隆年间,客家人大规模过台,过台的闽籍客家人主要包括:闽西汀州府的上杭、武平、永定等地。如永定济阳堂江氏于清雍正年间移居台湾,其 16 世祖江知心携全家移居台湾,族中晚辈(19 世)江士学等兄弟四人移居台湾,并在淡水三芝乡合股购买山猪掘田地,另外,永定胡氏开辟淡水厅山脚庄(今台北县泰山乡)等。❹

另外,因为土地、水资源及建造房屋等要素的作用,闽粤移民间曾发生数次激烈的械斗,互有胜负,但因闽人数量较多,客家人被迫迁移,至清末光绪年间,台湾的客家人聚居地区形成东(花莲)、西(东势)、南(高雄、屏东)、北(桃园、新竹与苗栗)分散的形态。

地理上,这些地区多接近山区,不靠海,自成一种较为封闭的状态。客家移民依照自己过去的原乡生活经验,渡海来到台湾,依然受这种活跃的生存心态所影响,不自觉地运用在台湾的生活经验中。这种经验具有跨越时空的一致性原则,比起任何表面可以看到的规章或人群行为规范来得更加可靠,且有实践上的"正确性"。虽然,实践行为的客家族群,并不是很明确地了解这种行为模式的经验内涵,但仍然世代奉行不悖。寻找一块风水宝地,为后世子孙留下一座坚固宅第,聚族而居。生存空间一直是台湾移民家族争取生存资本的第一要务。如苗栗县铜锣乡竹森村的李氏宗祠,是由来台祖李玮烈所建立的祖厅,祖厅外围还种上一层刺竹,继以风水树林围绕,外来人很难从外观发现祖厅所在位置。树林具绿化跟风水效果之外,也有部分防范功能。这种民居空间配置方式,使得客家族群得以在险恶环境中繁衍生息。

客家传统社会以家族为核心,财产继承基本单位是"房",所以男女婚姻嫁娶是以广家族、繁子孙为主要目的。台湾习俗沿袭汉移民原乡习惯,大抵与原乡同。客家民居按照宗族血统关系来兴造宅院,设计上将住宅布局、外形和功能紧密相连,聚族而居。台湾中部客家人称之为"伙房",具有守望相助、互通有无的居住功能。由此,在民居建筑上有着独特的建筑观念和风格。另外,如前文所述,桃园、新竹、苗栗与高雄、屏东等地的气候、水文、生态显著不同,北部多雨潮湿,南部炎热干燥,所以北部民居多以砖造为主,南部多以土造及木造为多。北部屋顶多用硬山式,南部则多用悬山式,在平面布局上,北部采用了"五间见光"、南部则采用了"五间廊厅"的型制。北部的客家民居建筑长期受到邻近的漳、泉人的影响,其风格已经有了变化发展,而其南部的客家民居建筑处于较为完整的客家文化圈中,因此,受外来因素的影响较弱,保存了较多的大陆原乡文化的传统与建筑特征,❺并逐步形成南北两大流派。

1.5.3 台湾文化渊源

基于上述,台湾文化是一种移民文化,地处台湾海峡西岸的福建沿海地区,尤其是闽南地区则是台湾的祖籍地,其"地缘"要素促使了台湾移民文化的发展。其次,台湾部分当地居民的祖先主要来源于闽越族,因此,蛇图腾的崇拜、文身等民俗文化,印证了台湾移民文化中的"亲缘"关系。再次,中华民族文化精神在福建传播与发展,同样也随着闽南人移居台湾而在台湾传播,与台湾的教育科举文化、语言文化、礼乐器皿、地方戏曲等文化相融通,说明了闽海地区的"文缘"关系十分融洽。最后,台湾移民文化中的衣食住行及其婚丧喜事等习俗和礼仪与福建极为相似,甚至民间崇拜的神明也是从福建祖庙分灵,其庙宇建

❶ 引自:刘子民. 寻根揽胜漳州府[M]. 北京:华艺出版社,1990:254.
❷ 引自:谢重光. 闽台客家社会与文化[M]. 福州:福建人民出版社,2003:172.
❸ 引自:谢重光. 闽台客家社会与文化[M]. 福州:福建人民出版社,2003:184.
❹ 引自:厦门大学客家研究中心. 客家首府汀州与客家文明研讨会(论文集)[C]//丘昌泰. 台湾的汀州客家与客家社会,2011:105.
❺ 引自:吴庆洲. 中国客家建筑文化[M]. 武汉:湖北教育出版社,2008.

筑、民居建筑、官式建筑等都可以在海峡西岸找到原型,甚至匠师、建筑材料等都来自闽南及其周边地区,因此,"物缘"关系十分清晰。

同时,移民文化也促使台湾文化呈现多元文化组合的特征,即:有本地文化,有移民带来的中原文化,也有日本、欧美等国家的文化。在多元文化中主体是中华民族文化,台湾文化从起源、发展、形式、影响等诸方面均体现了中华民族文化的同一性、完整性、发展性特征,是中华民族文化的延伸和拓展,中原文化进入台湾是经由福建二度传播的,具体表现在人同种、语同音、神同缘、行同伦等方面。众所周知,台湾、福建原本同属亚洲大陆板块,台湾海峡在更新世早期为陆地,距今3万年前台湾最早的古人类"左镇人"和稍后的"长滨文化"人都是直接从大陆迁入台湾的古人类。近几十年的考古发掘都充分证明了两岸先民有着共同的生产与生活方式,闽海文化具有海洋文化的特征。❶

其次,基于前文,随着北人南迁,中原文化被带入福建,并逐步融合闽越文化等,形成闽文化,然后由以福建人为主的移民跨海携带到台湾,这种文化与承载主体一同迁徙的传播过程,保持了文化的同一性,是中原文化的全面移入和"克隆"。在台湾数百年的移民史上,汉族移民大多是血缘族群、同宗同乡一同迁徙,离乡背井的人同乡意识增强,在寻找生产经营的合伙人、选择婚姻对象时,以同乡为首选对象,同乡组织、同籍聚落相继形成,特别是以垦殖开发为目的的经济性移民保持了较为完整的血缘、地缘社会聚落,主要由以血缘关系为纽带的"继承式宗族"、以地缘关系为纽带的"依附式宗族"、以利益关系为纽带的"合同式宗族"组成社会。据1926年日本台湾总督官房调查统计资料《台湾在籍汉民族乡贯别调查》记载:当时鹿港全镇泉籍人士占总人口的99.3%,是典型的泉州籍族群聚居的社会形态。又如开发宜兰时"名为三籍(漳、泉、粤)合垦,但三籍人数比例极为悬殊,漳籍十居其九"。早期移民以单身男性为多,形成的社会组合方式以地缘性为主,为了共同的生存利益,他们扩大家族的界限,不同的分支房派、不同衍脉祖地,甚至不同省份的同姓,都视为同宗一体,如台北的"全国林姓宗庙"、台南的"台南吴姓大宗祠"就是这一现象的反映。移民定居后,回原籍招徕佃户、搬眷、娶亲,血缘、亲缘逐渐成为族群发展的条件,他们维系着祖地的家族体系,续修家谱记载家族成员迁台的历史、族产沿革、家法族规和谱系分支、人口繁衍的诸种情况,在墓碑上留下祖籍地的地名,交代后代回籍寻根。家族文化不仅承载着家族历史的记忆,也继承了中华文化。

在台湾,无论是小规模的家族,还是大规模的宗亲族群,都保留着与祖籍地一样的宗族组织系统,宗族在台湾的系谱结构完整,如彰化平原的社头一带肖姓宗族一至八世都是"唐山祖",血缘关系的联系以宗祠为特征,在福建有奉祀祖先的宗族组织,在台湾聚居地的族人,也为始祖以下的历代直系祖先设立了"祭祀公业",依仿祖籍地建立宗祠,所谓"家家建追远之庙、户户置时祭之资"❷,以"代代设祭"。祠堂是中国人家族、宗族组织的中心,它不仅是供奉祖先神主牌位和祭祀祖先的场所,而且是宗族议事、执行族规、族人活动的地点,从其建筑格局到修撰族谱、祭祀仪式都强调祖先与中国历史上的望族、名人的关系,强调血缘、正统的重要性,以巩固族内的团结,维护家族的纯洁性,发扬家族传统精神,台湾地区的祠堂同样发挥了这种功能。这就使得祖籍地的生活方式、生产技术、风俗习惯、宗教信仰、民间文化得到完整的再现、执行、传播。

再次,在民间信仰方面。台湾民间信仰的分灵、进香与巡游,体现了闽海文化的根与叶、源与流的密切关系。❸ 早期移民入台时,对乡土神灵的信仰,不仅使之在精神得到依托,还巩固了移民群体的地缘关系。他们将祖地的乡土神灵如妈祖、保生大帝、清水祖师等的神像或香火袋作为护身符以祈求保护,逐渐在台湾建立福建诸神的开基庙,再从中分灵到台湾各地,形成福建主庙、台湾开基庙、台湾分灵庙的三层关系网络。台湾庙宇分灵如同中国家族祭祀中的"分灶火",除长子继承父亲的老灶外,其余诸子只从旧灶中取一些炭火放进自己家中的新灶,表示"薪传不绝"。经过分灵程序,确立分庙与主庙之间存在类似

❶ 引自:刘登翰.中华文化与闽台社会[M].福州:福建人民出版社,2002:29.
❷ 引自:乾隆上杭县志卷11风土.
❸ 引自:林国平.闽台民间信仰源流[M].福州:福建人民出版社,2003:256.

"父子"关系的文化生态链。在大陆沿海普遍信奉的莆田籍神祇——妈祖,被移民视为航海保护神,移民渡海来台湾的时候携带妈祖神像和神位,以求渡海平安,抵台后完全仿造大陆神庙样式在台建造妈祖庙,1983年台湾地区的妈祖庙有515座,香火之旺盛在台湾众多的神灵中独占鳌头。❶ 在台南、鹿港、台北和淡水等地也有供奉观音菩萨的龙山寺,有440座之多,都是福建泉州供奉观音菩萨的龙山寺的分灵庙,其名称和建造式样与主庙一致,仿佛未曾离开故土。福建不同地域的神灵在台湾的开基庙及各地的分灵庙建立之后与福建主庙产生"血统"上的承袭关系,保持与主庙源头的联系与香火延续,定期到祖庙乞火,进香谒祖,参加主庙的祭典,就像诸子归祭祖坟,赴主屋或长子家中团聚一样,以示自己是主庙的"直系后裔"。台湾每年都有数以万计的信徒前往大陆祖庙朝拜,各寻其根,特祀其神。闽海庙宇间的绕境巡游仪式与中国古代"中央巡狩四边"相似,是对祖庙权威的确认,巡游的地方以此提高本地区的重要性,强调与祖庙的直属关系,大陆祖庙神灵金身巡游台湾分庙,成为祖庙与各地分庙的盛大祭典。进香谒祖不仅寄托着台湾同胞对故土的深深眷念之情,还深刻反映出"不同地方,同一群体"的真实面貌,守护神的庙宇成为移民聚会活动的场所、传承家乡文化的载体、维系移民之间感情的纽带。

　　复次,在儒学方面,以农耕文明为基础的文化的核心内容——儒家思想随着历史上的几次移民大迁徙被带入台湾,大陆文化对海洋文化的影响经历了先渗透后勃发、先改变行为后形成观念、先上层后下层的教育传播过程,实现了儒家文化与海洋文化的交汇,创造了具有闽海地域文化特色的文化形态。儒学传入台湾初期未能形成风气,但随着移民潮的扩大,儒家文化终于在移民文化中找到契合点。这是因为早期移民多为青壮男子,他们冒险拓荒,单家独户难以应付恶劣的环境,为了壮大势力,战胜各种困难,他们互相团结,以祖籍地缘关系相结合,以增强凝聚力。他们"直视同姓为同宗",或由不同族不同房系的几个家族合作经营,儒学以孝悌之义为号召,倡导的"敬宗睦族"与移民的族群聚居社会需求相吻合,在经历了数代后,台湾认同并接受了儒家文化对社会的教化、规范和制约,把尊孔崇儒的思想摆在了台湾社会文化建构的首位。儒家思想,成为台湾文化的核心和支柱。从明末郑氏经营台湾到清统一台湾,从提倡"建圣庙,立学校"到推行儒学教育,儒家思想在台湾也逐渐为社会所普遍尊崇,成为规约台湾社会的主导思想,对台湾文化起着限制、规约和引导的作用,使之在内涵上增添儒家文化的儒雅成分。

　　最后,在传统习俗生活方式上,台湾人的衣、食、住、行方面无不保留大陆传统风俗习惯。《凤山县志·风土志》载:"虽冠、婚、丧祭与内郡同。"衣着方面:昔日衣料选取多为素布,"其丝罗皆取之江、浙、粤,洋布则转贩而来"。款式与汉服相同,农户多穿青衣和黑衣,为过膝长衣和裤子,富绅穿产自浙江的绸缎,多为蓝色长袍和黑色马褂,妇女的裤裙与大陆相似,并最重红色。各种服饰上有代表吉祥、福、禄、寿的图案。小孩穿虎头鞋、虎头帽。饮食形态以饭稻羹鱼为主,与江南水乡文化的食俗相似,台湾人的"面线"是北方面食的衍化。许多传统节日,如除夕围炉、新正贺岁、元宵闹花灯、清明扫祖墓、端午节赛龙船、七月"普度"、八月中秋、冬至进补、腊月十六"做尾牙"等等,都是中原文化的保留和延伸。在台湾建筑中能够找到许多中国传统图案,如云卷纹、花草纹、花形纹及拼花等,汉代漆器上有一种如意形状的云气纹,被反过来成为屋顶山墙的三角形造型,寓意"云如意头"。这里的建筑造型、文饰还包括由太极图形衍变而来的,名为"喜相逢"的图案,以表达喜庆之意。

　　❶ 引自:林国平.闽台民间信仰源流[M].福州:福建人民出版社,2003:150.

2　家庭、宗族与宗法制度

2.1　宗族与宗法制度

2.1.1　宗族

宗族是一种以血缘关系为纽带,以父系家族为脉系,体现家庭、房派、家族等宗亲间社会结构体系,并具有一定权力的民间社会组织结构形式,❶是一种社会群体,它具备血缘、地缘两大因素,并需要有组织原则与相应的机构。❷

宗族即同宗同族之人。《白虎通·宗族》释"宗族"云:"宗者,尊也,为先祖主者,宗人之所尊也。"❸《礼记·大传》云"人道,亲亲也。亲亲故尊祖,尊祖故敬宗,敬宗故收族",所以,"尊祖敬宗"是维系宗族组织的必要条件。❹另外,许慎在《说文解字》中亦云:"宗,尊祖庙也。从宀、从示。""宀"即房子,"示"即神,也就是说"宗"是供奉在祖庙的先祖神像或牌位,族人对祖先顶礼膜拜,是"除了'慎终追远',表达充盈于胸中的宗教性情感,最主要的是为了表示自己具备作为一个父系单系世系团体成员的资格"。❺这是"宗"的第一层含义。第二层含义"宗人之所尊"是说对祖先牌位表示尊敬就叫"宗"。所以,在古文中"宗"和"尊"是互通的。

班固进一步说明了"宗"的功能:"所以长和睦也……所以纪理族人者也。"通过敬奉同一祖先,让族人自然萌生同根同种的凝聚力,并通过宗族中森严的等级来"纪理族人""宗人之所尊"。《通典》认为:"九族者何? 族者,凑也,聚也,谓恩爱相流凑也。上凑高祖,下至玄孙,一家有吉,百家聚之,合而为亲,生相亲爱,死相哀痛,有会聚之道,故谓之族。"《说文解字》中将"族"右下边的"矢"解释为箭头,把许多支箭装在一起,"所以标众,众矢之所集"。因此,将众亲属"凑""聚"在一起,就成了"族"。可见,聚集和血缘关系是"族"的基础。"族"的规模是"上凑高祖,下至玄孙"。其"凑""聚"的方式就是"会聚之道","此道不仅指恩爱、互助、团结的愿望和义务,还包括等级体制及具体做法"。❻

2.1.2　宗法制度

宗法本意是宗祧继承法,也可以引申为宗族组织法。❼"宗"为近祖之庙,"祧"为远祖之庙,两者联称泛指各种祭祖设施。宗法是以宗族血缘关系为纽带调整家族内部关系,维护家长、族长统治地位和世袭特权的行为规范,是一种宗族之法,是一种制度。宗法制是按照血缘远近以区别亲疏的制度。宗法制度最核心的内容是严嫡庶之辨,实行嫡长子继承制,传嫡不传庶,传长不传贤,依靠自然形成的血缘亲疏关

❶ 引自:王韡.权力空间的象征:徽州的宗族、宗祠与牌坊[J].城市建筑,2006(4):84-89.
❷ 引自:冯尔康.中国古代的宗族与祠堂[M].北京:商务印书馆,2013:7.
❸ 引自:(东汉)班固撰.白虎通·宗族[M].上海:上海古籍出版社,1990:12.
❹ 引自:郑振满.明清福建家族组织与社会变迁[M].北京:中国人民大学出版社,2009:172.
❺ 引自:钱杭.中国宗族史研究入门[M].上海:复旦大学出版社,2009:33.
❻ 引自:钱杭.中国宗族史研究入门[M].上海:复旦大学出版社,2009:35.
❼ 引自:郑振满.明清福建家族组织与社会变迁[M].北京:中国人民大学出版社,2009:172.

系划定族人的等级地位,从而防止族人间对于权位和财产的争夺。❶ 它与国家制度相结合,维护贵族的世袭统治,维系地域文化生态的平衡。

对于宗法制度的发展,多数学者认为其经历了五个发展阶段:先秦典型宗法式宗族制;秦唐间世家、士族宗族制;宋元间官僚宗族制;明清绅衿宗族制;近现代宗族变异时代。❷

其中,明中叶以后,在《家礼》逐步普及和士大夫推动的背景下,宗祠建设和祠祭祖先开始成为宗族建设的重要内容。另外,明朝在治理乡村社会的过程中,借助乡约推行教化,宗族则在内部直接推行乡约或依据乡约的理念制定宗族规范(祠规或祠约)、设立宗族管理人员约束族人,发生宗族乡约化的转变,在一定程度上标志着宗族的组织化和宗主的普及。❸

清朝政府继续实行传统的“以孝治天下”的方针,从律例、基础社会建设诸多方面支持亲权和保护宗族公共财产,有条件地支持宗族对族人的治理,以期由宗族的团结和睦达到国家的安定、天下的大治。因此,聚族而居的人们建立宗祠、祭祀祖先成为社会的普遍形象,宗族组织也已经成为绅衿平民的组织。在这一背景下,闽海地区的宗族活动非常频繁,宗族势力在闽海社会异常活跃也成为必然。

2.2　家庭、宗族组织

2.2.1　家庭与家庭组织

家庭是指同居共财的亲属团体或拟制的亲属团体❹。家庭是家族构成的基本单位。“家有家长,积若干家而成户,户有户长,积若干户而成支,支有支长,积若干支而成房,房有房长,积若干房而成族,族有族长。上下而推,有条不紊。”❺

对于家庭结构的分类,依据家族成员之间的纽带,即以规范和制约家族成员的基本社会关系,分为三种类型:一是“大家庭”,即包含两对及两对以上配偶的家庭;二是“小家庭”,即只有一对配偶的家庭;三是“不完整家庭”,即完全没有配偶关系的家庭。❻

在代代分家析产的条件下,家庭结构的成长极限,取决于分家析产的时机。在分家之际,如果父母在世而诸子尚未完婚,其成长极限为“核心家庭”;如果父母在世而有一子已经完婚,其成长极限为“主干家庭”;如果父母在世而有二子或二子以上已经完婚,其成长极限为“直系家庭”;如果父母已经去世,而诸子中有二人或二人以上已经完婚,其成长极限为“联合家庭”。在这四种家庭中,第一种属于小家庭,后三种属于大家庭。由此可见,分家前的家庭能否发展为大家庭,主要取决于父母是否在世及诸子是否已经完婚。❼ 以分家析产为中介,家庭结构经历了两个不同方向的演变过程,即从小到大,又从大到小的周期性变化。但是,对于成长极限不同的家庭来说,其演变周期是不一致的。即使是成长极限相同的家庭,由于分家方式的不同,也会形成不同的演变周期。(图2-1)

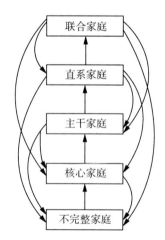

图2-1　不同类型家庭演变方式示意❽

---

❶　引自:邵建东.浙中地区传统宗祠研究[M].杭州:浙江大学出版社,2011:1.
❷　引自:冯尔康.中国古代的宗族与祠堂[M].北京:商务印书馆国际有限公司,1996:8-56.
❸　引自:常建华.明代宗族研究[M].上海:上海人民出版社,2005:186,258.
❹　引自:郑振满.明清福建家族组织与社会变迁[M].北京:中国人民大学出版社,2009:14.
❺　引自:林耀华.义序的宗族研究(附:拜祖)[M].北京:生活·读书·新知三联书店,2000:73.
❻　引自:郑振满.明清福建家族组织与社会变迁[M].北京:中国人民大学出版社,2009:16.
❼　引自:郑振满.明清福建家族组织与社会变迁[M].北京:中国人民大学出版社,2009:20.
❽　图片来源:郑振满.明清福建家族组织与社会变迁[M].北京:中国人民大学出版社,2009:20.

　　图 2-1 中,直线表示从小到大的发展过程,曲线表示从大到小的解体过程。如图所示,在家庭结构的每一发展阶段上,都同时存在若干不同的演变趋势,由此可能构成许多不同的演变周期。但在实际生活中,由于分家习俗的制约,有些演变趋势很难得以实现,形成各种演变周期的概率也是各不相同的。在正常情况下,核心家庭仍将继续发展,直至演变为主干家庭。但是,在某些特殊条件下,核心家庭也会趋于解体,从而结束家庭结构的这一演变周期。核心家庭解体之后,一般是形成若干第二代的不完整家庭,其演变周期表现为两种小家庭(核心家庭与不完整家庭)之间的循环。有些核心家庭在分家之后,仍会继续保留第一代的核心家庭,但这种残存的核心家庭将衰亡,不可能得到进一步的发展,因而不会改变这一演变周期的性质。主干家庭的演变趋势,可能是继续发展为直系家庭,也可能直接分解为若干小家庭。主干家庭解体之后,一般是分解为若干第二代的核心家庭和不完整家庭。由此可见,如果家庭结构的成长极限是主干家庭,其演变周期表现为大家庭与小家庭的周期性循环。

　　在明清福建大陆地区,主干家庭的分家事例是很少见的,这可能是由于分家后出现了不完整家庭,不利于第二代家庭的正常发展,因而为习俗所不容。直系家庭的演变趋势较为复杂,既可能继续发展为联合家庭,也可能分解为若干主干家庭、核心家庭或不完整家庭。在直系家庭中,如果父母高寿,而诸兄弟又已全部完婚,那就有可能由父母主持分家析产,从而分解为若干主干家庭或核心家庭;如果父母较早去世,而诸兄弟尚未全部完婚,那就有可能继续发展为联合家庭,或是分解为若干核心家庭和不完整家庭。[1]

　　家族是家庭的扩展,宗族是家族的扩展。[2] 其中,家族是指居异财而又认同于某一祖先的亲属团体或拟制的亲属团体[3],是同一高祖的血缘群体,也称为"五服之亲"或"五属之亲",是高祖以上某代祖之下的血缘群体。[4] 中国的宗族是世界上少见的亲属组织,其重要特性之一是同时兼有血缘、地缘及"共利"这三种社会组织原则。[5] 这一特性揭示了宗族组织的多元特征,对于宗族组织的基本类型,郑振满先生认为其类型包括:一,以血缘关系为基础的继承式宗族;二,以地缘关系为基础的依附式宗族;三,以利益关系为基础的合同式宗族。[6]

　　其中,继承式宗族的基本特征:族人的权利及义务取决于各自的继嗣关系。由于继嗣关系一般是以血缘关系为依据的,因此,继承式宗族是以血缘关系为基础的宗族组织。继承式宗族的形成,主要与财富及社会地位的共同继承有关,是不完全分家析产的结果。在明清闽南地区,继承式宗族的普遍形式和基本内涵,是借助于宗祧、户籍及某些族产的共同继承,使族人在日常生活中长期保持较为密切的协作关系。[7] 如泉州泉港区土坑村刘氏宗族就是典型的继承式宗族,整个村落也是典型的单姓宗族聚落。土坑刘氏祖先也是由北人南迁而入住福建。据土坑谱载:入闽始祖刘韶,字虞乐,河南光州人,生于唐玄宗开元元年癸丑(713 年),于玄宗天宝年间任闽泉别驾,至大历四年(1769 年)病故于任所。子刘友扶柩北上至涵江,闻北方兵乱而止于涵江,就地安葬,刘友留下守墓,而定居涵江沙坂村。刘韶第十八代裔孙刘瑁于南宋绍熙年间(约 1194 年)移居兴化境内秀屿前云(湄洲湾北岸)。刘瑁的裔孙刘宗孔于明永乐二年(1404 年),在湄洲湾南岸的惠安县北面建村,名曰土坑村。刘氏长房淳章公居南头,即居祖祠南侧,次房淳明公出居云南,三房淳显公出居广东,四房淳贞公居北头,即祖祠北侧。其次,长房的长子厚仁公、次子厚兴公、三子厚豪公又繁衍"秉"字辈六子,四房有长子厚德公、次子厚义公、三子厚礼公、四子厚智公、五子厚信公。四房长子厚德公及其族人在德源,次子厚义公在下建井,三子厚礼公在铺仔顶集聚生活,四子与五子则迁出土坑在顶前乡、东宅尾集聚生活。由此,形成了长房及其族人在聚落南部发展,四房及其族人在聚落北部发展的态势,而两大集聚点的分界线为祖祠,即形成以祖祠为中心、南北两大刘氏宗族集聚

❶ 引自:郑振满. 明清福建家族组织与社会变迁[M]. 北京:中国人民大学出版社,2009:30-32.
❷ 引自:郑杭生. 社会学概论新编[M]. 北京:中国人民大学出版社,1987:73.
❸ 引自:郑振满. 明清福建家族组织与社会变迁[M]. 北京:中国人民大学出版社,2009:14.
❹ 引自:杜正胜. 传统家族试论[C]//黄宽重,刘增贵. 家族与社会. 北京:中国大百科全书出版社,2005:2.
❺ 引自:郑振满. 明清福建家族组织与社会变迁[M]. 北京:中国人民大学出版社,2009:47.
❻ 引自:郑振满. 明清福建家族组织与社会变迁[M]. 北京:中国人民大学出版社,2009:47.
❼ 引自:郑振满. 明清福建家族组织与社会变迁[M]. 北京:中国人民大学出版社,2009:47-61.

区。至今已经繁衍了 24 代,而整个聚落也逐步建立了刘氏家庙一座,支祠 22 个。

依附式宗族的基本特征,在于族人的权利及义务取决于相互支配或依附关系。由于族人之间的相互支配或依附关系一般是在聚族而居的条件下形成的,因此,依附式宗族是以地缘关系为基础的宗族组织。在继承式宗族中,一旦族人的继承权发生变动,就会导致继承式宗族的分化或解体。不仅如此,即使族人的继承权并无明显变动,只是改变了宗族事务的办理方式,也会导致继承式宗族的变质,亦即由继承式宗族转化为依附式宗族。而促使这一转变的根源在于族人之间的贫富分化。❶ 依附式宗族的另一种形成途径,是由少数族人"倡首"捐资,通过修祖墓、建祠堂、编族谱、置族产等方式,对已经解体或行将解体的宗族组织重新进行整合。在重新整合的过程中,势必导致族内权贵集团的形成,从而使整合后的宗族组织具有依附式宗族的性质。

合同式宗族的基本特征,在于族人的权利及义务取决于既定的合同关系。由于族人之间的合同关系一般是建立于平等互利的基础之上的,因而,合同式宗族是以利益关系为基础的宗族组织。合同式宗族的形成,主要与族人对某些公共事业的共同投资有关。由于合同式宗族的集资方式一般都是以等量的股份为单位的,其经营管理与权益分配往往具有合股组织的性质。在合同式宗族中,族人对有关族产的权益可以世代相承,也可以分别转让或买卖。❷ 如晋江福全古村落中的全氏就是典型的合同式宗族。该宗族以"全"为族姓,由本村落的小宗、零星军户,以及没有户籍的人员以"约字"合同的形式建立宗族。而合同式宗族由于只注重族人之间的互利关系,而不注重族人之间的血缘与地缘关系,因此,其宗族内部最为灵活。

2.2.2　宗族类型与宗族组织

在祖先崇拜观念下与祭祖活动中,宗族构成一种社会群体。作为一个社会组织的形成,还要有其他很多因素。宗族与别的社会组织不同的,首先是血缘的要素,即组成宗族的各个家庭的男性成员,有着一个共同的血缘因素,都是共同祖先"一本"衍化而来,相互之间是族人关系。其次是地缘因素。在古代,有血缘关系的族人常居住在一起,甚至一个村落生活的人都是一个祖先的后裔,这种情况就是常说的"聚族而居"。有了地域上相聚而居的族人,就为建立组织提供了方便。另外,对于某个家族,它又常同某个特定地区联系在一起,如太原王氏、陇西李氏、彭城刘氏等,与该家族的地望密切相关。据此,在血缘关系与地缘关系作用下,组织宗族、形成一个团体成为可能。另外,再加上管理人员、组织原则、领导机构等要素的共同作用,宗族组织就此成立。❸

宗族组织在不同时期有不同的变化。在古代社会,等级制精神是始终如一的,制约着社会组织的形成与发展,据此,依宗族自身组织形态和其政治的、社会的地位,宗族分为六大类:王族与皇族宗族、贵族宗族、士族宗族、官僚宗族、绅衿宗族、平民宗族。其中,平民阶层的宗族组织除了一小部分官僚宗族外,最主要的是绅衿宗族和平民宗族(其宗族组织领导人也是平民)。平民阶层的宗族组织是宋以后才发展完善的,以前它只是作为贵族宗族或士族宗族的附庸或从属形态而存在。❹

宗族群体不仅依其在社会上不同的政治地位,形成各种宗族类型,而且在每一宗族内部又分出亲疏不同的派系。始祖虽是一个人,所谓"一本",但一代代传衍下来,人数增多了,血缘关系也复杂了,于是族众之间便分出支派,这群人是这一派系的后裔,那群人是另一派系的后裔。这种血缘上派系的划分,古代人们称为大、小宗之分或房分之分,有的派系是大宗派系,或者叫长房派系,有的是小宗派系或者叫二房、三房……派系。时间再延续,以房分区别也不足以表示人们之间的关系,于是在房分之下又分出子房分,原来大的房分就成为宗族的支派,成了支族或分族。这些支族、房分的派系内,也出现了宗族的权力分布

❶ 引自:郑振满.明清福建家族组织与社会变迁[M].北京:中国人民大学出版社,2009:63.
❷ 引自:郑振满.明清福建家族组织与社会变迁[M].北京:中国人民大学出版社,2009:78-79.
❸ 引自:冯尔康,阎爱民.中国宗族[M].广州:广东人民出版社,1996:65.
❹ 引自:冯尔康,阎爱民.中国宗族[M].广州:广东人民出版社,1996:6.

系统,形成了宗族的内部结构。

2.2.3　家庭与宗族的相互依存

在家庭、家族与宗族的三者关系上,学界观点较多。如葛学溥先生根据凤凰村家族主义的基础血缘、地缘、族规作为习惯法等,区分了四个不同类型的群体或家庭:性别群体(自然家庭)、宗族群体(宗族—传统家庭)、经济群体(经济家庭)、祖先群体(宗教家庭)。❶

林耀华先生认为,"宗族为家族的伸展,同一祚传衍而来的子孙,称为宗族"❷;"宗族即为聚居一地的血缘团体,与家庭意义不同;因家庭乃共同生活,共同经济,而合炊于一灶的父系亲属。……家庭是最小的单位,家有家长,积若干家而成户,户有户长,积若干户而成支,支有支长,积若干支而成房,房有房长,积若干房而成族,族有族长"❸。进而,林先生认为,"这是家庭、家族而进到宗族的组成阶段"。即家庭、家族是合二为一,是宗族的最低单位。其关系呈现为:家—户—支—户—宗族。对此,陈礼颂先生也持相同观点,认为"宗族即系聚族而居于一地的血缘团体,其与家族意义自然两样。盖家族乃指共同于一经济单位下过活的男系单系亲属而言。宗族包括众多家族,这意思便是家族为宗族的单位,宗族为家族的扩大……家族乃是宗族的最小单位,合若干家族而为房派,合若干房派为宗族,此类分合乃由家族至宗族所必然会经过的阶段"❹。也即家族是宗族的最小单位,家族与家庭也是合二为一,其关系为:家族—房派—宗族。

另外,郑杭生、杜正胜认为"家族是家庭的扩展,宗族是家族的扩展","高祖以上某代祖之下的血缘群体为宗族"。郭志超、林瑶棋认为,"虽然宗族指同一宗姓的继嗣群体,但只有以明确的世系和制度维系的宗姓继嗣群体才称为 lineage(宗族),而世系不清、关系松散的宗姓继嗣群体则称为 clan(氏族)"。进而认为,中华人民共和国成立后,宗族组织瓦解了,因此,在严格意义上,只是氏族而非宗族。他们认为,"对当下中国大陆的宗族可称为'残缺性宗族'"。❺

郑振满认为,"家族组织,包括家庭和宗族两种社会实体",并且认为"各种家族组织可以相互转化,从而呈现出家族发展的阶段性特征。……这一演变过程呈现为(图2-2)……家族和宗族组织的形成与发展是一个循序渐进的连续系统"❻。显然,郑振满虽然赞同林耀华、陈礼颂"从家庭到宗族组织的演进",但却认为家族组织包括家庭和宗族。郑氏做此分类"主要是依据家族成员之间的联结纽带,即足以规范和制约家族成员的基本社会关系"❼。家庭是宗族的组成单元,没有家庭的存在,就没有宗族的存在。他认为家庭与宗族组织之间关系的基本结构如图2-3所示。

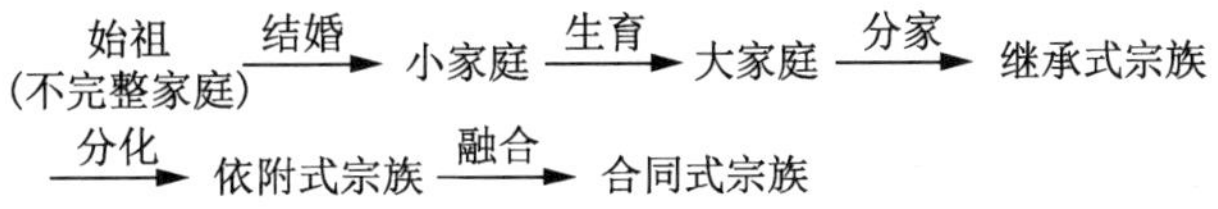

$$始祖 \xrightarrow{结婚} 小家庭 \xrightarrow{生育} 大家庭 \xrightarrow{分家} 继承式宗族$$
$$(不完整家庭)$$
$$\xrightarrow{分化} 依附式宗族 \xrightarrow{融合} 合同式宗族$$

图 2-2　家族的变迁历程分析图

---

❶ 引自:[美]丹尼尔·哈里森·葛学溥,著.华南的乡村生活:广东凤凰村的家族主义社会学研究[M].周大鸣,译.北京:知识产权出版社,2012:115-121.性别群体或者自然家庭(The Natural-Family)是由婚姻创造,完全在经济群体控制之下和相关的祖先群体中运作。在这种情况下,性别群体与祖先群体和经济群体是同一的。宗族群体作为一个单系的亲属群体,或称为宗族—传统家庭,凡是在宗族内出生的人,即使远离他乡,也依然是宗族成员。出生规定了一个人的宗族成员身份,而媳妇和养子则通过与祖先牌位相关的简单的仪式引进宗族。祖先群体(或宗教家庭)是由许多性别群体和经济群体构成。宗教家庭是祖先崇拜时的实际单位,也是村落社会控制的实际单位。而经济家庭,也就是中国人普遍称为的家庭,它是以血缘或婚姻为基础并作为一个经济单位生活在一起的一群人。它可以是许多来分割祖先财产的自然家庭。它实际上是村落社区的工作单位。
❷ 引自:林耀华.义序的宗族研究(附:拜祖)[M].北京:生活·读书·新知三联书店,2000:1.
❸ 引自:林耀华.义序的宗族研究(附:拜祖)[M].北京:生活·读书·新知三联书店,2000:73.
❹ 引自:陈礼颂.一九四九年前潮州宗族村落社区的研究[M].上海:上海古籍出版社,1995:25.
❺ 引自:郭志超,林瑶棋.闽南宗族社会[M].福州:福建人民出版社,2008:2.
❻ 引自:郑振满.明清福建家族组织与社会变迁[M].长沙:湖南教育出版社,1992:20-25.
❼ 引自:郑振满.明清福建家族组织与社会变迁[M].长沙:湖南教育出版社,1992:21.

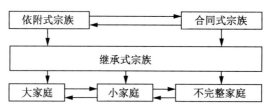

图 2-3　家庭与宗族组织的关联性分析图❶

图中单线表示统属关系,双线表示并列关系。由于各种家族组织的相互统属和相互联结,构成了相当庞杂而又层次分明的家族系统。这些不同层次的家族组织,在结构上是耦合的,在功能上是互补的,从而体现了婚姻关系、血缘关系、地缘关系及利益关系的有机统一。对于每个家族成员来说,他不仅从属于其中的某些家族组织,而且从属于整个家族系统。因而,只有揭示各种家族组织之间的相互联系,才有可能把握家族系统的总体特征。从动态的观点看,各种家族组织可以相互转化,从而呈现出家族发展的阶段性特征。在正常情况下,每个家族都有一个共同的始祖;这个始祖经过结婚和生育,先后建立了小家庭和大家庭;而后经过分家析产,开始形成继承式宗族;又经过若干代的自然繁衍,族人之间的血缘关系不断淡化,逐渐为地缘关系和利益关系所取代,继承式宗族也就相应地演变为依附式宗族和合同式宗族。

各种不同类型的家族组织,标志着家族发展的各个不同阶段;结婚、生育、分家及族人之间的分化和融合,是联结各个发展阶段的不同环节。由此可见,家族组织的形成与发展,是一个循序渐进的连续系统。就其长期发展趋势而言,处于较低级阶段的家族组织,必将依次向更高级阶段演变,而这正是家族组织长盛不衰的秘密所在。不仅如此,在家族发展的较高级阶段,又会派生出较低级的家族组织,从而呈现出周期性的回归趋势,导致了多种家族组织的并存(图 2-4)。

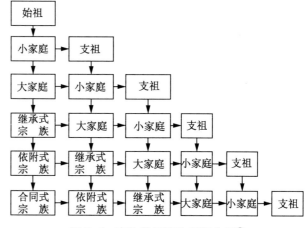

图 2-4　家族发展演化历程分析❷

图中,纵向表示从低级形态向高级形态的演变,横向表示从高级形态向低级形态的回归。前者反映了家族组织的变异性,后者反映了家族组织的包容性。由此可见,家族组织的发展进程,是一个陈陈相因的累积过程。因此,只有把各种家族组织置于历史的脉络之中,才有可能揭示家族组织的演变趋势,阐明家族发展的全过程。

对此,王铭铭的看法则与郑振满基本相似。首先,王铭铭赞同林耀华对宗族乡村的界定,其笔下的溪村"可以说是一个血缘和地缘兼有的宗族乡村"。其次,从村落或家族的人口变迁来叙述溪村陈氏家族聚落的发展和分化。从陈氏一世的小家庭,到五世的联合式家庭,再到七八世的扩大式家庭,最后到十世成为一个宗族,同时,"溪村教美陈氏家族成为一个拥有族田和若干聚落的单姓村的过程"❸。

麻国庆先生也认为,"家族这一概念,一般是包含家庭和宗族。但不管是家庭,还是宗族,都是一个有具体规则的单位;而家族一方面是指这一具体的家与族,另一方面是指由两者间衍生的关系的外在化的一种符号,如家族主义、家族势力、家族影响等"❹。

❶　图片来源:郑振满.明清福建家族组织与社会变迁[M].长沙:湖南教育出版社,1992:16.
❷　图片来源:郑振满.明清福建家族组织与社会变迁[M].长沙:湖南教育出版社,1992:22.
❸　引自:王铭铭.溪村家族:社区史、仪式与地方政治[M].贵阳:贵州人民出版社,2004:38-46.
❹　引自:麻国庆.家与中国社会结构[M].北京:文物出版社,1999:16-19.

2.3　闽海宗族发展

2.3.1　福建宗族发展

众所周知,古代福建是个北方移民南下开发的地区。大批北方移民移居福建,不仅带进了北方的先进文化,而且也将北方的家族组织移存下来,他们往往是同村或同族人一道南渡入闽。为了在异地他乡有立足之地,就必须合族而居,既有利于开荒生产,也有利于共同抵御外族的欺凌,因而,聚族而居的排外力非常强烈,"故家巨族,属宋以来各矜门户,物业转属,而客姓不得杂居其乡"。❶ 泾渭分明的族姓居住村落,为传统的家族组织的存在与发展提供了有利的客观条件。自宋代开始,封建统治者为了稳定政权,重视宣扬孝悌敬祖、宗亲和睦的家族观念。

对于闽南地区而言,人口稠密,宗族聚居的规模较福建其他地区大,形成了强宗大族;另一方面,这一地区于明代中叶及清代初期先后经历了倭寇之乱和迁界之变,宗族组织的正常发展进程受到了全面的冲击,出现了较其他地区更多的变异形态。❷ 根据郑振满、陈志平等学者的研究,在明代以前,闽南地区已经有不少强宗大族,在社会经济结构中占据了统治地位。宋代闽南的宗族组织,一般是以当地的某些寺庙为依托,而且多数与名儒显宦的政治特权有关,其社会性质较为复杂。南宋后,闽南各地宗族组织逐渐脱离寺庙系统,得到了相对独立的发展。元明之际,闽南地区的聚居宗族纷纷建祠堂、置族产、修族谱,陆续形成以士绅阶层为首的依附式宗族。❸

宋末莆田理学家黄仲元的《黄氏族祠思敬堂记》节选:

堂以祠名,即古家庙,或曰影堂,东里族黄氏春秋享祀、岁节序拜之所也。堂以"思敬"名者何? 祭之所思主乎敬也。所以有斯堂者何? 堂即族伯通守府君讳时之旧厅事,某与弟仲固、日新、直公,任现祖与权得之,不欲分而有之,愿移为堂,而祠吾族祖所自出。御史公讳滔以下若而人,评事公讳涉以下大宗小宗、继别继祢若而人,上治、旁治、下治,序以昭穆,凡十三代。亦曰天之生物一本也,子孙孙子,亲亲故尊祖,尊祖故敬宗,敬宗故收族。不则何以奠世系、联族属、接文献,而相与维持礼法以永年哉?……或曰,新斯堂也,费焉须? 曰节缩祭田之赢,勾稽山林之入,弟侄宗族间资助焉,或微乎微,具刻牲碑,此不书。后来者,墙屋之或当修,器具之或当庀,吾宗有显融者、良奥者修之、庀之,犹今之年,庶俾勿坏,书之又不一书。

——莆田金石木刻拓本志(初稿)上册,莆田县文化馆编印,1983 年

如上所述,黄氏"思敬堂"是由先人故居改建而成的,奉祀自始祖以下的十三代祖先,其经费则主要来自族产的收入。由于"思敬堂"是由少数士绅创建的"族祠",而且祀及始迁祖以下的历代祖先,因而可以推断,这一时期已形成以士绅阶层为首、包含全体聚居族人的依附式宗族。另据明人记述,正统年间聚居于此地的黄氏族人,仍是以这一祠堂为中心,"岁时族人子姓聚拜祭享,久而益虔"。可见,这一依附式宗族的发展是颇为稳定的。

从南宋至明初,建祠活动尚未普及,祠堂的规制也不统一。明代前期,由于社会环境相对安定,福建沿海地区的聚居宗族得到了迅速的发展。随着族人的日益增加,祭祖的规模不断扩大,建祠活动也越来越频繁。如莆田白塘李氏的西墩支派,从正统至成化年间曾三次修建祠堂,平均每次只间隔十年。据记载:

永乐间,金判故第厅事雁于郁攸,子孙各随小宗世数,祀私亲于室,而通祀制于诸先祖,岁时权寓他所而已。正统丁巳,西塘四世孙德文为族长,乃即厅事故址构祠堂,广三丈六尺,深四丈有奇,中设大龛合祀上世神主,其于仪制草创未备。至天顺甲申,嗣族长德怀又构前厅,为祭毕燕饮之所,中为大门,外缭以

---

❶ 引自:万历福安县志,卷 1·风俗.
❷ 引自:郑振满.明清福建家族组织与社会变迁[M].北京:中国人民大学出版社,2009:115.
❸ 引自:郑振满.明清福建家族组织与社会变迁[M].北京:中国人民大学出版社,2009:120.

廊,石砌甬道,拾级而上,其合祀仍旧。成化二年,岁在丙戌,故族长孟殷,贤而好礼,始以义起,撤中龛,甃石为台,广丈有二尺,深三之一,厘为五龛。中祀制干、金判诸祖;中左祀割田有功颐斋父子,以其年邈不嗣,故专祀之,中右并左右三龛,则祀文森三昆仲以下神主,人自为龛,盖出四亲以上,于家有再兴之劳,故世祀之。若四亲之祀,则各仍私室,兹堂不以入也。又缘故规定祭物,俾三房子孙岁一收烝尝年租以供具。若上墓,若讳日,若冬、年、俗节,皆有祭田以燕享,朔望则多谒惟勤。

李氏以上三次建祠活动,不仅使祠堂的规模不断扩大,其有关制度也日趋严密。这一祠堂的奉祀对象,据说多达"十有余世",显然是用于依附式宗族的祭祖活动。至于在"私室"中举行的"四亲之祭",则属于继承式宗族的祭祖活动。此后不久,西墩李氏又与东墩李氏合建了"东墩祠",从而形成了白塘李氏统一的宗族组织。

明前期福建沿海的祠堂,大多是由士绅阶层倡建的,这可能与士绅享有的立庙特权有关。在建祠活动中,强化了士绅对聚居族人的控制,从而也就促成了依附式宗族的发展。明嘉靖初年,莆田桂林坊林氏建成"开先祠"后,族绅林俊随即为之制定了"林氏族范",并书于祠中,"岁时祭祀,俾读之以嘉惠族人"。

其略云:

凡林子孙,父慈子孝,兄友弟恭,夫正妇顺,内外有别,长幼有序。礼义廉耻,兼修四维;士农工商,各守一业。气必正,心必厚,事必公,用必俭,学必勤,行必端,育必谨。事君必忠敬,居官必廉慎,处乡里必和平。人非善不交,物非义不取。毋富而骄,毋贫而滥。毋信妇言伤骨肉,毋言人过长薄风。毋忌嫉贤能、伤人害物,毋出入官府、营私招怨,毋奸盗诘诈、赌博斗讼;毋满盈不戒、细微不谨;毋坏名丧节,残己辱先。善者嘉之,贫难、死丧、疾病周恤之;不善者劝诲之,不改与众剿之,不许入祠,以共绵诗礼仁厚之泽。敬之、戒之,毋忽!

林俊为林氏族内的显宦,嘉靖初以刑部尚书致仕。他所制定的这一"族范",不仅具有教化的功能,而且具有强制性的效力。在福建沿海地区,士绅阶层历来特别发达,此类依附式宗族也是广泛存在的。

到明中叶以前,由于社会环境相对安定,闽南地区宗族发展迅速,建祠之风盛行。福建历史上的家族祠堂,最初大多是先人故居,俗称祖厝,后经改建,逐步演化为祭祖的"专祠"。

明中叶前后,由于建祠之风盛行,福建沿海各地的依附式宗族得到了普遍的发展。在规模较大的聚居宗族中,祠堂已被视为不可缺少的统治工具。嘉靖年间,莆田碧溪黄氏的《族议重建祠堂书》宣称:

祠堂不建,于祖何所亏损? 而生者之伯叔兄弟无以为岁时伏腊衣冠赘聚之所,卒然相值于街市里巷,袒裼裸裎而过,与路人无异。不才子弟习见其如此也,一旦毫毛利害,怨怒恣睢,遂至丑不可言者,其故皆由于祠堂之废。即祠堂尚在,宗家支属时为衣冠之会,得闻察父惄兄肎相训诲,苟未至于傥荡其心者,将毋畏其面斥目数而谯让之? 庶几其有瘳乎! 此祠堂兴废之明效也。

由此可见:建祠的目的之一是为了奉祀祖先,有控制族众之意。特别是随着族人之间两极分化的日益加深,祠堂的政治作用不断加强,从而逐渐演变为依附式宗族的统治工具。

明代嘉靖后期,闽南地区经历了长达十年的倭寇之乱,社会经济受到了严重的破坏,宗族组织的发展开始出现某些变异形态。在这场浩劫中,沿海各地的聚居宗族受到了剧烈的冲击,有不少宗族组织一度趋于解体,长期未能恢复正常活动。万历十三年(1585 年),晋江县施黎受《修谱遭寇志》中记云:❶

嘉靖庚戌,予主祀事,宗戚来与者蕃衍难稽,子孙老幼计有八百余人。不意嘉靖戊午倭寇入闽,初犯蚶江,人不安生,瞭望烟火警惧。己未、庚申岁,则屡侵吾地,然犹逃遁边城,性命多获保全。至辛酉岁,倭寇住寨海滨,蟠结不散,九月念九破深沪司,而掳杀过半。壬戌二月初八日,攻陷永宁卫,而举族少遗。呼号挺刃之下,宛转刀剑之间。生者赎命,死者赎尸。尸骸遍野,房屋煨烬。惟祠堂幸留遗址,先世四像俱被毁碎。加以瘟疫并作,苟能幸脱于剧贼之手者,朝夕相继沦没。……予陷在鳌城,家属十人仅遗其二,亲弟四人仅遗其一,童仆数十曾无遗类。长房只有六十余人,二房只有五十余人。……今岁乙酉,年

❶ 引自:郑振满. 明清福建家族组织与社会变迁[M]. 北京:中国人民大学出版社,2009:128.

已六十二矣,窃见宗族生齿日繁,欲修谱牒而难稽,幸二房曾祖叔时雨、光表者有谱移在泉城,寻归示予,此亦天道不泯我祖宗相传之意也。故题此以示后世,使知我宗族一时沦没之由,亦示后世子孙知宗族一时艰苦之状云。

——晋江县《临濮堂施氏族谱》(厦门大学历史系抄本)

施氏此次修谱之举,距倭寇之乱已有二十余年,而该族重修祠堂及恢复合族祭祖活动,却又迟至明末崇祯年间。❶ 在沿海各地的族谱中,还有不少类似的记载。如泉州《荀溪黄氏族谱》记载:"倭寇之寇泉城也,洵江尤甚。攻围数次,焚毁再三。巨室雕零,委诸荒烟蔓草间,所在皆是。"❷

在这一背景下,沿海地区的依附式宗族受到了不同程度的削弱,而合同式宗族则相应有所发展。万历元年(1573 年),仙游县钱江朱氏的《重兴家庙序》中记云:

(元)至治二年,文一公起盖祠宇三座,以为后人崇报之所,又虑享祀之无资,后人或衰于爱敬也,而有田、园、山、海之遗。……至本朝嘉靖末,倭夷蠢起,闽粤鼎沸,肆行州里,草菅人命,积尸流血,宗社为墟,斯民曾不得聚庐而治处。迨万历元年癸酉升平,昔之父子流离者,今且生养蕃息,颇知生民之乐。翾乱离之后,居安思危,见利淡而慕义若渴。惟不有以倡之,则无从而起之也。……于是乎,议建功之费,先以二十金为率。二十以内,不敢少也,少则不足以举事,二十以外,不敢多也,多则人心骇愕,反因以废事。如是,而众谋佥同,维时盖正月十有九日也。乃议立文簿,令四房子侄兄弟凡与在出银之列者,各书名、书号,亦假此以约束人心,亦歃血定盟意也。次之以携字为准,次之以备银取字。……于是协力齐心,次第成功。

由此可见,朱氏在重建祠堂的过程中,采取了按股集资的做法,从而也就导致了合同式宗族的形成。

至清代时,沿海地区乃至整个福建地区大规模兴建祠堂,广置族田,兴修谱牒,设立族长等,蔚然成风,反映了清代福建家族制度的普遍确立与完善。清代福建不论城乡,凡有聚族而居者,多有建置家族祠堂。祠堂既是全族成员重大礼仪活动的中心,也是整个家族的象征,故各家族往往互相攀比,而且"画栋刻节,靡费不惜"。大姓豪族不但建有家族的"总祠"或称"祖祠",而且各支房也建有"宗祠"或"支祠",根据调查,龙岩《翁氏族谱》记载,该家族共有 12 个支祠,南靖县南洋乡《庄氏族谱》收录,其家族有 27 个支祠。通过层层祠堂将不同地点、不同辈分的家族成员串联起来,构成一个血亲分明、繁而不乱的家族体系。❸

同时各家族也大力发展族产,特别是族田,在清代各族谱中均有田产的添置与管理的记载,如连城四堡邹氏家族,道光年间(1821—1850 年),仅租佃出去的族田,每年租谷 400 余石,租钱近 10 万文;建瓯祖氏家族到清末,族田田租达 7000 余筐等等。族田为家族祭祀活动、赈济抚恤和文化教育提供充裕的保证,是家族制度赖于存在的经济基础。为了适应新的家族制度的发展,新的谱牒编纂也应运而生。新族谱详载家族由来的历史,收录家族血缘关系分布图表等内容,义例完备,源流鲜明,如《浦城龙泉季氏族谱・序》云:"开家之有谱,犹国之有火也。"清代福建各家族普遍修纂过族谱,有的家族还规定三十年一修。修族谱目的在于加强宗亲的认同感和凝聚力。同时各家族谱也明文制订了族训、族规以及族长的职责等,形成了一套比较严密的家族制度。

综上所述,在闽东南沿海地区,由于宗族聚居的规模较大,依附式宗族形成的年代也较早。明中叶以前沿海建祠之风盛行,反映了以士绅阶层为首的依附式宗族的普遍发展。明代后期的倭寇之乱和清代初期的迁界之变,使沿海地区的聚居宗族受到了全面的冲击,有不少宗族组织一度趋于解体。在战乱之后重建的宗族组织,最初大多是依附式宗族或合同式宗族,而继承式宗族的恢复和发展则相对较迟。由于明末清初的战乱,破坏了沿海地区固有的社会秩序,激化了族际矛盾,导致了乡族械斗的盛行。因此,自明中叶以降,沿海聚居宗族的军事防卫功能得到了强化,而经由联宗、合姓而组成的同姓或异姓的散居宗

❶ 引自:郑振满. 明清福建家族组织与社会变迁[M]. 北京:中国人民大学出版社,2009:128.
❷ 引自:郑振满. 明清福建家族组织与社会变迁[M]. 北京:中国人民大学出版社,2009:128.
❸ 数据来源:郑振满. 明清福建家族组织与社会变迁[M]. 北京:中国人民大学出版社,2009:220-250.

族也得到了广泛的发展。在某种意义上说,明以后福建沿海地区的宗族组织,是特殊历史环境的产物。

2.3.2　台湾宗族发展

（1）福建移民台湾的家族聚落发展

基于上述,明清两代大规模的、向台湾的移民,使台湾得到了根本性的开发,对台湾发展产生了深远的影响。现留存的许多族谱中大量记录了族人迁台原因、垦台历史、繁衍分布,以及他们在台湾的事业、生活、遭遇等。如以诏安王游氏族谱为例,记载了部分族人因抗清兵溃后迁台避祸,部分族人在闽海平靖后东渡开垦台湾,部分专程渡台恳亲访友等各种情况,目前该族在台湾主要分布在宜兰、台北、桃园、彰化等地,其次分布在台中、南投、基隆、花莲、嘉义、高雄、新竹、云林、屏东、苗栗、台东、台南、澎湖等地。另据诏安秀篆顶坑《既贯公家谱》称,其子一涵同廷科、廷琳、廷碧及诏安客家乡亲落户台湾,到十二世时,将台湾的茶树、柳树和罗汉松树苗带回诏安祖地盛衍堂周围栽种。❶

闽海平靖后,掀起了移垦台湾的高潮。据《台湾游氏追远堂族谱》载:

祖考讳学札,字雁音,游月十二公:祖考生于康熙二十八年己巳,月日未详,时诏境贼乱渐微,唯田园呈残荒,乡人纷纷外移,祖考自不愿后代老守此境,乃鼓励其外拓,遂有乾隆年间宽性、宽义二公渡台之举,后世于淡兰拥资产时,亦拟迎双老共居,晨昏奉养,奈何祖考执意守乡伴莹,不离老屋,嘱后葬老屋背莲塘面坐庚向甲,丙申丙寅分金,忌辰正月十一日,台湾子孙堂前挂纸祭拜。

另据1970年,台湾游氏祠庙追远堂管理委员会根据族谱,对王游氏入台聚居繁衍发展情况进行了梳理:

王游氏族,起基诏安县秀篆社,散见诏北村堡,明末渐衍繁平和、漳浦、饶平等邻县,甚远徙泉、潮。清初康熙年后闽海平靖,族人始渐东渡台湾开垦,群居南北,其中可溯初拓垦时地者有:

平石大房堀龙派,于雍正年间有位钦入垦淡水厅内湖庄,于嘉庆末年有金榜、金明、金捷等兄弟垦二城份尾。

平石二房龙潭派,于雍正年间有学楝垦南坎,于乾隆初叶有士熔垦芦竹厝。士□垦大堀园,学枏、士倍、士镇、士追垦南势角。于乾隆中叶,有世叟垦新屋,士昭、士晴、士腊、世缉垦南势角,士都垦大安寮,士恨垦塔寮坑,士怕垦新路坑,士□、士煌、士炳垦南坎。乾隆末年,有观速、士将垦桃仔园,士邪垦南坎,龙俊、观兴、观生、士德、士爱垦龟仑,中叶蛤仔难地初辟,族人纷自淡水厅涌入,散垦各地。有士根垦大礁溪,妈送垦四阄二,世且、世喝、德智、潭养等垦番□田,妈财、光耀、新养、祖养垦林尾,德富、德知、帝和垦柴围。龙昭等兄弟垦六结庄,龙晚垦玛璘社。圣带、世叟垦员山。道光年间,有公印、成祖、世均、世记、世心、现林、德济等合垦九山太和。

平石房二龙山派,于雍正年间有文翁、文儅、文部等合垦彰化大庄,乾隆初叶有心正垦大庄,文豪垦潭仔墘;维蟾、南坎、维酸、文青、文集垦葫芦墩,乾隆末年有国锭、维井、国鐯垦葫芦墩,嘉庆末年有海生垦礁溪,曲摇、国锡垦补城地,道光年有典近、民河垦柴围。

平石三房,于雍正年间有群仰垦景尾,孙瑞南于嘉庆末年垦四阄二。

据台湾族谱资料显示,唐山过台湾入台后一般先投靠亲友,然后择肥沃之地开垦,逐步向贫瘠之处发展。随着迁台人数的增加和族人在台的迅速发展,闽海亲族之间往来频繁,还出现邀请祖籍地族人渡台探亲的现象,如《台湾游氏族谱》载:

三房祖考讳士湾,字会云,游三公,生于雍正十二年甲寅。公有才俊,嘉庆年末渡台访亲,见兰地有筹二世祖蒸尝乃力于邀募,又佐理会务,井然有序后返唐山。辛后盛兰堂立其功德神位,以示追怀。

清代,随着雍正十年(1732年)、乾隆十一年(1746年)、乾隆二十五年(1760年)三次下诏准许台湾垦民搬眷入台制度的实施,进一步促进了闽海地区人员、家庭、家族的来往。许多家族族谱都记载了这三个

---

❶　引自:曾进兴,施婧,郑丽霞,等.台湾族谱与祖籍地文化的对接交流:以台湾王游氏族谱为例[J].漳州职业技术学院学报,2013,15(4):63-70.

时期有携家眷入台的事实。如台湾《庐江何氏宗谱》记载,其开台始祖何彦赐于康熙年间入台,后携家眷由长乐赴台建家立业。晋江《玉山林氏宗谱》也记有官府放宽限制后移民带妻牵子同往台湾的宗亲。类似情况在闽南地区的一些族谱中反映比较突出。除了举家赴台的方式外,更多的是父子、兄弟和族亲结伴渡台,如漳州《白石丁氏古谱》就记有许多族人相继迁台的事。乾隆二十五年(1760年)后,东渡台湾的移民越来越多,其中以沿海各地家族的族亲相邀入台最为常见。如漳州《白石丁氏古谱》记载了二十五世丁品石入台创下基业后,"族人来投,皆善遇之",为来台谋生的族人提供各种帮助。

经过若干年后,同族人逐渐增多,就形成小聚落。如泉州泉港区峰尾、后龙、南埔一带,即惠北❶,当地的"北头人"❷中,陈姓是大姓❸,自明代开始就有陈氏民众来往于台海之间,并逐步在台湾开垦定居,如玉湖陈氏派系后裔陈弓,入垦台湾彰化,今已繁衍12世。南埔玉湖陈氏七世族人迁居入垦台湾。南埔玉湖陈氏派系陈俊伟房的第14世裔孙陈应纬,其三子陈成的子孙,成为东亭村牛头现在的陈氏三房蕃系;四子陈成来的子孙成为东亭村牛头现在的陈氏八祖蕃系。前黄顶坑内陈姓后裔入垦台湾苗栗县通霄镇白沙屯,并形成了与泉港血脉相连的陈氏同宗聚落。其中较为典型的如前文论及的台湾苗栗县通霄镇九房陈氏先祖陈朝合。❹ 另外,据南安《武荣诗山霞宅陈氏族谱》记载,其族人陆续不断地移民台湾,曾集中于屏东县万丹乡,形成了一个家族聚落。又如台湾北港郡四湖乡的林厝寮,就是以林姓为主开基建立的村庄。

这种以某一姓氏家族早先聚居而命名的村名在台湾各地较多。据台湾出版的《唐山过台湾》记载:台湾现有的百余个主要姓氏中,有40多个进行村庄冠名,主要分布在台北、彰化、台中、台南、高雄、基隆、屏东等22个县市的乡村,共100多个聚居地或聚落地,其中大多数是明清时期来自福建的闽南人。这充分说明,闽南先民对于同宗一脉关系、宗亲血缘关系和同乡地缘关系的重视。据统计,台湾以同宗同族姓氏在聚居地冠名的村庄如:台北市的林厝、陈厝、黄厝、洪厝、颜厝、施厝、李厝街、朱厝巷等,台南市的刘厝、张厝、蔡厝、谢厝寮、胡厝寮、何厝庄等,台南归仁乡公所附近的杨厝、李厝、许厝、湾厝、辜厝、黄厝等,台中市的杨厝、吴厝、陈厝、林厝、张厝、孙厝、何厝、许家村、吴厝寮、陈厝坑、江厝店、许厝港等。❺

再如,台湾南投县草屯镇月眉厝,位于台中盆地南隅、猫罗溪东岸,东接林字头,西邻县庄、溪头,南垠营盘口,北与北投接壤,猫罗溪横贯村落,气候温和,为农业乡社。清代南靖和溪林长青派下裔孙70多人迁移台湾,开垦月眉厝,形成林氏血缘聚落。南靖和溪林氏出于晋入闽祖林禄,其后16世披生九子,苇、藻、著、荐、晔、蕴、蒙、迈、蔇是为九牧派,其中蕴传下世系为:愿—同—旻—尚清—元穹—坤—涣之—震—世彰—昆—钦—敏—尚—博—时—鎏—雅—伟—福—迪—文德。林文德为入闽38世,族谱记载为宋末进士,曾任闽西宁化县知县。文德生九子,其中,八郎迁上杭白砂塘丰,九郎迁龙岩,九郎后人长清即开基南靖和溪,也为台湾草屯月眉厝林氏先祖,即清康熙末(1720年以后)林长青子孙渡海来台,在月眉厝开基,并逐步形成了单姓血缘聚落,聚落周边则有洪、简、李、许等单姓血缘小聚落邻近。月眉厝内建有大宗开基南靖一世林长清为主的祠堂,所供奉祖牌没有区分大小宗或房头,祭祀组织由祭祖产业法人代表主持,并设有管委会与专职管理人,管权有股份性质。❻

从上述情况看,在移民过程中,家族成员相伴入台是比较普遍的,但在初期开发台湾时,移民者还要借助同乡或同县府的关系,来组合更强大的集团势力,以维护自己的生存空间。因此,漳州籍形成漳州人集团,泉州籍结成泉州人集团,广东籍联成广东人集团,在府之下还可以分县一级的同籍群体。可见每个家族成员移居台湾后,就要与同祖籍地的其他姓氏家族成员联手起来,构成一个超血缘的地缘群类。虽

---

❶　早年属惠安县管辖的最北部区域,通称为惠北。
❷　由于山腰、后龙、峰尾、南埔一带的惠北方言语音,是介于闽南语系与莆仙语系之间而形成的地域特质,两种语系的交叉渗透融汇而形成了独特的"头北话"。因此,泉港一带的村民则通常被以闽南话为主的泉州人称为"头北人"。泉港的头北人、头北话、头北船和头北厝,形成了独具闽南风格和人文历史的泉港文化特质。
❸　泉港区头北陈氏,主要由莆阳玉湖陈后裔和蓝田陈后裔两大部分组成;其中莆阳玉湖陈后裔的人数在泉港区陈氏居民中超过一半。
❹　引自:陈金华.泉港陈姓先民入垦台湾的同宗村[J].寻根,2014(3):139-142.
❺　引自:朱定波.台湾海峡两岸的同名乡村[J].寻根,2013(3):33-38.
❻　引自:林嘉书.闽台移民系谱与民系文化研究[M].合肥:黄山书社,2006:154-166.

然这时期台湾移民社会中,家族组织不如大陆闽粤等地系统、发达,但是移民们仍然保持着血缘上的认同感,如康熙末年,台湾已有三世、四世同堂的家族,而且逢年过节按家乡的传统祭祀祖先。显然移民们的血亲意识与家族法则并未被淡忘,正如有的学者认为"氏族在台湾不如闽粤农村发达,但血缘宗族关系还是最基本的法则"❶,只是同族迁入人数有限,而且当务之急是想方设法站稳脚跟,这就必须与同乡联合一体,才能在接连不断爆发的"分类械斗"中生存下来。这是海岛台湾在封建统治秩序还未健全的移民社会情况下,所必然出现的地缘关系占主导地位的暂时现象。

另外,也可以从两岸族谱的交流方向分析,明清以来,大量福建居民迁移入台,这些移垦家族极为重视祖先的渊源、亲族的联络,条件具备的殷实之家,都非常重视编修家谱、族谱。据1987年陈美桂编辑的《台湾区族谱目录》,"共收录台湾族谱10613部"❷。闽海家族之间的抄谱、对谱、续谱、合谱等活动自此不断展开,形成了两岸民间交流一道独特文化景观。

总之,在台湾移民时期,广大乡村大多是以大地缘关系聚落、小血缘关系聚居的形式存在,即在同祖籍地大聚落下,仍按血缘亲疏关系而分居。

(2)清代台湾家庭结构的若干特点

结合上文,自1885年,台湾始独立建省。清代台湾历史的发展,经历了从移民社会向定居社会转变的过程。根据孔立先生的研究,清代台湾移民社会的基本特点是❸:在人口结构上,除了少数先住民以外,多数居民是从大陆陆续迁移过来的,人口增长较快,男子多于女子。在社会结构上,移民基本上按照不同祖籍进行组合,形成了地缘性的社会群体,一些豪强之士成为业主、富户,其他移民成为佃户、工匠,阶级结构和职业结构都比较简单。在经济结构上,由于处在开发阶段,自然经济基础薄弱,而商品经济则比较发达。在政权结构上,政府力量单薄,无力进行有效的统治,广大农村主要依靠地方豪强进行管理。在社会矛盾方面,官民矛盾和不同祖籍移民之间的矛盾比较突出,在一定程度上掩盖了阶级矛盾。加上游民充斥,匪徒猖獗,动乱频繁,社会很不安宁,整个社会还处在组合过程之中。因此,清代台湾的移民社会,"既有大陆(主要是闽粤)社会的许多特点,又有在新的环境下产生的当地特点。它既不是中国传统社会简单的移植和延伸,又不是与大陆完全不同的社会"❹。这种动荡不安而又尚未定型的社会环境,促使清代台湾的家庭结构逐渐背离传统家庭的正常发展轨道,从而形成若干不同于大陆地区的显著特点。

基于郑振满先生的研究,认为台湾绝大多数家庭已经形成直系家庭和联合家庭,只有极少数的家庭是主干家庭。其主要特点表现❺:

第一,绝嗣家庭较多。在《台湾私法附录参考书》中,收录了一批有关"绝嗣财产"的契约文中,一般称《托付字》或《托孤字》。从这些契约文书的内容可知,清初台湾不完整的家庭较多。较福建大陆地区而言,无后者一般可以通过抱养、立继等方式,使先天不足的小家庭转化为颇具规模的大家庭。但在台湾早期移民社会中,无论是抱养还是立继,都是不容易做到的。尤其是立继,一般只能在昭穆相当的近亲中选立后嗣,这对远离家乡的移民来说,往往是可望而不可即的。实际上,正是由于无后者生前立继无望,才会把产业交给族人或亲邻,使之在日后代为祭祀或立嗣。这种以"托付"的形式继承遗产及"烟祀"的做法,可以说是大陆传统的立继制度在台湾移民社会中的一种变异。但是,在"托付"和"立继"的形式下,无后者的家庭结构是完全不同的。

第二,大家庭的发展不稳定。基于上述,明清福建大陆地区的直系家庭,一般是在第二代都已成婚之后才分家的,而联合家庭分家之际,第三代也大多已经成婚。而在清代台湾,往往第二代尚未全部成婚,就已经开始分家析产。因此,清代台湾大家庭的发展,不如大陆地区稳定与完满。如乾隆三十五年(1770

❶ 引自:施振民. 祭祀圈与社会组织:彰化平原聚落发展模式的探讨[J]. 台湾民族学研究所集刊,1973(36):119.
❷ 引自:王鹤鸣. 评台湾地区两部族谱目录[J]. 图书馆杂志,2003(11):72.
❸ 引自:孔立. 清代台湾移民社会的特点:以《问俗录》为中心的研究[J]. 台湾研究集刊,1988(2):1-9.
❹ 引自:孔立. 清代台湾移民社会的特点:以《问俗录》为中心的研究[J]. 台湾研究集刊,1988(2):1-9.
❺ 引自:郑振满. 明清福建家庭组织与社会变迁[M]. 北京:中国人民大学出版社,2009:36-37.

年),肖氏四兄弟分家时,只有二人已经成婚;嘉庆四年(1799 年),台中某姓分家时,第二代七兄弟中只有五人已经成婚;道光十八年(1838 年),嘉义某姓分家时,第二代六兄弟中只有四人已经成婚;光绪二十年(1894 年),王氏三兄弟分家时,只有一人已经成婚。这些案例证明了,台湾大家庭的演变趋势,与大陆地区也不尽相同。

第三,大家庭中存在多元结构。清代台湾的多元家庭,大致可以分为两种类型:一是在移民过程中形成的多元家庭,二是因兼祧数房而形成的多元家庭。清代台湾较富裕的移民,可能同时在大陆和台湾建家立业,从而构成分居异地的多元家庭。这种多元家庭的基本特点,是家庭成员共财而不同居。因此,就其财产关系而言,可以视为统一的整体,而就其生活方式而言,又可以分为若干相对独立的单位。因兼祧数房而形成的多元家庭,并非清代台湾所特有。由于清代台湾的绝嗣家庭较多,而选立后嗣又相对比较困难,兼祧数房的做法可能比较盛行。由此而形成的多元家庭,一般也是以分居共财为基本特征,即出嗣者与非出嗣者共同拥有本生父母的有关财产。在清代台湾的分家文书中,出嗣者参与遗产分配的现象颇为常见。如道光六年(1826 年)的李氏《分业阄书合约字》载:

爰将所创田园、厝宅,抽出养赡以外,并踏出嗣子玉盼、玉泰二人之业,其余付与玉庇、玉清、玉琛、玉膑四人均分,厝宅以及家器什物,各作六人均分。

光绪二十一年(1895 年)的李氏《遗嘱阄约》记载:

吾夫……生下男儿二,长曰秉渔,次曰秉均。……然秉均出嗣夫弟五种,与六房秉猷出嗣同承五房家业,经已阄分,立约炳据。因思秉渔、秉均同气连枝,实属亲至谊,与其各承家业,何若合一折衷,斯为手足是敦耳?……爰是邀请房亲族戚到家作证,将先夫从前阄分物业应得租额六十石,抽出十石以为氏养膳,又抽出五石付秉均前去掌管,由是秉渔应得租额四十五石。

据此,上述两种多元家庭都是不稳定的大家庭,或者说是正在解体中的大家庭。因此,无论是移民的多元家庭,或者是兼祧的多元家庭,都不可与传统的大家庭等同视之。因此,清代台湾的绝嗣家庭、不稳定的大家庭及大家庭中的多元家庭,都在不同程度上背离了传统家庭的正常发展轨道,从而显示了家庭结构的小型化趋势。其原因在于:清代台湾的商品经济较为发达,家庭成员之间的分工协作关系受到了削弱,大家庭的经济优势可能已经不复存在。因此,清代台湾家庭结构的小型化趋势,是传统家庭的近代化进程的体现。

综上,清代台湾家庭结构的历史特点,对宗族的发展具有深刻的影响。一方面,由于不完整家庭的广泛存在,经由分家而形成继承式宗族的概率较小,因而早期移民的宗族组织大多是合同式宗族;另一方面,由于大家庭的发展不稳定,又加速了继承式宗族的形成和发展,因而移民定居之后的宗族组织主要是继承式宗族。此外,由于兼祧之风的盛行,家族成员的继嗣关系相当复杂,往往导致了各种不同宗族组织的交错发展。

(3) 台湾宗族类型与特点

第一,同族聚居较为普遍。基于上文,因移民初登台湾之际,为了协同应付复杂的社会生态环境,所以从一开始即已形成同乡同族相对集中的趋势。另外,清中叶以后,在一些开发较早的地区,不同祖籍及族姓的移民之间常发生"分类"械斗,势力较弱的一方往往被迫迁徙到同乡同族人数较多的地区,这就进一步促进了同族聚居规模的扩大。❶ 根据陈绍馨和傅瑞德对 1956 年台湾户口资料的抽样统计发现,各地都有不少人口占明显优势的大姓。陈其南以主要二姓占乡镇人口 40％以上为指标,进一步验证了台湾各族分布的集中趋势,而且表明了在漳州、泉州两府移居聚居的地区,姓氏集中的现象相当突出;其次,也表现了有些大姓如林、陈等的聚居范围,已经包含了若干村落,甚至是超过乡镇的范围,如彰化平原,"大村乡的中部有七八个村落是祖籍漳州平和县心田乡赖氏宗族聚落区。埔心乡和员林镇一带则分别为祖籍广东潮州饶平县的黄氏和张氏分布区。员林镇东南和社头乡东北角一带,从柴头林到龙井村之间的四个

---

❶ 引自:郑振满. 明清福建家族组织与社会变迁[M]. 北京:中国人民大学出版社,2009:152.

村落是漳州府南靖县施洋枋头刘姓宗族分布区。社头以南,田中镇以北则为漳州府南靖县书洋肖氏分布区。田中以南到二水之间为漳州府漳浦县陈氏一族分布区"❶。(见表2-1)

表 2-1　台湾部分地区大姓氏集中趋势分析

地区	乡镇	第一大姓	占总人口%	第二大姓	占总人口%	二姓占总人口%	祖籍
台北	五股	陈	42.4	林	10.8	53.2	泉州
	芦州	李	44.0	陈	11.1	55.1	泉州
台中	大肚	陈	24.3	林	15.6	39.9	漳州
	名间	陈	41.5	吴	10.5	52.0	漳州
	田中	陈	28.1	肖	12.7	40.8	漳州
	社头	肖	34.6	刘	20.0	54.6	漳州
	大村	赖	45.3	黄	15.1	60.4	漳州
	龙井	陈	29.5	林	17.5	47.0	泉州
	线西	黄	47.4	林	18.5	65.9	泉州
	埔盐	陈	25.4	施	24.8	50.2	泉州
	溪湖	杨	25.6	陈	21.2	46.8	泉州
	芳苑	洪	31.4	林	16.8	48.2	泉州
云嘉	麦寮	许	34.6	林	28.9	63.5	泉州
	台西	林	36.9	丁	27.4	64.3	泉州
	四湖	吴	46.2	蔡	14.9	61.1	泉州
	卜脚	陈	23.2	林	22.1	45.3	泉州
台南	将军	吴	24.9	陈	18.7	43.6	泉州
	七股	黄	23.7	陈	22.2	45.9	泉州
	安定	王	30.7	方	9.7	40.4	泉州
	大内	杨	32.9	陈	11.3	44.2	漳州

资料来源:郑振满.明清福建家族组织与社会变迁[M].北京:中国人民大学出版社,2009:152.

　　第二,台湾移民早期的宗族组织,主要是以奉祀"唐山祖"为标志的"合同(合约字)宗族",或称"大宗族"。合同宗族(或称合约字宗族)是指同一祖籍地(主要是县籍)的同姓成员,按照契约形式,依议例纳份钱、集资置田(祭祀公业)、祭祖会餐,以此组成虚拟血缘宗族。还有一种是来自原居地宗族的族亲也按照这种虚拟血缘宗族的组建方式,重组宗族。❷

　　另一种形式是"阄分字宗族"或"小宗族"。在移民定居之后,经过若干代的自然繁衍,逐渐形成以奉祀"开台祖"为标志的阄分字宗族(或称"小宗族")。前者是从大陆原有宗族中分割出来的"移植型"宗族,而后者则是台湾本地土生土长的"典型"宗族。因此从前者向后者的演变,标志着清代台湾移民社会的土著化进程。❸而台湾的大宗族一般是经由"志愿认股"而组成的"合同式宗族"。这类宗族组织的有关股份,可以由派下子孙世代相承,也可以按照股分割或买卖。

　　在清代台湾的开发进程中,合同式宗族曾经发挥了重要的作用。清代台湾的"合约字宗族"或"大宗族",一般都是经由"志愿认股"而组成的合同式宗族。此类宗族组织的有关股份,可以由派下子孙世代相承,也可以按股分割或买卖。

　　以奉祀"唐山祖"为标志的合同式宗族,一般都是派生于大陆原有的宗族组织,其名称及崇拜对象往往一仍旧贯。在同族移民较多的地区,大陆原有的组织系统将得到最大限度地全面"移植",因而具有相

❶ 引自:陈其南.台湾的传统中国社会[M].台北:允晨文化实业公司,1987:133.
❷ 引自:郭志超,林瑶棋.闽南宗族社会[M].福州:福建人民出版社,2008:237.
❸ 引自:郑振满.明清福建家族组织与社会变迁[M].北京:中国人民大学出版社,2009:153.

当完整的系谱结构。如彰化平原的社头、田中一带的肖氏族人,为始祖以下的历代直系祖先都设立了"祭祀公业",其中大多是按"丁份"组成的"丁仔会",另外一些是按"股份"组成的"祖公会"。根据族谱记载及调研,肖氏一至八世祖都是"唐山祖",在原籍漳州南靖县书洋乡那里也有奉祀这些祖先的宗族组织,两岸族人的组织系统几乎完全相同。❶

第三,清代台湾的"阄分字宗族"或"小宗族",一般都是经由分家而形成的继承式宗族。台湾移民往往早在定居后的第一次分家,即已开始留存各种"公业"或"公费",组成按房轮值的继承式宗族。其共有财产,主要是以祭祖的名义设立的"祭祀公业",但其用途兼顾了多种功能,如乾隆六十年(1795 年)的郑氏《阄书》记载:"祀业,每年收冬除纳大租外,所有祖先忌祭、年节及庙门、街众、官府门户、人情世事、祖宗神明香烛,悉就所收之租额开除。"❷另外,清代台湾的"赡老业"或"养赡业"通常也是一种综合性的族产。这些都说明,分家之后的各种公共事务,主要是由继承式宗族去承办。在早期移民社会中,尚未形成稳定的社会秩序,可能存在有不少额外的公共费用,这无疑强化了继承式宗族。

另外,清代台湾有不少兼祧数房的"多元家庭"。这类家庭分家之后,往往同时形成若干不同的继承式宗族。如道光十八年(1838 年)的某姓《分管产业字》记载:"长兄成长、二弟玉喜、三弟宝庆、四弟宝传等,追念兄弟四人,当先年父母在堂,因堂叔接嗣位有缺,命定三弟宝庆过继为儿;又因堂伯祖承业、(承)衍嗣位有缺,命定四弟宝传过继为孙。随后父母概行归仙——抽出同戴联桂合买外港芝芭里林赖西田埔一处,永归成长、玉喜二人每年祭祀父母坟墓烝尝,其宝庆、(宝)传二人子孙永不得混争。另又抽出外港赤牛稠壹段田埔以及承典之业,存为四份公业,以备递年公费之用,除用外历年将公众租息作四股均分,立簿四本,内加各条议规,详细注明。"❸从上文可以看出承祧本宗的长、次两房与承祧外宗的三、四两房,既组成了以"四份公业"为基础的同一继承式宗族,又分属于三个以承祧对象为标志的不同继承式宗族。

第四,清代后期,台湾移民社会逐步演变为定居社会,合同式宗族的形式及内容发生了变化,由"移植型"宗族演变为"土著"宗族。如移垦苗栗的汤氏,一百多人,在当地按份集资,组成以奉祀始祖为标志的合同式宗族。该组织创建之初,由每位成员各捐资一元,统一放贷生息,每三年举行一次祭祖活动,到了乾隆五十三年(1788 年),其"尝份"已增值为每份八元,并规定"放生务要股实并田契文约为凭",可见有些成员已经置产定居。道光年间,该组织开始创建祖祠,并陆续增置产业,设立新规,其组织形式及社会功能都日趋复杂化。如除了奉祀"唐山祖"外,还奉祀全体创始者,即"开台祖",并开始赞助族人参加科举考试,祭祖活动由三年一次改为每年一次,其有关产业、股份及财务活动的管理方式,也都形成了相应的制度,因此,这一时期的汤氏族人,已经从第一代移民演变为定居于台湾的移民后裔,这是土著化的主要标志。所以,晚清时期的汤氏"始祖尝",虽然仍是以奉祀"唐山祖"为标志的"大宗族",但其"土著化"的程度已经并不亚于以奉祀"开台祖"为标志的"小宗族"。❹

第五,清代后期,台湾各地的聚居宗族已颇具规模,在这些宗族中,已经形成了以士绅阶层或豪强之士为首的依附式宗族。如林圮埔地区的十二个大、小宗族中,有八个建有祠堂,这些祠堂与当地依附式宗族的形成密切相关。如林氏"崇本堂"是由少数林氏族人募捐倡建的,因而其组织形式既不是按"房份",也不是按"股份",而是推举少数"主要族人"负责管理及主持有关事宜。至于该组织的普通成员,则包含当地的所有林姓居民,"只要住在竹山镇内的林姓均可参加,如果迁离竹山则取消派下人之资格"。❺ 这种由少数族人支配宗族事务,以地缘关系为联结纽带的宗族组织,显然是典型的依附式宗族。

清乾隆五十三年林爽之乱后,林圮埔地方的林氏族人,为纪念林圮开拓之功,募款建林崇本堂。嘉庆七年由林施品首倡,向林圮埔附近林姓殷户募款重建,咸丰五年林姓族人再捐款重修,每年春冬两祭外,每

❶ 引自:郑振满.明清福建家族组织与社会变迁[M].北京:中国人民大学出版社,2009:156.笔者也进行了实地调研,结论与郑先生的相同,当地肖氏宗族组织非常完整,基本是以"代代设祭"为特征。
❷ 引自:王世庆.台湾公私藏古文书汇编:第 7 辑第 7 册[M].台北:美国亚洲学会台湾研究小组,1978:449.
❸ 引自:王世庆.台湾公私藏古文书汇编:第 7 辑第 7 册[M].台北:美国亚洲学会台湾研究小组,1978:830.
❹ 引自:郑振满.明清福建家族组织与社会变迁[M].北京:中国人民大学出版社,2009:160-161.
❺ 引自:庄英章.林圮埔:一个台湾市镇的社会经济发展史[M].上海:上海人民出版社,2000:182.

逢清明、端午、中元、重阳、除夕等节,亦行小祭。管理人由林姓主要族人遴选,任期并无限制。不置炉主,仅设首事,由湾仔、街仔尾(林圯埔下街)、竹围子、猪头棕、下埔等五区各推举一人担任,轮流主持祭典事宜。

——刘枝万:南投县风俗志宗教篇稿,南投文献丛辑,1961(9)

　　另外,还有些早期移民组成的合同式宗族,清代后期也逐步演变为依附式宗族,如内埔庄钟氏就是典型案例。该组织的有关资产,最初是族人为了参加兴建"潮属开粤往台港口"而按份"津拈"的,嗣因其事未果,余款交由某族人"收放"生息,到了嘉庆九年(1804 年),共获利 462 元,于是设立了"崇文典",可见其权益分配已经不是依据族人原有的股份,而是依据各自的身份,由此使得其组织演变为依附式宗族。❶

　　综上所述,大陆特别是闽粤移民渡台之初,往往是同乡同族相互援引,因而从一开始就形成了同乡同族相对集中的趋势。清中叶以后,由于分类械斗的盛行,进一步促进了同族聚居规模的扩大。早期移民的宗族组织,主要是以奉祀"唐山祖"为标志的合同式宗族。此类宗族组织的形成,大多与移民原籍的宗族组织相关,有的完全是依照原籍的组织系统重建的。由于早期移民的流动性较大,此类宗族的发展颇为不稳定,其成员可以自由加入或退出,而且大多并无固定产业。在移民定居之后,此类宗族逐渐趋于稳定,开始在当地建祠、置产,并共同奉祀其创始者即"开台祖",演变为相对独立的"土著化"宗族。与此同时,在移民的后裔中开始形成以奉祀"开台祖"为标志的继承式宗族。此类宗族组织的形成,大多与分家时留存的"公业"有关,因而拥有较为雄厚的财力,在当地的社会经济结构中占有重要的地位。有些家族定居之后,每一代分家都提留相应的"公业",从而形成了多层次的继承式宗族。清代后期,在规模较大的聚居宗族中,已经形成了以士绅阶层或豪强之士为首的依附式宗族。有的宗族组织创建之初,就具有依附式宗族的性质,但大多数依附式宗族可能是由早期的继承式宗族或合同式宗族演变而来的。❷

2.3.3　闽海地区典型宗族变迁

　　(1) 莆田仙游县凤岗村宗族变迁

　　凤岗村(自然村)位于莆田市仙游县龙华镇金山行政村。凤岗村是以林氏宗族为主的血缘型聚落,其聚落的发展就是林氏家族变迁的历史。

　　众所周知,天下林姓出一家。据《元和姓纂·序》之林氏篇,认为"林,殷太丁之子,比干之后。比干为纣所灭,其子坚逃难长林之山,遂成林氏"。因此,比干之子坚成为林氏之得姓祖。自坚公始,其裔孙称为长林世系。传至长林四十四世礼公(232—321 年),徙籍于下邳郡(治所在今江苏邳州市之下邳故城),其三世孙为林禄公。

　　福建林姓一般推晋安郡王林禄❸为开闽始祖。至晋安十世林茂公(534—617 年),于隋末迁入莆田县尊贤里(今莆田市荔城区西天尾镇)北螺村,为莆田林姓开基祖。茂公之六世孙万宠公(678—756 年),生三子:韬、披、昌,分别为阙下、九牧、游洋(雾峰)始祖。林披❹公生九子,于唐建中至贞元间(780—805 年),九子均进士、明经及第,皆授州刺史,世称"九牧林家",披公为九牧林氏始祖。九牧林为莆田当地之一大昌姓,宋神宗御制题谱诗云:"莆郡卿家名望族,三仁而下爵王公。"❺莆田九牧林氏分为九房,披公之次子藻公之后裔,为九牧二房。

　　其次,云峰林氏——辗转仙游、永春。林藻,唐贞元七年(公元 791 年),登尹枢榜进士,世居莆田。藻公之三世孙翛公,唐会昌壬戌年(842 年)退隐归家。从兴化莆田归延里前埭移居永福伏口,筑室贻谋,室曰"金

❶　引自:郑振满.明清福建家族组织与社会变迁[M].北京:中国人民大学出版社,2009:170.

❷　引自:郑振满.明清福建家族组织与社会变迁[M].北京:中国人民大学出版社,2009:171.

❸　引自:福建省仙游县林氏宗祠理事会.仙游县林氏大族谱[M].福州:福建省仙游县林氏文化研究会,2007:95。林禄(274—342 年),"字世荫,晋怀帝永嘉元年(公元 307 年)随司马睿镇建邺,除给事中黄门侍郎。……东晋明帝太宁三年(325 年)敕守晋安郡,遂安家于晋安"。

❹　公元 752 年,披公 20 岁,以明经及第,初任将乐令,升潭州司马,后迁潭州、康州刺史,后贬吏临汀(今长汀)。从事州事十多年,后归隐,自北螺(今西天尾镇林峰村)迁居澄渚(今西天尾镇龙山村乌石),创办"澄渚书堂",专心办学,课子读书。(引自:福建省仙游县林氏宗祠理事会.仙游县林氏大族谱[M].福州:福建省仙游县林氏文化研究会,2007:570)

❺　引自:福建省仙游县林氏宗祠理事会.仙游县林氏大族谱[M].福州:福建省仙游县林氏文化研究会,2007:570.

山"，世称金山祖。配夫人赵氏，子二：文焕、文峻；继配王氏生文纪。由于官匪乱世，民不聊生，兄弟分散。文焕落永泰大埔各地。文峻，俦次子，流落到泉永春云峰，为开基祖。文纪隐居德化，是德化开基祖。❶

至茂宗公❷（九牧八世，晋安二十三世），"茂宗公，中奉大夫累赠金紫光禄大夫，后为仙游都官员外郎，遂安家仙游石碑罗峰山，井名仙井，今港里。为入仙始祖"❸。因此，茂宗公成为仙游九牧二房之入仙始祖。到茂宗公之八世孙公钦（九牧十六世，晋安三十一世），再从仙游仁德里文笔峰移返永春恬上，是云峰开基祖，号仁甫。因此，林钦公于1320年迁居永春县外山乡云峰，成为云峰林氏始祖，为云峰林氏一世祖。

再次，自云峰迁居金沙，再拓凤岗。钦公生三子：孟夫、仲夫、季夫，故云峰林氏分为孟夫房、仲夫房、季夫房三房。❹孟夫生子成公，成公生子四：玖、养、史（无传）、靡。故孟夫房分为三派，（1）玖公派：玖公生子孟泰、孟甫，裔孙居云峰山母头、下坑尾、尾宅、坑园、坑尾；（2）养公派：养公生子孟光、孟敦，约于明正统三年（1438年）从永春云峰迁仙游仁德里金沙保之后厝；（3）靡公派，传至十三世仅存肇垲及其子剑、锵，父子于天启四年（1624年）并移福宁州（今福建省宁德市）。

因此，云峰林氏传到五世，养公之子孟夫、孟敦约于明正统三年（1438年）从永春云峰迁仙游仁德里金沙保之后厝，故后裔称为孟夫房养公派裔孙。传至九世时，孟光、孟敦之裔孙仅存镇公、仕元公有后裔，镇公（1512—1590年）生四子：颙、顶、颖、领；仕元公生一子：彬。故定居后厝后，养公派分为五大派：镇公四子颙、顶、颖、领分为四派，仕元公字朝班，其裔孙为朝班派，延续至十七世后无考。所以，目前后厝分为四房，皆为镇公之裔孙。长房若望派：颙（1532—1598年）字若望，居金沙之后厝（今金建村之后厝）；二房若峰派：顶（1542—1620年）字若峰，迁凤岗，为凤岗林氏始祖；三房若贡派：颖（1544—1596年）字若贡，迁居金建村过溪竹林仔；四房若取派：领（1551—1643年）字若取，先迁善化里下北山旧厝洋（今大济镇北山村），1918年因匪乱，迁居金沙之石室，部分回后厝居住。

总之，凤岗林氏家族之先祖最远可溯至得姓祖比干之子坚公。自东晋325年晋安郡王林禄入闽，禄公成为晋安林氏始祖。晋安十世茂公于隋末自福州迁居莆田西天尾镇，至晋安十六世披公衍为莆田之世家大姓，世称"九牧林氏"。披公成为九牧林氏始祖，是为九牧一世，披公次子藻公之后裔，为九牧二房，至九牧八世茂宗公自德化迁居仙游，成为九牧二房入仙始祖。九牧十六世钦公于1320年再从仙游返回泉之永春云峰，成为永春云峰林氏一世。故凤岗林氏为九牧二房之后裔。

凤岗林氏家族主要来源有：❺一，五世祖孟光、孟敦从永春云峰迁居仙游仁德里金沙保后厝，九世祖镇公之次子顶公（云峰十世，若字辈）大约于1560—1570年迁仙游县仁德里金沙保凤岗定居，为二房若峰派。其时，凤岗居民很少，据口碑文献，当时内张只有枫姓与张姓居住，而元头当时是苏姓人家居住。二，九世祖镇公之长子颙公一支，林珊（云峰十三世，伯字辈）偕四个儿子：佛、重、六、冬，约于1700年迁居凤岗之元头，为凤岗若望派元头支。他们都是云峰林氏孟夫房养公派裔孙。三，林财、良、劲兄弟三人（云峰二十世，孝字辈）从永春云峰村于1918年左右迁居凤岗，起先住元头、内张、外张，之后在西山定居。该支属于云峰林氏孟夫房玖公派裔孙。因此，凤岗林氏家族皆为云峰林氏孟夫房裔孙，以后厝二房若峰派裔孙为最盛。

基于上述，凤岗村落可以从其宗族的变迁中得以窥视其发展历程。凤岗始姐林顶公（1542—1620年）列云峰十世，目前已传至二十七世（承世辈）。由此，若峰派自迁居凤岗已历466年。（见表2-2）

---

❶ 引自：（福建省永春县）云峰林氏族谱孟夫房养公派（手抄本）[M]. 福州：1943年版序言。
❷ 据（福建省永春县）《云峰林氏族谱孟夫房养公派》（手抄本）载茂宗公"官赠朝议大夫，又移居仙游仁德里文笔峰前坡居焉，生子三，正（云峰奉祖）、巨（大阪祖）、至"。元朝，福建出的两名状元，皆为仙游县人，且都为九牧林氏二房裔孙。茂宗公之十一世孙林济孙（1315—1365年），列九牧十七世，于1340年状元及第；茂宗公之十四世孙林亨，列九牧林氏二十世，于1343年状元及第。
❸ 引自：福建省仙游县林氏宗祠理事会. 仙游县林氏大族谱[M]. 福州：福建省仙游县林氏文化研究会，2007：152.
❹ 仲夫房，分三派（四子、五子不详）：子履派（长子）移居仙游古洋；子信派（次子）居云峰福溪、大垅头；子爵派（三子）移居太平里霞坵。季夫房，分文、寿两派，裔孙居今之圩溪、尾圩，文之后发移居泉州罗溪乡马甲梧洋。
❺ 引自：林双凤. "蒲公英式生长"的宗族模式研究：福建一个汉人家族的历史社会学考察[D]. 北京：中央民族大学，2009：41.

表 2-2 若峰派迁居凤岗:十一世至二十二世的人丁繁衍人数

云峰世代	十一世	十二世	十三世	十四世	十五世	十六世
后裔(人丁)	5	12	13	24	27	30
云峰世代	十七世	十八世	十九世	二十世	二十一世	二十二世
后裔(人丁)	20	28	32	31	38	34

数据来源:(福建省永春县)《云峰林氏族谱孟夫房养公派》(手抄本)。

1700 年左右,后厝长房若望派一支林珊(云峰十三世)偕四子移居凤岗,起初与若峰派后裔一起居内张,并一起向枫姓人家购买内张祖厝,若峰派后裔居左边,珊公后裔居右边。之后,林珊三子林六迁居凤岗之元头,向苏姓人家购买厝地,建房定居;而林佛、林重、林冬则迁居顶厝。而林冬、林佛、林重分别传至十七世、十九世、二十世后俱无传,只剩林六一支在元头,是为凤岗若望派元头支。目前,若望派元头支已传至二十五世,历 329 年传 11 代。故此可推断:至 1800 年左右,凤岗成为一个有较大人口规模的村落。(见表 2-3)

表 2-3 长房若望派元头支迁居凤岗:十四世至二十世的人丁繁衍人数

云峰世代	十四世	十五世	十六世	十七世	十八世	十九世	二十世
后裔(人丁)	4	11	13	11	12	6	5

数据来源:(福建省永春县)《云峰林氏族谱孟夫房养公派》(手抄本)。

据凤岗元头 1930 年的一份分家阄书[1]载,自 1727 年起,林六之后裔开始在凤岗不断地买土地、买山林、买园地等,以满足生产、生活需要,其中有多个是关于向苏姓人家购买元头厝地的契约(包括购买厝地的滴水处)。向苏姓人家买地最晚的一次是在乾隆三十年(1765 年)三月,之后就无向苏姓人家购买田园的契约。

综上,约在 1800 年左右,凤岗成为一个以林姓为主的宗族型村落。而林氏家族在凤岗的发展,本身也经历了一个家族分户、聚落居住的变化。最早是在内张居住,至人满为患后,开始向外迁徙,以解人口压力。林六一支,迁居元头;林佛、林重、林冬等迁居顶厝,若峰派裔部分则迁居外张。由此,在 1949 年前,形成了四大居民点(祖厝),也即内张、顶厝、元头、外张祖厝。并在此基础上,逐步拓展,形成具有各房派的相对集中的聚居点。

纵观作为宗族型聚落的凤岗,其发展历程中,林氏宗族具备一个家族的几大要素:第一,有共同的始祖墓。即后厝镇公(云峰林氏九世)与妻孙氏合葬墓,另外还有其父母墓。镇公生四子,由此后厝林氏分四房。第二,有明晰的家族谱系,乡民明了相互之间所属的房与派,并且云峰林氏有统一的世系字辈。云峰林氏自九世起,其统一世系字辈排行为:重若良汉伯楚;云峰十五世起,其世系字辈为:文章宏世德,孝友振家声。并在相当长的时期保存取大名制,即在其成员结婚后,请当地的有文化知识的长者,根据结婚者在云峰林氏的世系排行的字辈中的"字",以及结婚者未成年前的小名中的一个字,互相镶嵌,取一个"大名",并将这个大名用红纸挂在宗祠或祖厝的大厅左墙壁上,谓之"行表册"。由此,取了"大名"之后,该结婚者去岳父母家、从事日常文书契约的订立等皆用此名字。另外,别号是根据个人的雅好、个性等而取的。如,林铿、林铁兄弟。林铿,字孝成,号金声。林铁,字孝发,号俊青。根据云峰林氏家族的世系排行,即使相隔天涯,只要相互报出各自的大名,就可以在整个家族的发展脉络中对上号。应该说,世系排行五言诗的规定,结婚时所取的"大名",挂在祖厅的行表册等,为同一宗族的认同提供了非常重要的依据。第三,在后厝有林氏祖祠,在凤岗有内张祖厝、元头祖厝。众所周知,福建的许多宗族的祠堂是以祖厝翻建而成的。2005 年,林氏祖祠、祖厝的重修,有效地促进了各户派裔孙之间的相互认同,在一定程度

---

[1] 该阄书写于民国十九年二月,即 1930 年农历二月。分家的人是公元 1700 年左右迁居凤岗的后厝长房若望派元头后裔林孝成、林孝发兄弟(云峰二十世)。承前述,林珊(云峰十三世)偕四子于 1700 年迁凤岗,传至二十世时,已然只有林六这一支,剩下林孝成、孝发兄弟。该《阄书》首先列出本次阄书的参加者,并分兄孝成为长房凤房,弟弟孝发为二房麟房;其次,叙述了本次分家的缘由;再次,将林六这一支自 1700 年以来购买的土地、田园、山林等契约全部载出,并均分为两份,以抓阄分之;最后,载凤、麟两房盟会登明,即祭祀菩萨神明会。

上扩大家族的影响。

（2）南投林圮埔宗族变迁

林圮埔位于台湾南投县西南部，北隔浊水溪与集集镇、名间乡交界，西南接云林县林内乡、古坑乡及嘉义县，东以陈有兰溪与信义乡、水里乡为邻，西以浊水、清水两溪交汇处与彰化县接壤。林圮埔汉人移民之祖籍主要来自福建的漳州。根据日本侵占台湾时期"台湾总督府官房调查课"的"台湾在籍汉民族乡贯别调查"，1926 年林圮埔的汉人以漳州人居多，占全体汉人的 84.4%；泉州人所占的比例相当少，不到 1%；客家人也仅占 2.3%，由此可推测，林圮埔是一个相当同质的社区，与早期彰化平原的漳、泉、客不同祖籍杂居的情形完全不同，几乎没有不同祖籍人群的械斗事件发生。

林圮埔宗族组织的形成是由于渡台始祖在林圮埔定居以后，经过一段时期的繁衍而建立的，即这种宗族组织纯粹是基于血缘关系所形成的单系继嗣群。这个继嗣群在发展的过程中，通常是因某一位子孙中举或事业特别发达，为了追念祖先的德泽或光耀门楣而组成一个宗族团体，透过宗祠的兴建以增强宗族意识。此外，林圮埔另有一种宗族组织是以契约的方式所组成的，即汉人在乾隆初期才积极移入林圮埔，而且移民几乎来自同一祖籍地，到了乾隆末年以后，由于人口的压力大增，汉人被迫往内山开拓生活空间，同时垦民之间也经常发生纠纷，因此居住在附近的同姓垦民为了抵抗异姓的侵辱，往往组成一种祭祀团体以达到互助合作的目的。这种祭祀团体为了包容更多的成员，通常以"唐山祖"（在大陆之先祖）为共同奉祀的对象。而这种祭祀团体，组成的分子仅限于当初加入祭祀公业之后代子孙，代代相承下来，其他的同姓者无法随时申请加入，由此形成"大宗族"。❶

对于林圮埔宗族的组成，包括大宗族与小宗族两种类型：

其一，大宗族，主要包括林圮埔街的林氏祭祀公业；东埔蚋的刘氏祭祀公业；社寮、后埔仔的庄招富、招贵祭祀公业；后埔仔的曾子公祭祀公业、陈五八公祭祀公业等。其中，林圮埔街的林氏祭祀公业情况为：清乾隆五十三年（1788 年）林爽文乱后，林圮埔的林姓族人为怀念林圮开拓之功，募款建林崇本堂。嘉庆七年（1802 年）由林施品首倡，向林圮埔附近林姓殷户募款重建，咸丰五年（1855 年）林姓族人再捐款重修，每年春冬两祭外，每逢清明、端午、中元、重阳、除夕等节，亦行小祭。管理人由林姓主要族人遴选，任期并无限制。不置炉主，仅设首事，由湾仔、街仔尾（林圮埔下街）、竹围子、猪头棕、下埔等五区各推举一个担任，轮流主持祭典事宜。财源的维持，崇本堂有水田约 2 甲，旱田 4 甲余，房地约 5 分，以其收益充作香灯费及祭典费。

台湾光复后，崇本堂的土地因都市计划而增值，因此重新组成一个宗亲团体，"派下人"（宗族的成员）限于竹山镇内之林姓，只要住在竹山镇内的林姓均可参加，如果迁离竹山则取消派下人之资格。现有会员 417 名，成立理事会，聘干事 1 人，以管理崇本堂事业。每年冬至召开派下人大会，举行祭祖仪式，并分发纪念品，1968 年崇本堂出售部分土地财产，把崇本堂扩建成为竹山最豪华的祠堂。

其二，小宗族。主要有林圮埔街叶初祭祀公业、溪洲仔陈朝祭祀公业、社寮张创祭祀公业、社寮陈佛照祭祀公业、猪头棕陈高祭祀公业、廖盂祭祀公业等。其中，林圮埔街叶初祭祀公业情况为：渡台始祖叶初，福建省漳州府平和县人，生于清康熙四十六年（1707 年），卒于乾隆五十年（1785 年），叶初父名叶保，排行第四，与其兄长五位一起渡台。叶初何时迁抵林圮埔不详。务垦于林圮埔一带田园，乾隆五年（1740 年）在林圮埔东南 26 里处兴筑猇雅寮陂，灌田 80 余甲，为林圮埔地方凿圳之滥觞。根据系谱，迄今已传至第八代，约有 40 户。叶初生子建，建又生六子，分为六房。叶初所留下的土地财产及猇雅寮陂水灌，由六房轮流管理经营。同治元年（1862 年），五房的国显发起兴建福兴堂，俗称叶氏宗祠，建地 100 多坪，供奉叶氏历代祖先之神位。福兴堂设管理人 1 名，负责管理祠堂一切事务。每年岁俗时节，各派下人均前往祭拜。日据时期，猇雅寮陂被殖民当局收买，叶福兴堂仅留下若干公共土地财产，1946 年五房的叶万枝又发起重修福兴堂，修护费用大部分由叶万枝负担。目前每年清明节举行祭祖仪式，全体派下人用所提供

---

❶　陈其南等学者常把以"唐山祖"为奉祀的对象者，称为"大宗族"；而以一位开台祖或其后代为祭祀对象者，称为"小宗族"，本书采用这一分类法。另外，对于此一问题颇有研究的法律学者戴炎辉，根据祭祀公业的组成方式，分为合约字的祭祀团体和阄分字的祭祀团体两种。据此分类，台湾汉人的宗族构成，小宗族虽然有时候采合约字的方式组成，但大宗族之成立则显然不可能有所谓的阄分字者。

的祭品一起"吃公"。（见表 2-4）

表 2-4　林圯埔各宗族的创立年代

大宗族			小宗族		
宗族名称	所在地	形成年代	宗族名称	所在地	形成年代
陈五八祭祀公业	林圯埔街（硐瑶）	1781	张创公祭祀公业	社寮	1854
林氏祭祀公业	林圯埔街	1788	叶初祭祀公业	林圯埔街	1862
庄招富祭祀公业	后埔仔	1810	陈高祭祀公业	林圯埔街（猪头棕）	1854
庄招贵祭祀公业	社寮	1810	陈佛照祭祀公业	社寮	1915
刘氏祭祀公业	东埔蚋	1823	陈朝祭祀公业	溪洲仔	1921
曾氏祭祀公业	后埔仔	1825	廖盂祭祀公业	硐磘	1925

资料来源:庄英章.林圯埔:一个台湾市镇的社会经济发展史[M].上海:上海人民出版社,2000:190.

　　从表 2-4 很明显地可以看出,林圯埔大宗族的创立年代较早,集中在 1781—1825 年之间,小宗族的创立年代普遍较晚,集中在 1854—1925 年之间。（见表 2-5）

表 2-5　林圯埔各宗祠的兴建年代及其分市

时间		明郑—清前期 1661—1795	清朝中期 1796—1850	清朝晚期 1851—1894	日据时期 1895—1945	光复以后 1946—
林圯埔街	林崇本堂	1788 首建	1802 重修			1968 重建
林圯埔街	叶福兴堂			1862 首建		1946 重建
林圯埔街	陈尊德堂			1877 首建		
硐磘	陈五八公祠堂			首建		1948 重建
硐磘	廖武威堂				1925 首建	1963 重修
社寮	庄招贵堂				1925 首建	
社寮	陈佛照公厅				1915 首建	1972 重修
社寮	张创公厅		1833 首建			1956 重修
后埔仔	曾氏祠堂			1890 首建	1931 重修	
后埔仔	庄招富堂				1926 首建	
溪洲仔	陈氏家庙				1921 首建	
东埔蚋	刘氏家庙		1823 首建		1914 重修	

资料来源:庄英章.林圯埔:一个台湾市镇的社会经济发展史[M].上海:上海人民出版社,2000:194.

3　闽海祠堂发展

宗族诸要素中，祠堂是最具有外在显现性的宗族景观。无论是地域社会向外的自我标示，还是外来者进入地域社会的视觉冲击，祠堂都是关注的焦点。对于闽海地区而言，祠堂是宗族聚落中的"最大特征"，是家族的象征和中心，是宗族的代称。所以，祠堂是宗族本质的表征，是考察宗族形态及其血缘型聚落的聚焦点，其形制、内涵成为鉴别是否是新型宗族的试金石。

3.1　祠堂空间演变

祠堂是原始社会的祖先崇拜发展到一定阶段的产物。对于祠堂空间演变历程，《礼记》里说："君子将营宫室，宗庙为先，厩库为次，屋室为后。"并规定：古者天子七庙，诸侯五庙，大夫三庙，士一庙，庶人祭于寝。宋代司马光认为："先王之制，自天子至于官师，皆有庙。君子将营宫室，宗庙为先，居室为后。及秦非笑圣人，荡灭典礼，务尊君卑臣，于是天子之外，无敢营宗庙者。汉世，公卿贵人多建祠堂于墓所，在都邑则鲜焉。魏晋以降，渐复庙制。其后遂著于令，以官品为所祀世数之差。……唐世贵臣皆有庙，及五代荡析……庙制遂绝。"❶ 由此可见士卿大夫的宗祠空间布局及其规模。宋代以后，在范仲淹等的倡导下，品官设立祠堂的逐渐增多。朱熹制定《家礼》，把宗族组织原则条理化，并对士大夫的祠堂做了具体的规定，如"君子将营室，先立祠堂于正寝之东，为四龛，以奉先世神主"。❷

对于普通百姓而言，则没有宗祠，即所谓："秦汉而降，则仁者之禄，不复以世，始下同于庶人而祭于寝。则歌与哭浑为一堂，而吉与凶淆矣。"对此，作为宋代二程理学思想的嫡传者朱熹，则设定了普通老百姓的家中也可以设祠堂，并且提出设计神位的始祖、先祖的时祭，这为家族祠堂向宗族祠堂发展创造了条件。❸

到了明代洪武三年（1370 年），在《大明集礼》中规定了祠堂之制：品官可建祠堂，祀四代祖先；庶民祀二代祖先于寝室，后改为祀三代祖先。嘉靖时期对官民祭始祖开始弛禁，嘉靖十五年（1536 年）"诏天下臣民祭始祖"，普通百姓允许兴建宗祠，有了"联宗立庙"的习俗。

3.1.1　西周及以前的宗庙

原始社会，祖庙既是作为祭祀祖先的场所，也是用来商议氏族大事的场所，因此，它从开始就是一个神圣的殿堂，具有很高的权威性。庙，原指王宫的前殿、朝堂。庙堂，即大庙的明堂，是古代帝王祭祀、议事的场所。考古资料显示，高台是原始祭祀建筑的重要特征，且多成为聚落中心，其典型的考古遗址就是良渚文化遗址。❹

---

❶ 引自：司马光. 河东节度使守太尉开府仪同三司潞国公文公先庙碑[M]//司马光. 传家集. 文渊阁四库全书（电子版）. 上海：上海人民出版社，1998.

❷ 引自：《朱文公家礼》（卷一：通礼第一祠堂），转引自陈志华，楼庆西，李秋香. 中国古村落：新叶村[M]. 石家庄：河北教育出版社，2003：44.

❸ 引自：陈支平，徐泓. 闽南宗族社会[M]. 福州：福建人民出版社，2008.

❹ 良渚文化在距今 5000—4100 年期间，以太湖地区为中心的东南远古文明。已发现的良渚遗址达 54 处，其中多为良渚时期人工营建的土墩。特别是莫角山遗址，有大面积的红烧土堆和大型木构建筑遗迹，30 余平方米的长方形大夯土台处于中心地位，应该属良渚文化政治、宗教、文化的中心遗址。周围的遗址和墓地与它构成众星拱月的分布关系。

西周初期的宗庙,据1976年考古发掘的陕西岐山凤雏村周原建筑遗址表明:该宗庙建筑模式是中国传统宗庙和宫殿的母型,现在各地遗存的古代宗庙宫殿,其布局基本与"三礼"一致,且与"三礼"及古注中所述的各种宗庙结构及其名称基本对应。这种建筑既适于作宗庙,也适于作朝廷。其主体中为堂,也称太庙,是陈列神主的地方。堂前有阶陛,阶下空坪为庭,用于群臣朝拜(朝廷),或作宰牲、燎牲、埋牲及祭祀时歌舞等活动场所。堂后建筑为室,本是生人寝居处,所以又称为寝。中间为正寝,两旁叫房或燕寝。宗庙之寝不居人,而是存放先祖衣冠。两侧房屋叫作庑,后代宗庙在两庑陈列配享的功臣和诸侯。大门两旁的房屋叫塾,供宾客或臣僚于朝拜或祭祀前休息之处。从外至里有三层中门,即所谓皋门(鲁叫库门)、应门(鲁叫雉门)和寝门(天子叫路门)。大门外或内有一道屏墙,在外叫覆思,意思是回想怀念先祖音容笑貌,然后进门;若在大门内则叫萧墙,意思是群臣到此要表现出敬肃的态度。

3.1.2 秦汉代祠堂

秦汉时,"(秦)尊君卑臣,于是天子之外,无敢营宗庙者。汉世,公卿贵人多建祠堂于墓所,在都邑则鲜焉"。帝王墓祭有建筑,在陵园的陵寝可用,其时,具有陵寝相似功能,而又适用于豪族大户的,就是祠堂。❶ 所以,汉代以后,"庙"属皇家专用,故臣民不再称"庙",只称为"堂"或"室"。民间的祠堂,是西汉时才发展起来的。初期的祠堂,建在墓地上,墓上建筑称"堂",是先秦时就有。而"祠",正是对祖先的一种祭祀的名称。《诗经·小雅·天保》:"禴祠烝尝,于公先王。"汉人毛亨传曰:"春曰祠,夏曰禴,秋曰尝,冬曰烝。"由此可见,"祠堂"之所以称"祠",一是因为祭祀祖先,二是在于着重春祭。

汉代的祠堂,多为石质,建于墓前,故又称石室。汉代墓祠肇始于汉惠帝给汉高祖在陵墓区设立原庙,以便举行祭奠,高祖本来有庙,在陵寝再建原庙,是重复建设祭祀处所,但此建庙却引发了许多贵族官僚的模仿,纷纷在其墓地建造祠堂。东汉人王符总结祠堂:"京师贵戚,郡县豪家……造起大冢,广种松柏,庐舍祠堂。"❷墓祠为特定的某一位祖先建造,祭祀范围同后世的祠堂不一样。汉人的祠堂,被用作聚集亲人的处所。

上述建于墓前的祠堂,其建筑形态为:庙堂、石堂、石祠,并图绘画像于壁。据《后汉书·礼仪志》载,汉代帝王陵,如明帝显节陵、章帝敬陵、和帝慎陵、安帝恭陵等均有石殿。《水经注》记载的墓前石祠也很多,如"庙堂皆以青石为阶陛,庙北有石堂。珍之玄孙桂阳太守场,以延熹四年,遭母忧,于墓次立石祠"。

3.1.3 魏晋至宋元祠堂

魏晋以后,民间祠堂的发展相对缓慢。朝廷虽多次令官僚士大夫建立祠堂,但因士大夫都"违慢相仗""安故习常",不愿建立。

宋代,由于特定的历史条件,理学盛行,儒家"三纲五常"伦理道德观念得以加强,理学家视"孝为百行之首",认为"生民之德莫大于孝",所以,朱熹在《家礼》中规定"君子将营宫室,先立祠堂于正寝之东"。而且,"或有水盗,则先救祠堂,迁神主遗书,次及祭品,后及家财"。祠堂被视为高于一切,关乎家族命运之所系,具有神圣不可侵犯的地位。因此,名宦巨贾、强姓望族,均建祠堂,以显其本祭其祖,血缘观念由此得以强化。

南宋后,由于借血缘关系以约束族众已成迫切的需要,官僚士大夫纷纷依朱熹《家礼》的规定,建奉祀高、曾、祖、祢四世神主的祠堂于正寝之左。此种祠堂至元明日益增多。所以,清人顾炎武在《华阴王氏宗祠记》中记述祠堂的发展过程时说:宗子法,"至宋程朱诸子,卓然有见于遗经,而金元之代,有志者多求其说于南方,以授学者。及乎有明之初,风俗淳厚,而爱宗敬长之道达诸天下,其能以宗法训其家人而立庙以祀……往往而有"。总之,自南宋迄明初的所谓"祠堂",皆指祀于寝左之祠堂;而把朱熹制定的、附于居室之左的祠堂搬到居室之外,成为独立的"家庙",则是从明中期以后才逐渐普遍起来的。

---

❶ 引自:刘黎明. 祠堂·灵牌·族谱:中国传统血缘亲族习俗[M]. 成都:四川人民出版社,1993:14.

❷ 引自:王符. 潜伏论:奢侈篇[M]//冯尔康. 中国古代的宗族与祠堂. 北京:商务印书馆,1996:60.

基于上文，宋代后家庙、祠堂得以较快发展。其形制为：前为门屋，后为寝堂，兼作祭祀之所，又设遗书衣物、祭器库及神橱于其东，周围环以周垣。其堂为三间，中设门，堂前为二阶，东曰阼阶，西曰西阶。以堂北一架为四龛(图3-1)。"若家贫地狭，则止为一间。不立厨库而东西壁下置立两柜，西藏遗书衣物，东藏祭器。"(图3-2)

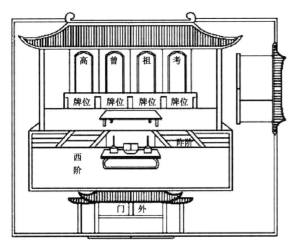

图 3-1　朱子《家礼》祠堂三间

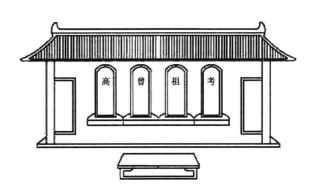

图 3-2　朱子《家礼》祠堂一间

自元代开始，庶民阶层逐渐获得自建祠堂的权利，在住宅内或其附近的祠堂多了起来，一般乡里、村落也开始兴修祖祠，如清代史家赵翼所说："近世祠堂之称，盖起于有元之世。"清中叶祠堂逐步成为公共性的建筑，如内部增设戏台等。

3.1.4　明清祠堂

明清时期，宗族祠堂系统逐步完善。朱熹所立的祠堂之制对明代的祠堂影响很大，如《大明会典》所载，明初群臣家庙，按照朱子《家礼》祠堂之制建造。其后随宗庙形制，恢复了西汉以前的前庙后寝之制。比较朱子的祠堂，《大明会典》所载的群臣家庙布局为：前有享堂，后有寝堂，祠门前又增设一门，这门的设置，即明中叶以后大型祠堂前建置的照壁、牌楼等多层次空间序列设计的过渡。(图3-3)

其次，朱熹在《家礼》中提出的祭祀仪节也仍为明清祠堂沿用，其"祠堂一间图"中的东西壁下设两柜，分别藏遗书、衣物及祭器的布局或为明清时某些祠堂直接继承，或在某些祠中发展成为寝楼下层设东西夹室藏之的布局。

随着家族的繁衍发展，明中叶以后出现独立于居室之外的大规模祠堂，其基本部分采用了《大明会典》家庙图中的四合院式，轴线上有门屋、享堂、寝楼，规模大的祠堂有头门(或加栅门)、仪门、前后享堂、寝楼，周围绕以垣墙，两侧设有廊庑，有的由二、三进甚至四进院落组成。与朱子的祠堂相比，中轴线上的进深增加了，空间层次丰富了，同时为适应祭祀需要，前庭的空间增大了，祠堂前部的空间变化也很大。就明清祠堂的形制而论，有明代早期的以朱

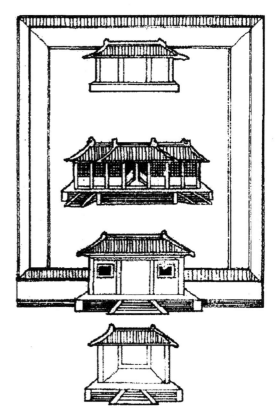

图 3-3　《大明会典》祠堂

子《家礼》为蓝本的祠堂,有由先祖故居演变而来的祠堂,有明中叶以后盛行的独立于居室之外的祠堂,此外还有祭祖于家的中堂与香火屋。(图3-4)

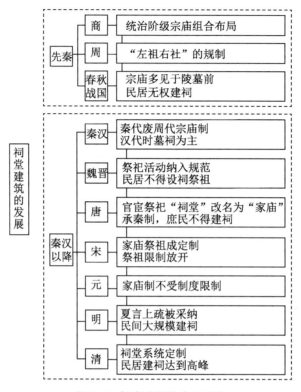

图3-4　祠堂建筑的发展演变

(1) 以朱子《家礼》为蓝本的祠堂

正因为朱熹的祠堂之制切于实用,明清时期福建的多数祠堂都按照《家礼》立祠。如龙潭家庙(盛衍堂),位于诏安县秀篆镇陈龙村,始建于明隆庆六年(1572年),清顺治间重建,乾隆以后又多次重修并保存原建筑规制。占地面积9986平方米,建筑面积1330平方米,为三进布局,坐西北朝东南,由门楼、天井、两廊、中厅、天井、两廊、拜亭、大厅及东西厢房等组成。家庙为单檐悬山式闽南式建筑群,祠前有大埕、半月形池塘。家庙第一进为大门,设一厅二房,中间和后面两进共5间,设一厅四房,两侧各加一列护厝,拱卫左右。全宅共99间,8个天井,轴线正中的两个天井前大后小,形成"昌"字,左右两侧护厝围合的天井,用廊隔开,成为两节,形成"日"字;两字联系,象征王氏、游氏两大家族的繁荣昌盛。

龙潭家庙由秀篆乡王姓和游姓共祀。早在明朝永乐年间,王、游两姓族人来秀篆开基。由于当时游姓人丁较少,王姓肇基始祖王念八就将其子王先益过继给游氏肇基始祖游念四之孙游信忠为嗣,后来王先益改姓游,子孙繁盛,这一脉后裔遂称"王游派"。他们分居于龙潭、溪唇、北坑、安美、拱涯洋一带。传到第五代(其"骨"是王姓第四代),游氏后裔四个孙子,追随抗倭名将俞大猷加入剿倭队伍,消灭倭寇,保卫家乡,立下殊功。俞将军褒奖他们,赐给匾额,亲笔大书"四勇奇勋"四个大字。游氏族人就在龙潭建起祠堂,命名"盛衍堂",将这匾额挂在祠堂中堂。明末清初,秀篆游姓很多人跟随郑成功部队入台建基立业,分布在台北、宜兰、桃园等地,人丁兴旺。但是,秀篆的王氏,从王先益过继给游姓后,一直发展不顺,人丁不旺。于是,在台湾的游氏第十三世裔孙游祖送,于清乾隆年间从台湾返回秀篆龙潭,过继给王姓为嗣,改姓王。后来由王祖送传衍的一脉王姓,人丁兴旺起来,也以龙潭家庙盛衍堂为宗祠。从此,王、游两姓不分彼此,同祀一座祖庙。龙潭盛衍堂祖祠,每年元宵佳节都举行灯会,王、游两姓家家户户都制作花灯送到祖祠展览,闽台两家亲,一年一度大聚会,祖祠中许多碑记铭刻下两姓血脉亲情,两姓子孙珍惜保管,永存纪念。(图3-5)

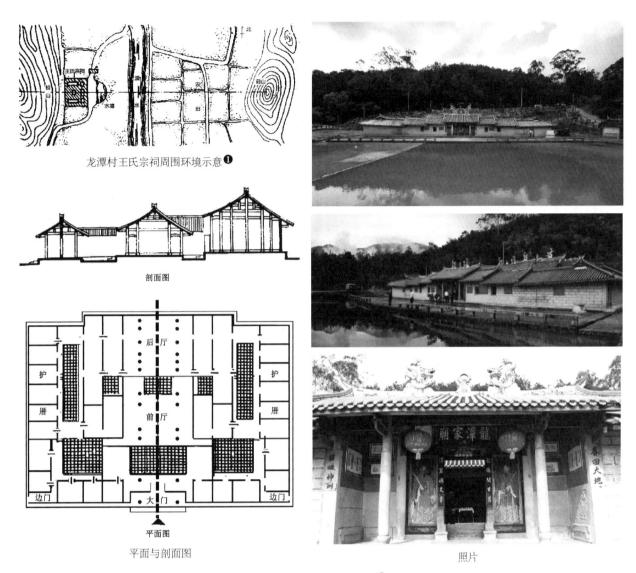

龙潭村王氏宗祠周围环境示意❶

剖面图

平面图

平面与剖面图

照片

图 3-5 诏安龙潭家庙❷

（2）由先祖故居演变而来的祠堂

在早期祠堂发展的过程中,此类祠堂占有极为重要的地位,它是与朱子《家礼》之祠堂并驾齐驱的,在数量上更为广泛,主要是为祭祀各分迁始祖及各门别祖的祠堂。如晋江市金井镇福全古村落中的翁氏祠堂就是典型的由先祖翁思诚故居演变而来的祠堂。该祠堂位于北门街南端,与全祠紧邻。据《晋江县志》载:明代"福全守御千户所百户:翁思道,嘉靖间袭。翁曾(翁思道子),万历间袭"。又"翁思海,福全所军余,嘉靖三十年壬子科武举人"。另据《翁氏家谱》记载:翁思道即翁思诚。翁思道故居建于明代,后毁于清初迁界,现仅存明代残墙与后建建筑群。其中后建建筑主体建于清代,建筑占地173平方米,为三进三开间合院式建筑群,总体布局简洁,房屋造型朴素,主体建筑为一落四榉头的布局形式,砖木结构,主体建筑外为石埕较大的院落,倒座为木结构建筑,两侧厢房则为石结构。主体建筑西部为两层番仔楼,面积为42平方米,建于民国时期,红墙红瓦,装饰精美。整个建筑群现为翁氏宗祠。(图3-6)

（3）明中叶以后兴盛的独立于居室之外的大型祠堂

随着家族的繁衍发展,上述两种类型的祠堂已远远不能适应新的情况。因而明中叶以后出现了独立于居室之外的大规模祠堂。这种祠堂的基本部分还是采用四合院式,轴线上有门屋、享堂、寝楼,规模大

---

❶ 图片来源:戴志坚.闽台民居建筑的渊源与形态[M].福州:福建人民出版社,2003:67-68.

❷ 照片来源:http://www.sohu.com/a/281656461_740328。

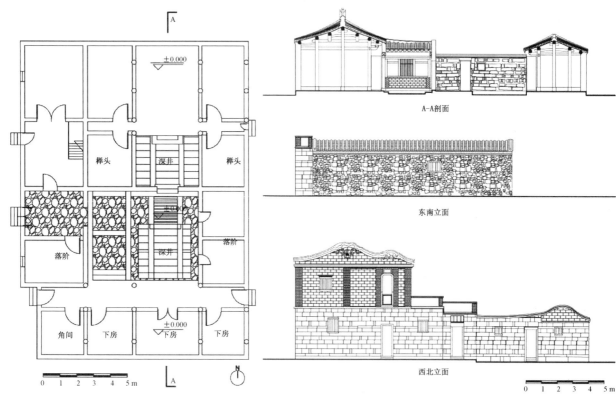

图 3-6　翁氏宗祠现状与平、立、剖面图

的祠堂有头门(或加栅门)、仪门、前后享堂、寝楼,周围绕以垣墙,两侧设有廊庑,有的由二、三进甚至四进院落组成。与朱子的祠堂相比,中轴线上的进深增加了,空间层次丰富了,同时为适应祭祀需要,前庭的空间也增大了。

如晋江龙湖衙口施氏大宗祠,又称浔海施氏大宗祠、浔江施氏大宗祠,位于晋江市龙湖镇钱江村(衙口村),是一处始建于明代的家族祠堂建筑,属于施氏家族祭祀祖先和先贤的场所。该祠堂背倚万寿宝塔,右抱闽海碧波,左襟灵秀余脉,前布池塘七口,状犹七星拱月,并与鳌城、狮峰隔瀛侧对,互为鼎立。宗祠记录着施氏家族的辉煌与传统,是施氏家族的圣殿。

该祠始建于明代崇祯庚辰年(1640 年),清代顺治辛丑年(1661 年)沿海迁界被毁,康熙二十二年(1683 年)施琅统一台湾,翌年清廷展界,居民回迁。迨康熙二十六年(1687 年),施琅于故址重建之。施氏大宗祠坐北朝南,系五开间三进带护厝,前设石庭,后附花园,系典型闽南硬歇山顶官式建筑,整座为抬梁式与穿斗式相结合木构架。中轴线由照墙、前埕、大门、中埕、前厅、后埕、后厅组成,左右有两廊,左边有火巷隔开,还有一列厢房。大宗祠占地面积2000余平方米,总建筑面积有1740多平方米。前殿高出地面三个台阶,面阔五间16.2米,进深二间5.35米,由18根柱构成,柱、檐上均饰有彩绘,稍间以墙围合,开侧门,次间前有两对青石雕刻的石狮,高1.5米,明间大门彩绘两尊门神,门上高悬长3.2米、高0.8米的蓝底金字的"施氏大宗祠"。通过院落与两廊进入正殿,正殿面阔五间16.2米,进深六间14.75米,由40根柱构成,稍间以廊连接前后殿。殿内三面围以砖墙,正中高悬"树德堂",神龛内奉祀始祖公暨派下显贵者牌位,及施琅等四位祖先画像,冬烝秋尝,俎豆承绳。后殿面阔五间16.2米,进深四间10.4米,为施琅专祠,塑有施琅巨座金身,奕叶景仰。(图3-7)

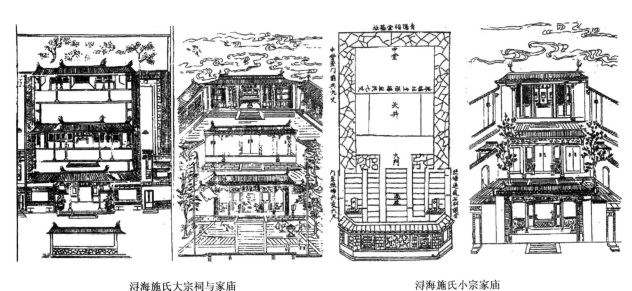

浔海施氏大宗祠与家庙　　　　　　　　　　　浔海施氏小宗家庙

图 3-7　施氏大宗祠

（4）祭祖于家的家堂

虽然明清时期祠堂建筑得到了空前的发展,但面对历代朝廷家庙制度庶人祭于寝的等级规定和经济因素的局限,更多的家庭还是采用祭祖于家的家堂形式,如闽海许多古厝的顶厅中都供奉着祖先的神位,定期祭拜。

3.2　福建祠堂的发展概况

福建的祠堂多数为民间所修建,特别是在广大的农村地区,这些祠堂大小各异,建筑风格也各具地域特色,构成了福建省内一道奇异的风景线。成百上千的祠堂,按崇祀对象可以划分为两大类,即专祀神灵或历代贤哲的祠宇、民间修建的崇奉祖先的宗祠或家庙。本研究专注后者。

从现有的文献和资料来看,大姓氏的村落宗祠的数量一般比较多,且建筑技术很高。福建地区,特别是闽南地区祠堂的建造可以追溯到唐代,多始建于宋代,兴盛于明清时期。随着北人南迁,北方士民在闽南各地繁衍生息,并为了强调家族的存在和作用,开始陆续建造祠堂放置祖先神主牌位。福建历史上较早的民间祠堂建筑可从族谱中找寻信息,如《莆阳金紫方氏族谱》载有从唐末至清代的历代祠堂记,共计二十余篇。另外,一些士家大族也有相关建造祠堂的记载,如漳州陈邕的"德星堂"。❶

明代以前,闽南家族建造祠堂不是很普遍,主要局限于巨家大姓,明代之后,随着闽南家族制度的进一步发展,加上山、海商品经济的发展,为祠堂建造提供了较好的经济基础,建造祠堂成为各个家族的主要追求,家族祠堂的修建进入了竞相效仿的时期。"族必有祠"成为明清至新中国成立前夕闽南极其普遍的现象。因此,闽南地区大小家族都有祠堂,有些甚至有多座祠堂。百十户甚至十数户的小家族,就在村落中营建一座祠堂,族大人多的则建立数所,故祠堂又有总祠和支祠之分,全族合祀者为总祠或称为宗祠,族内的分支分房各祀其直系祖先者为支祠或称小宗祠。❷ 如上文论及的诏安秀篆龙潭家庙,始建于明隆庆六年(1572年);芗城浦南林氏始建于明崇祯元年(1628年);龙海白礁王氏祠堂始建于明洪武年间,隆庆四年(1570年)重修等等。

明中叶以后,福建宗族制度的发展跃进一个新阶段,各地的宗族组织十分发达,并形成具有一定独特自治色彩的社会群体,在一定程度上起到了管理社会基层组织的作用,宗族组织日趋完善,宗族管理日益严密,这种日益兴盛的家族制度促进了祠堂形制的成型。祠堂成为宗族组织不可或缺的强有力纽带,明中晚期兴建的祠堂大多为大宗祠、宗祠性质。通过对现存闽南漳州地区明中晚期始建的祠堂实例分析,大部分祠堂的建造朝一个主流形制靠拢,即:二进三开间为主的祠堂平面形制,且在明中晚期已形成了中轴线上"门厅、天井、正堂"相对固定的模式,大门显示出整个祠堂的规模和等级,正堂为祭祖仪式举行处和族人议事之所。(见表3-1)

表3-1   始建于明代的漳州部分祠堂情况表

位置	名称	基本概况
芗城振成巷	林氏大宗	林氏大宗为漳州七县林姓合建的宗祠,因供奉林氏始祖比干,所以又称"比干庙"。始建于宋代,明代洪武年间重建。占地852平方米,建筑面积226平方米,原为三进带东西两庑式的平面布局,现存中进四方殿和东厢与主体相连的回廊
芗城浦南溪园村	林氏宗祠	始建于明崇祯元年(1628年),清乾隆年间重修,称崇本堂,占地490平方米,由门厅、天井、两廊和正堂组成。正堂面阔三间,进深三间
漳浦佛昙岸头村	杨氏家庙	始建于明,清嘉庆年间重修。占地740平方米,正堂面阔五间,进深四柱
漳浦赤岭石椅村	蓝氏种玉堂	始建于明嘉靖二年(1523年),清康熙三十四年(1695年)重建,民国二十六年(1937年)木结构被焚,同年重修,1982年、1995年修缮,建筑面积540平方米,前厅及正堂深三间,面阔五间
漳浦旧镇浯江村	林氏海云家庙	始建于明正统十三年(1448年),明正德十五年(1520年)林震重修,万历八年(1580年)十月二十四日重建,占地5000平方米,建筑面积1080平方米,五开间三进深
漳浦佛昙大坑村	陈氏家庙	相传始建于明永乐年间(1403—1424年),正统成化年间扩建,明中晚期重修,清康熙二十二年(1683年)重建,道光六年(1826年)维修,民国四年(1915年)又修,1981年至1989年进行了一次大修。占地1200平方米,建筑面积688平方米,门厅阔五间
东山县康美村	杨氏世美堂	明万历十五年(1587年)始建,崇祯十年(1637年)扩建,后历代均有修葺,占地781平方米,建筑面积384平方米,正堂深四间,面阔五间
华安仙都镇中圳	林氏祖祠群	种德堂明宣德年间(1426—1435年)建;爱存堂明宣德年间建;红瓦祖祠明隆庆年间(1567—1572年)建;追远堂清康熙年间(1662—1722年)建。总面积1725平方米,由5座建筑组成,其中4座正堂阔五间
南靖书洋镇	简姓枫林祠	明嘉靖六年(1527年)始建,清顺治十二年(1655年)、道光四年(1842年)、民国十二年(1923年)三次重修,占地420平方米,正堂阔五间,两边耳房,深三间

❶ 引自:张黎洲,谢水顺.福建名祠[M].北京:台海出版社,1998:19.
❷ 引自:苏黎明.家族缘:闽南与台湾[M].厦门:厦门大学出版社,2011:153-154.

续表

位置	名称	基本概况
南靖和溪镇林中村	林氏宗祠	始建于明永乐年(1403—1424 年)间,清乾隆、光绪间二次重修。占地 546 平方米,建筑面积 292 平方米,面阔五间,进深三间
龙海程溪镇人家村	许氏家庙	宋开禧年间(1205—1207 年)始建,现存有明代遗迹,总体保存为清代风格,中厅、后厅五开间,占地 940 平方米,建筑面积 375 平方米
龙海榜山镇马崎村	连氏家庙	又称思成堂,始建于明万历年间(1573—1619 年),清康熙壬申三十一年(1692 年)重建,2004 年重修。占地面积 540 平方米,建筑面积 265 平方米。坐东南向西北,中轴线上依次为门厅、天井庑廊、正堂
龙海榜山镇洋西村	郑氏家庙	又称宗本堂,始建于明嘉靖年间(1522—1566 年),坐南朝北,占地 3935 平方米,建筑面积 2035 平方,正堂阔三间,深三间
龙海白礁	王氏祠堂	始建于明洪武间(1368—1398 年),明隆庆四年(1570 年)王氏九世祖继山公重修。清康熙十年(1671 年)、康熙十二年(1673 年)、康熙五十三年(1714 年)秋、乾隆戊戌年(1778 年)冬十月、光绪二十九年(1903 年)等多次重修,1998 年维修整治。占地面积 1627.48 平方米,建筑面积 612 平方米,坐北朝南。从南而北中轴线依次为前殿、天井、大殿世飨堂,左右两侧各建一排护堂厢房 6 间,共 12 间,厢房前设天井
平和九峰镇城西村	杨厝追来堂	建于清康熙年间(1662—1722 年),历代有过重修,2006 年再修。占地 5500 平方米,正堂面阔五间,进深三间
平和安厚镇马堂	张氏家庙	始建于明万历二十九年(1601 年),占地 960 平方米,两厢,面阔五间
芗城石亭镇洋尾村	孝思堂	始建于明末清初,占地 343 平方米,正堂面阔五间,进深三间
长泰岩溪镇上蔡村	蔡氏敬贤堂	始建于明成化年间,续建于清代。坐南朝北,分为前、中、后三落,总建筑面积 1150 平方米,由门厅一进、正堂二进、二个天井组成。门厅面阔五间,进深三间。正堂进深三间,面阔五间
长泰陶塘洋	杨氏世美瞻依堂	始建于明代晚期,历代均有修缮。1991 年再次维修。祠堂占地 700 平方米,建筑面积 540 平方米,以门厅、天井庑廊、正堂组成。外墙全部用青砖精砌而成,悬山顶,三山式屋面,屋脊垂带饰剪瓷雕。门厅面阔五间,进深一间
云霄莆美镇墩上村	吴氏凤燕堂	始建于明代中期,占地 365 平方米,建筑面积 215 平方米,正堂面阔三间,进深五间

　　在这漫长的发展过程中,闽南地区的宗族组织其外在的表现形式祠堂建筑,也经历了"祖厝"到"专祠"、再到形制相对完备而稳定的祠堂这一发展过程。其中,"祖厝"是历代分家时留下的公房,主要用于奉祀族内各支派的支祖,在闽南地区,保存祖厝是一种相当普遍的社会习俗,从而直接地反映了家祭活动的盛行,如晋江福全古村落内的翁氏祖厝、许氏祖厝、吴氏祖厝,石狮永宁聚落的董氏祖厝、高氏祖厝、曾氏祖厝等,以及莆田羊尾村的杨氏祖厝等都是典型的例子。

　　福建祠堂的一个特点是"流动",即随着人口的迁移,祠堂建筑开始传播。人口迁移包含省内、省外的迁移,以及海外迁徙;祠堂建筑的传播即随着族人的迁徙而在异地新建,成为原居地祖祠的支祠。如莆田南湖郑氏,其后裔的一支迁徙至福州盖山镇高湖村,选择了一处与家乡风水相似之地,建造了南湖郑氏宗祠,作为莆田南湖郑氏祠堂的支祠。再如闽侯南通的"江山陈氏支祠"是由长乐岱边迁于今址。历代入闽的移民,择居闽地后所建的祠堂或家庙,多标识有郡望,这是为了记住祖籍地而特别加以明示,如颍川陈氏、西河林氏、南阳张氏、陇西李氏、琅琊王氏等等。(图 3-8)

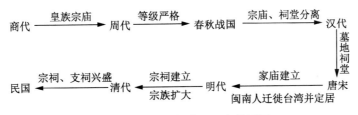

图 3-8　闽南宗祠建立历史发展图

　　宗族人数的多少与宗祠数量、规模的大小有关,是宗族是否强大的一个重要判断依据,因此宗祠往往装饰十分豪华,能够体现族人的最高建筑技术。如厦门地区郑氏、蔡氏、林氏、苏氏和叶氏等有记载或保护比较完好的宗祠现有 132 座,泉州地区陈氏、林氏、庄氏、蔡氏、吴氏等有宗祠 830 座,漳州地区苏氏、林氏、黄氏、陈氏等宗祠有 1040 座。❶ 台湾地区很多是闽南地区的支祠,其中新埔镇的宗祠是台湾宗祠密度最高的,也是保存最完好的。

3.3 闽海祠堂的发展

3.3.1 台湾祠堂发展概况

基于前文,明清代时期,大量闽人渡海进入台湾。这些移民在台湾纷纷建祠堂、修族谱。台湾祠堂的功用,主要是供奉祖先,以体现不忘本源的精神。

台湾地区,特别是开发已久的地区出现同姓合成的宗族,也以建造祠堂为建立宗族的根本举措,这一点与大陆原乡是一致的。其次,对于渡海来台的移民,他们往往来不及建造祠堂,于是祭祀公业的设置成为宗族组织的创建,这是台湾移民社会时期宗族形态的显著特点。据 1937 年的统计资料,当时台湾地区登记的祭祀公业数量约 7326 处,由此可见,清代及日本侵占台湾前期,以宗族号召的团体极为盛行。

而对于后来的血缘宗族,除了极少数以墓祭替代祠祭,多数是以祖厝、祖厅或公厅这种祠堂雏形作为祭祀场所。公厅是家族共有的祀先厅堂,后来家族发展为宗族而未建祠堂时,家族公厅即成为宗族公厅。❷

在台湾,从闽地去的各个姓氏所建的祠堂,大的称为宗祠或家庙,小的称为祖庙或祖厅公厅。里面供奉着祖先,往往追溯到始祖,追溯到来自大陆的"根"。如南宋时阳翟陈氏就建有大宗祠与私祠。❸

随着人口的繁衍与迁移,一个姓氏往往会形成多个祠堂,即宗祠、分祠(支祠)等。总祠又称大宗祠,如台北林氏宗祠(全台湾林氏宗祠),属于台湾林氏总祠,而各地均有分祠,如新埔林氏来台祖静操公便设牌位于台北林氏宗祠。

3.3.2 金门祠堂发展概况

对于金门地区的祠堂而言,"红宫黑祠堂"是该地区祠堂特色的反映,它凸显出同属闽南建筑的寺庙与宗祠间的不同属性:象征喜庆的寺庙以红色系列为主轴,给人喜气洋洋的感觉;而慎终追远、祭祀祖先为要求的宗祠,则以黑色系列为主色系,给人肃穆的氛围。金门地区现有宗祠约 170 间。(见表 3-2)

表 3-2 金门宗祠一览表

名称	形制	坐落位置	宗别	备注
陈氏祠堂	二进	金城镇后浦西门里莒光路	合族	忠贤祠
陈氏宗祠	一进	金城镇庵前村 32 号民宅前	大宗	
陈氏宗祠	二进	金城镇古坵村	大宗	
陈氏家庙	一进	金城镇埔后村	大宗	
陈氏宗祠	二进	金湖镇陈坑(成功村)64-1 号	大宗	北方宗祠
陈氏宗祠	一进	金湖镇陈坑(成功村)56 号	小宗	南方宗祠
陈氏宗祠	二进	金湖镇下坑(夏兴村)	大宗	忠贤庙
陈氏宗祠	一进	金湖镇湖前村 49 号民宅左侧	大宗	
陈氏宗祠	二进	金湖镇塔后村 20-1 号宅左侧	小宗	

❶ 引自:福建省文化厅. 八闽祠堂大全[M]. 福州:海潮摄影艺术出版社,2003:11.
❷ 引自:郭志超,林瑶棋. 闽南宗族社会[M]. 福州:福建人民出版社,2008:239.
❸ 引自:金门庵前同安田洋陈氏宗亲联谊会. 同安田洋金门庵前浯阳陈氏家谱[M]. 金门:金门庵前同安田洋陈氏宗亲联谊会,
2003:31.

名称	形制	坐落位置	宗别	备注
陈氏宗祠	二进	金湖镇新头村 91 号宅对面	小宗	
陈氏宗祠	一进	金湖镇山外村 38 号	小宗	
陈氏家庙	二进	金湖沙后山(碧山村)6 号民宅后方	大宗	
陈氏宗祠	洋楼	金湖沙后山(碧山村)14 号	小宗	东祖厝
陈氏宗祠	一进	金湖沙后山(碧山村)39 号民宅右侧	小宗	西祖厝
陈氏家庙	一进	金沙镇后珩村 3 号民宅左侧	小宗	
陈氏宗祠	二进	金沙镇阳翟村 2 号	大宗	五恒祠堂
陈氏宗祠	一进	金沙镇阳翟村 10 号	小宗	永思堂
陈氏宗祠	洋楼	金沙镇阳翟村 44 号宅右侧	小宗	永昌堂
陈氏宗祠	一进	金沙镇东埔村 8-1 号宅左侧	小宗	
陈氏宗祠	二进	金沙镇高坑村 17 号	小宗	
陈氏宗祠	一进	金沙镇洋山(营山村)63 号	小宗	
陈氏家庙	二进	金沙镇斗门村 15 号宅右侧	大宗	学考甲
陈氏家庙	二进	金沙镇斗门村 35-1 号	小宗	三公甲
陈氏家庙	二进	金沙镇斗门村 45 号宅右侧	小宗	桥头甲
陈氏家庙	一进	金沙镇斗门村 69-2 宅后侧	大宗	官路顶甲
陈氏宗祠	二进	烈屿乡湖下村 22-1 号	大宗	
许氏家庙	三进	金城镇后浦南门珠浦南路 28 号	大宗	
许氏宗祠	二进	金城镇后浦南门珠浦南路 23 号	大宗	高阳堂
许氏宗祠	二进	金城镇官里村 1 号	小宗	
许氏宗祠	洋楼	金宁乡后湖村 60 号	小宗	会元纪念馆
许氏宗祠	一进	金宁乡安岐 60 号宅附近	小宗	
许氏家庙	二进	金宁乡后沙村 41 号	大宗	长四房
许氏家庙	一进	金宁乡后沙村 12 号	小宗	五房
蔡氏家庙	二进	金湖镇琼林村 155 号	大宗	济阳派
蔡氏宗祠	一进	金湖镇琼林村 1 号	小宗	坑干六世竹溪宗祠
蔡氏宗祠	二进	金湖镇琼林村 91 号	小宗	新仓下二房六世乐圃宗祠
蔡氏宗祠	一进	金湖镇琼林村 91 号	小宗	新仓下二房十世乐圃宗祠
蔡氏宗祠	一进	金湖镇琼林村 36 号	小宗	前庭房六世宗祠
蔡氏宗祠	二进	金湖镇琼林村 156 号	小宗	大厝房十世栢崖宗祠
蔡氏宗祠(蔡守愚专祠)	二进	金湖镇琼林村 112 号	小宗	十六世藩伯宗祠(布政祖厝)
蔡氏宗祠	三进	金湖镇琼林村 13 号	小宗	新仓上二房十一世宗祠
蔡氏宗祠	一进	金城镇水头村 57-5 号	大宗	
蔡氏宗祠	一进	金沙镇蔡厝村 3 号	大宗	青阳派
蔡氏家庙	二进	金宁乡西堡 25 民宅右侧	大宗	
蔡氏家庙	一进	金宁乡下埔下 6 号民宅右侧	大宗	
蔡氏家庙	一进	金宁乡安岐村	大宗	已坍毁
蔡氏家庙	一进	烈屿乡西口村西吴	小宗	
蔡氏宗祠	一进	烈屿乡西口村后宅	小宗	民宅式祖厝

名称	形制	坐落位置	宗别	备注
蔡氏宗祠	一进	烈屿乡西口村下田	小宗	民宅式祖厝
王氏家庙	一进	金城东沙村 28 号	大宗	
王氏家庙	一进	金宁乡后盘山 37 号宅旁	小宗	
王氏家庙	一进	金宁乡后盘山 43 号宅右侧	小宗	
王氏家庙	二进	金湖镇尚义村 24-1 号宅后	小宗	
王氏家庙	二进	金湖镇珩厝村	大宗	
王氏宗祠	二进	金沙镇山后民俗村 66 号民宅左侧	大宗	
王氏宗祠	一进	金沙镇后宅村 1 号民宅左侧	大宗	
王氏家庙	二进	金沙镇何厝村 3 号宅左侧	大宗	
王氏宗祠	一进	金沙镇洋山村 1 号民宅左侧	大宗	
王氏宗祠	一进	金沙镇田浦村 5 号宅左侧	大宗	
王氏宗祠	一进	金沙镇中兰村 20 号宅右侧	大宗	
杨氏祖庙	二进	金沙镇官澳村 164 号	大宗	达山堂
杨氏家庙	二进	金沙镇官澳村 82 号	小宗	八房家祠
杨氏宗祠	一进	金沙镇塘头村 17 号	小宗	
杨氏家庙	二进	金宁乡西堡 25 号民宅右侧	小宗	
杨氏家庙	二进	金宁乡东堡 18 号民宅左侧	大宗	
杨氏家庙	一进	金宁乡湖下村 90 号	小宗	
杨氏家庙	二进	金宁乡湖下村 116 号	大宗	
杨氏家庙	洋楼	金宁乡湖下村 114 号宅右侧	小宗	
杨氏宗祠	二进	金宁乡榜林村 117 号	大宗	
李氏家庙	二进	金宁乡古宁头南山村 13 号	大宗	
李氏宗祠	二进	金宁乡古宁头南山村 88 号宅后方	小宗	振房三世二房(西)
李氏宗祠	二进	金宁乡古宁头南山村	小宗	奇房西林派(中)
李氏宗祠	一进	金宁乡古宁头北山村 39 号民宅右侧	小宗	兴房宗祠
李氏宗祠	二进	金宁乡古宁头北山村 173 号	小宗	三世主房
李氏宗祠	二进	金宁乡古宁头北山村 44 号	小宗	四公宗祠
李氏宗祠	二进	金宁乡古宁头北山村 69 号	小宗	雄房宗祠
李氏宗祠	一进	金宁乡古宁头北山村 89-2 号	小宗	顺房宗祠
李氏宗祠	二进	金宁乡古宁头林厝村	小宗	三奇宗
李氏家庙	一进	金城镇前水头村 79 号宅右	大宗	
李氏家庙	二进	金沙镇山西村 6 号	大宗	
李氏家庙	二进	金沙镇西山前村 22 号	大宗	
李氏家庙	二进	金沙镇官澳 71-1 号宅右侧	小宗	
黄氏家庙	二进	金城镇前水头村 29 号宅右	大宗	
黄氏宗祠	一进	金城镇前水头村 88 号	小宗	世泽堂
黄氏宗祠	一进	金城镇前水头村 134 号	小宗	世懋堂
黄氏家庙	一进	金沙镇西园村 150-1 号	大宗	中甲宗祠
黄氏家庙	一进	金沙镇西园村 106 号	大宗	西甲宗祠

名称	形制	坐落位置	宗别	备注
黄氏家庙	一进	金沙镇西园村 21 号宅左侧	大宗	东甲宗祠
黄氏家庙	一进	金沙镇西园村	大宗	北甲宗祠
黄氏宗祠	一进	金沙镇后水头村 11 号	大宗	
黄氏祖公厅	一进	金沙镇后水头村 35 号	大宗	
黄氏家庙	二进	金沙镇后水头村 69 号	小宗	
黄氏宗祠	一进	金沙镇后水头村	大宗	邦伯宗祠
黄氏家庙	二进	金沙镇后浦头村 41 号	大宗	
黄氏宗祠	一进	金沙镇英坑村 1 号	大宗	燕山堂
黄氏家庙	一进	金沙镇东店村 3 号	大宗	
黄氏家庙	一进	金湖镇后垄村 23-1 宅右侧	大宗	
黄氏家庙	一进	金沙镇尚义村 24 号	小宗	
张氏家庙	二进	金沙镇青屿村 46 号	大宗	忠勤第,敕赐褒忠祠
张氏宗祠	二进	金沙镇青屿村 13 号	小宗	
张氏宗祠	二进	金沙镇沙美街胜利路 9 号	大宗	
张氏宗祠	一进	金沙镇沙美街 5 号	小宗	现坍毁待修
张氏宗祠	一进	金沙镇洋山村 18-1 号右侧	大宗	
张氏宗祠	一进	烈屿乡后宅村	小宗	民宅式祖厝
吴氏家庙	二进	金城镇吴厝村郊	合族	
吴氏宗祠	一进	金城镇吴厝村	小宗	
吴氏家庙	二进	金沙镇大地村 33 号宅左后	大宗	
吴氏宗祠	一进	金沙镇大洋村东山 27 号后	小宗	
吴氏宗祠	一进	金宁乡安岐村 71 号宅附近	大宗	
吴氏宗祠	一进	金湖镇昔果山村	小宗	
吴氏家庙	一进	金湖镇料罗村 101 号民宅前方	小宗	
吴氏家庙	二进	烈屿乡上库村 14 号宅附近	大宗	
林氏宗祠	一进	金城镇后浦南门西海路 3 段	合族	忠孝堂,前殿为天后宫
林氏宗祠	一进	金沙镇吕厝村 11 号民宅旁	大宗	
林氏宗祠	一进	金湖镇后垄村 28 号	大宗	
林氏宗祠	一进	金宁乡上后垵村 24 号	大宗	
林氏家庙	一进	金宁乡安岐村 42 号宅附近	大宗	
林氏家庙	一进	烈屿乡东林 23 号	大宗	忠孝堂
林氏家庙	二进	烈屿乡上林 45-1 号	大宗	
林氏宗祠	一进	烈屿乡上林村下林	大宗	
林氏家庙	二进	烈屿乡西路 20 号宅附近	大宗	
林氏家庙	二进	烈屿乡西宅	大宗	
林氏宗祠	一进	烈屿乡双口村	大宗	
刘林家庙	一进	烈屿乡上林村 7 号民宅右侧	联宗	位于高厝
吕氏宗祠	二进	金湖镇莲庵村西村 29 号	大宗	
吕氏家庙	一进	金湖镇下湖村 44 号	小宗	

名称	形制	坐落位置	宗别	备注
吕氏宗祠	一进	金湖林兜村	小宗	已坍毁
吕氏家庙	一进	金湖镇莲庵村东村 22 号	小宗	
吕氏宗祠	一进	金湖镇庵边村 23 号	小宗	
吕氏家庙	一进	金湖镇西埔村	小宗	
吕氏家庙	一进	烈屿乡东坑 14 号	大宗	
翁氏宗祠	二进	金宁乡顶堡村 34 号民宅右侧	大宗	长房宗祠
翁氏家庙	一进	金宁乡顶堡村 101 号	大宗	
翁氏宗祠	一进	金宁乡顶堡村 73 号	小宗	顶东宗祠
翁氏宗祠	二进	金宁乡下堡村 127 号	小宗	
翁氏宗祠	二进	金宁乡下堡村 48 号	小宗	
洪氏宗祠	三进	金城镇后丰港村 10 号	大宗	
洪氏家庙	二进	烈屿乡青岐村 96-1 号	大宗	
洪氏家庙	二进	烈屿乡黄厝村	小宗	
洪氏宗祠	一进	烈屿乡上林村后井	小宗	民宅式祖厝
六桂家庙	店屋三楼	金城镇莒光路 164 号 3 楼	联宗	汪、江、方、翁、龚、洪
庄氏家庙	一进	金宁乡西浦头村 43-1 号	小宗	
庄氏家庙	一进	金宁乡西浦头村 47 号	大宗	
郑氏家庙	二进	金沙镇大洋村东溪 2 号左侧	大宗	
郑氏宗祠	一进	金沙镇浯坑村 23 号宅左侧	大宗	
郑氏家庙	一进	金湖镇溪边村 44 号	大宗	
董氏家庙	二进	金城镇大古岗村 57 号	大宗	豢龙祠
董氏家庙	一进	金城镇小古岗村 5 号	小宗	
薛氏家庙	二进	金城镇珠山村 60 号	大宗	
薛氏家庙	二进	金城镇珠山村 60 号左侧	小宗	
戴氏家庙	一进	金城镇小西门村	大宗	
戴氏宗祠	一进	金沙镇长福里村 9-1 宅右侧	大宗	已坍毁
辛氏家庙	一进	金城镇金门城村西门外 109-1 号民宅右侧	大宗	
邵氏家庙	一进	金城镇金门城村东门	大宗	
欧阳氏宗祠	一进	金城镇欧厝村 40 号	大宗	
卢氏家庙	一进	金城镇贤厝村 15-2 号	大宗	
颜氏家庙	一进	金城镇贤厝村 43-1 号	大宗	鲁国堂
周氏家庙	二进	金宁乡安岐村 7 号	大宗	
周氏家庙	一进	金沙镇浦边村 6 号	大宗	
梁氏家庙	一进	金沙镇山后村下堡 40 号	大宗	
梁氏宗祠	一进	金沙镇山后村下堡	小宗	已坍毁
叶氏家庙	一进	金沙镇沙美 115 号	大宗	
何氏家庙	二进	金沙镇浦边村 100 号	大宗	两进加双护龙
萧氏家庙	一进	金沙镇东萧 8 号	大宗	
刘氏宗祠	一进	金沙镇刘澳村 22-1 号	大宗	

续表

名称	形制	坐落位置	宗别	备注
苏氏宗祠	一进	金沙镇蔡店村	小宗	
卓氏宗祠	一进	金沙镇下塘头村	小宗	已坍毁
谢氏家庙	一进	金湖镇料罗村 42 号	大宗	
谢氏宗祠	一进	烈屿乡庵顶村	大宗	2008 年重建
关氏家庙	一进	金湖镇复国墩 32 号宅对面	大宗	
郭氏宗祠	一进	金湖镇溪边村	大宗	汾阳堂
方氏家庙	二进	烈屿乡后头村	大宗	
六姓宗祠	一进	烈屿乡东坑村 34 号	联宗	杓、孙、程、林、蔡、陈
罗氏宗祠	一进	烈屿乡罗厝 10 号	大宗	

资料来源:《金沙镇志》、《金湖镇志》、《烈屿乡志》、《金门宗祠之美》(页 90-95)、《金门传统祠庙建筑之比较研究》(页 31-49)、《浯洲问礼——金门家庙文化景观》(页 125-131)。

基于上表,金门祠堂分布在 98 个聚落。其中,陈氏占最多,计有 26 座;黄(16 座)、蔡(16 座)、李(13 座)、王(11 座)次之;同时,有 3 座联宗宗祠的出现,如位于金城镇的六桂家庙(洪、江、翁、方、龚、汪)、位于烈屿东坑的六姓宗祠(杓、孙、程、林、蔡、陈)、位于烈屿上林的刘林家庙(刘、林)。(见表 3-3)

表 3-3 金门宗祠姓氏与祠堂家庙统计

姓氏	数量	姓氏	数量	姓氏	数量
王	11	庄	2	刘	1
方	1	翁	5	欧阳	1
李	13	陈	26	卢	1
吕	6	梁	1	薛	2
辛	1	黄	16	谢	2
邵	1	叶	1	关	1
何	1	张	6	戴	1
吴	7	董	2	萧	1
林	11	杨	9	系	1
周	2	颜	1	苏	1
洪	3	蔡	16	联宗	3
许	7	郑	4	其他	2

资料来源:戚常卉. 金门宗族组织与地方信仰[C]. 金门公园管理处委托办理报告,2011:9.

金门宗祠的建设主要集中在明、清两代,特别是明世宗嘉靖朝以后,主要原因在于:一、礼官夏言奏折效应;二、与金门在明、清两代科举业卓越成就有关,其中尤以明代的文治、清代的武功更写下空前辉煌纪录。

根据文献进一步分析,所有宗祠当中,建于宋代的仅有金沙镇阳翟村陈氏宗祠(五恒祠)一间,始建时间在宋孝宗乾道元年乙酉(1165 年),属于品官之家的祠堂。有元一代目前尚未发现有建宗祠的载录。古岗董氏家庙(豢龙祠)与金水黄氏家庙据称建于明洪武二十二年(1389 年),是庶民阶层最早有祠堂的例子。又如明正统五年(1440 年)的青屿张氏宗祠(褒忠祠),乃皇帝赐恩于张敏所建。家庙左侧,则为起建于明孝宗成化十五年己亥(1479 年),现已坍塌的张氏宗祠(重恩堂)。其他祠堂则多建于嘉靖朝后。

金门地区宗祠平面配置以中轴线为基准,采左右两侧相对称格局,建筑空间由外而内,依序为山门、前殿、天井、两侧翼廊、檐廊、正殿、内殿。俗称二进的正殿,以四柱俗称"四点金柱"的高大木柱作为主体建筑的重要支撑点,也作为拜殿与次殿的分野。拜殿地砖呈"人"字形,次殿地砖呈"丁"字形,两者寓意为"人丁兴旺"之意。拜殿既是祭祖活动的主体空间,也是族长行使族权的临时性法庭。高悬拜殿上方的则是象征宗族之光的匾额系列。内殿中龛供奉祖先牌位,左侧次殿供奉文昌帝君,右侧次殿供奉福德正神,严格遵循"左文昌帝君,右福德正神"礼文。整栋祠堂内外荟萃着精致的木雕、石雕、彩绘、剪粘、书法等作品,同时扮演艺术殿堂的角色,成为多功能的建筑空间,也是闽南聚落中最抢眼的传统建筑。❶ 至于俗称祖公厅或祖厝的民宅式祖厝,系指由单一共同血缘的族人建构的祭祀空间,祭祀同一血缘的祖先,祭祀的对象多为该房派之开基祖,属各房派下的支派,为宗祠中支派分祠,外观与民宅雷同,却与宗族择地兴建的宗祠有明显差异。❷ 金门地区祖公厅或是民宅客厅神案至今仍保有"左祖右神"(祖龛居左,神龛居右)的传统,与台湾大部分地区"左神右祖"的习惯有明显差异。

3.3.3　金门蔡氏祠堂发展

金门氏族率皆来自中土,其中又以福建人居多,其风俗与福建本土相同。其中,金门蔡氏家族就是典型的案例。❸ "相宅琼林,历宋历元历明历清,祖德千年不朽;敷功帝阙,为伯为卿为臬为宪,孙谋百世长光"。联语的"伯"为官拜云南布政使、世称藩伯的蔡守愚;"卿"指荣膺南京光禄寺少卿、卒赠刑部右侍郎的蔡献臣;"臬"指出任浙江按察使司、俗称臬台的蔡贵易;"宪"指官授礼科给事中、职掌教令的蔡国光。❹ 这是高悬在金门县金湖镇琼林村蔡氏家庙拜殿的抱柱联。它描记琼林村济阳蔡氏翔实的开发史,也传颂了蔡氏历代先祖赫赫事功。另据《浯江琼林蔡氏族谱》载:其入闽也,当在五季之初,已迁于同(同安)之西市,又迁于浯(金门)之许坑(今之金城镇古岗村)。赘于平林(今之琼林村)之陈,则自十七郎始。以其世推之❺,盖在南渡之初,迄今万历壬寅(明神宗万历三十年,公元1602年)四百有余年矣。于兹所居多树木,远望森然如盖,故世称琼林蔡氏云。❻

据《金门县志·人民志》指称,晋代五胡乱华时,即有苏、陈、吴、蔡、吕、颜六姓居民渡海前来金门避难,成为金门早期居民。唐德宗贞元十九年(803年),又有蔡、许、翁、李、张、黄、王、吕、刘、洪、林、萧十二姓氏随同牧马侯陈渊来金门牧马,成为开发金门的先驱。❼ 晋、唐两次的移民潮中皆有蔡氏。金门目前蔡氏来源最早时间为宋代,而以明代为移入的全盛时期,就移民的时间点来看,约可区分为四个支系:依序为平林蔡,❽山兜蔡、埔下蔡以及清季陆续迁至烈屿和后浦经营鱼盐之利的蔡姓居民。按照派衍可以进一步划分为:济阳与青阳两派。

济阳派主要以琼林村为大本营,即《金门县志》所称的平林蔡,之后又派衍至金城镇后浦街道、金门城村、前水头(金水村);金宁乡咙口村;金湖镇小径村、下新厝村;金沙镇下兰、下新厝等各村落;烈屿(小金门)

---

　　❶ 引自:李增德.金门宗祠之美[M].金门:财团法人金门县史迹维护基金会,1995:11-16.另见郭志超,林瑶棋.闽南宗族社会[M].福州:福建人民出版社,2008:65-66.

　　❷ 引自:金门传统祠庙建筑之比较研究[N].台湾内政主管部门营建署金门公园管理处委托研究报告,2007:29.另见郑振满.明清福建家族组织与社会变迁[M].郑州:河南教育出版社,1992:62.

　　❸ 关于琼林蔡氏宗族及祠堂的资料来源:杨天厚.金门宗祠祭礼研究:以陈、蔡、许三姓家族为例[D].台北:东吴大学博士学位论文,2011:165-173.

　　❹ 引自:汉宝德.金门县古迹琼林蔡氏祠堂修护研究计划[Z].金门县政府委托,1992:5.

　　❺ 金门民间习惯上率皆以一世三十年为推算标准。

　　❻ 引自:蔡鸿略.浯江琼林蔡氏族谱[M].清道光元年(1821年):13.

　　❼ 引自:金门县政府·金门县志,1999年,页353-354.另据《新唐书·柳冕传》记载,金门奉准设置牧马区的时间点应在唐德宗贞元十三年(797年)。

　　❽ 蔡鸿略(字尚温)修,《琼林蔡氏族谱序》,第1页载:"蔡之始祖,本于光州固始。后迁于同(安)。自同(安)而迁于浯(金门)之许坑(今之金城镇古岗村)。十七郎即其裔也。赘于琼林之陈家,斯为之始祖矣。"另于页13《琼林蔡氏迁移后重修族谱序》:"其入闽也,当在五季之初,已迁于同(安)之西市。又迁于浯之许坑,赘于平林之陈则自十七郎始。以其世推之,盖在(宋室)南渡之初,迄今万历壬寅(1602年)四百有余年。于兹所居多树木,远望森然如盖,故世称琼林蔡氏云。"由此可见:现琼林即为明代的平林。明熹宗天启年间,以蔡献臣学问纯正,由福建巡抚邹维琏奏请御赐里名"琼林"。该匾额现仍高悬琼林村"乐圃六世宗祠"梁椽上。

西吴、埔头、南塘、下田等村落；大嶝岛之北门、蔡、溪墘等村落。部分蔡氏族裔并移民至澎湖、台湾各地。❶

青阳派以金沙镇蔡厝村为始居地，此即《金门县志》载称的山兜蔡。宋代末年，蔡一郎由同安蔡厝迁徙来金门，卜居于太武山兜（今称蔡厝），明代科第直可媲美琼林济阳蔡氏，其族裔再派衍至金门本岛的安岐、湖美西堡、营山、田墩等村落，以及台湾各地。据《金门青阳蔡氏族谱·族谱记》载："盖自王潮割据，就封吾一世祖父避居江淮，始卜筑于武山之阳后峰，而前潮山水之极观备焉，且其地居沧浯（金门旧称）之中，无风沙海戎之患，而足为奠安计矣，然地尚荒芜，未及开拓，剙始之艰，历三、四传五世祖二十一郎，再辟混沦，广拓土宇，始克就功，因而号之曰开山祖云，始有铭以载其平生行事。"❷另据该族谱《浯祖迹来厝论》纂述："浯人之祖者，乃苏、陈、吕、蔡也，其姓有余，无如此四姓大家。小径、碧湖、林兜、本处（今之蔡厝村）四姓，地理莫若吾地（蔡厝村），后有来龙武山，前有入怀汶水，兼鸿渐照影文笔，后世子孙文武相承。"❸据此以推，青阳蔡氏于9世纪末叶渡海来金门，与陈渊来金门牧马的论述似较为吻合，由此可以推断蔡氏于唐代移民金门。❹

琼林济阳蔡姓始祖十七郎于宋室南渡之初，来金门垦拓，但何时自许坑（古岗村）入赘琼林村陈家，则是有待详细考证的地方。据《浯江琼林蔡氏族谱》载称，迁居琼林的蔡氏在四世以前人丁单薄，五世的静山是琼林济阳蔡氏承先启后的关键性人物。静山育有四子：长子讳一禾，字嘉仲，号竹溪，开坑墘和大厝二房，后裔复衍派为上坑墘、下坑墘、前坑墘与大厝四房柱。次子讳一莲，字爱仲，号乐圃，开新仓和前庭二房，后裔又衍开新仓长房、新仓上二房、新仓下二房、新仓三房与前庭五个房柱。三子讳一梅，字魁仲，早逝。四子讳一蜚，字鸣仲，号蓝田，赘银同刘家。琼林蔡氏已由六世的两房，派衍成十世的九房，昌炽的人丁遍布在村中的大厝、大宅、坑墘、楼仔下及东埔顶等五个"甲头"❺居住。至此，琼林蔡氏已俨然成为金门岛上望族，自蔡静山以后的蔡姓族人不但人丁兴旺，且自六世以后开始簪缨世胄，人才辈出。❻

据《金门县古迹琼林蔡氏祠堂修护研究计划》❼，自明穆宗隆庆二年戊辰（1568年），到明思宗崇祯七年甲戌（1634年），六十六年之中，琼林蔡氏荣登进士的就达5位之多：分别为明穆宗隆庆戊辰科（1568年）进士蔡贵易，官至贵州学政，升浙江按察使司，位居臬台要职。明神宗万历十四年丙戌（1586年）登进士，官至云南布政使司的蔡守愚，世称藩伯。明神宗万历十七年己丑（1589年）登进士、殿试二甲第六名，官至浙江学政、升光禄少卿、晋赠刑部侍郎的蔡献臣，位列公卿，人称"江南夫子"，与蔡厝村青阳蔡复一齐名，世称"同安二蔡"，誉满天下。明神宗万历十七年己丑（1589年）二甲第五名进士蔡懋贤，官拜刑部山西司主事。明思宗崇祯七年甲戌（1634年）进士蔡国光，官拜礼科给事中。入清以后，琼林蔡氏族裔又再传捷报，新仓三房移居澎湖的族裔蔡廷兰，于道光二十四年（1844年）甲辰科会试中第二百零九名，殿试二甲获第六十一名进士荣衔。

总计明清两代近三个世纪中，琼林村共高中6位进士。这就是高悬在琼林蔡氏大宗祠抱柱联"敷功帝阙，为伯为卿为臬为宪"的典故由来。此外，拥有7位举人、16位贡生、6位武将的辉煌纪录，其中最值得称道的是清高宗乾隆年间，上坑墘房二十世裔孙蔡攀龙，以骁勇善战荣膺福建水陆提督军门职衔，尤其难能可贵的是因平定台湾诸罗山（嘉义）林爽文之乱，而钦命赐予参赞大臣健勇巴图鲁、画像入紫光阁功臣的荣宠。清廷为借重其济世长才，而一度暂降补狼山镇，之后又署江南全省提督，为琼林蔡氏写下彪炳战功，现高悬在十世伯崖宗祠的"画像功臣"匾，就是歌颂蔡攀龙伟大事功的见证。❽

❶ 引自：金门县政府. 金门县志：人民志卷3[M]. 金门：金门县政府，1999：384.
❷ 引自：蔡环碧手抄. 金门青阳蔡氏族谱·族谱记，页4.
❸ 引自：蔡环碧手抄. 金门青阳蔡氏族谱·浯祖迹来厝论，页1.
❹ 参见：杨天厚. 金门琼林蔡氏宗祠祭典仪式探究[C]//2006民俗暨民间文学学术研讨会论文集. 台北：文津出版社，2006：212.
❺ 民国初期以前的金门，村里中又因地缘而区分为许多次团体，号称"甲头"，其性质略似宗族间的"房支"，其间的差异在"甲头"不一定有血缘关系，而"房支"则一定是同宗的族裔.
❻ 资料来源：杨天厚. 金门琼林村"七座八祠"研究[C]//2003闽南文化学术研讨会论文集（二）. 金门：金门技术学院承办，2003：18-13.
❼ 引自：汉宝德. 金门县古迹琼林蔡氏祠堂修护研究计划[Z]. 汉光建筑师事务所，1992：4-5.
❽ 引自：杨天厚. 金门琼林村"七座八祠"研究[C]//2003闽南文化学术研讨会论文集（二）. 金门：金门技术学院承办，2003：18-37.

其中,琼林村蔡氏宗祠向以"量多质精"独领风骚,同时拥有"七宗八祠"❶(见表3-4)。琼林宗祠外观虽仅七座,事实上却是八间各自独立的宗祠,每一座宗祠都各具特色,也都各有自己的灯号,形制完整。

表3-4 金门琼林村"七宗八祠"一览

名称	形制	位置	宗别	灯号	备注
蔡氏家庙	二进	琼林村155号,坐西南向东北70度	大宗	文武世家	重建于清乾隆八年(1743年)
坑墘六世竹溪宗祠	一进加左右翼廊	琼林街1号,坐西北向东南140度	小宗	提督军门	长房竹溪派专祠
新仓下二房乐圃公六世宗祠	两进(属复合式宗祠)	琼林村91号,坐西北向东南150度	小宗	文武世家	二房乐圃派专祠
前庭房六世宗祠	一进加左右翼廊	琼林村36号,坐西北向东南150度	小宗	文武世家	前庭房专祠
大厝房十世	二进	琼林村156号,坐西向东	小宗	十世伯崖	新仓上二房
伯崖宗祠					(大宅)专祠
十六世藩伯宗祠	二进	琼林村112号,坐西北向东南150度	小宗	布政使司	新仓下二房专祠
新仓上二房十一世宗祠	三进	琼林村13号,坐西南向东北40度	小宗	父子文宗	建于清道光二十三年(1843年),新仓上二房专祠
新仓下二房乐圃公十世宗祠	一进加左右翼廊、龙虎门(属复合式宗祠)	琼林村91号,坐西北向东南150度	小宗	文武世家	新仓上、下二房专祠

其中,位处琼林村155号的蔡氏家庙,是二进式的木结构宗祠,始建年代不可考,重建于清高宗乾隆八年(1743年)癸亥❷,民国二十二年(1933年)曾奠安过一次。此庙经明倭寇与清初康熙的迁界毁损,一直到清乾隆庚寅年(1770年)才再修建,主持修建的是前庭房十九世国子监太学生蔡夺(字克魁),民国二十三年(1934年)、1983年分别重修过。❸家庙原址据传为蔡氏开基祖十七郎故居旧址,而且是"双凤朝牡丹"名穴。现今蔡氏家庙屋梁的"双凤朝牡丹"彩绘印证了这一传说。

蔡氏家庙为抬梁式木构建筑,拜殿明间神龛供奉开基始祖十七郎至五世祖蔡静山等祖考妣,暨族中士宦的族裔,共计35尊神主牌位。拜殿内悬挂的灯号为"文武世家"。据《琼林蔡氏春秋大宗祭祖仪注》手抄本载称,这25尊灵位分别为六世长房一禾和次房一莲的后裔,并且皆有功名在身者,计有:竹溪、乐圃、蓝田、履素、榕溪、兼峰、海林、肖兼、发吾、虚台、昭宇、贲服、岂夫、净虎、雄胎、慎斋、达峰、跃洲、披星、毅园、秋园、卧崿、润亭、树德、志仁等牌位共计25尊。拜殿两侧次间,左奉文昌帝君,右拜福德正神。四点金柱上端镂刻精美的雀替,两侧山墙壁上书有朱熹墨宝"忠孝节义"。神龛上端有"五世登科""福禄寿全"的篆刻,神龛下端裙板有"钧藻传为永家齐"的篆刻,❹堂中还有总数多达25块科甲联登、爵秩显赫的匾额,庙埕前有象征进士和举人头衔的两对石雕旗杆石,家庙还进行一年两度的"大三献"祠祭。

蔡氏家庙拜殿正中的"乡贤名宦"额(俗称"圣旨牌"),与明隆庆二年(1568年)蔡贵易,万历十四年(1586年)蔡守愚,万历十七年(1589年)蔡献臣、蔡懋贤,崇祯七年(1634年)蔡国光,以及清道光二十四年(1844年)"开澎进士"蔡廷兰等六块明、清两代"进士"匾,共同为琼林蔡氏谱下亮丽光环。再则,殿中还高悬着特色独具,颂扬"新仓上二房"的蔡宗德、蔡贵易、蔡献臣、蔡甘、蔡鼎、蔡大壮等祖孙、父子、兄弟、叔侄荣登黄榜的"祖孙父子兄弟叔侄登科"匾;表彰"大厝房"的蔡国光、蔡振声、蔡钻烈、蔡蹈云(泉源)、蔡启章、蔡玉彬、蔡鸿兰等祖孙父子兄弟科甲蝉联的"祖孙父子兄弟伯侄登科"匾;颂扬蔡甘、蔡鼎兄弟花开并

---

❶ 金湖镇琼林村宗祠密度之高为全金门地区之冠,在林立的宗祠群中,外在表现出来的有七座,但事实上总数却有八间,其中二进式的"新仓下二房乐圃公六世宗祠",与后面一进式的"新仓下二房乐圃公十世宗祠"前后相连接,故有"七宗八祠"之称。

❷ 引自:琼林里里长蔡显明与镇长蔡显清贤昆仲报道;另陆炳文,《金门宗祠大观》记载的改建年代则为乾隆三十五年(1770年),页72.

❸ 引自:蔡其祥.琼林蔡氏家庙的楹联[N].金门日报,2006-11-24.26.

❹ 引自:杨天厚.金门琼林村"七座八祠"研究[C]//2003闽南文化学术研讨会论文集(二).金门:金门技术学院承办,2003:18-11.

蒂的"兄弟明经"匾;缅怀一代名将蔡攀龙的"振威将军"匾。此外,宗祠内为数众多的"文魁""副魁""贡元""外翰""将军"等古今并列的匾额,都为琼林村"世代琼花捷报,子孙连荐同登"作出了最佳诠释。

3.3.4　台中祠堂发展

台中市位于台湾中部,面积为 163.43 平方公里,其东北部为地势较高的丘陵区,西北部为地势较低的盆地地区,古大甲溪支流(即今筏子溪)与大安溪流经该市,又因地下水位高,盆地中常有地下涌泉、伏流造成多条东北西南流向的溪流,如筏子溪、港尾溪、潮阳溪、惠来溪、麻园头溪、土库溪、梅川、柳川、绿川、旱溪等,加上夏季雨量充沛,冬季少雨,由此,促成台中地区具备基本的农耕条件。

据此,台中地区进行垦殖的以漳泉移民较多。漳泉移民占地利的便利,自原乡直接渡海,经澎湖,于彰化三林港(二林外海)、鹿港、涂葛堀港(今台中县龙井乡丽水村南方)、臭水港(今清水镇外海)等中部港口登陆,其中只有鹿港是官方允许与泉州蚶江口对渡的口岸(民间俗称"正港")。登陆后,或走路或再转内陆河道(如彰化旧浊水溪,中彰交界的大肚溪、大里溪、猫罗溪等乌溪水系)行舟至今彰化溪湖、北斗,南投草屯茄荖、林厝,台中大里栈等渡口,再逐渐迁移至中部各地。到台中市垦殖的多数从鹿港、涂葛堀港登陆后再转入。

从文献上或田野调研中发现,清代移民大多会形成同原籍群聚的现象,这与清廷治台政策及移垦环境有关。清廷初期不鼓励闽粤沿海居民渡台,因此较少有同家族人移垦台湾的。而对于来台的漳泉移民,为了生存,由此形成了同籍聚居的地缘组织。

除同籍聚居外,也有同姓同籍族人入垦同一地区的现象,其中尤以漳州府韶安廖姓(张廖)族人入垦西屯区最为突出。据廖氏族谱载,以来自福建漳州府韶安县张元子派下后裔最多,计有四十二支派。

随着汉人移民在台中地区发展之后,汉人家族逐渐发展,血缘关系逐渐取代地缘关系,但根据道光年间周玺《彰化县志》:"彰化聚族而居者不过数姓,故宗祠家庙尚少,即有鸠金建祠者,凡同姓皆与焉,不必同支共派也。"❶这是台湾地区宗祠兴建与原乡大陆地区最大的不同处。(表 3-5)

表 3-5　汉人在台中市的拓展及家庙兴建统计表

年代	入垦人	入垦区	重要入垦事件	家庙新建
康熙四十九年(1710 年)			台中市南部昔为巴布萨平埔族的散居地,南屯为其中心;北部昔为拍宰海平埔族居住地,以丰原为中心散布	
	台湾镇总兵张国与其同僚	南屯区	张国与其同僚刘源沂、黄鹏爵等人招佃垦于张镇庄(今南屯区)	绳继堂
康熙年间	南靖人简以恭	南屯区		
	赖姓	北区		
康熙末年	平和人林固	东区		
	平和人赖天、赖帝、赖日明、赖福富	北屯区		
	福建人王成楚	南屯区		
	饶平人刘廷皎	西屯区		
雍正元年(1723 年)	南澳总兵蓝廷珍		垦猫雾捒之野,名曰蓝兴庄	
雍正二年(1724 年)			蓝廷珍将典张镇庄改名"蓝张兴庄"(包括今大里市、太平乡、乌日乡之九张犁、五张犁、阿密哩、头前厝、罗竹湳、台中市等地)。至雍正四年(1726 年),已有汉籍垦民聚居二千多人	
雍正七年(1729 年)	永定人江在河	南区		

❶ 引自:周玺.彰化县志:重印本,1987:284.

年代	入垦人	入垦区	重要入垦事件	家庙新建
雍正年间	闽籍汀州府黄维英、简怀素、简华远	南屯区	敦本堂前身	黄公厝
	诏安人廖时远、廖时仲、廖衷敬、廖可畅、廖廷悠、廖明案、廖朝孔、廖升洲、廖升监、廖列臣等	西屯区		体源堂、垂裕堂
	诏安人何子清、何子旋、何招舜		何氏家庙前身	何公厝
	平和人赖盛贪	北屯区		
	平和人赖凰、赖深兄弟	北区		
	平和人赖戊、赖已兄弟			
	龙溪人杨寝			
	惠安人林兆元			
	南靖人魏习赋			
乾隆元年（1736 年）			大墩（今中区）设置营汛，各置千总、把总一员，驻屯数十名，开垦事业益进，各大小聚落陆续出现	
乾隆初年	南靖人张志和，诏安人廖时唐、廖拈、廖崇祺、廖崇问	西屯区		
	平和人江朝雪			
	诏安人廖时唐、廖拈、廖崇祺、廖崇问	西屯、大雅		
	平和人赖云从及赖玩生、性生兄弟	北屯区	五美堂开基祖	五美堂
	大埔人张廷连	北屯区		
	南靖人简乃金、简满楼、简创	南屯区		
	汀州府永定人黄日英先妣张氏母子（只钜、只仁、佛佑）	南屯区	下厝仔公厝	四合堂、四美堂
			蔴糍埔、镇平、水碓、刘厝、刘庄、三瑰厝、永定厝（皆在今南屯区）、马龙潭、潮洋、西大墩（皆在今西屯区）等地，荒埔亦在此期由官府招揽移民开垦	
乾隆六年（1741 年）			刘良璧《重修福建台湾府志》记有"犁头店街"，可知约在雍正年间，犁头店街已成街肆	
乾隆十年（1745 年）	平和人林簪、林锥兄弟	东区		
乾隆中期	南靖人林应世			
	平和人张放			
	诏安人廖时甄、廖时鳞、廖时笔、廖时守、廖时贤、廖时丹、廖时应、廖耀宗、廖光远、廖达成、廖达惠、胡连	西屯区		福安堂
	平和人庄开漳妻林清俭率子偕夫弟庄仁德			
	赖谈及赖新遗孀周氏率子丹、焰、田	北中区		
	诏安人罗仲归			
	平和人赖文艳	南屯区		
	平和人林上秧、林溪山、林尾	北区		

年代	入垦人	入垦区	重要入垦事件	家庙新建
乾隆中期	诏安人吕镇海、游维来、游维酸、涂万生	北区		
	永定人林增皆、林兴应			
	饶平人林元、林钦健			
	平和人赖明善、明耀、明博	西区	顶敲仔头(今中区)成为汉人聚落	
	平和人张鸿毅、赖宽	北屯区		
	饶平人詹玉佩			
	惠州府陆丰人郑亦鳌、亦祥			
	永定人胡文良			
	南靖人阮会	南屯区		
	漳浦人林由、林积庆、林万福	北区		
	平和人林进、林籍、林正直、林德超、林玉琨、林崇谦、林阿谟、何溪水			
	诏安人张公成、何款、何笕、何强、罗大珣、罗仲聚、游维井			
	南靖人郑昌兴、石丹			
		南屯区	祭祀公业简会益——简氏家庙前身	简公厝
			赖氏三合派祖祠	赖氏祖祠
		北屯区		赖氏九德堂
				赖氏三和堂
		西屯区		赖氏六合堂
嘉庆初年	诏安人廖烈美、廖达显、廖温恭、廖钦来、廖瑞枝	西屯区		张廖余庆堂 张廖烈美堂
嘉庆末年	平和人阮恩生、阮权	北区		
嘉庆年间	惠安人李斐然	南屯区		
	晋江人柯笃厚			
	永定人张佛元			
	龙溪人戴神保	北屯区		
	饶平人张口			
		大里杙	林氏宗祠前身	林禄公祠
			江氏宗祠	济阳堂
道光十二年 (1832年)			周玺《彰化县志》记有犁头店街、大墩街、四张犁街(今北屯区),道光初年大墩与四张犁已成街肆	
道光年间	同安人杜刚直	北区		
	平和人何甫、何承、何万盛、何天成			
	漳浦人施主			
	永定人阮爱			
咸丰年间			林氏宗祠前身	林尚亲堂
同治年间		西屯区	张氏家庙前身	牛埔仔公庙

续表

年代	入垦人	入垦区	重要入垦事件	家庙新建
光绪宣统年间		西屯区	光绪二十五年(1899 年)动工,下湳公厅	元聪公祠
		南屯区		黄姓敦本堂
		西屯区	光绪三十年(1904 年)动工	张家祖庙
		西屯区	宣统元年(1909 年)动工	张廖家庙
民国元年 (1912 年)		西屯区		清武家庙
民国五年 (1916 年)			林壶山祖祠	敦厚堂
民国八年 (1919 年)				林氏宗祠
民国十九年 (1930 年)				简氏祠堂

由上表可知,台中市早期移民多来自大陆沿海的闽南、粤东地区。从移民祖籍地而言,以漳州府居多,而"六馆业户"所代表的移民势力最具影响力,漳州府平和县人为主流,次为漳浦县人。

漳州人在台中地区拥有重要的势力范围。并依民国十七年(1928 年)"台湾总督府官房"调查统计中汉人移民祖籍分布资料可知,台中市居民祖籍以漳州府居多,占总人口数的 74.4%;泉州府次之(包括安溪、同安及三邑),为 19.3%;嘉应州为 3.3%;惠州府 1.31%(见表 3-6)。❶

表 3-6　民国十七年(1928 年)总督府"汉人在籍乡籍调查"表

籍贯	福建省									广东省				其他	合计
	泉州府			漳州府	汀州府	龙岩州	福州府	兴化府	永春州	小计	潮州府	嘉应州	惠州府	小计		
	安溪	同安	三邑													
台中市	1400	2800	1700	22700	—	—	400	100	—	29100	—	1000	400	1400	—	30500
	5900															
大屯区	1900	3700	600	61100	3500	200	800	—	—	71800	900	4200	2500	7600	600	80000
	6200															

就家庙的兴建年代及分布区域而言(如表 3-6 所示),可概分为下列几个阶段及现象:

第一阶段:清初至六馆业户入垦之前(1683—1730 年)。以最先入垦的南屯区及西屯区为主,因其入垦年代较早,建集使用以民居类型为主,尚未有明显的宗族势力成长。如刘氏、黄氏及张廖氏等。

第二阶段:六馆业户开垦后至乾隆年间(1730—1795 年)。此段时期台中市增加许多宅第,同时并有数座家庙建筑的前身出现,可知此段时期因垦民入垦人数增多,并经一段时间的聚集生息,宗族产业庞大,有些家族留下了大片土地,社群活动已有宗族势力的产生。如西屯港尾(张)廖氏垂裕堂、东区林禄公祠(林氏宗祠的前身)、江氏济阳堂(江氏宗祠的前身)、南屯简家公祠(简家祠堂的前身)、北屯赖氏祖祠等公厝建筑数量也大幅增加,计有 10 处之多。

第三阶段:乾隆以后至日本侵占前(1796—1895 年)。此阶段家庙增加的数量较少,仅有部分的家庙建筑出现。由于政治形势方面较为不安定,新的移民人数也停滞,另外,也因为经过数代的财产"阄分",各自家族产业相对减少,这些对宗族的发展产生影响。唯独西屯张廖系族人,在光绪年间联合族亲以奉祀祖先为出,捐资生放,❷准备兴建"张廖家庙"。

---

❶　引自:东海大学历史系. 台中市发展史[M]. 台中:台中市政府,1989:73. 曾蓝田. 台中市志稿:卷二:人民氏族篇[M]. 台北:成文出版,1983:6-7.

❷　捐资生放,就是鸠集族人资金、购置土地,再佃放族亲、每年收租聚资。

　　第四阶段：日本侵占时期（1895—1940年）。本阶段出现的家庙建筑最多，包括清武家庙、林氏宗祠、张廖家庙、张家祖庙及简家祠堂等皆于本时期翻修改建、异地重建或新建完成，此时台湾政治局势已渐稳定，且殖民社会秩序已逐渐建立，故多数宗族屡有兴建（或修建）家庙之举。

　　张廖家庙位于西屯区西安街205巷1号，此地旧称西大墩，此地张、廖、何姓为大姓，此处除张廖家庙外，另有张家祖庙及何氏家庙（已部分改建）。张廖宗族在西大墩拓垦初成后，为求慎终追远、思源报本，即于嘉庆年间，由各房子孙集资募款购置田产。光绪十二年（1886年），天与公派后裔廖登渭及族人共同倡议于西大墩筹建家庙，并经廖国治、廖建三等热烈响应，族人共同捐地献田，直至宣统元年（1909年）方动工兴建，由筹建至动工兴建共费时二十余年之久。建筑动工后，于第三年完成正殿、拜殿及三川殿等主体建筑，其后，又陆续兴建左右横屋（护龙）及围屋顶，整体建筑于民国五年（1916年）终告落成，是为张廖家庙今日所见的建筑群形貌。

　　其后，张廖家庙亦曾陆续进行修缮，其中，1987年进行了第一期修缮工程，第二期为1990年，1994年进行第三期修缮工程，并于该年完成；同时，主体建筑于1999年"9.21"地震中受到部分损害，亦于次年进行震灾损害的局部整修。

　　清武家庙垂裕堂原是土石垒砌的三合院式（一落大厝）带左右外护龙，正身三开间，前建有拜亭一座，以利祭祀。龙虎边的五间头、五间尾略低一架，衔接左右护龙，护龙各三开间，分为三段屋檐，每段皆低一架，但未施作落规。正身台基三踏，护龙一踏。护龙外正面设有矮墙，中轴线上建一小门，界定内、外埕空间。外埕之前就是半月池，水来自廖朝孔开筑的"葫芦墩圳"，溪水从护龙边进入半月池，从虎边西南方向蜿蜒而出，符合传统风水地理观念。再从外围正面平视望去，前水池后果林，空间宽度舒通。清武家庙屋后设"化胎"，与左右外护龙连结成为环形"围屋"形式，呈现客家建筑风貌。1977年正身与拜亭屋顶改变造型，并铺设橙色琉璃瓦。1999年"9·21"大地震后，护龙微倾，祭祀公会再度以钢筋混凝土结构重建，但其空间尺寸都依照原先的规模，仅屋顶形式不同，改为北式风格。

　　在台中地区分布在水尾仔、上牛埔子、水堀头、下七张犁的张家族人，于同治九年（1870年）租借上牛埔（今水滴机场内）一民宅，奉祀入闽第一世祖文通公，俗称"牛埔仔公厅"，并鸠资购买土地，组织"一世文通公祭祀阵会"，以所收租谷作为祭祀之用。清末日本侵占台湾初期，因宗族繁衍，牛埔仔公厅已不敷使用，并因日本政府拟在这个地区建置台中机场，征收土地，故有另建宗祠之议，由族中代表张松寿、张朝荣、张佐台、张凰仪、张天辅等人，同各阵会管理人集议购地另建，出资购得土地，并兴建家庙，先于下七张犁旧小字红瓦厝仔及渔池等地建屋奉祀，当地人称为"红瓦厝"；日本侵占台湾初年，鉴于家庙狭小，再由张松寿、张朝荣、张斐然等人发起扩大重建，又因日人在台需要兴建机场，大量征收土地，张家开垦受限，因而迁建于目前所在处。光绪三十年（1904年）动工，扩大重建宗祠，翌年完工落成，命名为"发祥堂"，即为张家祖庙。光绪三十二年至三十三年（1906—1907年）增建右外护龙，民国十三年至十五年（1924—1926年）增建左外护龙、门楼。

　　乾隆年间，原籍汀州府永定县太平里洪源村以南靖长教为本支之简姓氏族，为慎终追远、敦亲睦族，遂倡议在拺东下堡、犁头店街附近之蔴糍埔即今南屯区丰乐里集资建置"简家祠堂"，奉祀其入闽开基始祖显始祖会益公、洪源八代祖、南靖长教开基一世始祖及八子神牌和义祖张进兴公，并成立"溯源堂简氏公业"。日本侵占台湾时期配合河川改道，将宗祠转向改建，于民国十九年（1930年）动工重建为现今二进单护厝的规模，并将方位易为坐西南朝东北，历时6年，至民国二十五年（1936年）竣工，建坪约为九百坪，并改为"祭祀公会简会益"。光复后，简家祠堂一度曾借与国民大会制宪联谊会办公使用，并于民国三十六年（1947年）十九世裔孙简武参与南屯妈祖例祭时，与各派宗老提议改组，且更名为"台中市简会益宗亲会"，加入条件以一户一人为原则。1983年蔴糍埔地区进行都市计划，南屯溪截弯取直道路恰通过简氏家庙，经由宗亲简武向市府申请古建筑保存，修正都市计划，简家祠堂方得以保留。

　　闽人在台中市的拓展与家庙兴建除前文阐述外，再以地理区位分析：南屯区为汉人最早入垦之地，并以筏子溪和犁头店溪流域为主要发展地区，目前保存有绳继堂、报本堂、四美堂、简家祠堂等多栋公厝、家庙和祭祀公业；而西屯区以六馆业户开发"猫雾捒圳"前、后时期的开垦为主，清武家庙（垂裕堂）、张廖家庙、余庆堂、体源堂及张家祖庙等皆与六馆业户有直接、间接的关系;北屯区的开垦以"猫雾捒圳"东汴溪水流域为主的赖氏宗族是最大宗,也留存有五美堂。而东、南区则以林姓为最大宗族,他们以大里溪、旱溪、绿川流域为发展区域;林氏宗庙的渊源是原先草创的林禄公祠即位于大里杙(今大里市),与入垦东区的林固、林簪等家族有极深厚的脐带关系,林氏宗庙虽为中部地区林姓的最大宗庙,但是重建的选址位置仍位于东南区域。

由此可知,家庙的选址与建造,除了将公厝升级改建以外,与当初宗族的入垦发展即发基区域有着密切的关系,而宗族发展的有利条件,深受"水稻种植、水利灌溉、边疆环境(公权力未逮、族人群居以利抵御外侮之意)"等因素的影响,而这些正是我国南方宗族组织发展的重要因素。

4　闽海祠堂形制与构成要素

4.1　祠堂建筑基本形制

　　祠堂建筑是一种严肃的礼制建筑,它的形制从住宅演化而来,住宅在生活中由于种种条件而千变万化,祠堂虽然也有变化,但变化不大,保持着一种由于功能而程式化的主要空间和一种庄重、整齐的格调。❶

　　对于祠堂建筑,基于上文宋代朱熹《家礼》中的规定,其形制为:前为门屋,后为寝堂,兼作祭祀之所,又设遗书衣物、祭器库及神橱于其东,周围环以周垣。其堂为三间,中设门,堂前为二阶,东曰阼阶,西曰西阶,以堂北一架为四龛。

　　明代,《大明会典》中,则形成了"前有享堂,后有寝堂,祠门前又增设一门"的形制。同时,朱熹在《家礼》中提出的祭祀仪节也仍为明清祠堂沿用。

　　随着家族的繁衍发展,明中叶以后出现独立于居室之外的大规模祠堂。这种独立于居室之外的祠堂,其形制基本部分仍然采用合院式,轴线上有门屋、享堂、寝楼,规模大的祠堂有头门(或加栅门)、仪门、前后享堂、寝楼,周围绕以垣墙,两侧设有廊庑,有的由二、三进甚至四进院落组成。与朱子的祠堂相比,中轴线上的进深增加了,空间层次丰富了,同时为适应祭祀需要,前庭的空间增大了,祠堂前部的空间变化也很大。

　　综上祠堂建筑形制的变迁历程可以得出,祠堂空间形态一般分为三部分,即从前到后,分别是:一、大门门房;二、拜殿(或称享堂、祀厅),是举行祭拜仪式的地方;三、寝室❷,专门供奉祖先神位。

4.2　祠堂形制的构成基本要素

　　众所周知,闽海地区的祠堂种类繁多,在明清数百年的历史进程中经历了丰富的变化,但因为礼仪制度、风俗、工匠来源等关系,在一定时期内的形制较为稳定,且其形制演变存在着几条主要的线索,所以可尝试通过这些线索为其建立起基本的范型。

　　对祠堂形制的描述存在着不同的层次,既有关于总体格局的,也可来自主要建筑单体的特点。从各种基本元素到一座完整的祠堂,有多种组织方式。基于上文,结合闽海地区的祠堂建筑,其空间构成是由被屋顶覆盖的单体建筑和室外要素共同构成的。单体建筑有门房(仪门)、戏台、拜亭、庑廊、正厅、寝堂、后座、护厝、厨房、侧廊、侧堂等,其中主要建筑统称为堂,另外,有些祠堂会使用照壁和牌坊;户外的常见要素包括水面(泮池)、埕、院、天井、水井、旗杆等,有些祠堂附带有园林。

4.2.1　建筑元素

　　《说文》:堂,殿也。《释名》:堂,犹堂堂,高显貌也。殿,殿鄂也。堂是祠堂的主要单体建筑,包括门房、中堂、拜亭、寝堂、后座、侧堂等。

---

❶　引自:李秋香,陈志华. 宗祠[M]. 北京:生活·读书·新知三联书店,2006:38.
❷　是从《礼记·王制》"庶人祭于寝"中引出的名称。

门房,也称门厅、下厅,是祠堂正面最重要的单体建筑,进入祠堂内部的仪式性入口和中轴线序列上的第一座建筑,沿用门堂之制,在空间上承担礼仪性的功能而没有特别实际的功用。门房因为设有祠堂的大门,上有祠堂的名号,因此需表现出堂堂正正的气象,富有的人家则借机炫耀家族的财富。

正厅,也称中厅、祭堂、享堂、拜殿,是祠堂的中堂,举行祭祖仪式和宗族议事的主要处所,因此空间最高大宽敞,陈设最为讲究,是祠堂中最具公共性的单体建筑。正厅的地坪高出门厅数级,以台阶联系侧廊或前庭,大多设阼阶和宾阶。正厅是悬挂堂号牌匾之处,室内常设有楹联、案台、座椅、挂落。

寝堂是安放祖先牌位的建筑,也称上堂、祖堂,在空间序列上是最后一座时亦称后堂、后座,堂内设有神橱,墙上挂祖先画像,堂内有供桌、香炉、族旗等陈设。寝堂地坪一般较祭堂更高。

廊是连接各堂的附属部分,檐廊指建筑屋顶伸出建筑较多,形成遮雨遮阳、方便人行走的空间。闽海祠堂中的檐廊主要在厅的门前、厢房门前、天井四周。

拜亭是位于堂前用于拜祭的辅助构筑物,屋顶多为歇山顶。

牌坊和牌楼是特殊的礼仪性建筑,或称仪门,为祠堂的中路上较常见的构筑物,多采用四柱三门式的牌楼或牌坊。常位于祠堂前方或与门厅结合形成牌楼式入口。

另外,还常建有照壁、戏台等。

如三明市永安贡川镇陈氏大宗祠就是集牌坊、牌楼式门厅、庭院、前厅、大厅、寝殿等于一体的典型案例。该建筑始建于明代万历三十三年(1605年),坐西朝东,规模宏伟,由大儒里牌坊、大坪、木门楼、门厅、庭院(中有方形水池)、石门楼、庭院、前厅、天井、大厅与后院组成,前厅与大厅的两侧还建有屋顶跌落的侧厅,作为福建陈氏各地分支的祀厅。其中牌坊是该祠堂建筑的特色所在,三座门楼作为引导。第一道门楼是一座四柱三开间柱出头的石牌坊"大儒里",这是宋代皇帝御赐而建的。第二座是木门楼,五开间五屋顶跌落、飞檐翘角、雕梁画栋、气势恢弘;正脊饰双龙戏珠,嵌瓷;上屋顶以五跳斗栱承托,两朵斗栱间连以雕花板,中屋顶以四条如意栱承托出檐;门楼两侧各有一对石狮与抱鼓石,雕工精湛。第三座是石雕门楼,飞檐翘角,线条优美生动,五屋顶跌落,以二跳砖雕的丁头拱承托出檐,屋脊彩绘;门头中额书"世承天宠",上部浅浮雕花草纹;门枕石浮雕麒麟,精美生动。(图4-1)

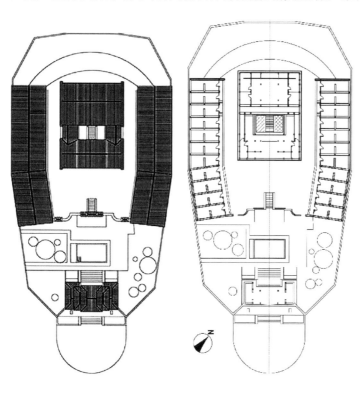

祠堂门厅入口

屋顶平面与一层平面图　　　　　　　　　　　　　大门

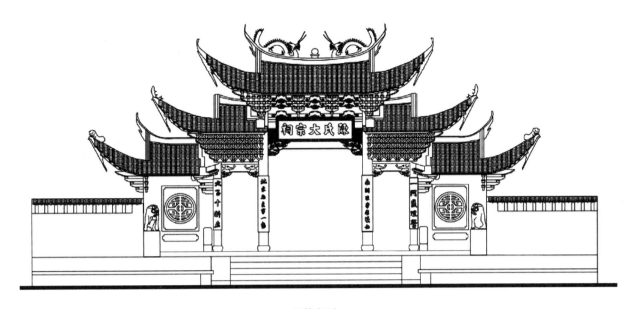

门楼立面

祠堂牌楼式门厅立面

纵剖面图

图 4-1 陈氏大宗祠

再如建于清中期的泰宁城关李氏宗祠,面阔 15 米,进深 50 余米,占地 770 多平方米,含门厅(戏台)、回廊、天井、拜亭、中厅、后厅和辅房等。宗祠门房面北,为重檐式砖雕门楼,通高近 9 米,宽 8.1 米。大门为仪门,只在举行重大宗族活动时才开。除大门外,两边墙面还对称设置两个拱形边门,供平时人员出入。祠堂门厅宽 7 米,进深约 6 米,通常高架成背门向厅的戏台。中厅宽 15 米,进深 12 米,明间前廊向天井突出一块平台,为亭式结构的拜亭。中厅是祭祀和聚会议事之地,悬挂了众多匾额和楹联,肃雅庄重。穿过中厅则是进深 4 米多的空坪天井及后厅。后厅为明间与次间组成的穿斗式悬山建筑。明间为厅,面宽 5 米多,进深 6.5 米;次间为房,两边各有前后两间。后厅厅首高架神龛,龛内供奉李氏宗族历代祖宗牌位。再往里则为辅房,深 10 米有余,宽度则比前几进多 2 米以上,专供祭祀时操办伙食、摆席聚餐。整座宗祠布局区分有度,古朴凝重。(图 4-2)

图 4-2　李氏宗祠

4.2.2　户外元素

除以上建筑物之外,户外的元素也是祠堂非常重要的组成部分,与单体建筑相互交织,形成富有节奏、明暗相间、开合有致的整体格局。

首先,水面往往是祠堂不可或缺的一部分,祠堂前往往会面对宽阔的江面,或流动的河流,或连绵的水塘,或接近半圆形的泮池。面向水面,成为大多数祠堂选址和确定朝向的重要依据之一。在习俗上,闽海地区素有以水为财、聚水即聚财的说法,借鉴自学宫的泮池有寄望族中子弟入泮、在科举考试中获取功名的意味。另外,从营造技术层面分析,水面一般位于地形的低处,对于在剖面上从门房到寝堂地坪逐渐升高的祠堂来说,这样的选择正好顺应了地形的走势,在夏季经常有持续暴雨的闽海地区,这也是雨水排放最为迅速的选择。门房前的水面带给祠堂双向的开阔视野,从祠堂内向外看,可以看到波光和对面的景色,理想的情形下可以看到远处的朝山;从外看祠堂,则有合适的观看距离和角度,可以从容观赏祠堂的正面,水中有宁静的倒影,气度展露无遗。对于前来祠堂出席仪式的族人来说,水面有助于营造安静、肃穆而又不失祥和的氛围。如泉州晋江市陈埭丁氏宗祠、漳浦旧镇浯江村林氏海云家庙、平和九峰杨厝追来生祠、台湾桃园县新屋乡何氏宗祠、金门珠山薛氏宗祠、台中市西屯区张廖家庙等,祠堂前都设置有水池。

其次,前埕又称雨坪、宇坪。在祠堂的门房和水面之间,常常有一片开敞的条石铺砌的地面,称为前埕。前埕是进入门房的前奏,是族人聚会、观看舞狮和鼓乐、等候仪式开始的场所。如台湾台南月眉池姜氏宗祠前的前埕,其面积很大,每年春祭就在前坪上临时搭台演戏。戏台面向厅堂祖宗神主,演戏本为"酬神敬祖"。另外,有些受环境或用地的限制而不设前埕。前埕的左右两侧,是树立旗杆之处。族人中一旦有人考中举人和进士,则在祠堂门前为其树立旗杆,在石座上立两片夹石、一根旗杆,石上刻有中式的科名。

如南靖书洋乡塔下张氏德远堂。该宗祠始建于明代,其开基始祖是张姓第一百二十二世孙、宋淳熙年间进士张化孙的第九世孙张小一郎。明宣德元年(1426 年),他携妻华氏、子光昭迁南靖县马头背,同年,又从马头背迁居塔下,已传衍子孙到二十三世。德远堂于清乾隆二十五年(1760 年)重修,道光十四年(1834 年)、光绪三十年(1904 年)、光绪三十四年(1908 年)、1928 年、1941 年、1977 年等进行了多次的维修,今建筑形制和材料基本保持清代风格。祠堂占地 1000 平方米,建筑面积 585 平方米,主体建筑坐北朝南,大门朝东,背靠青山,前临泮池。沿中轴线依次为泮池、围墙、雨坪、前厅、天井、正堂,两侧各有护厝。护厝各有两间房,做分段式处理,围墙兼作照壁。雨坪、天井用卵石铺设,其中雨坪中用卵石铺成铜钱状。德远堂泮池前竖立着 24 根石龙旗杆,拱卫着家庙前的半圆形泮池。10 米多高的石龙旗杆,分底座和柱身,底座为方形、六角形,柱身中段镌刻立旗的年代,立旗人的身份、辈序、姓名,并雕刻蟠龙浮雕,顶端有的雕笔锋,有的则镌坐狮。有的单人立一杆,有的两人同立一杆,甚至还有三人同立一杆。雕刻精美,蔚为壮观,用以表彰本族在科举、官场上有成就或对家族有贡献的人员,昭显家族荣誉。据张氏族人说,因为找到一块风水宝地,从清乾隆以后,家族成员在文化、经济上都有很大的发展,有清一代共出现过 14 个举人和恩授进士。另外,在台湾台南,也有一座德远堂,是塔下第十三代世祖张石敢的后裔仿造塔下德远堂所建。据塔下德远堂张氏族谱记载,张氏子孙至今已繁衍二十四代,第八代第四子名文羡、第十二代第二子先后移居台湾,现在台南、台中、台北、基隆、花莲等地都有张氏的后裔。两岸张氏族人交流不断。总之,前埕上立的旗杆越多,表明家族中获得功名的人越多,这既是科考成功者光宗耀祖的表现,也是对族中年轻子弟的激励。在建筑的空间和视觉效果上,增加了层次,烘托了祠堂的威仪。(如图 4-3 所示)

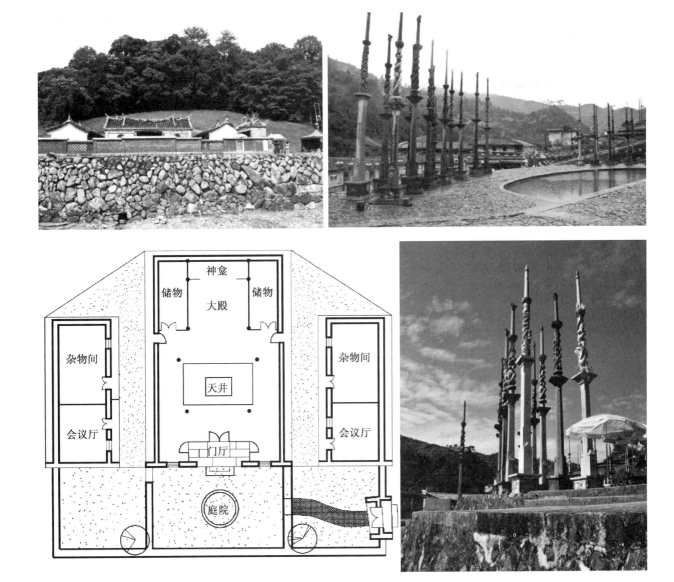

图 4-3　塔下德远堂平面图与照片

　　庭院或深井出现在二落或者三落及以上的祠堂建筑中,是联系各厅堂的纽带。其中,祠堂在门房与祭堂之间设有前庭,有祠堂借鉴宫廷建筑的名称谓之丹墀,前庭四周的建筑一般均面向前庭开敞,营造疏朗、开阔的印象,并尽量容纳更多的族人。前庭的条石铺地非常考究,与门房和祭堂明间相对应的雨路或略高出两侧地面,或用两侧沿垂直向铺砌的条石明确界定。在只设有左右阶的祠堂里,前庭标高常低于廊庑地面,中路地面一般无特别铺砌。两进祠堂前庭的做法与三进祠堂的后庭相似,仅约与当心间等宽的部分露明。

如南屏县甘棠乡漈下龙漈甘氏宗祠为三合院建筑,其中,厅与厢房之间的庭院正中沿着轴线铺设宽5.75米、长6.7米的青石板过道与七级石阶,直通后进入大祠厅。整个院落青砖铺地,以宽40厘米、长2米、厚12厘米的青石板铺砌。当中是宗祠正门,轴线感强烈。(图4-4)

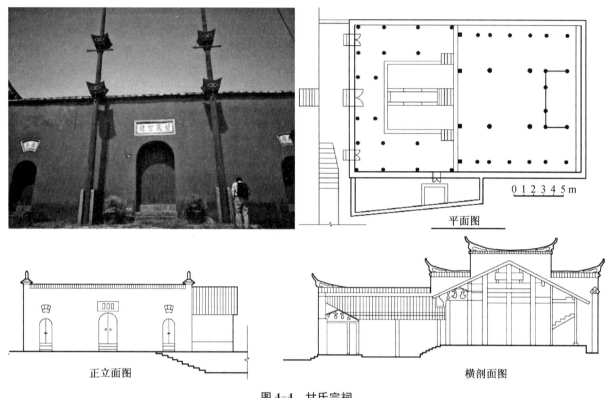

平面图

正立面图

横剖面图

图4-4 甘氏宗祠

规模较大的祠堂尤其是清末修建的合族祠和大宗祠,在祭堂之前设立拜亭,如永安市贡川镇刘氏家祠与姜氏宗祠都采用了拜亭的形式,其中,刘氏家祠又称"玉华堂",规模宏伟,建筑坐西朝东,占地1228平方米,中轴线由庭院、前厅、庭院、拜亭、大厅、中厅与后院等组成。门楼转折朝南,围墙门又转而朝东,入口空间相对狭小,但空间充满变化。大厅面阔七开间,中厅三开间,两侧次间为侧厅(图4-5)。而姜氏宗祠又称"壬林堂",始建于清乾隆戊戌年(1778年)仲秋,位于贡川南门崇义坊,与会清桥相望,该祠堂坐北朝南,由门楼、天井、前厅、天井、拜亭与大厅组成(图4-6)。

祠堂中的庭院类型丰富多样,除了宽阔的庭院之外,还有相对尺度较小的后庭和边路狭小的天井。后庭的露明面积远小于前庭,因为与主要单体建筑尽间相对应的部分会被侧廊覆盖,而且深度也往往比前庭的深度要小很多,实际上大多是天井院。在边路的护厝或厢房之间,设有尺度更小的天井,主要为室内提供采光和通风之用,或开设有通向室外的门以便平常出入和走水时疏散。

在设有厨房或者有人值守的祠堂之中,一般有水井位于庭院或巷道中。除前述户外空间之外,闽海祠堂也有结合园林的巧思,如厦门海沧区莲塘别墅陈氏宗祠就是典型的案例。该宗祠是一处闽南传统院落建筑群,始建于清朝末年,由当地望族陈氏兄弟所建,由住居、学堂、家庙三部分组成,占地约3万平方米。其中,宗祠——"宛在堂",是一座二落红砖闽南古厝,祠堂边为花园,由小花园、后花园、上花园组成,花园里观景亭、曲拱桥、海蚀柱都颇具西洋风范,处处体现了屋主当年中西兼修、耶儒会通的远大境界和"心有莲花自芳香"的高尚品格。(图4-7)

单体建筑物与户外空间共同形成了明暗相间的节奏,根据祭祀的仪程和日常活动的要求形成了功能的格局,而蔽雨、排水、采光、通风、隔热、防灾等技术要求帮助确定了许多具体的尺寸和做法。

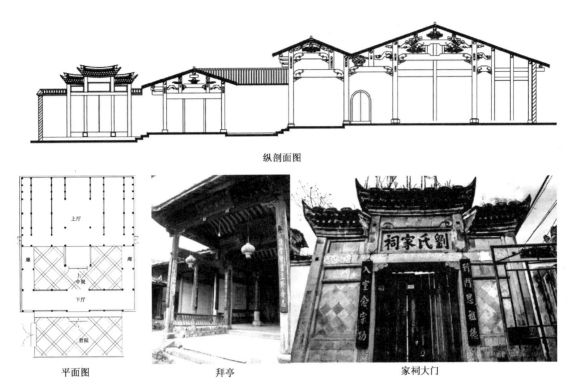

纵剖面图

平面图　　　　　　　　拜亭　　　　　　　　家祠大门

图 4-5　刘氏家祠

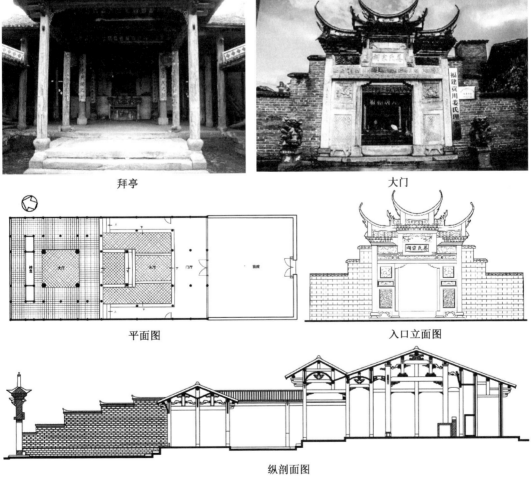

拜亭　　　　　　　　　　大门

平面图　　　　　　　　　　入口立面图

纵剖面图

图 4-6　姜氏宗祠

图 4-7 沧海区莲塘别墅陈氏宗祠

4.3 平面空间组成

4.3.1 平面基本构成

基于上述,祠堂建筑平面主体由大门、拜殿与寝室三大部分组成。结合闽海地域传统文化,以这三大部分为基础,在平面上常增加水池、前埕、天井、院墙、护厝等,在功能上也常增加道教、佛教甚至地方独特的民间信仰拜祭的功能。

以三落与二落大厝为例,祠堂建筑平面结合其功能可以由寿堂后空间(F)隔屏划分为三个空间,即左边为文昌帝君、右边为福德正神的神位供奉处,中间为祖先神位供奉处。A处为天井,功能上起着采光、通风、排水等作用。B、C为东、西两廊,D为下厅或者前厅,E为大厅或正厅,是宗祠主要的祭祀与活动空间,也是整个建筑最为神圣及华丽的空间。F为寝殿或寿堂,是放置龛座及神主牌位的空间,常以木隔扇将其与正厅隔开。G为凹寿,是祠堂入口空间。H为后殿,是三落大厝的后落。I为檐廊、寮口或拜殿。J为外凹,是入口外面的檐廊空间。(如图4-8所示)

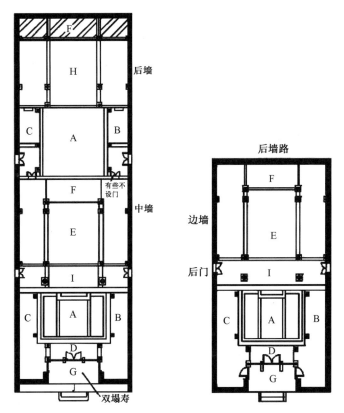

图4-8　祠堂平面功能示意

4.3.2　祠堂总体形制的基本范型

从祠堂平面的空间结构要素来看,闽海地区呈现"门厅—天井—正堂"的基本形制,在这一形制的基础上,融合闽海地区各区域的传统建筑布局特色,形成丰富的祠堂平面形制。在泉州地区与台湾泉州籍地区,祠堂建筑以三间张、五间张为基本形式。三间张、五间张,即顶落为三开间、五开间。其布局为:第一进为下落,门厅所在。第二进为顶落,也称上落。两厢称榉头、崎头、角头。下落、顶落与榉头围合成天井,称深井。下落前方有石坪,称埕。若增建第三进,则称后落。住宅左右加建朝向东西的长屋,称护厝或护龙。另外,还有三间张榉头间止和五间张榉头间止的变异形式(图4-9)。在漳州地区及台湾漳州籍地区,三开间模式俗称为爬狮或下山虎,围成四合院状的称为四点金或者四厅相向,是漳州祠堂建筑及传统民居的基本单元。以爬狮或四点金为基础,横向发展称为五间过或五间过带护厝,纵向发展称为三座落或三进带后厢,组合灵活(图4-10)。在厦门地区祠堂建筑及红砖大厝以四房四伸脚和四房二伸脚为主要形式,其基本布局为三合院,顶落称大厝身,三间一厅四房,以四房概括称之,两厢称伸脚或称伸手,按位置有顶伸脚、下伸脚之分。顶落大厅的前房、后房各两间,合称四房,正厅又称后厅、顶厅。正厅靠后做板壁或置公妈龛(称寿堂),其后的过道称寿堂后或后寿堂,顶落的前檐下为走道,称巷廊或子孙巷,两端有侧门通户外,称巷头门。大房由巷廊进出,后房由后寿堂进出。四房四伸脚也称为一落四榉头,四房二伸脚也称为一落榉头,将一落四榉头之墙街楼改为门屋的形式,称为三盖廊。再大者则为两落大厝,由前落、后落及榉头所组成;前落为前厅及左、右前落房(下落),后落(顶落)则包括大厅及左前房、左后房、右前房及右后房。前落正面三间,前沿墙一般退后一两个步架,称透塌,这一点与漳州传统民居很类似(图4-11)。

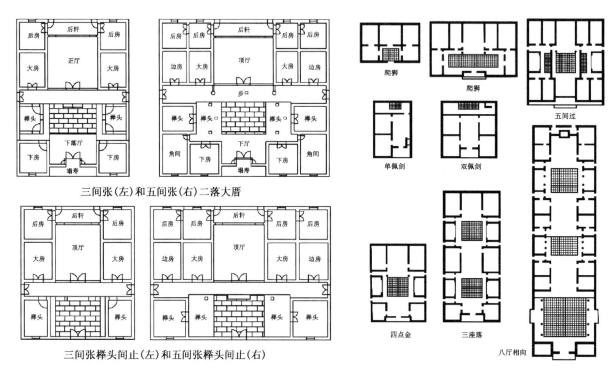

三间张(左)和五间张(右)二落大厝

三间张榉头间止(左)和五间张榉头间止(右)

图4-9　泉州及台湾泉州籍地区的祠堂平面　　**图4-10　漳州及台湾漳州籍地区祠堂平面**

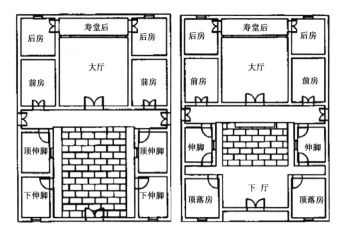

图4-11　厦门地区四房四伸脚(左)与两落大厝平面(右)

　　祠堂建筑的明间较民居开阔,间与间之间以柱相隔,传统民居明间左右的次间一般砌有隔墙。如漳浦佛昙岸头杨氏家庙是比较典型的四点金形式,赤岭石椅蓝氏种玉堂是四点金的五间过形式,龙海白礁王氏家庙是四点金带两边护厝类型,漳浦旧镇海云家庙则是三座落的代表类型。

　　而在闽西地区,一般家庙和宗祠大致有三类平面形式:第一类为普通合院型,第二类是以宗祠建筑为中心,周围围以横屋和后楼的形式,第三类为宗祠与横屋相结合的形式。通过三种形式的对比可以发现,第二类和第三类为民居的衍生形式,而围屋和横屋主要用于日常生活起居和堆放杂物。在春分等祭祀活动时期,亦可作为聚餐功能使用。普通合院型的家庙空间类似于民居,傅氏家庙和涂氏宗祠即属于此类。

傅氏家庙位于新新巷17号,为清朝时期建筑,由门楼厅、下厅、上厅和侧廊围合而成。空间结构为抬梁穿斗混合形式。涂氏宗祠由上厅、下厅和后楼组成,上厅和下厅皆为一层空间形式,而后楼为二层空间形式。空间结构为抬梁穿斗混合形式,砖石砌筑立面。木料构件上刻以雕花作装饰。整个宗祠的后楼已于近期重新修缮,构件已完成加工和替换。以祠堂为中心的围屋形式是长汀较具有特点的平面空间形式,与闽西的九厅十八井形式有一定的区别。祠堂空间位于建筑的中心,由门楼厅、下厅和上厅组成,周围围以横屋和后楼,如林氏家庙、游氏家庙以及重新修建的郑氏家庙均属于此种空间形式类型。以祠堂为中心,两边加以横屋是长汀另一种较具有特点的平面形式,汀州刘氏家庙即属于此类型,两侧建有横屋,共两层,祠堂后侧建有供休息使用的亭台楼阁,房屋内部结构为抬梁穿斗混合式,砖石砌筑立面。

　　因为在宗祠体系中的等级不同、建造祠堂的社会环境和用于建造的资金不同,由此祠堂容纳的功能和规格亦相去甚远。但无论多么简陋的祠堂,其最必不可少的构成元素便是门房、庭院和寝堂,即使是从祖屋改建而成的祠堂,也有象征性的门房,而仅有一栋建筑的也大量存在。

　　纵观闽海地域的祠堂建筑,其最为基本的平面格局是"一明两暗"。❶ 该布局形式是最基本的形态,只有正堂、左右房。❷ 因此,在建筑历史上属于最早阶段的建筑类型,也是最普遍的一种基本模式❸,基于这一原型衍化出丰富的平面形态。在原型的基础上,各地区的祠堂建筑往往因为地形、自然环境、地域文化、习俗及宗族的社会、经济条件的影响,发展出不同的布局形态。(图4-12)

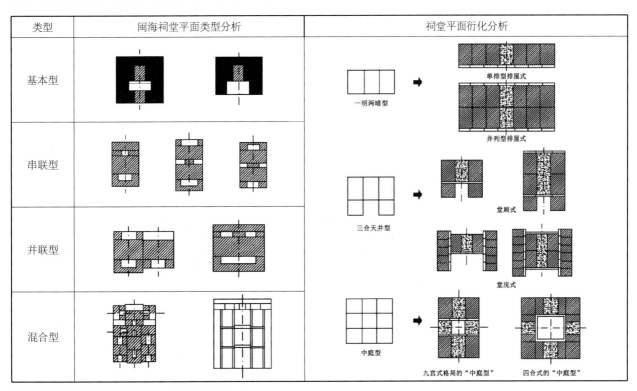

图4-12　闽海祠堂建筑平面衍化分析图

4.4　祠堂立面构成

　　闽海地域的祠堂建筑立面❹多类似于传统民居,包括屋顶、墙身、基座三部分。其中,基座一般都较为

❶ 引自:戴志坚.福建民居[M].北京:中国建筑工业出版社,2009:60.
❷ 引自:余英.中国东南系建筑区系类型研究[M].北京:中国建筑工业出版社,2001:150.
❸ 引自:余英.中国东南系建筑区系类型研究[M].北京:中国建筑工业出版社,2001:157-158.
❹ 本书论及的祠堂立面是指主体部分的屋顶,如门房、主体厅堂部分的立面。

简单,屋顶最为突出的是燕尾脊,立面最突出的是红墙白石。

4.4.1 屋顶

闽海祠堂建筑的屋顶式样,除了传统的庑殿顶(闽东南沿海及台湾地区称四导水)、歇山顶(闽东南沿海及台湾地区称四垂顶)、悬山顶与硬山(闽东南沿海及台湾地区称双导水)及单坡(闽东南沿海及台湾地区称孤导水)外,尚有一些地方风格的屋顶形式,如三川殿、断檐升箭口、假四垂、牌楼顶等。

因闽海祠堂建筑众多,其屋顶的形式也颇为丰富多样,如寿宁县西浦村的缪氏宗祠与缪氏二祠的主体厅堂屋顶均为悬山式,南靖官洋村简氏大宗祠、南靖官洋村追来祠、东园镇埭尾村陈氏宗祠等的屋顶都是典型的三川脊与悬山的结合形式,而闽西南南靖隆庆楼中的家祠则为典型的歇山顶(图4-13)。

图4-13 悬山屋顶:官洋村追来祠

三川殿是指硬山、悬山屋顶的正脊中间一段抬高,并于两侧加垂脊的做法。正脊分成三段,中间高,两侧低,这种屋脊称为三川脊,也称假三山(假四垂则被称为正三山),屋顶则称为三川殿。

三川殿多用于住宅、祠堂、庙宇的大门。三川,即三穿,原指三门,庙宇、祠堂的大门一般做三道门。其中左右两道侧门称龙虎门,两侧多做出石雕龙虎壁,以左为大,由龙门进,由虎门出,取入龙喉祈好运、出虎口解厄运之意。三川殿的构造做法有三种:其一,将中间一间的脊檩抬高一个檩径,使屋脊中间高而两边低,这种做法在结构上比较复杂。其二,不抬高中间的脊檩,所有脊檩保持同一高度,在中间的脊檩两端用桷木做出三角形的假屝。其三,不抬高脊檩,也不使用假屝,只是用砖砌出中间高两边低的三段脊,再加砌垂脊,这种做法比较简便。较为典型的案例如金门琼林蔡氏宗祠、莆田市荔城区东里巷黄氏宗祠、晋江五店市蔡氏宗祠等建筑的屋顶。

硬山、悬山中间一间或三间屋顶抬高,使檐部断开,称为断檐升箭口。中间抬高的屋顶角端加戗脊,形成简化的歇山顶。民国初期,名匠王益顺将这种屋顶式样传于台湾,在台湾闽南系祠堂建筑中曾一度盛行。如济阳上丰涂氏宗祠。

闽海称歇山顶为四面落水顶,又称四垂顶,庙宇、祠堂常使用这种形式的屋顶。硬山、悬山顶正中升起一个歇山顶正面向前,硬山、悬山的檐口仍然完整,这种屋顶组合称为假四垂。假四垂屋顶流行于闽南漳州、同安、厦门地区,是闽南系建筑漳州派区别于泉州派的一个重要标志。

牌楼顶是指硬山、悬山正面入口退凹,做成牌楼,且以砖砌牌楼为多,多见于闽西、闽北地区。如前文邵武和平镇廖氏宗祠与上官家庙、福安溪潭镇廉村陈氏支祠、永安贡川陈氏大宗祠、长汀李氏家庙、芷溪的翠畴公祠、长汀廖氏宗祠等都是典型的案例。

特殊屋顶中,最为典型的是重檐建筑,多使用上下檐叠压的重檐方式,可以称为密接式的重檐。较为典型的案例,如福安穆阳桂林王氏祠堂、福安溪柄楼下王氏宗祠、廉村的陈氏宗祠、台湾台中林氏家庙等(图4-14)。

其中,福安穆阳桂林王氏祠堂屋顶为硬山屋顶,民间为重檐歇山顶。祠堂位于福安市穆云乡桂林村,始建于明万历乙酉年(1585年),清光绪二十二年(1896年)重建。祠堂坐西向东,为穿斗式抬梁混合式梁架。王氏祠堂由门楼、戏台、祠厅、祖堂组成,整座祠堂建筑规模宏大。门楼面阔7间,进深4间,门廊梁架施斗栱,正中屋顶牌楼式雨盖,牌楼正面顶层屋檐下竖挂牌匾"状元及第",大门额置横匾"开闽第一宗",顶棚中间施八角藻井,次间为天花板。戏台高1.38米,台面为5.68米×8.72米,戏台两侧为厢房。戏台进深4柱,面宽6柱,台中顶棚设八角藻井,饰人物画像,两侧均分两个长方形藻井,有祥鱼吉龙画饰,台檐柱出枋梁挑垂柱承托檐檩,两垂檐柱间连接弓梁,弓梁与檐檩间设6朵"合模",垂檐柱底下施垂灯,雕刻精湛。祠厅进深6间,面阔7间,悬山顶鹊尾脊,前后廊顶棚均为轩顶,明间施假屋面。祠厅用材粗大,通透宽敞,两侧厢房为三间二层楼房,双坡顶。祖堂面阔7间,进深6间,屋面为悬山顶鹊尾脊,有设置耳房脊。

福安穆阳桂林王氏祠堂❶

柘荣乍洋乡凤里村吴氏宗祠

台中林氏家庙❷

图 4-14　祠堂屋顶形式,自左向右为:三川殿、断檐升箭口、假四垂、牌楼顶

　　闽海祠堂主要厅堂部分建筑的屋脊多为燕尾脊,其上多有装饰,如双龙戏珠、双龙护塔及其他辟邪装饰物等,脊堵内也多有陶塑或泥塑。如琼林蔡氏十一世宗祠的脊堵内装饰有麒麟、花、草等陶塑(图 4-15)。屋顶出檐的形式包括火库起、出屐起、出廊起等。火库起是指祠堂正背面砖墙顶部以叠涩出挑支承屋檐,其特征是墙身以红砖为主要材料,屋身多数不做檐廊,将正门明间的入口退后一、二步架,形成塌寿,其较为典型的如前文的水头黄氏大宗祠。出屐起是指祠堂正背面以丁斗栱出跳支承屋檐,其较为典型的如埭尾村的陈氏宗祠。出廊起是指房屋正面及面向天井处以丁头拱出跳支承屋檐,并有檐柱及檐廊,其较为典型的如晋江塘东村的蔡氏家庙。

图 4-15　金门琼林蔡氏十一世宗祠屋脊脊堵装饰

❶　图片来源:http://blog.sina.com.cn/txwangs。
❷　图片来源:中评镜头:台中林氏宗庙,彰显"龙的传人",http://www.CRNTT.com。

三川脊即硬山、悬山屋顶的正脊分为三段,中间一段高于两边,并于两侧加垂脊,其明间部位的脊称为中港脊,两边次间稍低的称为小港脊。❶

屋顶的瓦片多采用板瓦、筒瓦等,色彩有红色、黑色等。其中,闽南、闽东沿海地区与台湾地区多采用红色板瓦或筒瓦,闽西、闽中与闽北山区则多采用黑色板瓦。

4.4.2 墙身

闽海地域祠堂主体部分的墙体有红砖墙、木板墙、泥墙、白灰墙、青砖墙,及几种材料混合的墙体等。一般情况,闽南与台湾地区多为红砖墙,闽西与闽中多为泥墙、青砖墙、白灰墙,闽北山区多为木板桥、泥墙、白灰墙。

其中,闽南沿海与台湾地区祠堂的墙身多包括檐口水车堵、身堵、裙堵、腰堵及入口等。其中,大门多结合平面能够形成较为丰富的立面形式,如平面下落为门房,则可以形成三通门式与一通门式等类型,如金门琼林蔡氏家庙即为三通门式,而蔡氏十世宗祠即为一通门式;再如平面下落塌寿,则形成孤塌与双塌等类型,还可以结合院墙形成院门式等不同的形式。

对于多数祠堂而言,墙身多装饰的较为精致、内容丰富,主要是结合墙身的窗、门及丁头栱、吊桶、云斗、匾额等加以显现。其中,门多为八仙大门,门上绘制门神,称镜面板门,门簪是串联门楣与连楹、固定连楹的构件,多为2只,有圆、方、八角、龙首、鲤鱼首等形式,一般为木质,也有石雕仿木制的,如晋江福全陈氏宗祠即为石雕仿木制的。门簪多上刻有龙、鲤鱼、花草等浅浮雕的图案。大门正上方悬挂匾额,内书写鎏金大字,如"陈氏宗祠""蔡氏十一世宗祠""李氏家庙"等等。色彩较民居丰富、艳丽、多设鎏金,以显示其家族的兴旺发达,及其家族在整个村落中显赫的地位。(图4-16)

图4-16　祠堂大门:左为琼林蔡氏十一世宗祠门簪;右为福全陈氏宗祠大门及门簪、匾额

其次,大门两侧多为窗,一般多为螭虎窗,有方形、圆形、八角形等,窗框内雕螭虎图案,螭虎是将云朵、花卉、草叶等程序化、抽象化的线条组成龙头、龙身、龙足等,也称夔龙、草龙。螭虎身体弯曲修长,寓意长寿。做窗户时,正中多组合成香炉、寿字、阴阳鱼八卦等图案,螭虎窗多为木质,上绘彩画,也有石质。另外,还有些祠堂采用圆形格子窗或竹节窗等。对于塌寿型宗祠而言,螭虎窗两侧开侧门(吉门),侧门门楣刻有"入孝、出悌"等,祠堂大门两边多置一对抱鼓石,鼓镜有螺纹、鸟兽花草或螭龙浮雕,有振聋发聩、警示子孙后代和震慑邪煞的用意。

---

❶ 引自:曹春平.闽南传统建筑[M].厦门:厦门大学出版社,2006:189.

再次，入口多雕刻精美，垂花、牌楼面、托木等处常采用鎏金处理，两侧柱子也多用蟠龙柱，顶堵、身堵、腰堵、裙堵等处多采用白石墙堵和红砖精砌，上面雕刻满了龙、麒麟、狮子等图案，这些图案多采用高浮雕或者浅浮雕，内容多为吉祥、如意、和瑞等，如"三王献瑞""本固枝荣""椿荣萱茂"等。

4.4.3　基座

闽海祠堂建筑的地基，特别是闽南沿海与台湾地区的祠堂一般较浅，在墙体下铺一层碎石，其上即铺台基。台基多用青草石雕刻。台基的边缘为石条，安放在堵石上，称为"石砛"，从天井至正厅，置一踏步，跨踏步而上即明间的石砛，称"大石砛"，大石砛两端须超过明间面阔，不得拼接，也不能正好与明间面阔相等，对着柱子正中，称"砛目不可对中"。柱与柱之间，安丁砛，即长条石，丁砛与石砛之间，铺条石或红地砖，祠堂的前廊或回廊铺条石。按照闽海传统，祠堂正厅前的深井，其宽度应大于正厅明间两柱间的宽度。祠堂建筑立面中，台基正面常做成柜台脚，这是台基作为立面最主要的显现部分。柜台脚的外观与民居的柜台脚类似，正面浮雕出双足矮案，双足成外八字形，多雕成兽形，如螭虎状、马蹄状、象鼻状等，有些雕做卷草形等。

4.5　祠堂结构体系

闽海祠多采用石木框架为主、结合墙承重的结构体系，框架部分一般木或石或石木并用，但以木为主，闽南、闽东沿海与台湾地区檐下多用石柱或石木结合的柱（下为石柱，上为木柱），甚至有些采用石梁，室内用木构架，闽西、闽中、闽北山区多采用木柱、木梁，通常建造越早、等级越高、规模越大的祠堂木结构的重要性越高，但有些祠堂采用石墙或砖墙承重，甚至夯土墙承重。

其结构形式多为抬梁式、穿斗式、插梁式以及搁檩式。对于祠堂正厅而言，其木构架一般为抬梁式做法，开间与进深间数、柱子的数量等是描述其形制的常用线索。另外，祠堂全部采用露明梁架。

如位于漳浦县旧镇镇浯江村的海云家庙，由七世祖林普玄等创建于明正统十三年（1448年），明正德十五年（1520年）林震重修，万历八年（1580年）由雷州通判林楚、南京礼部尚书林士章等主持在原地重建，重建时改变了家庙的坐向，其正堂采用十五檩前后廊式，前轩卷棚式，深三间，青石高浮雕柱础，圆石柱，抬梁式木结构，用材硕大，稍间为穿斗式；明间设木栅隔墙，后堂深三间，十四檩前后廊，有瓜形坐斗和莲花坐斗。前后天井两边庑廊，护墙作外向雨披，墙体采用三合土夯筑。（图4-17）

再如五店市蔡氏家庙为五开间两进院落，硬山顶叠斗式砖石木建筑。由照墙、门厅、主屋、廊组成，占地面积500多平方米。门厅建在一米多高的石砌台基上，门厅面阔5间，插梁式木结构，家庙主屋（即正厅）内的柱体都是下石上木的形式，主屋是家庙建筑中最为重要的祭祀空间，为整座家庙的最高点，面阔3间，进深3间，为叠斗式木结构，即在插梁式结构的基础上，将原来金柱、瓜柱的上段部分以层叠的斗来代替，同样还是以瓜柱骑在通梁之上，通常，最下面的"斗"较大，越往上尺寸越小，同一根瓜柱上"斗"和"斗"之间以栱连接并承托鸡舌（因其形状形似鸡的舌头而得名），鸡舌承托脊圆。（图4-18）

图 4-17　海云家庙❶

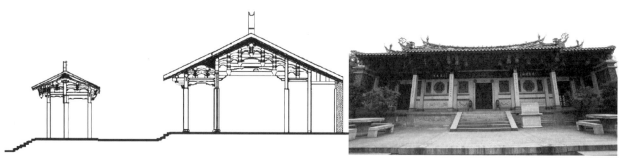

图 4-18　五店市蔡氏家庙纵剖面图

　❶　图片来源:闽南第一大宗祠——林氏海云家庙,http://www.sohu.com/a/150327544_690472。

5　祠堂空间类型与特色

5.1　闽海祠堂区系类型

5.1.1　主要类型划分

根据建筑的共同特征可进行建筑区系类型的划定。一般地讲,各地区的建筑特征可以从历史的、地域的、类型的三个角度分别归纳,即根据不同时期、不同地域的建筑在发展演变过程中保留下来的共同特征如型制、构架、细部等方面来划分建筑的源流和谱系,其中有共同特征的建筑组成系属,再根据建筑系属的亲疏关系对建筑进行区系划分。❶

众所周知,闽海山系众多,特别是福建地区以闽西、闽中两大山脉为主,自东北而绵亘西南;境内大小河流600余条,多数由西北向东南,汇聚而成闽江、晋江、九龙江、汀江等水系。各大江河横贯山脉后直流入海,从而形成福建特有的网格状水系,高山峡谷,屏障天然。独特的地理条件,一方面使福建古代社会与外界的交往和交流受到极大的限制,另一方面也使山水之间的区域内部形成相对稳定的社会生活圈。福建到北宋时分设八州、军,南宋则为八府、州、军,元分八路,明改八府,"八闽"的行政区域划分长时期相沿不变,也说明了福建地域文化的稳定性。

基于上述,一般认为:福建的祠堂建筑属于我国东南系建筑中的闽海、客家两系,但在此大体系下,福建各地祠堂又有着丰富的地区做法差异,不论是建筑风貌特征、梁架形式、挑檐类型、屋面与廊步做法等,都具有地域分布明确的区系特点。

首先,在用材方面,福建祠堂除了土楼与土堡这两种类型外,主要可以区分为红砖区、灰砖区两类。大致以福州与永定的连线为界,线以东是"红砖区",约占全省面积的五分之一,包括闽南方言区与莆仙方言区的绝大部分;线以西为"灰砖区",约占福建省域面积的五分之四,区内除了用灰砖建筑的砖石结构和砖木结构外,还包括完全木结构祠堂,夯土墙与砖木结构同时采用的混合构祠堂等。

其次,在构架方面,以祠堂所使用的梁枋类型,将福建祠堂区分为五个区,即:一、圆作直梁区,主要分布于闽南漳泉地区,往北延伸到闽中莆田地区,往西则影响到龙岩、永定地区;二、扁作直梁区,主要分布于福州、福安等闽东地区;三、圆作月梁区,以闽东的福鼎地区为主;四、扁作月梁区,主要分布于闽北、闽西地区;五、混合区,即为扁作直梁与圆作月梁混合使用,主要分布于闽西北地区。

再次,在方言方面,按民系—语言—祠堂(民居)类型的演变模式,将福建的民居按不同方言分布区域,相应区分为闽南祠堂(民居)、莆仙祠堂(民居)、闽东祠堂(民居)、闽北祠堂(民居)、闽中祠堂(民居)、客家祠堂(民居)、闽西北祠堂(民居)等七大类。❷

上述分类,对福建境内形式多样的祠堂建筑(包括民居)研究提供了有力的支持,据此,从营造工艺方面进一步探究闽海祠堂建筑的特征与文化内涵,具体包括:梁架结构、檐廊类型与细部工艺等。为了便于论述,将闽海祠堂建筑划分为闽东、闽北、闽西、闽中、闽南五个区系。

---

❶ 引自:楼建龙.福建传统民居区系类型概述[J].福建文博,2009(2):13.
❷ 引自:楼建龙.福建传统民居区系类型概述[J].福建文博,2009(2):13-14.

5.1.2 闽海祠堂分区与区系特征❶

福建的祠堂建筑主要可以区分为五大类,即以福州建筑为代表的闽东传统建筑、分布于闽江上游三大流域的闽北传统建筑、以客家建筑为代表的闽西传统建筑、以土楼土堡为代表的闽中山地建筑、以红砖红瓦为特征的闽南传统建筑。

从建筑的风格演变看,闽北建筑是浙皖系建筑向福建风格的过渡,闽西客家建筑则是湘赣粤诸系建筑的共融,而闽东、闽中、闽南属于特色较为明显的闽地风格建筑,其中闽南红砖红瓦建筑再次向外传播,成为在台湾及东南亚地区占据主导地位的台海传统风格建筑。

5.1.2.1 闽东区

闽东区的具体范围,指闽江下游及其支流、闽东各独流入海之鳌江、霍童溪、长溪等流域。该区背依鹫峰山脉,面朝台湾海峡,以福州为中心,基本上属于明代福州府及福宁州的管辖范围。

闽东区建筑,以外部山墙及木构架外挑形式区别,可进一步细分为东南、东北、西部山地等分布区域。其中东南区以福州建筑为代表,东北区以福安建筑为代表,西部山地区则以屏南、周宁建筑为代表。另外,该区东北部的福鼎、柘荣、寿宁等地建筑,面貌上与浙南建筑相近,而与闽系建筑有较大不同。

该区建筑外部多筑有高大的封火山墙,内部亦筑矮墙以分隔不同的使用空间。封火山墙外形以弧线为主,前耸后直,雍容有度,墙头饰灰塑图案,同时在前天井四面墙帽下檐堵及厅堂脊堵部位绘制各类彩画,部分加饰灰塑,呈现高起的立体效果。

该区祠堂或在建筑前部做多开间木构门头房,或在前庭一侧砖砌单开间门头房。结构以清水木构架为主,木构件多数直接外露。建筑外观土墙黑瓦,色调分明。建筑不尚装饰,原木裸露,梁架不施彩。因梁架采用扁作形式,故梁架除二端及底部有的浅刻线条外,较少雕饰。建筑内部装饰以格扇木雕、挑檐垂筒为主,装饰重点在前天井四周之看面,即门厅后插屏、二侧厢房、正厅前檐与前廊部位等处。

该区建筑在厅堂的前部,一般都做有宽阔、高挑的游廊。其中福州地区的游廊,通常是进深两柱、宽达三间、卷棚轩顶的形式,廊下面积广大,是家人聚坐、干活的主要地方。福安地区的游廊相对进深较浅,但挑檐很高,宽大的厅堂光线充足,成为聚议的重要场所。屏南等地的游廊两侧开门,朝前一侧又常常用来放置楼梯,使交通的功能更显突出。

5.1.2.2 闽北区

闽北是指闽江上游三大支流,即建溪、富屯溪、沙溪流域。该区介于闽中山系与闽西大山脉之间,境内溪流宽阔,自古为福建与中原物流交通、移民迁徙之往来要道。该区历史上开发较早,到明代时,归属于建宁、邵武二府及延平府北部沿江地区。

该区受浙皖建筑风格影响,外部筑有高大的封火山墙,山墙墙形以一字迭落式为主,外观平直,沉稳厚重,聚敛内向;建筑内部空间高大,明暗有别,采光良好。梁架多采用圆作与扁作混合形式,即厅堂抬梁、额枋等主体梁架使用圆作,隔墙梁枋等则使用扁作,其中弯枋、拱背梁的大量使用,是该区建筑的主要特征之一。

该区祠堂的大门多为砖雕牌楼式,或在前檐墙上加做前挑式门披等。建筑装饰主要是砖雕与木雕。砖雕主要存在于内外门楼及各处隔墙,雕工精致,仿木处精细入微,砖与砖之间磨缝对接,清水砖面浑然一体。建筑内部木构架不施油饰,木雕以梁架雕饰为主,主要表现在弯枋、梁头及梁下雀替、挑檐、柁墩等,凡梁架不受力者,几乎无处不雕;格扇门的雕刻稍显简单,主要施于腰间绦环板。

该区建筑的厅堂前部,通常用多条丁字栱或斜撑承托挑檐,檐廊高挑,但出檐相对较短,厅堂空间宽阔,成为最主要的公共及礼仪祭拜场所。神龛是厅堂内的主要装饰点,通常立于太师壁两侧甬门的上方,崇神敬祖,分列左右,神龛楣顶及挂落等雕饰精细,有的涂金粉彩,鲜艳夺目。

---

❶ 引自:楼建龙. 福建传统民居区系类型概述[J]. 福建文博,2009(2):14-20.

5.1.2.3　闽西区

闽西区介于闽中戴云山脉与闽西大山脉之间,河流主要有南面的汀江及北面的沙溪上游九龙溪、文川溪等。区内山形纵横,居住地以山间之河谷盆地为主。该区居民主要是客家人,通行客家方言,明代属汀州府管辖。

该区建筑平面布局特征明显,前部有庭埕与池塘,后部围出高起的半圆形化胎,两侧建横屋。建筑体量较大,但内部空间低矮,采光性能相对较差。依平面区分,主要有"九厅十八井"及堂横式两大类。

九厅十八井建筑规模较大,装饰华丽。门楼多数有内、外二道,门面饰以砖雕图案,外门楼并有灰塑脊饰等,建筑内部木雕繁缛,因额枋等多为圆作,所以在承重性圆形构件的两侧底部,挖低后圆雕各类图案;天井两侧做廊,木雕施于前廊轩顶、次间格扇门、太师壁插屏门等处,格扇有的包饰金箔,更显金碧辉煌。

堂横式建筑外筑围墙,门楼多数为进深三柱、面阔一间的屋宇式随墙门。建筑内部装修较显简单,以木雕为主,相比之下,彩画装饰尤显突出。闽中地区矿藏丰富,古代作画所需的矿物颜料制作精纯,大量的彩画遗留至今仍然色彩鲜艳、清丽如新,宛如近作。彩画的重点,是大天井两侧厢房屋面、位于正堂前檐下的雨梗墙部分,其墙头、两侧墙身均遍施彩画、灰塑,与檐下垂柱、封檐板共同形成民居内部的装饰重点。同时,彩画还相当普遍,被大量地使用在正堂前廊两侧边门上方横额、横屋前山墙三角形山花,以及屋脊、隔墙、围墙檐下的水车堵等处。

该区梁架除额枋外,多以扁作为主,清水木构架。厅堂前部檐廊装饰简单,多以梁木硬挑承檐厅堂,空间较显狭促,居中筑造神台,供奉土地神主及祖先牌位等。

5.1.2.4　闽中区

闽中所指是闽江以南的闽中大山脉,主要是戴云山脉与博平岭北部山区。该区地处深山,建筑以土楼、土堡最具特征,其祠堂建筑或居高而筑,或土墙高厚。在明代行政区域上,分属漳州与泉州二府之西、延平府南部的山区地界。

土楼是外部以高大夯土墙(三至五层)围护并承重、主要建筑沿外墙环建、具有极强防御功能的向心式大型族居建筑,平面以方形、圆形为多。与之相比,土堡的外围一般仅二层,主体建筑居中而建,外侧常建有数量不一的外突式碉楼,外墙遍布枪眼,平面多为前方后圆。

土楼、土堡之外的闽中建筑多为堂横式,可分为平原型与山地型两大类。平原型建筑与闽西区堂横式建筑相近,但在主体建筑及横屋的侧面及背面,加建外挑的"挂寮"并开竖向木条窗,使起居及劳作空间更趋合理。山地型建筑地处坡地,形势逼仄,因而体量较小,多数仅二堂二横,虽然也是前有空坪后有化胎,但外部较少建围墙,也不做独立的外门楼,大门设在中轴线上,与下堂的明间部分合二为一。山地型民居的显著特点,是天井两侧的厢房、上堂以及两侧横屋、后部围屋等,多数做成上下二层。

山地建筑以楼居为主,木雕的应用明显增加。除普遍使用于前堂立面挑檐、门厅内外、天井两侧上下廊道外,主要集中于二层厅堂以及二层前廊转角等处。

5.1.2.5　闽南区

闽南区沿山面海,呈长条带状分布,实际包含明代行政区域中兴化府的全部,泉州、漳州二府(除闽中大山脉之外的大部分地区)及台湾地区的泉漳籍地区。该区也就是通常所说的"红砖区",建筑外观为红瓦红墙,色调艳丽,造型张扬,但从内部结构看,可以细分为莆仙建筑、泉厦建筑、漳诏建筑三个区域特色。

莆仙建筑,包括莆仙地区及福州的福清南部地区,其建筑外观造型相对和缓,装饰在闽南风格建筑中亦最显朴素。该类建筑技艺以木雕为主,主要运用于前廊垂柱、雀替、座斗以及梁上柁墩、束尾等处。

泉厦建筑,上起惠安,下止九龙江南岸及金门与台湾本岛的泉籍地区,是最具闽南特色的地区。该类建筑几乎无处不用装饰,除木雕、彩画、灰塑之外,还有石雕、砖雕、剪粘等技术的熟练运用,类型丰富,技法完备。石雕的题材与施用部位大大拓展,除柱础石、抱鼓石、阶沿圭角雕刻外,还见于门楣、横披、柱头、墙堵、窗花等各类地方;砖雕以墙堵雕饰及几何拼贴为主;剪粘技法高超,使用于脊堵、吻角、规带、水车堵等立面部位。

　　漳诏建筑主要分布于博平岭南部,及向东延伸之余脉地区,含漳浦、诏安、云霄、东山、平和等县,另外包括台湾的漳籍地区。装饰技法以木雕为主,由于山墙搁檩技术的运用,小式建筑中的木雕仅存在于门厅后檐隔扇、天井两侧过廊前檐槛窗及厅堂前廊梁架,但大式建筑与泉厦建筑相同,木雕仍然普遍运用于通梁、通随、束木、束随、柁墩、瓜筒、叠斗等处。大式建筑的梁架均做彩绘,金彩技术尤显娴熟,剪粘等装饰技法亦与泉厦建筑存在相通与相似之处。

　　该区民居前部多有庭埕,沿中轴线,多数在头落门厅的前部做凹寿(塌寿)式大门。上厅前部亦出步廊,步廊梁架上坐趴狮、瓜筒再接穿梁、弯枋,是整组建筑装饰最华美之处。在步廊与厅堂之间设有隔扇门,厅堂内部光线暗弱,居中摆设祖先牌位,为祭拜之所,与前步廊的劳作、生活空间表现出明显的分隔与不同。

　　闽系建筑受山水地形、历史发展及文化差异等诸多影响,各地的建筑形态呈现出较大的差异,正所谓"东、西、南、北、中,面貌各不同"。

　　因为福建的民居建筑主要为井院式,即各类建筑以天井为核心围合兴建,由此,前后各进厅堂的前立面也就成为建筑内部形态最重要的表征场所之一。从实际情况来看,福建各地厅堂的前部表现形式不尽相同,其中,闽东在厅堂的前部加以游廊,闽北檐廊高挑,闽西檐廊低矮,闽中多做层楼前伸,闽南则设置相对独立的步廊。由此可知,各地区檐廊类型不同。

5.2　祠堂建筑空间类型与特色

　　基于上文,闽海祠堂建筑的原型来自"一明两暗",基于此衍化出不同平面类型,如一条龙、三合院、四合院、三落四合院等等。据此,以院落为基础进行空间类型分析,从而探究各类型的空间特色。

5.2.1　单落型

　　单落型是指以一条龙为基础,结合前埕、院落、两廊等形成祠堂平面空间。该类型可根据庭院、两廊等布局情况进一步划分为单落式、单落院落式、单落三合式等子类型。

5.2.1.1　单落式

　　单落式,即祠堂为一条龙的布局形态,无院墙等其他附属设施围合。这类形态多出现在宗族发展的早期,宗族规模较小、经济实力不强、社会地位不够高等。其特征是建筑规模较小,建筑立面较为朴实、简洁。较为典型的如惠安燕山小坝村洪厝坑出氏家庙、泉州高厝村许氏宗祠、东石镇大房许氏宗祠、漳州芗城区天宝镇洪坑村戴氏公祠以及晋江陈埭丁氏宗祠早期的建筑形态,即为三开间的"一条龙"式的单排建筑。

　　其中,出氏家庙始建于清康熙年间,为单落三间张传统古厝建筑。明间开设双扇板门,上悬"出氏家庙"匾额,两侧门联"燕南无二族,惠北自一宗""帝庭称奇姓,闽海振科名",大门两侧置抱鼓石,身堵、裙堵都为木板,尽间中央开圆形的竹节窗,木板身堵,裙堵为石作,柜台脚处有螭虎浅浮雕,檐口处吊桶、托木雕刻较为精美,燕尾脊屋脊,红色板瓦,整栋建筑造型简洁、朴实而精致。

　　洪厝坑出氏先祖孔温屈畤,系成吉思汗的一员武将,远祖乃木华黎,为成吉思汗的结拜兄弟。出氏始祖为纳哈出,为元顺帝时的内阁太尉。元亡后,纳哈出归明,封为海西侯,后随傅友德征云南,卒于途中。纳哈出的长子察罕寺沈阳侯,后因坐罪遭诛;次子佛家奴于福州中卫街十三甲屯田御倭,闻兄被诛,恐祸及九族,遂以其父纳哈出名讳之第三字"出"为姓,隐于荒郊野岭。最早隐居在惠安后龙象狮村,传下两代后,又迁居深岭新厝村,再传一代,又迁洪厝坑,遂定居下来,乃尊纳哈出为始祖,为使子孙不忘先祖乃蒙古族缘,故特以"燕山出记"作为郡号。❶ (图 5-1)

---

　　❶　引自:福建名祠,海西文化信息网。

图 5-1　出氏家庙❶

　　对于台湾地区而言,此类祠堂也较为普遍,如台南县区域范围内,日本侵占台湾时期汉人宗祠建筑空间格局中就广泛存在着一条龙的空间形态,即三开间为主的基本格局,因此,其空间功能较为单一,属祭祀、家族集会使用。如台南白河沈氏宗祠、新市张氏中厅等(图 5-2)。基于这一形态,结合院墙或其他辅助设施,形成"冂"合院的形式,即三合院。其中,用于祭祀功能的为三间或五间,而其他辅助类功能的则为七间或九间,由此呈现出"多包式"(七包三、九包五)的院落建筑群体形态。以一条龙五开间的祠堂建筑为例,由三开间的祭祀功能两侧增加诸如厨房、柴房、仓储等施用功能且独立开门的房间,形成五间张一条龙的形态。如白河客庄内张氏家庙,因其族人居住于次间,两旁独立出口的空间为各自独立的厨房;白河客庄内清河堂,中间三间为祭祀集会功能,两房独立出口的空间一间为厨房,另一间为柴房;白河三角潭清河堂也属于此类型形态,只不过两侧为仓储功能(图 5-3)。在台南地区,该类型祠堂祭祀空间、屋脊与步口廊为整个祠堂的核心部分,因此,也是整栋建筑装饰的重点所在。

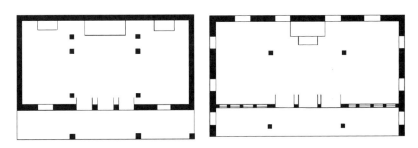

图 5-2　台南白河沈氏宗祠(左)与新市张氏中厅

资料来源:《台南县历史建筑清查》,2004.

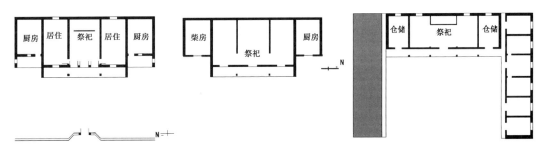

图 5-3　白河客庄内张氏家庙(左)、白河客庄内清河堂(中)、白河三角潭清河堂(右)

资料来源:《台南县历史建筑清查》,2004.

❶　图片来源:福建名祠,海西文化信息网。

其次,基于单落式,在其一条龙前再附建一亭,形成拜亭,作为祭祀活动的场所前导空间,以此丰富单落式祠堂的空间层次。属于这一类型的祠堂如云林县西螺镇广兴里的追远堂、云林县二仑乡东村中路136弄的垂裕堂、云林县仑背乡坊南村永嗣堂(又称光禄宫)等。其中,追远堂为单开间,垂裕堂与永嗣堂为三开间,且内部分为三个祭拜区域(图5-4)。

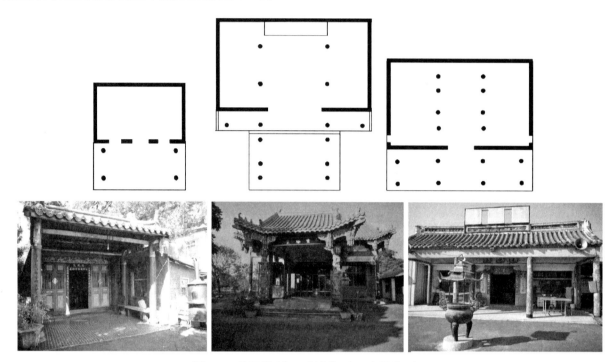

图5-4　追远堂(左)、垂裕堂(中)、永嗣堂(右)

再次,因地形或用地的限制,某些宗族也会采用单落式的布局形式,其建筑外观多绚丽,造型高挑,装饰丰富,以此削弱因平面简单所造成的空间单调。如晋江市金井镇塘东村的蔡氏祖祠,也称下祠堂、大宗祠、东蔡家庙。该祠堂为典型的单落式建筑,始建于明代嘉靖年间,较同类单落式祠堂面积较大,三间张,因此地方有"塘东崎,檗谷大,庄厝祠堂盖南门外"的俗语。其中所说的"塘东崎"即指蔡氏祖祠,其建筑屋顶高斜峻峭,是晋江地区屋顶最起翘最高的祠堂。明代乡贤忠宁大夫、长少知府蔡缵系嘉靖年间进士,授文林郎,于嘉靖戊申(1548年)创纂本宗族谱。民国元年(1912年)原祠第二次重修时,曾聘请有名的惠安溪底梓匠王维禄前来主持施工。埋在中厅后墙的一段中梁头上记录着祠堂的规制:"祠坐巽向干兼辰戌,分金丙辰丙戌……通梁深二丈六四寸……阔丁皆配吉字,三丈二三尺六寸……四路脊高二丈九尺九寸……"由此,二丈九尺九寸的脊高却使东蔡家庙的屋顶高耸陡峭,获得了"塘东崎"的美称。1985年由菲律宾锦东同乡会理事长蔡玉峰会同乡里各房份族人,再行重修,次年落成,其结构高度、画栋雕梁、对联匾额、木石雕刻、神龛香案等,皆保持原貌,惟屋顶改盖绿瓦。祠堂开三通门,中门悬红漆金字匾额"东蔡家庙",门墙用木雕漆画的笼扇组成。门廊石柱镌刻着楹联:"源出济阳系迁莆阳派衍青阳;分支仑里居卜梓里族聚东里。""西资雄崎春祀秋赏绵世泽;宝盖灵钟左昭右穆衍家声"。祠堂内两侧粉壁大书"忠、孝、廉、节",据说仿自南宋理学家朱熹的手迹。祠内梁枋间悬挂着"祖孙进士""国师""都督""良二千石""进士""父子拔元""兄弟恩元""兄弟廷选""选魁""选元""定远将军""文魁""别驾""孝廉方正""忠臣""孝子""都阃""寿颐"等20多方科举中式、朝廷封赠的匾额,显示祖宗之显耀。还有菲律宾锦东同乡会重修祖祠立的"名垂乡史"匾额、缅甸族亲为祠堂立的诗题贺匾,以及在台乡贤蔡炳昆撰写的重修东蔡家庙献言和楹联,都表现出塘东蔡氏海内外传裔之兴盛。除了在菲律宾的华侨众多之外,在台的族裔繁盛也是金井塘东蔡氏的一个特色。其中,较有名气的如同治年间中进士的蔡德芳。他曾赴台掌教于鹿港文开书院,彰化白沙、蓝田、鳌山书院,噶玛兰仰山书院,培养了不少人才,并著有《易经便览》一书行世。光绪廿一年(1895年),台湾被日本侵占,蔡德芳悲愤地抛弃在台家业,挈眷内渡,住居家乡。1945年,台湾光复后,塘东又有不少人东渡台湾经商、任教、就学。据不完全统计,现居台湾的塘东人有 1000 多人,有些人取得较大的成就和发展。如被誉为"台湾交响乐之父"的蔡继琨,著名企业家、美国联合太平洋旅馆集团创办人蔡实鼎等。(图 5-5)

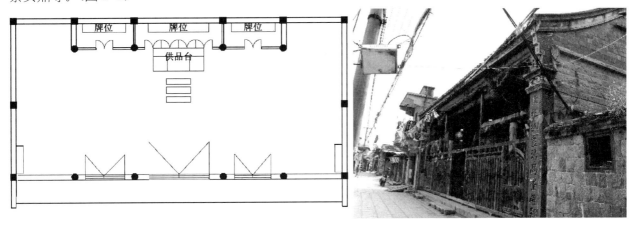

图 5-5　塘东村蔡氏祖祠

5.2.1.2　单落院落式

单落院落式是指在单落式的基础上增设院墙,中央开设院门,金门地区称为墙门,对此形式称为墙规楼,形成较为封闭的祠堂空间形态。此类祠堂平面相对简单,主要由院落、三间张或五间张的一条龙组成。在建筑造型上主要由院墙与院门组合而成,院门成为整个立面的中心,其屋顶多采用燕尾脊形式,脊堵多有装饰,院门为板门,门楣上多高悬"某某家庙(祠堂)",板门上也张贴"宗功、祖德"等字,整个造型简洁、朴实。如晋江福全许氏家庙、同安新民镇西塘村张氏宗祠、晋江龙湖檀林聚落许氏宗祠、内厝赵岗东界许氏家庙、金门水头聚落的李氏宗祠、金门陈坑的陈氏南方宗祠、台中石冈区梅仔树大房祠堂(林氏大房祠堂)与三房祠堂(林氏三房祠堂)、云林县斗南江夏堂、云林县大埤乡大德村俊德祠堂与大埤清河堂等。(图 5-6)

图 5-6　同安新民镇西塘村张氏宗祠

其中,金门水头聚落的李氏宗祠由一落主体建筑(拜殿)、院落、围墙与院门组成,为三间张单落建筑。拜殿内有格栅门分隔,形成寝室,寝室中间明间为祖先牌位的神龛,梢间为福德正神与文昌帝君的神龛。整个正厅空间简洁,为穿斗式构架,两侧次间为搁檩式结构,正厅面向庭院开敞,不设门窗,整个空间通透、空灵。(图 5-7)

斗南江夏堂,位于台湾云林县斗南镇林子里 42 号,创建于日本侵占台湾时期,整修过两次。原先黄氏祖先为各房分别供奉,子孙不能在同一场所祭祀,于是在民国二十三年(1934 年)二月,提议新建祠堂,各房同意,按房出资。次年十二月初五落成,江夏堂成为五大房共同祭祀祖先之所。祭祀对象为大陆一世祖至三世祖、开台祖及第四世黄达睿及其派下。江夏堂平面为典型的三开间一条龙,正面开三道门,屋顶为红瓦,燕尾脊,墙身以灰白色为主,祠堂前为大前埕,四周用围墙加以围合,围墙右侧为出入口,建有一门楼。整个祠堂平面布局简洁,造型朴实。(图 5-8)

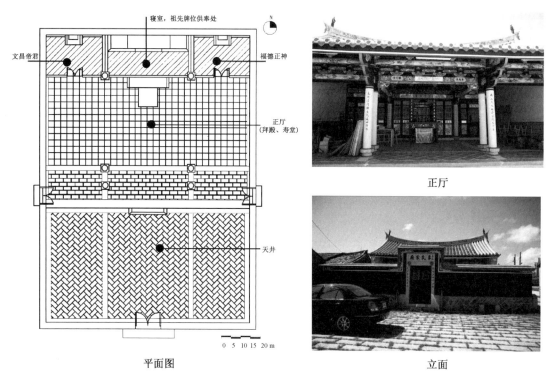

平面图　　　　　　　　　　立面

图 5-7　水头李氏宗祠

云林斗南江夏堂　　　　　　云林大埤俊德堂　　　　　　云林大埤清河堂

图 5-8　斗南江夏堂（左）、大埤俊德堂（中）、大埤清河堂（右）

　　另外，台湾六堆地区的祠堂建筑，其类型基于上述一条龙的原型，通过加横屋、前埕、前堂等形成一系列较为丰富的空间形态。（图 5-9）

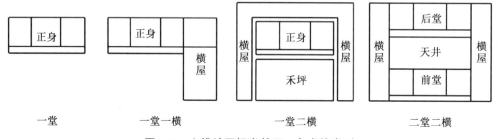

一堂　　　　一堂一横　　　　一堂二横　　　　二堂二横

图 5-9　六堆地区祠堂基于一条龙的类型

5.2.1.3　单落三合式

　　单落三合式是指在单落的基础上，增加两廊或榉头间，形成三合院的布局形态。其中，榉头间空间上可以是通透与封闭两种，通透式一般功能上不具备民居中榉头间的作用，仅仅作为通道使用，封闭式则多承担相应的功能。

　　总之，该类祠堂的空间特征是以单落三合院为基础，院墙、院门加东西廊或厢房，将院门作为装饰的重点,两翼增加了两山墙,其中两翼山墙屋顶多为两坡或单坡,以突出立面效果。这类较为典型的如台湾台中赖氏家庙、金门金湖镇庵头吕氏家庙、金门金沙刘澳聚落刘氏宗祠、台南市将军区广山里的延陵毅昌堂、石狮永宁宋氏宗祠与王氏宗祠、南靖长教三世谭头祠与四世东山祠、晋江石龟许厝许氏宗祠、内厝壋上村许氏家庙、莆田园下鱼山秀气(关氏支祠)、莆田园下怀亲庐(关氏支祠)等。(图5-10)

两廊围合式祠堂:左为南靖长教三世谭头祠、右为南靖长教四世东山祠

金门东村吕氏宗祠　　　　　　　　永宁宋氏宗祠　　　　　　园下鱼山秀气(关氏支祠)

图5-10　单落三合式祠堂

其中,石狮永宁宋氏宗祠坐南朝北,两廊造型处理成单坡,入口处设门廊,由此外部形成了三间张榉头间止的平面形态,祠堂内部庭院相对较小,四周为檐廊,正厅空间相对狭小,中央为供奉祖先的神龛,两侧供奉福德正神与财神。而长教三世谭头祠与四世东山祠的两廊则为大五间的左右厢房、平面为三合院式。(图5-10)

而金门琼林蔡氏六世宗祠则为三合院传统古厝,祠堂面阔三间,左右双廊缩入院墙内,正厅为硬山燕尾脊顶。❶ 入口处为院门式,造型简洁,板门上匾额书刻有"六世宗祠",燕尾脊,院墙顶部以墙规线做装饰,墙身为红砖空斗砌筑,墙身下改为以条石平砌形成裙堵,靠近两廊处则再改为人字砌的裙堵,以此形成较为丰富的祠堂立面。(图5-11)

图5-11　琼林蔡氏六世宗祠

---

❶　引自:李乾朗.金门民居建筑[M].台北:雄狮图书公司,1983:116.

　　莆田涵江区园下村鱼山秀气(关氏支祠)始建于清末,平面为典型的四目房带山房加两伸手。"四目房"是在三间张的基础上增加两房形成的,即一厅四房,平面布局是把位于中开间的厅的后部隔出一个后堂,两边的房间也分隔为前后两部分,分别称为"房"和"间",由此,在四目房的基础上左右两边加山房及后房,形成五间厢。再在前方左右两侧分别加对称的两至三间厢房,其形状如伸出两只手,称为"伸手",由此最终形成"四目房带山房加两伸手",并围合形成"三合院","伸手"前端以围墙及门楼封闭,中间空地称为前庭。(图5-12、图5-13)

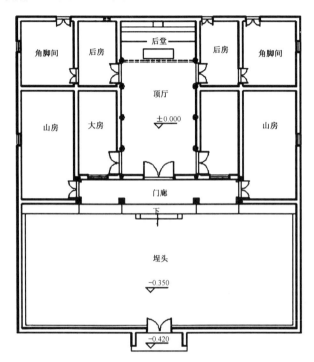

图5-12　园下怀亲庐(关氏支祠)平面图

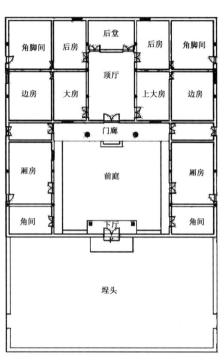

图5-13(a)　园下鱼山秀气(关氏支祠)平面图

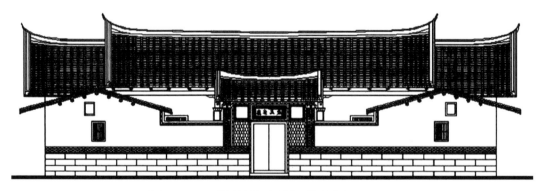

图5-13(b)　园下村鱼山秀气(关氏支祠)立面图

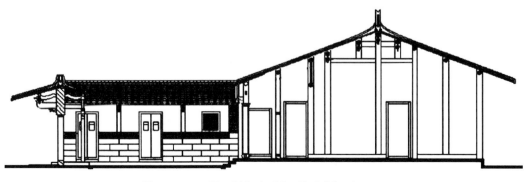

图5-13(c)　园下村鱼山秀气(关氏支祠)剖面图

台南市将军区广山里的延陵毅昌堂就是典型的单落三合院闽南传统古厝建筑,该建筑为吴氏宗祠,属延陵派下,开台祖先吴尾公号毅昌,福建省泉州府晋江县人,吴尾公渡海来台,落脚于广山村,在台娶妻生子,传四子,是为广山村吴氏族人之四房头祖,广山村现有吴氏族人约70～80户,目前传世至第11代,子孙人丁兴旺。祠堂采"正身带护龙"的格局,为闽南传统古厝风格,入口牌楼为以仿木规壁、脊上加脊而形成的西施脊,脊肚加宽,有手绘花鸟彩瓷装饰;两脊之间留出数个小孔的西施缝,可减低风压及重量,再者,屋顶上向前后随瓦垂下的归带、强固门柱下方雕成狮子形的门厢及梁枋左右与柱子相接部分垛头,显出其浓厚朴实优美的闽南式建筑风格。此外,在山墙外有以砖砌凸出的水平线条鸟踏,以及屋檐下以斗拱出挑的步口廊,与牌楼相为呼应。❶

在三合式的祠堂中,入口常采用三盖廊的形式,类似三盖廊式民居,一般三盖廊比两落小些,两边屋顶放空(透空),不是一落的墙规楼,三盖廊进深一般比一落的深些。如上文的园下村鱼山秀气(关氏支祠)、南靖长教三世谭头祠、永宁宋氏宗祠等。

5.2.2 两落、多落型

两落、多落是指祠堂平面为二落或三落(及以上)三间张或五间张传统古厝。这类型式可以进一步分为规则式与变异式等子类型。

5.2.2.1 二落、多落规则式

规则式是指祠堂建筑院落与开间均按照二落或多落三间张或五间张的形式出现,建筑平面规则,形态呈现矩形,有明确的中轴线,呈现对称的形态。在规则型的祠堂中,又有三合院或四合院式。

三合院式的祠堂建筑的主要特征是第一进以院门为基础形成三合院,后可以是二落或多落院落,中轴线上第一进的院门为单开间的小门厅或门楼,或为三开间甚至五开间的门房或门厅。较为典型的案例如金门金湖料罗吴氏家庙,晋江福全刘氏宗祠、苏氏宗祠,平和县霄岭村黄梧宗祠等。

其中,黄梧宗祠始建于清顺治年间,坐北朝南,平面为三进式院落式建筑,由下厅、中厅、顶厅组成,祠堂正立面为院墙门厅式,即祠堂有院墙围合,中央轴线上第一进为门房,大门外有左右石麒麟一双、石虎一对,再外立着四对旗杆。祠堂主体建筑在同一个基线上分别以0.32米至0.52米渐渐增高,前后落差1.2米。祠堂主体面阔宽15米,纵深30米,占地面积650平方米。其中,顶厅为主厅,有两支龙柱,龙柱两边高挂清顺治帝赐匾"太子太保""勋高九锡"。顶厅内的神龛供奉霄岭开基祖均德和黄氏历代列祖列宗的神主位,其中比较突出的有黄歇、黄峭及三位夫人❷。(图5-14)

四合院式是以四合院为基础,形成二落或者多落庭院,有些祠堂前埕(禾坪)带有院墙,形成四合院带前坪院落的形制,总体而言,该类祠堂平面规则,有明确的轴线,空间序列丰富。其较为典型的如漳州白礁潘氏祖祠、九峰镇曾氏家庙、晋江溜江陈氏大宗祠、邱江纪氏宗祠、福全林氏家庙、井林蔡氏宗祠、湖头李氏家庙、园下村德馨祠、金门琼林蔡氏家庙、金门陈坑的陈氏北方宗祠、台南新营沈氏祖祠、东村吕氏宗祠、台南王氏大宗祠等。(图5-15)

永春岵山镇南山陈氏宗祠为陈弘元的第十六代世孙陈德修四兄弟始建于明建文二年(1400年),尊其父陈优道为一世祖。嘉靖九年(1530年)经过修葺,将陈弘元及以下十四世先祖英灵供奉于神龛,作为岵山南山陈氏寻根谒祖的宗祠。该祠堂平面为典型的两落规则性建筑,是"四合中庭"的四合院的典型布局形态。该祠坐东偏南朝西北,为二落三间张前带大埕的格局,祠内厅堂面阔三开间,明间为抬梁、穿斗混合式构架,天井两廊完全开敞,是当地祠堂的典型形制。(图5-16)

再如宁化石壁镇张氏家庙敦本堂(上祠)位于石碧村东北平旷处,始建于清早期。祠堂平面布局规整、对称,为两落左右护厝式建筑,中轴线由半月形雨坪(前带围墙)、门楼、门厅(原有戏台)、天井、大厅组成;右侧有一条护厝作为厨房,左侧新建一座附属建筑。祠堂门厅面阔三开间,施减柱造。大厅面阔五开间,

❶ 资料来源:王念湘、沈识鹤,郭百超,等. 南瀛宗祠志[M]. 台南:台南县政府,2009:287-290.
❷ 黄歇就是青史垂名的战国四公子之一,曾任楚国之相的春申君,现在台北市江夏堂黄姓家族所供奉的始祖黄歇。

图 5-14　黄梧宗祠

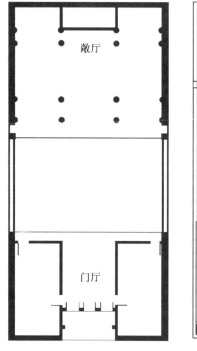

台南新营沈氏祖祠

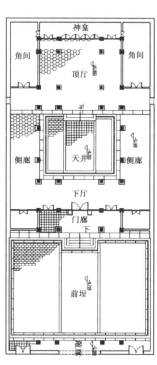

园下德馨祠(关氏支祠)

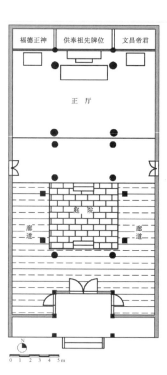

东村吕氏宗祠平面图

金门陈坑的陈氏北方宗祠

九峰镇曾氏家庙

图 5-15　二落、多落规则式宗祠

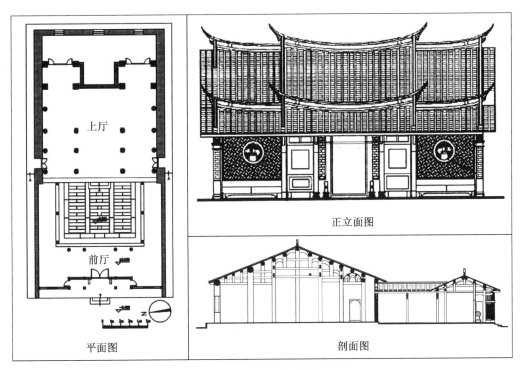

图 5-16　岵山陈氏宗祠

中间三开为厅堂,正厅神龛内供奉各世祖神位;尽间为房间,放供物等。该祠门楼为八字三山跌落牌坊式,重檐歇山顶,曲檐翘角,中间屋顶以四层如意斗栱承托出檐,两侧屋顶由三层如意斗栱承托出檐;门楼上的额枋木雕、彩绘精美生动。两侧山墙墀头翼角飞翘,整座祠堂的天际轮廓线优美。宅内柱础用料硕大,为三段须弥座形式,底座四边形,中层为八边形栏杆状,上层为八角攒尖顶造型,比较精美大气。梁架扁作,比较简洁,仅坐斗位置施以雕花彩绘。(图5-17)

　　再如莆田涵江区江口镇园下村关氏宗祠。该祠堂位于园下村东片祠堂路,创建于明永乐年间,迄今约有五百年的历史。其平面为五开间二进院落,呈现中轴对称,在中轴线上布置门厅、下厅、正厅等,院门偏向一侧。整体较规则。(图5-18)

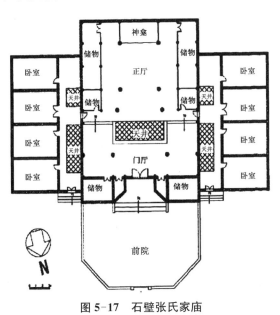

图 5-17　石壁张氏家庙

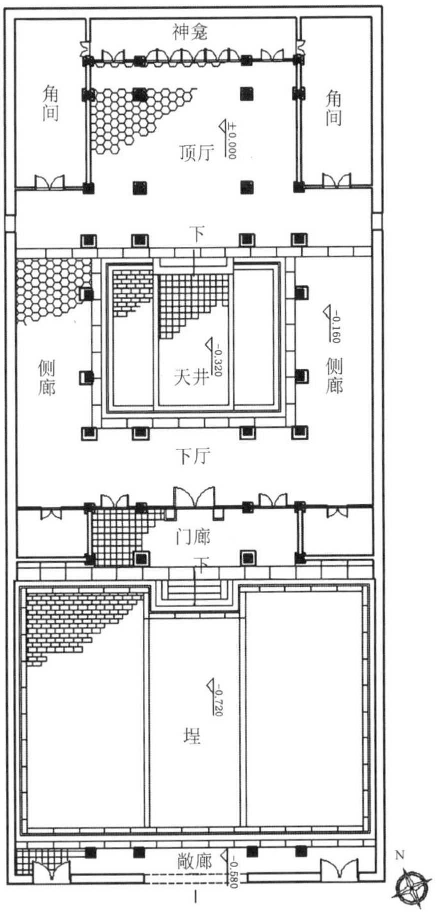

图 5-18　园下关氏宗祠

　　台湾彰化社头刘氏宗祠,平面格局为二落三进带左右护厝。门厅面阔为三开间。从门厅进入内埕后到达正厅,而左右各有护廊,护龙与护龙间以过水廊连接。其特色在于左右护龙间的正厅与门厅空间格局具有完整的厅堂及护廊空间。护廊只有通行功能并无居住使用功能,在空间性质上为象征性空间,以之围合出中间的天井,亦即内埕的空间,而左右护龙内有隔间,为居住使用功能,目前为刘氏族人天顺(已故)及其家人居住。(图5-19)

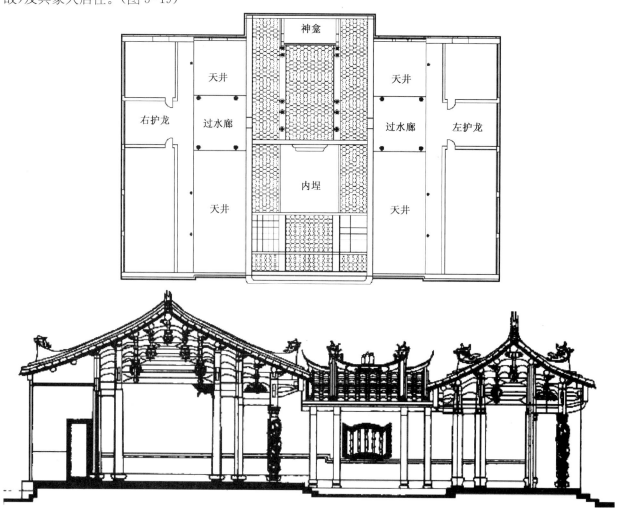

图5-19　彰化社头刘氏宗祠平面图、剖面图

　　泉州市区东观西台吴氏大宗祠为五开间四进三天井木构古建筑,原为明万历十一年(1583年)癸未进士、翰林院庶吉士、监察御史吴龙征的府第。因吴龙征任东观侍读、西台御史,刚正不阿,便被称为"东观西台",距今已有400多年历史了。到清光绪年间,泉州各地吴氏宗亲共议兴建府级合族吴氏大宗祠,吴龙征的九世孙吴朝诠将"东观西台"宅第前三进献出,留后一进自居。于是族人在光绪十六年(1890年)四月开始改建,建至第四年时,晋江钱头村人吴鲁(字肃堂)高中状元,为闽南吴姓千百年来所未有,族人便加速完成宗祠建筑,吴鲁衣锦还乡时在大宗祠举行春祭典礼。吴氏大宗祠也因此名声远扬。(图5-20)

　　对于两落、多落规则式祠堂建筑,在建筑造型上,闽南及台湾地区的祠堂,其入口多采用塌寿式立面的形式,即立面有入口处的塌寿、镜面墙、硬山(悬山)顶或三川脊顶等组成。其较为典型的如埭尾村的陈氏宗祠、晋江蚶江聚落的纪氏宗祠、漳州白礁潘氏宗祠、集美陈氏人宗祠、浔邦村的蔡氏宗祠以及金门琼林蔡氏家庙、台湾桃园大溪黄氏家庙等。

　　其中,蚶江纪氏宗祠始建于清代,后几经重修,现为1986年大修的建筑,为二落五间张传统古厝,其建筑立面为典型的塌寿式形态,塌寿处雕刻精美,大门两侧为蟳虎窗,屋顶为硬山顶,纪氏家族清代传衍台湾、南洋等地。(图5-21)

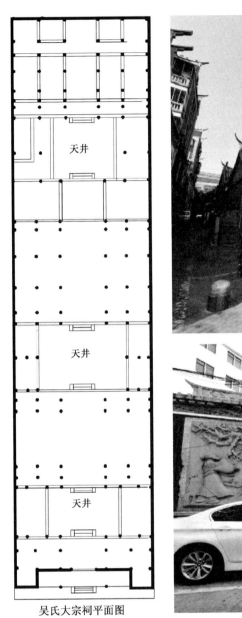

吴氏大宗祠平面图

图 5-20　吴氏大宗祠

　　而埭尾村的陈氏宗祠则为三间张二落古厝,入口处为孤塌,中央开设黑漆大门,大门两侧为抱鼓石,两侧槛墙上开设直棂窗,枋木上绘有绿色彩绘,弯枋处雕满了花草透雕,寿梁处吊桶雕刻工艺精湛,步通结合,二抄丁头栱出挑承托寮圆,形成出屐起,并结合悬山、三川脊形成祠堂建筑立面。孤塌侧面开设吉门,吉门上书"入孝、出悌",孤塌两侧次间镜面墙开设蟭虎窗,墙面用蓝色面砖装饰,水车堵中绘满埭尾村落的画,柜台脚处刻蟭虎脚,丁头栱上端的戗檐砖处塑有宝葫芦、门窗等饰物,祠堂前为宽阔的前埕,埕上保留着四根旗杆石,前埕前为河流,整座祠堂大门正对着远处的笔杆山,整个祠堂建筑立面造型丰富,雕刻精湛。(图 5-22)

　　台湾桃园大溪黄氏家庙,又称江夏堂或江夏黄大宗祠,面临大汉溪武岭桥,遥向员树林台地,周边环境较好。大溪黄氏由南靖移台而来,清末,黄姓宗人黄石添、希隆、玉麟发起创建大溪黄氏家庙,并总理建祠全般事宜,终于在岁次庚申年(1860 年)落成启用,后又经过几次整修,形成今日的模样。江夏堂为四合院建筑,由门厅、正厅、双护龙所组成。大溪黄家庙派下宗亲,每年要在家庙举行两次谒祖大典,原先春祭在农历二月二十日,秋祭在农历十一月十六日。

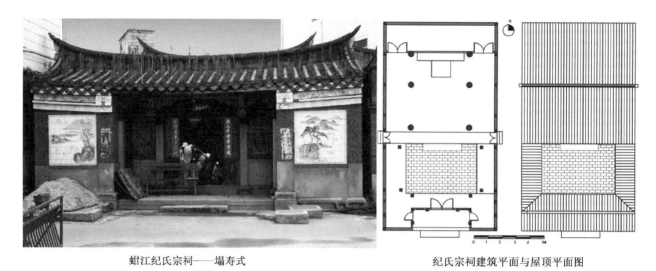

蚶江纪氏宗祠——塌寿式　　　　　　　　纪氏宗祠建筑平面与屋顶平面图

图 5-21　纪氏宗祠

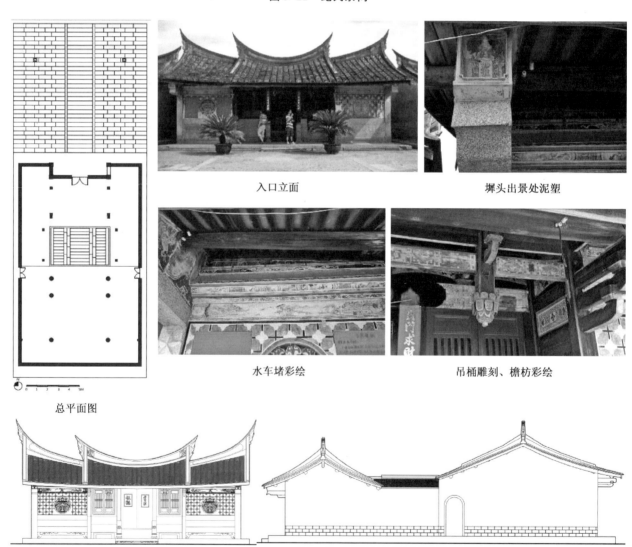

入口立面　　　　　　　　　　　　　塀头出景处泥塑

水车堵彩绘　　　　　　　　　吊桶雕刻、檐枋彩绘

总平面图

图 5-22　埭尾陈氏宗祠：左为正立面图，右为侧立面图

　　其次，闽海地区的祠堂入口也有采用栅栏的形式，此类祠堂的建筑造型特点是基于双落或三落，立面采用三通门式、塌寿式及一门两窗式，并檐廊处下增设栅栏，屋顶采用三川脊或硬山、悬山顶，屋顶出檐有火库起、出屦起、出廊起等。

其中,三川脊屋顶的祠堂立面随着三道门的开设,形成左右两道"龙虎"侧门,并且两侧多做出石雕龙虎壁,以左为大,族人进祠堂时,也都是从龙门进,虎门出,取"入龙喉祈好运,出虎口解厄运"之意。其较为典型的如官桥镇洪邦村的蔡氏宗祠、金门金沙青屿聚落张氏家庙、金沙斗门陈氏家庙、金门金湖琼林蔡氏家庙、蔡氏十一世宗祠等。琼林蔡氏家庙为三通门与三川脊结合形式,大门上贴有门神,屋顶采用出廊起,廊心墙面上设有"仙女下凡与和合"泥塑,檐口下装饰精美。(图5-23)

仙女下凡与和合泥塑

图5-23　琼林蔡氏家庙

而金门琼林蔡氏十一世宗祠、龙湖檀林许氏宗祠、东石镇井林许氏祖厝等为塌寿结合三川脊及栅栏的形式,如蔡氏十一世宗祠为琼林新仓上二房十一世宗祠,是三落塌寿栅栏式的典型代表,其塌寿为孤塌,大门上绘有门神,门两侧设抱鼓石与圆形格子窗,窗四周饰有卷草形花纹。孤塌侧面开设侧门,门上采用"仙人与宝葫芦"结合的狮座斗抱,栱两侧的束随、束木都雕有花卉、卷草等,非常精美。孤塌两侧镜面墙中央为螭虎窗,廊心墙面上左右塑有"左青龙、右白虎"的泥塑,檐柱处置栅栏,屋顶采用三川脊。(图5-24)

入口立面　　　　　　　　　　狮座斗抱与雕花卉、卷草的束木、束随

图5-24　琼林蔡氏十一世宗祠

入口采用塌寿的栅栏式祠堂,其屋顶多硬山或悬山带燕尾脊,而多不采用三川脊,较为典型的如莆田涵江区白塘镇洋尾村李氏大宗祠、南安石井镇檺坂村许氏宗祠、石井林氏大宗祠等。(图5-25)

图5-25　莆田涵江区白塘镇洋尾村李氏大宗祠

在两落、多落规则式祠堂中,入口也常采用类似于单落三合式的三盖廊的形式。较为典型的如漳平官田桂东洋李氏大宗祠(清隐公祠)、永春县东关镇外碧大山陈氏宗祠、金门金湖珩厝王氏家庙、金门金宁安岐许氏家庙、金湖琼林蔡氏十世宗祠、金门西村吕氏家祠等。其中,琼林蔡氏十世宗祠为三进传统古厝,第一进为山门,独立在主体建筑外,有院墙与主体建筑围合为一整体,山门为防风,使用插入地下的石柱,不施柱珠,其方式在台湾地区较为罕见,祠堂内部空间高敞,所用木栋梁架硕大,结构充满力学之美。❶ (图5-26)

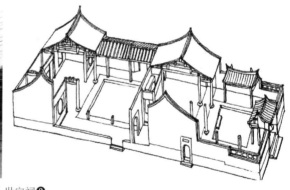

琼林蔡氏十世宗祠❷

金门西村吕氏家祠❸

漳平官田桂东洋李氏大宗祠(清隐公祠)

图5-26　三盖廊式祠堂

❶ 引自:李乾朗.金门民居建筑[M].台北:雄狮图书公司,1983:117.
❷ 图片来源:照片为自摄,钢笔画来源于李乾朗.金门民居建筑[M].台北:雄狮图书公司,1983:116.
❸ 图片来源:李乾朗.金门民居建筑[M].台北:雄狮图书公司,1983:120.

5.2.2.2 两落、多落变异式

变异式是基于两落或多落大厝,由于地形或其他原因的影响,单边增加护龙或倒座等,形成较为复杂的平面形态,由此使得建筑立面也呈现多变的形态。该类祠堂最突出的特征是平面、立面丰富而富有变化。其较为典型的如晋江陈埭敦朴丁公宗祠、金门水头黄氏大宗祠、宁化县石壁镇张氏家庙追远堂、廉村陈氏支祠、邵武和平镇廖氏宗祠与上官家庙、莆田市仙游县鲤城镇仙谿林氏宗祠、台中林氏宗庙、台中西屯张廖家庙等。

其中,金门水头黄氏大宗祠为二落单护厝闽南风貌的建筑,入口采用了孤踏,孤踏处装饰较为绚丽,大门两侧身堵上开设圆形螭虎窗,檐檩与吊桶雕刻精美,并施鎏金,屋顶采用三川脊,脊堵施泥塑。该祠堂为水头聚落黄氏居民共同的祖祠,又称为大宗祖祠,目前存留在祖祠屏后东房的清乾隆八年癸亥仲夏(1743 年 7 月)所立的"重修大宗祖祠记录"中载:"……吾族自毁于兵燹,久废未举祖考,祐上公尝议其事,且欲裁己地以缀……力不从心,爰书其经画,遗我后人,迄于今四十余载,族人始谋重构……汝标祐上公也,悯祖志久而不继,愿捐私囊之资,以襄钜典……于是鸠工庀才,经两载而落成……"据此推算,黄氏大宗祖祠为清乾隆六年(1741 年)施工,清乾隆八年(1743 年)完工。❶ 1969 年重修。(图 5-27)

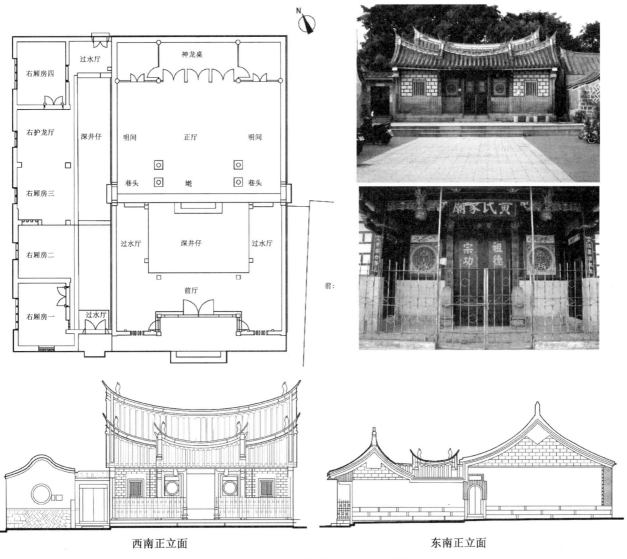

图 5-27　金门水头黄氏大宗祠平、立面图

西南正立面　　　　　　　　东南正立面

---

❶ 引自:王惠君、陈威志.金门水头聚落形成与特质之研究[J].金门:金门公园学报,第 18 卷(2):30.

　　而晋江陈埭聚落的敦朴丁公宗祠的平面形制不是闽南的传统形制：建筑的主体是三开间的两落大厝，坐东朝西，右侧有一排房间类似于护厝，右侧前端是小宗祠的主入口，门朝建筑的侧面开，平行于从门前经过的双眉沟（图5-28）。主体部分为二落三间张带单护厝古厝，第一落为单座，两次间开设圆形螭虎窗，门房建筑外观入口处采用檐廊式，梁柱雕刻精美，因此，进入祠堂需由护厝前房转折入护厝廊，再进入庭院，整个祠堂空间较为丰富，转折有序。

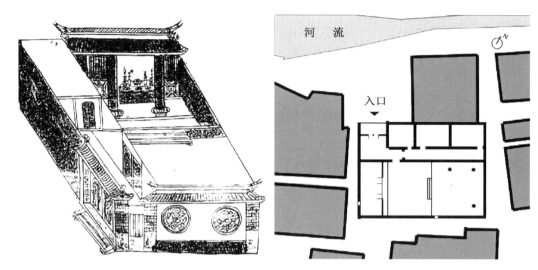

图5-28　族谱中的祠堂与地形图中的祠堂平面

　　该宗祠在明代嘉靖兵燹之后就一直荒废，在康熙年间才以祖厝之名原址重建，据《福建泉州南关外陈埭丁氏执斋公图谱序》载"康熙乙酉（康熙四十四年1705年），……时敦祖祠宇告成"，而到了乾隆二十五年（1760年）才由十三世丁秉奎（字娄文，号德轩）命子丁颐（字正伯，号慎亭）与本房议设小宗祠，那时敦朴丁公宗祠才由祖厝升格为小宗祠。这一不规则的平面形态源之于家族的扩展，即敦朴丁公宗祠的正门原是开在主体建筑的下落，与闽南普通的两落大厝无异，是典型的三间张二落单护厝形态，但是随着族人增多，屋宇也随之增多，位于祠堂前的前埕最终被压缩成为一条小巷，最终才把宗祠主入口改到侧面，这样既有较大的前埕，又面对双眉沟，可谓是一举两得。（图5-29）

图5-29　敦朴丁公祠堂

　　宁化县石壁镇张氏家庙追远堂（下祠），位于石壁村东部，始建于清顺治年间。该祠堂坐西朝东，平面主体部分为两落带左右护厝合院式建筑，中轴建筑由半月塘、围墙、雨坪、门厅、天井、大厅组成，左护厝作为附属建筑，右护厝因地形的限制，呈现不规则性，由此使得整个祠堂空间呈现变异。门厅面阔三开间，减柱造，大厅面阔五开间，中设神龛，供奉张氏历代先祖。祠内大部分梁架均为模仿原样新构的，比较简洁（图5-30）。

据家谱文献记载:台湾的台北、台南、台中、嘉义等地,有一支张氏家族,称为"张小一郎",系传自宁化石壁迁徙的张化孙后裔。其中,宁化石壁《张氏族谱》、香港《崇正同人系谱》载,张氏得姓始祖张挥的一一九世君政公,乃是宁化张氏一始祖。后传九世(一二七世)帷立,讳植,字桂林,生三子:云龙、云虎、云麟。云虎(亦称武公)五代天福间,自姑苏迁居宁化石壁樟树下。一三一世端,自陕西入迁宁化石壁开基。一三三世瑞祯宋嘉定进士,为宣抚使,挂冠后,避居宁化石壁千家围,后迁石城白茅塘。一三五世杨德,赐进士,官居开封府太守,生三子:化龙(迁泉州)、化凤(迁福州)、化孙。一三六世化孙,讳天衍,号起鸣,以进士官至中宪大夫,南宋末年,由宁化石壁迁上杭,生十八子,有孙 108 个,分衍闽粤各地,化孙第四子祥云派下的第十四世孙重安,迁居台湾嘉义县。明宣德元年(1426年),化孙的第九代孙张小一郎,迁居南靖县,定居塔下村,建庙"德远堂"。明末张小一郎

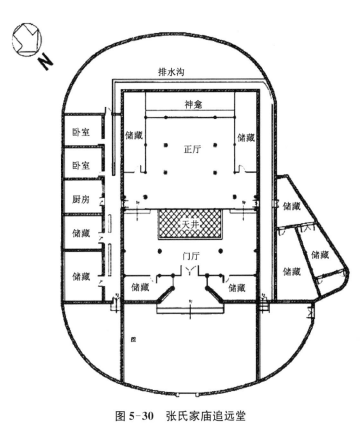

图 5-30　张氏家庙追远堂

的九世孙张文义,于清顺治十八年(1661 年)随郑成功抵台湾定居。继而,从第十世至第十六世,又有子孙先后到台湾开基。张化孙的曾孙张念三郎,明正统八年(1443 年)从大埔迁南靖,不久又移曲江,设堂号为"世英堂",后传十三世张达,于清康熙六十年(1721 年)移居台湾嘉义;后继有十四世张赞能和十五世张振禹、张振牙兄弟等先后抵台肇基。

再如邵武和平镇廖氏宗祠与上官家庙,这两座祠堂是以原型"三合天井"为基础,通过纵向延伸以过雨亭(拜亭)连接后厅来形成空间的变异,在总体布局上遵循仪门、正厅以及两侧两廊的形制,同时,通过过雨亭形成"工字形"平面形态,由此营造出较为独特的空间格局。过雨亭在祠堂中是连接正厅与后厅的连廊式空间,其主要功能是遮雨。其次,限定一个通道的空间,人们从正厅通向后厅祭拜,并不同于仪门通向正厅需要的是开敞的空间,而是需要一个更加有指向性的空间,过雨亭正好起到了这样的作用,它是与后厅共同存在的空间。廖氏宗祠又称"敦睦堂",始建于清乾隆二十年(1755 年),乾隆四十九年(1784年)失火焚毁,乾隆五十三年(1788 年)重建,至嘉庆二十二年(1817 年)完工。祠堂坐北朝南,平面为二落三进合院式建筑,临街门前为空坪,昔名"桑梓坪"。廖氏宗祠采用了两层的连廊,但宽度较窄,只起到交通连接的作用。上官家庙,平面为二落三进带单护厝(侧厢)的合院式建筑,第一进庭院中间置圆石,也表现了庭院作为祭祀仪式中的露天场所的精神需求。正厅占据了第二进的所有空间,明间与两旁的次间没有任何墙体的围合,而且比较高大,形成一个完整的横向厅堂空间,从而将祠堂的正厅完全展示,还兼具供奉祖先牌位的功能。正厅屋顶为歇山顶,整体覆盖于歇山顶之下,是以双坡的硬山顶上形成歇山顶。廖氏宗祠与上官家庙都采用了牌坊式门楼,以此显示祠堂的威望。门楼采用石材与青砖结合、堆砌,施以仿木的雕刻,上部雕成仿木的斗栱。上官家庙牌坊式门楼面阔四柱三间,成三屋顶跌落,两旁次间向内收口,总体成八字形排列。门楼的顶部处理成歇山顶形式,青砖通过做成斗栱,一层层出挑,更加体现门楼的立体感。檐下为精致的砖雕,有以万字纹为主的抽象图案,体现吉祥,也有以传说为题材的具象图案,富有神韵。门额上书写"上官家庙"四个大字,以它为中心,四周是各式各样的精彩砖雕,疏密有致,共同绘制了一幅美好的门楼画卷。(图 5-31)

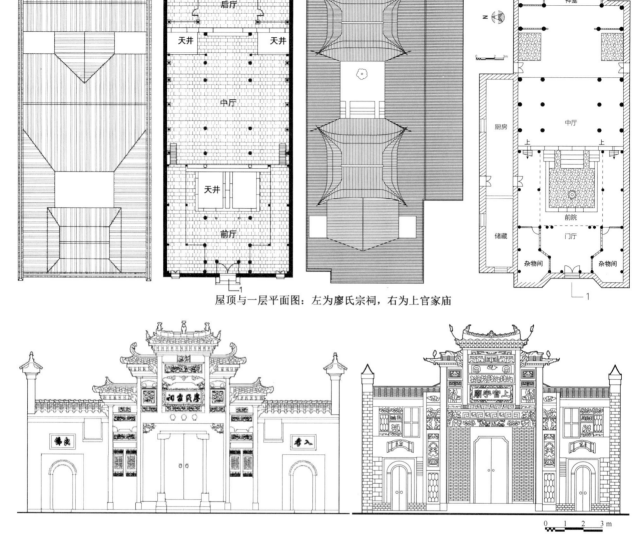

屋顶与一层平面图：左为廖氏宗祠，右为上官家庙

图 5-31　廖氏宗祠与上官家庙

再如福安溪潭镇廉村陈氏支祠，其空间格局较为独特，坐南朝北，占地约 800 平方米。该支祠由陈氏支族所建，始建于明洪武二十年(1387 年)。因为它并非宗祠，所以在空间格局上就显现出低于一般宗祠两进三开间的规制。即陈氏支祠是一座两进三开间、斗抬梁式结构的建筑群，只有一个围合的院落，没有享堂空间的过渡，而直接送入寝室这一礼制终点。陈氏支祠是一个对称的建筑群，主要建筑皆处在中轴线上，前为大门、戏台，中为天井，后为寝室，加上左右的廊庑，组成前后纵深一进的建筑组群，围合成一个明亮的天井。其中，正厅面阔五间，进深五间，空间高大。院内主要建筑多低于院墙，开间长度被两堵青砖硬山封火墙所限定，因此整体建筑外观较为丰富，内敛而规整。(图 5-32)

上述宗祠建筑因其平面的不规则性，在造型上往往较为独特，主要特点呈现为：一、入口牌楼形式。二、传统闽南古厝的造型，或以此为基础进行立面变异，形成较为独特的祠堂造型。三、中西合璧型。

一、入口牌楼形式是指祠堂建筑的入口后退，做成牌楼的形式。牌楼多为砖砌或木构形式。按照与祠堂主体建筑的关系，可以进一步划分为院墙式牌楼、主体建筑式牌楼、牌坊式、混合式等子类型。

(一)院墙式牌楼是指祠堂有院墙围合，院墙入口处以牌楼的形式形成院门，其立面特征是入口牌楼装饰多较为丰富，形象突出，与简洁的院墙形成强烈的对比，牌楼的形式多为四柱三间式。较为典型的如上文提及的长汀李氏家庙、芷溪的翠畴公祠、长汀廖氏宗祠等。其中，长汀李氏家庙始建于清嘉庆九年

(1804年),道光十五年(1835年)修缮。家庙坐北朝南,砖木结构,规模较为宏大,占地面积875平方米。整座建筑由前埕、旗杆石、院墙(牌坊)、前厅、中厅、后厅、厢房、横屋等组成,共有三个大厅,九间客厅,三十六间住房,是较为典型的家庙与住宅合一。家庙的立面为院墙与牌楼结合一体,其中牌楼为四柱三间砖石结构,三段独立的单檐悬山式屋面,以叠斗承托,中路顶层与第二层屋顶间由如意斗栱半包围着竖刻皇封"恩荣"二字的牌匾,其下横眉镌刻"李氏家庙",两侧刻有"加官晋禄"的透雕,并在横眉上雕刻有双龙、双狮戏花的浮雕,两侧排柱置石狮重叠立于抱鼓石上,大门两侧石柱上刻有"邺架书家风,龙门新世第",其门楼前立雕有石龙的旗杆石。(图5-33)

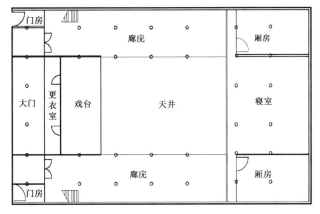

图 5-32　廉村陈氏支祠

图 5-33　院墙牌楼式——长汀李氏家庙

　　(二)主体建筑式牌楼是指祠堂主体建筑中央以牌楼的形式形成入口,使整个祠堂建筑立面丰富,构件复杂。较为典型的如上文邵武和平镇廖氏宗祠与上官家庙、长汀林氏家庙、芷溪杨氏宗祠与澄川公祠、培田文贵公祠等。其中,芷溪澄川公祠坐落在沙圳巷西北角,是芷溪黄氏开基祖第十四世澄川公于清代同治年间建造的。祠堂坐南朝北,由牌楼、厅堂、回廊、厢房、雨坪等构成,建筑面积仅400多平方米,但牌楼的建筑工艺精湛,是四柱三间式大理石构式。结合门房,整个祠堂下厅总面阔15米,高约8米。牌楼屋顶为三段式庑殿顶,正脊及四角垂脊、角脊脊背均做镂空柳条纹,顶盖以石板作瓦,向前伸出;雨檐两端雕有跃起的鳌鱼形状;雨檐下的第一层是用六块雕有花鸟的石板镶成;第二层是五块雕刻山水的石板;第三层是排列八朵雕刻的牡丹花;第四层是五块雕刻人物故事的石板。主屋顶以石雕三跳异形斗栱承托出檐,次屋顶以石雕二跳异形斗栱承托出檐。门楼明间中嵌匾额,中书"澄川公祠",匾额下圆雕双狮戏球,匾额上额浮雕五组历史典故;匾额左右两侧分别雕刻天官与寿星面朝匾额做恭贺状。两次间分别额书"流芳""衍庆",上下额雕刻"凤舞牡丹",雀替透雕"凤舞牡丹",栩栩如生。中间两柱联文为"承芳垂燕翼,继序起龙纹",外侧两柱联文为"秀接桃源开庙貌,芳流芷水荐溪毛❶"。联文均为阴刻,字体刚健秀逸。整座石牌楼高大雄伟,细部雕刻雕法精致、题材丰富;集中使用了圆雕、高浮雕、浅浮雕、透雕等手法,工艺极为精湛。(图5-34)

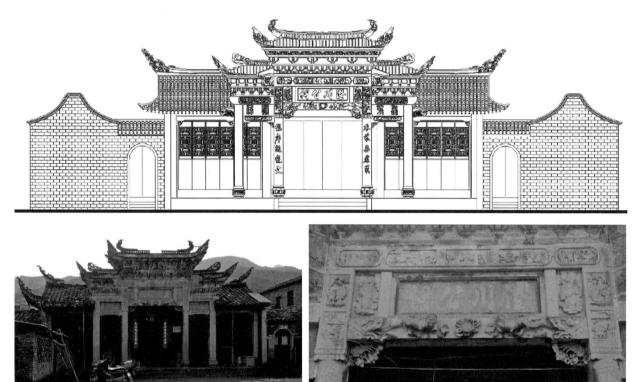

图5-34 芷溪澄川公祠

(三)牌坊式是指祠堂前以牌坊的形式形成入口,牌坊与祠堂之间没有建筑物或构筑物加以联系,牌坊独立于祠堂之外。这一类型在闽海地区的祠堂中相对较少,但也因此彰显了其独特的形态。较为典型的如金门金城陈氏宗祠、石狮永宁黄氏宗祠、芷溪杨氏家庙、莆田港里村上后厝林氏宗祠等。

金门金城陈氏宗祠始建于清末至民国年间,由入口牌楼、前埕、双落主体建筑组成。牌楼为四柱三间式,顶层中间镶嵌"忠贤祠"匾额,其下中央镶嵌"陈氏宗祠",两侧则为"桃园三结义"等透雕,中间门楣上刻有双龙戏珠的浮雕,两侧门楣刻有"书、画"浅浮雕。祠堂主体建筑立面为三川脊屋顶,硬山出屐起,檐柱下设栅栏,三通门,中央大门上书"宗功、祖德",两侧开螭虎窗,两边门上书"家声、丕振""世泽、长绵",整个祠堂立面层次分明,装饰丰富,色彩艳丽。(图5-35)

图5-35 金门金城陈氏宗祠

---

❶ "溪毛"典出《左传》,意为只要有诚心,连溪毛(水藻)也会得到推荐任用的。

(四)混合式是指上述几种形式的结合,如祠堂由院墙围合,院门为牌楼式,院内主体建筑也采用了牌楼式的入口。较为典型的如芷溪村黄氏家庙、台湾屏东客家忠义祠。

黄氏家庙始建于清顺治十三年(1656年),落成于康熙三十一年(1692年)。现存这座祠堂为嘉庆元年(1796年)合族重建,祠堂长27.17米,宽27米,堂前有雨坪及直径18米的半圆月池,总占地面积约3000平方米。门楼是其建筑艺术表现中心。共有内外两个门楼,外门楼为八字石门楼,敦厚稳重,与其他民居入口门楼相似。内门楼为二柱三段式木牌楼,中间明间为庑殿顶,两侧为歇山顶,牌楼屋顶以层层叠叠的异形斗栱出跳承托六跳斗栱承托门楼主屋顶,出三跳斗栱承托下屋顶;斗栱为鸡爪拱,拱上托花瓣状小斗;两斗栱之间施横板,板上木雕为"三阳开泰、禄竹平安、凤舞牡丹、禄竹平安"等题材。门楼屋顶两翼灰塑鳌鱼、卷草等,灵动活泼。祠堂下厅硬山出屐起形式,牌楼柱子间采用栅栏,大门两侧槛墙上开设直棂窗,整个祠堂建筑立面造型独特而丰富。(图5-36)

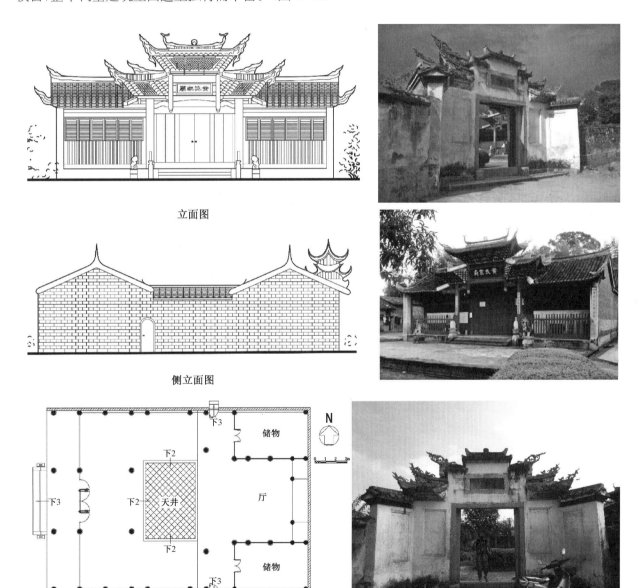

立面图

侧立面图

图5-36 混合式:芷溪黄氏家庙

另外,有些祠堂中带有异域元素,如芷溪聚落的培兰堂、嘉义县太保乡太保村王氏家庙等。如培兰堂在二进园林采用了伊斯兰风格火焰形门洞、慎修堂承庆居大门采用了罗马风格券门和文臣公祠大门采用了马蹄形券,这些门楼建造时间均在清朝晚期或民国时期。其中,芷溪文臣公祠坐东朝西,为三开间的四合院北部加一直横屋的布局形态,祠堂前为狭长的外埕。该祠堂立面带有浓郁的外来西方建筑元素,门楼顶部采用马蹄形券,两侧横窗灰塑象棋状窗棂,大厅与两厢屋顶的挡溅墙灰塑麒麟、鳌鱼,工艺精湛,栩栩如生。(图5-37)

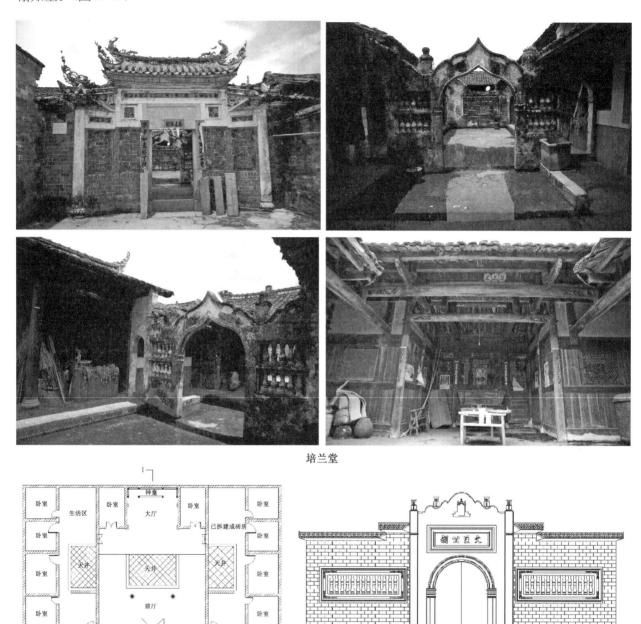

培兰堂

文臣公祠大门

图5-37　混合式祠堂

　　二、传统闽南古厝的造型,或以此为基础进行立面变异,形成较为独特的祠堂造型。其较为典型的如莆田市仙游县鲤城镇仙溪林氏宗祠、台中林氏宗庙、台中西屯张廖家庙等。

　　(一)台中林氏家庙位于台中市南区国光路55号,坐北朝南(略偏东),为九间起、双进、双护龙、两过水廊、两过水仔、四合院的大宗庙。始建于清嘉庆年间(1796—1820年)的内新庄,光绪元年(1875年)林家族人林志芳首倡募捐,移建于旱溪庄(即今台中市东区旱溪里)。光绪二十一年(1895年)为白蚁所侵蚀,三川倒塌,故又将神位暂移于太平庄(即今台中县太平乡)林凤鸣家中奉祀。民国六年(1917年),林子瑾、林献堂等发起重建,十二月在花园町(即今台中市信义街)寄梁。嗣以地点不佳,又另择老松町(即今国光路庙址),而于民国八年(1919 年)十月着手兴工,民国十年(1921 年)十一月十八日完成了正殿及两庙,即请神主牌位入庙,直到民国十九年(1930 年),三川门、西室下山、顶山九间、东室九间才全部建造完竣,前后历时 12 年,现为台中市第十五号古迹。该家庙全由本地匠工建造:设计师、木匠师是陈应彬,石匠师是李阔嘴,工艺极为精巧。林氏宗庙木构工艺精湛、斗栱组合复杂、木雕线条优美,搭配的泥匠、瓦匠、剪贴匠、画工等水准也相当高。譬如以花草、人物、走兽为题材所构成的历史故事色彩丰富,构图活泼生动,堪称集体创作的精品。林氏家庙奉祀的三座妈祖像,远自福建湄州移灵而来,年代久远。前埕靠墙边左右的一对石狮子,模样憨拙可爱,为清光绪初年在旱溪原祖庙用的旧品。另外,还保存着一把深具历史价值的石刀,民国九年(1920 年)十二月十日,在新庙右畔龙柱磉盘下九尺五寸处出土,长一尺五寸八分,为刃形黝色古石器,是古物中的古物。台中林氏宗庙一年两祭,每年的农历正月十二及十一月十二日为春秋祭,祭典过程与祭孔相同,行三献礼。(图 5-38)

图 5-38　台中林氏家庙

(二) 台中西屯张廖家庙,俗称"张廖公厅"或"天与公祠",是西屯区开发的见证者。这座家庙因以"承佑"为号,故亦称承佑堂,位于旧名西大墩街(今西屯一带),是为原籍福建漳州府诏安县二都官坡社蓝田楼的张廖一族所建。张廖家庙始建于清光绪十二年(1886 年),后陆续修建、扩建左、右横屋及围屋。张廖家庙是由三川殿、左右护龙及两个山门连接,形成一格局颇为壮阔的长形立面,从空中鸟瞰,可发现三川殿透过两条过水廊连上拜殿,正好可以看到起稳定大梁作用而造型奇特的狮座,以及蓝漆圆窗配以灰色条纹的万字图案,整个建筑风格协调而朴拙。(图 5-39)

(三) 仙溪林氏宗祠创建于宋代,明、清、民国均有修葺,现保存明代古建筑风貌。面宽五间二进,左右龙虎护厝进深八间,坐北朝南,总面积 1978 平方米。祠为穿斗抬梁式屋架,单檐五脊顶。斗栱和上下厅堂二梁架均雕花贴金。主厅堂前的天池长 12.3 米,宽 9.4 米。左右护厝计 16 间,设有九口天池,宽敞明亮,通风透气。屋顶砖瓦采用留一贴九铺筑,上下屋脊顶均用特制五钱圈砖瓦图案砌筑,牢固美观,能抗强台风暴雨,具有较高的明代工艺技巧。(图 5-40)

图 5-39　台中西屯张廖家庙

图 5-40　仙溪林氏宗祠

图片来源:http://www.360doc.com/content/16/1102/22/9543/986-6035020004.shtml。

三、中西合璧型是祠堂建筑中融入西方洋式建筑的形式,如合院式改为楼式建筑,或加山花、琉璃瓶、拱门、栏杆等等。内部则采用中式木构架,并施精细雕刻。闽海匠师统称这类祠堂为"番仔楼"或"番仔厝"。典型的如台湾屏东县万峦乡五沟村刘氏宗祠、东石镇下厝许村许氏宗祠、晋江陈埭花厅口毅庵丁公家庙、金门金沙碧山陈氏宗祠、金门金沙后山王氏宗祠、金门西门里六桂堂、龙海金鳌村澳内社祠堂、福鼎西昆村孔氏家庙等。

龙海金鳌村澳内社祠堂位于龙海西南部,大帽山下,金鳌村开基于 1200 年前左右,旧属漳浦二十八都之五图,明朝时划归海澄县,是古时漳浦赤岭一带的出海口。古代因赛龙舟时,龙头喜漆青色,故称"青鳌社",因有 18 个支社,故有"青鳌十八社"之称。金鳌村历史悠久,支社繁多,一个支社都建一座祠堂,故金鳌村祠堂众多,目前保存较完整的有大小宗祠和支祠 14 座,家祠数量较多。金鳌祠堂历史分布绵长,横跨元明清及民国,其中最早的是山头祠,由金鳌第五世所建,最晚的是建于 1930 年代,即澳内社祠堂。澳内社祠堂的建造者一生从事南洋到福建的信邮生意,并因此发家,他的儿子也因此较早接触新文化思想,所以,在与外来文化的交流中,建造了澳内社祠堂这样中西合璧的建筑形态。该祠堂总体布局为三合院带前埕及院墙,主体建筑为三间张二落双护厝。带双伸手的大厝中,总体的建筑形式为闽南传统古厝式,但两伸手处采用了二层叠楼式样,并装设有西式建筑的符号。(图 5-41)

澳内社祠堂

陈埭丁公家庙

图 5-41　中西合璧式祠堂

金门金沙碧山陈氏宗祠(陈氏小宗祠)为洋楼式的建筑,入口门楣上有"颍川堂""陈氏家庙"的匾额堂号,是全金门岛仅有的两栋洋楼式宗祠。其碧山陈氏大宗祠是典型的两进式闽南建筑,始建于明朝隆庆四年(1570 年),民国元年(1912 年)再作修葺。另外,台湾屏东五沟村的刘氏宗祠,其外横屋以及花园的巴洛克装饰围墙与凉亭也是较为典型的中西合璧式的案例。

下厝许村许氏宗祠为典型的番仔楼式的祠堂建筑,建筑为二层,一层为石构,入口设塌寿与西式柱式结合,塌寿的身堵为泥塑装饰,二层为红砖砌筑,琉璃瓶栏杆,尖券柱廊,屋顶为硬山带燕尾脊顶,整个建筑造型独特。

而福鼎西昆村孔氏家庙是中西结合的典型案例,家庙的围墙是带有西式火焰门造型的院门,而其内部则是典型的抬梁与穿斗相结合的中式木构建筑,并且在门厅顶部采用了八角藻井,形制独特。家庙始建于清顺治十年(1653 年),建筑主体坐西北朝东南,二进五开间布局,砖木石混合结构,总面积 1400 平方米。祠前方两座大山,左像母狮,右像公狮,中间一座小山像小狮,前人称为"三狮朝一祠"。围墙皆以砖砌之,围墙正门上刻"孔氏家庙"。门楼悬清乾隆皇帝御书"至圣裔"金字直匾。孔氏家庙建筑主体为抬梁、穿斗混合式木结构,大厅明间为七架抬梁式结构,次间为穿斗式结构。建筑以卵石为基础,内以毛竹夹板、木板为墙,外夯土筑墙,歇山顶覆盖小青瓦。孔氏家庙最具特色的当属其建筑细部及装饰,家庙外门楼石构,是火焰门造型,带有西方建筑特点,据建筑专家考评乃民国年间重建。庙前广场上留有清光绪癸巳岁贡孔广敷等的旗杆夹石。家庙门厅顶部中间有一八角形藻井,由六跳斗栱承托;其两侧各有一扁六角形藻井对称分布,由三跳斗栱承托,斗栱形似象鼻。门厅屋顶是由三跳斗栱承托出檐,转角斗栱上的角梁雕为龙头,精美绝伦,毕竟能享"天子"规格建造的唯有孔氏。大厅抬梁穿斗混合构架,前廊卷棚轩顶,檐下牛腿木雕采用了浮雕、透雕、镂雕等手法,题材丰富,甚为精美,堪称闽东木雕艺术之精华。(图 5-42)

5.2.3　客家祠堂

客家类祠堂主要分布在以永定为代表的闽西土楼群,以漳州南靖、漳浦为代表的闽南土楼群及客家聚居区以及台湾客家聚居区(如苗栗、竹东、台东等),平面图布局多以祠堂或祖堂为中心,祠堂或祖堂为整个祠堂的重要组成部分,与住宅融为一整体,形成集中的布局形态。这种形态一方面源自客家文化自身发展的需求,即长期的迁徙,造就了客家聚族而居,但又不失中原传统儒学文化特色的空间形态;另一方面,强烈的防御需求,促使了集中式的发展,并成为客家祠堂的一大标志。

而客家祠堂或祖堂又呈现不同的布局形态,形成子类型,即:一、向心式,即祖堂位于土楼的中心,独立于居住系列用房之外,称为"上堂",周边房间或建筑均围绕祠堂或祖堂布置,祖堂中心感强烈,并且常与其他厅堂一起构成礼制系列用房的主导空间。由于脱离居住序列的限制,祖堂多为三间五架抬梁结构。二、后堂式,即祖堂位于后厅,与土楼融为一体。这类祖堂规模多较小,多为一间,面向内院开敞布置,且多正对大门。三、游离式,即祖堂或祠堂位于土楼非中心的位置,游离于土楼或其他建筑,常有多处祠堂。

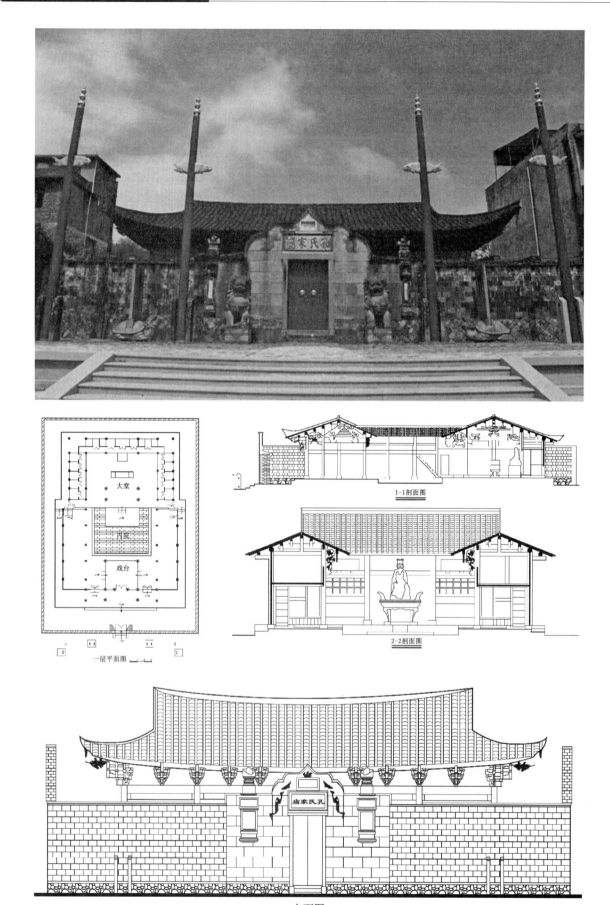

一层平面图

1-1剖面图

2-2剖面图

立面图

图 5-42　福鼎西昆村孔氏家庙

　　通常祖堂的面积较大,装饰也较为精美,无论材料、装饰、色彩,都与周边楼构成鲜明的对比,以此彰显祖堂的核心地位。另外,从使用功能上,祖堂是家祭供祖的神圣中心,也可以作为家族议事中心和学堂之用。❶

5.2.3.1　向心式

　　向心式布局形态较为典型的如永定高北村的承启楼、永定高坡上洋村陈氏遗经楼、南靖梅林坎下村简氏怀远楼等。其中,承启楼为江氏聚居的场所。楼内供奉着江氏家族的"老祖宗"——高头江氏第15代孙江集成❷。该楼以祖堂为核心,即祖堂位于全楼的中心,以它为圆心,四个同心圆环建筑环环相套,所有房间都朝向中心,形成内通廊式圆楼的典型,外径62.6米。祖堂建筑为砖木结构,平面呈现为方形加半圆形天井的组合形态。祖堂不仅是江氏家族的精神核心,也是共商族内大事的地方。这里的仪式感最强,"北门是'喜门',嫁娶时通行;东门为'生门',孩子满月时通行;西门为'死门',人死时孝子孝孙抬着通行,(逝者)60岁上寿可放中厅一晚,不到60岁放下厅"。族里的各种规矩在这里得以制定和执行。

　　永定高坡上洋村陈氏遗经楼为闽南著名的方形土楼,其祖堂位于30米见方的方楼内院的中心,作为祭祀和婚丧喜庆活动的场所,自成一独立的四合院。祖堂与方楼之间有左右连廊相通,前面以漏花矮墙分隔,增加了内院空间的层次,内院立面也别具一格,前楼的走马廊比一般土楼宽得多,而且不同于其他土楼敞廊的做法,在内院一侧用通长的直棂窗分隔形成半封闭的暖廊,直棂窗间又规律地装点圆形方形的窗洞,既隔又透,使内院立面显得更精致。从楼上俯瞰内院,祖堂布局井然有序,四面高楼围合呈现中轴对称,精致的直棂窗衬托出内院巨大的尺度,形成了祖堂空间非凡的气势。❸(图5-43)

图5-43　向心式祠堂:承启楼祖堂

---

❶　引自:潘安,郭惠华,魏建平,等.客家民居[M].广州:华南理工大学出版社,2013:144.

❷　据县志和族谱记载,高头江氏是从传说中的客家发源地宁化石壁村迁来。江集成生活在明末清初,他并不是巨商大贾,更不是达官显贵,只是一名普通农民,据传主要以耕田放鸭为生,靠勤俭节约善于持家而略有积蓄,买下了方形土楼五云楼,继而又兴建了承启楼和世泽楼,开创了家族基业。

❸　引自:吴庆洲.中国客家建筑文化:下[M].武汉:湖北教育出版社,2008:283.

5.2.3.2　后堂式

后堂式较为典型的如永定高北村的侨福楼、五云楼、世泽楼,永定下洋胡氏德辉楼,湖坑洪坑村林氏奎聚楼,平和县九峰镇黄田村曾氏咏春楼,南靖船场西坑村沟尾楼等。其中,侨福楼为江氏居民建于1962年,坐北朝南,祖堂设于一层后厅,祖堂入口由四根西式柱式形成,外廊向内院突出,外廊顶栏杆与二层木质栏杆相连,形成中西合璧的建筑立面。(图5-44)

德辉楼为小型三层方楼,内通廊式,始建于民国二十六年(1937年),以入入口为轴线,祖堂位于轴线的顶端,面向内院开敞布置。内院置花木盆栽,空间亲切舒适。而奎聚楼则依山而建,前低后高,中厅高两厢低,高低有序。在平面上,由前埕、门厅、前天井、中天井、大厅、祖堂形成极具序列感的中轴线,祖堂则位于中轴线的尽端。祖堂前厅与回廊组成方楼内院中的小四合院。回廊对中心天井开敞,其外侧环绕披屋,并隔成小间。祖堂前厅为两层的楼阁式、重檐歇山屋顶,以突出其地位,并与后楼的两层腰檐相连,第四层的腰檐中段又突出一段小屋顶,使得祖堂前形成四层重叠的层檐,空间景观别具一格。❶

图5-44　后堂式祠堂:左为侨福楼、中为五云楼、右为世泽楼

5.2.3.3　游离式

游离式布局形态较为典型的如和平霞寨镇西安村黄氏西爽楼、和平大溪镇庄上村庄上城、诏安秀篆半月楼等。其中,黄氏西爽楼为单元式方楼的典型,始建于清康熙十八年(1679年),平面呈四角抹角的长方形,方楼周边是三层高的土楼,由65个独门独户的小单元围合,每户占一开间,从底层到顶层与相邻单元完全隔开,无走廊相通。长方形土楼围合的中央庭院分散布置着六座祠堂,祠堂分两排规则布置,每座祠堂均为二进院落式建筑,祠堂间形成"卅"字形的小巷。祠堂与外围土楼之间除正面有较大的前院,其余三面是窄窄的巷道。❷(图5-45)

庄上城是福建最大的方形土楼,该楼始建于清康熙初年,为长方形,四个角抹圆的形式,四周是以三层楼为主,局部顺应地形只建成二层,方形土楼内分散建有四座祠堂,分别位于正对小东门一座二落式祠堂,紧挨其北部为一落式祠堂,另外在方形土楼中央山丘东麓建有一座二落四合院式祠堂,在山丘顶也建有一落式祠堂。❸(图5-45)

5.2.3.4　围龙屋式

除了上述的三大类型外,还有一种"客家围龙屋"的布局形式。在闽海地区的客家围龙屋中,祠堂以及祠堂中供奉的祖先是围龙屋的核心,居住用房配置左右,后有围龙护佑,前有禾坪、水塘环绕。这类祠堂与居住功能是合二为一的,祠堂名称改为"厅下、祖公厅",❹并且祠堂中安排了众多的神仙,通常神龛下有福德正神(土地公及土地婆)、观音等,而众神仙之中则供奉着列祖列宗,由此形成独特的祠堂形态。这类较为典型的如台湾彰化县月眉池刘氏宗祠、台南县鹿陶洋江家村汪氏宗祠、台中福宗堂、神冈筱

---

❶ 引自:吴庆洲. 中国客家建筑文化:下[M]. 武汉:湖北教育出版社,2008:288.
❷ 引自:吴庆洲. 中国客家建筑文化:下[M]. 武汉:湖北教育出版社,2008:291-292.
❸ 引自:吴庆洲. 中国客家建筑文化:下[M]. 武汉:湖北教育出版社,2008:292-293.
❹ 客家人称供奉祖先神龛的场所为"厅下",即"祠堂"。

庄上城方形土楼

永思堂

庄上城永思堂

西爽楼复原图

永思堂梁架

图 5-45 游离式祠堂

云山庄、潭子摘星山庄、苗栗通霄李氏公厅、西湖彭城堂、铜锣惇叙堂、苗栗公馆西河堂宗祠、苗栗汤氏宗祠、徐氏宗祠、上杭县稔田镇官田村李氏大宗祠（火德公祠）、台湾屏东县万峦乡五沟村刘氏宗祠等。（图5-46）

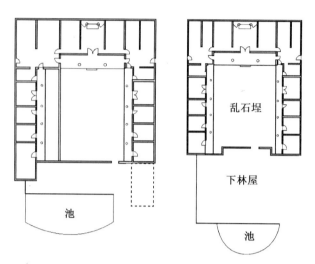

图5-46　左为铜锣惇叙堂宗祠，右为苗栗公馆西河堂宗祠

这类祠堂与住宅合一的类型，其空间以祖先神龛为中心，形成四大组团，即由池塘到大门为第一组团，门厅为第二组团，由门厅到祖堂为第三组团，祖堂后的围龙间和龙胎构成第四组团，每一空间组团均包含着内外、动静的内容。其中，祖堂空间是最重要的空间，其厅堂组织基本排除了居住生活功能的干扰，充分显现出强烈的宗法伦理制度，其中祖公厅为祖宗安寝之所，是宗族举办各种祭祀活动的场所，祖宗神龛设于此，祖公厅两侧的房间为正间，族长或族内有威望的长者才能使用，中庭或中堂为族人举办红白喜事、聚众议事、节庆庆典之用。❶

台湾屏东五沟村刘氏宗祠❷占地约2.5公顷，遥尊帝尧、刘邦、刘备为先祖。在乾隆四十五年间（1780年），祖先北塘派下连智公（十世）、声栋公（十五世）、爱塘派下云展公（十一世）、伟芳公（十三世）及伟鹏公（十三世）等陆续涉险辗转来到荒芜僻地——五沟水，开荒垦地，后购田置产。为后裔子孙繁荣促进团结，追念祖先及祭祀，以一四二代始世祖"奇川公"及一四七代六世"积书公"为名，于同治三年（1864年）十一月一日创建该宗祠，历经六年时间，于同治九年（1870年）兴建完成。宗祠前有小河环绕，外埕前种有百年原乡金丝竹丛，祠后种的槟榔树。整个祠堂坐落于村中最显眼的地方，坐西向东，地势前低后高，明堂宽阔，祠后树丛围绕，呈"前敞后实，环绕围护"格局，且宜于藏风聚气。而其前为一湾"玉带水"（小河环村），水前一花园为"近案"，对岸又有高起的广场为"朝案"，中轴线则正对着远方泰武峰，为其"朝山"。所以，祠堂在选址的过程中，呈现出强烈的风水理念。（图5-47）

刘氏宗祠是一栋"二堂四横围屋式"的合院建筑。刘氏宗祠在最初建好时，只有左右两横屋，后来重修时，才又加上左右的"然藜阁"与"重光楼"两门楼、外横屋以及花园的巴洛克装饰围墙与凉亭，所以，这两座门楼与横屋无论是材料、构造、尺寸还是美学意匠，都与原先不同，甚至其外横屋还建成当时最时髦的大正样式洋楼，可以看出当时刘家的财力与在村中的权势。

前门采用燕尾脊屋顶，脊背饰以雕花剪粘，正厅为燕尾脊屋顶，脊背部分用镂空花砖则是分散风力、减少承受强风吹刮之虞。明堂宽阔，视野辽阔。刘氏宗祠除了是刘姓族人血缘象征与精神中心外，也相当于一个墨务中心，负责收取公业所放佃的入息。每年春秋两季举行盛大祭祖仪式，会后宴请派下族人，该日每户皆要派人参加，远在外地者亦要兼程赶回。

---

❶ 引自：潘安，郭惠华，魏建平，等. 客家民居[M]. 广州：华南理工大学出版社，2013：110.

❷ 资料及其图片来源：贺晨曦. 刘氏宗祠建筑特色[Z]. 闽台宗祠网，2008-06-05。

图5-47　台湾屏东五沟村刘氏宗祠

基于上述,客家围龙屋的布局中,祖祠是其中的重要部分。无论闽海地区的祖祠建筑规模大小,几堂几横,客家祖祠都存在一定的一致性,即:祠堂前有禾坪、池塘,祠后有弧形伸手(少数有围龙),且多是服从于传统礼制和风水观念。(图5-48)

祖祠是供奉本宗历代先祖的地方,并且被奉为本族最亲近的保护神。每年清明节都要举行盛大的集体祭祀活动。客家的宗祖崇拜,实际上是祖先崇拜的一种,出于氏族或部落生存和发展的需要,人们的宗族观念日趋强烈。在"灵魂不灭"的观念支配下,逐步萌发了亡故的父辈长老的灵魂可以庇护本族成员的观念,进而形成了对宗族祖先的崇拜及其仪式。人们企图通过宗族先祖的崇拜,包括奉立其神位、修建供其栖身的庙宇神坛、定期献牲礼拜,与祖先神灵结成亲密的关系,以获得庇护,达到逢凶化吉、消灾祛病、人丁兴旺的功利目的。客家人村落中所建立的祖祠,其目的与功能正是如此。特别是举族祭祀宗祖的仪式中,宗族长老还向大家讲述本家族的起源和发展的历

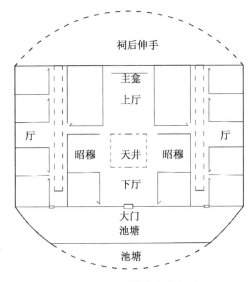

图5-48　两堂两横式客家祠堂

史,强调祭祀宗祖的目的和意义,既能增强人们的宗族观念,促进宗族团结与凝聚力量,也能增强成员的宗祖崇拜意识,感受到宗祖之灵与自己同在,能时时得到宗祖神灵的庇护,使之在心理上有一种安全感。

5.2.4　套院巨型

在闽海地区存在"九十九间"或"九厅十八井""九栋十八厅"这一类的超规模民居建筑,而在这类民居中往往包含了祠堂建筑和祠居合一的建筑群。因此,这类祠堂平面空间也往往较为复杂,多呈现出一系列套院叠加的巨型形式。如连城芷溪传统聚落的余庆堂、澄川公祠、翠畴公祠、台湾雾峰林氏祠堂等等。

其中,芷溪现存宗祠中绝大部分是"居屋变祖祠",即整座住宅转为房祠或者原中轴线厅堂部分升格为祠堂,横屋依然保留居住功能的"祠居合一"型制。以上两种祠堂平面型制和空间布局类似,尽管祠堂数量众多,但平面布局和空间格局呈现程式化,仅大小宽窄尺度上有差异。翠畴公祠、澄川公祠、隐轩公祠、耀南公祠、丽章公祠、文臣公祠等均属于这种类别。其平面型制一般为:中间祭祀空间"四点金"布局,严格恪守礼制空间对称布局,左右两侧一直或两直横屋,未必对称。前面有的祠堂还有月塘、雨坪等,如翠畴公祠,有的祠堂还附有书院,如耀南公祠,有的则几乎和住宅无异,如隐轩公祠等。

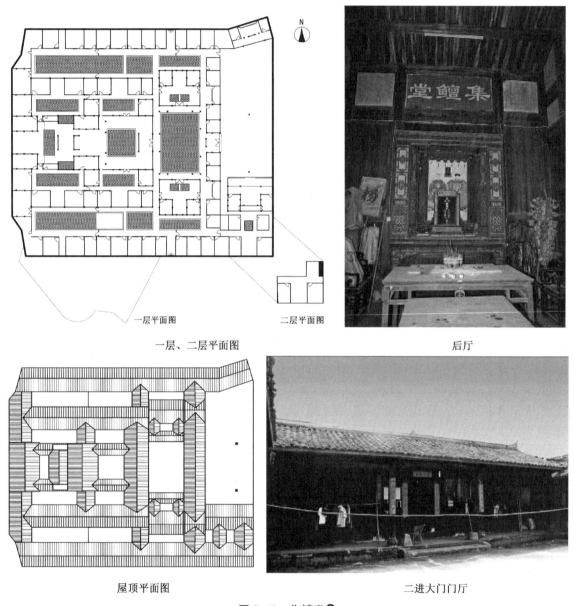

一层平面图　　　　二层平面图

一层、二层平面图　　　　　　　　后厅

屋顶平面图　　　　　　　二进大门门厅

图 5-49　集鳣堂❶

其中,集鳣堂(又称渔溪公屋)位于芷溪沿河路竹坑桥头东侧,为芷溪杨氏开基祖第十七世裔孙渔溪公开创兴建,始建于清康熙末年,后由其子翥云、润田、腾风续建,前后历时十余年方完工。集鳣堂为闽西客家地区典型的祠居合一的复合式民居建筑,坐东朝西,大门朝南,采用抬梁穿斗混合式构造,具有四进四直三开间的"九厅十八井"规模,以上、中、下三厅为主体中轴对称分布大小房间 101 间,在中轴线上共有四个厅,依次是二进门的门厅、下厅、大厅和后厅,再加上大门的门厅,两侧二直横屋各有侧厅三个以及

---

❶　屋顶平面图、一层平面图源自戴志坚教授团队。

书房的三个厅,因此,集鳝堂有"三进大门,三进大厅"之说,共有大小厅十四个,各厅各司其职——大厅是全家举行重大活动的场所,或宴请宾客,或举办红白喜事,是整个建筑群的构图中心、功能中心与活动中心;后厅是祭祖拜神的场所,侧厅作为家里日常起居或招待关系密切的亲友的场所。其次,有厅的地方必有天井,因此,总有大小天井二十二个。整个集鳝堂共建有内外门楼、二处雨坪、月池、二口水井、学堂二处(分内学堂与外学堂,前者是学文,后者是习武)和后花园,建筑面积达 5356 平方米,总占地面积 13000 多平方米。(如图 5-49)

翠畴公祠是祭祀黄姓十七世黄翠畴的祖祠,坐落在赤树乾,总占地面积 900 平方米,建于清光绪二十五年(1899 年)。该祠有客家围屋的建筑风格,主体坐东朝西,门朝南,主体由半月池、雨坪、门楼、门厅、天井与大厅组成,两侧辅有横屋,侧后方有花园(翠园)、鱼塘、亭台等,四周有围墙围合。祠堂内共有七口天井、一口月池、二口长方形池塘,寓意七星拱月、二泉映月。(图 5-50)

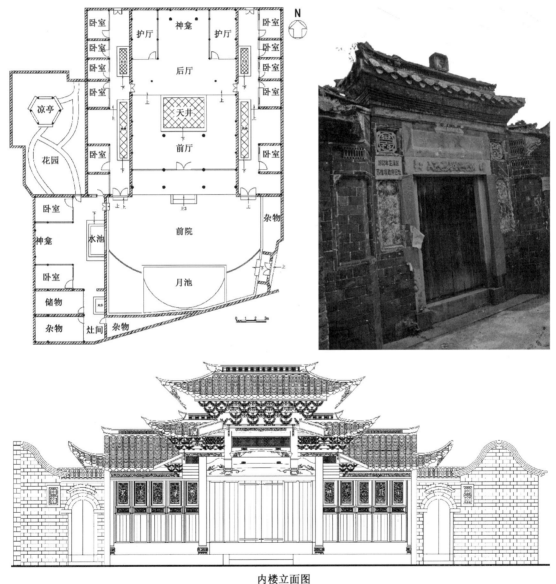

内楼立面图

图 5-50 翠畴公祠❶

---

❶ 平面、立面图源自戴志坚教授团队。

　　再如屏南县双溪村陆氏宗祠。该祠堂始建于宋神宗熙宁初年(1069—1072年),由陆氏八世祖公绰公发起筹建。其后历经多次重修、扩建,现存重修碑刻记载的主要有乾隆五十八年(1793年)、道光二十三年(1843年)、咸丰七年(1857年)、光绪二十年(1894年),现有宗祠规模形成于咸丰七年(1857年)。该祠规模宏大,格局完整,宽13.22米;中轴线之上,依次有照壁、半月池、仪门、戏台、大天井(两侧建二层看楼)、正厅、随墙门、魁星阁等,总进深58.67米,总占地面积约761.3平方米。宗祠内正厅面阔五间,进深七柱,前廊轩顶,大厅减前金柱成六架梁形式,山墙无柱直接承檩条。该祠戏台被改为拜亭;正厅后方居中开随墙门,通往后院三层的望远楼(魁星阁),阁始建于清光绪二十五年(1899年),为宗祠最高点,可登高望远。大天井中设一对古井,寓"阴阳"之意,半月池东侧有水穿出,沿水流一线筑七星沉井,最后注入城外大溪,水势通畅;水池两侧立有四对旗杆夹杆石。祠堂梁架细部简洁,拜亭翼角飞翘,以斗栱承托,中饰平顶天花,彩画"凤舞牡丹";两侧看台栏板上彩画"二十四孝"与陆氏先人的故事。屋顶脊饰丰富,屋脊正中泥塑宝塔,两侧饰以双鲲,翼角饰鳌鱼;封火墙的墀头翼角飞翘,空中轮廓线优美。(图5-51)

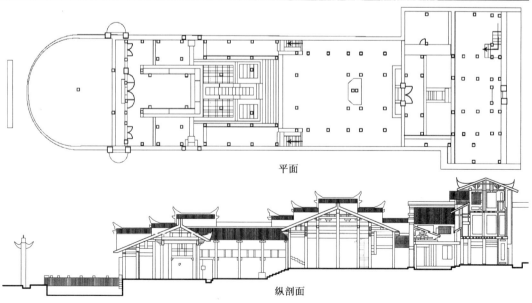

平面

纵剖面

图 5-51　屏南县双溪村陆氏宗祠

5.2.5　特殊型

特殊型是指除上述四大类型外,祠堂建筑平面较为独特,一般轴线较为复杂,空间曲折多变。晋江陈埭聚落丁氏宗祠是闽海祠堂建筑中较为特殊的一种类型。丁氏宗祠是陈埭丁氏家族最早的祠堂,位于岸兜村,是整个丁氏聚落中最具有价值的建筑,也是福建历史最久、规模最大的回族宗祠,现为国家重点文物保护单位。祠堂始建于明代永乐年间,是四世祖丁善遵其父丁硕德之遗嘱建于所居之地,即丁硕德举家迁徙陈埭时居住的地方❶。祠堂的平面形态呈现"回"字形。这一特殊的平面类型,折射出祠堂空间及其家族的演变历程。明末,闽南沿海海盗倭寇活动猖獗,陈埭也时常受到骚扰,在嘉靖四十年(1561年)丁氏家族遭受了一场大劫难,族地成为一片废墟。此后开始了重建,八世丁㤚及其子丁自申对宗祠进行了原址重建,"增其式廊,购东西之丙舍,拓庙享之中堂"❷。这一次重建最重要的变化是增加了宗祠的面阔,平面向横向扩展,从三开间增加到五开间,但依旧是"一条龙"式的单排建筑。明万历二十八年(1600年),随着丁氏家族人口的增加,及其家族逐渐成为陈埭的名门望族,为了彰扬祖先的功绩,炫耀宗族的成就,提高宗族在当地的地位与影响,宗祠再次进行了扩建,祠堂占地规模有了较大的拓展,平面空间也嬗变为三进厅堂的格局,功能上有前厅、中堂与后殿之分,并且三进由东西两廊联系为一整体,形成"日"字形平面形态。后虽经多次修葺,但都维系了"日"字形平面形态。到了光绪十五年(1889年),随着"修堂庑"的开展,中堂独立出来,两侧廊道直接联系了前厅与后殿,致使"回"字形平面形态形成。

综上,陈埭聚落丁氏宗祠平面形态经历了四次变迁过程:第一阶段为明永乐年间"拓基启宇"时的一明两暗三开间的平面形态,第二阶段为嘉靖末年,增加祠堂面阔,但平面保持了"一条龙"式,第三阶段是明万历二十八年(1602年)拓展祠堂用地,形成三进院落式建筑,并用廊道联系,形成"日"字形平面形态,第四阶段是清光绪十五年(1889年)随着屋顶的重修,中堂独立,平面最终形成"回"字形。(图5-52)

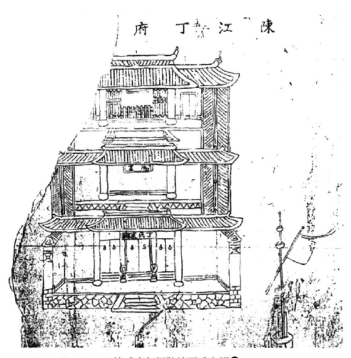

清咸丰年间陈埭丁氏宗祠❸

❶　引自:郑焕章.陈埭丁氏宗祠刍议[A]//陈埭回族史研究.北京:中国社会科学出版社,1990:181-182.
❷　引自:福建泉州晋江县南关外二十七都陈江雁沟里丁氏族谱·三宗祀仪.泉州历史网.http://qzhnet.dnscn.cn/qzh175.htm.
❸　资料来源:庄景辉.陈埭丁氏回族宗谱[M].香港:绿叶教育出版社,1996:373.

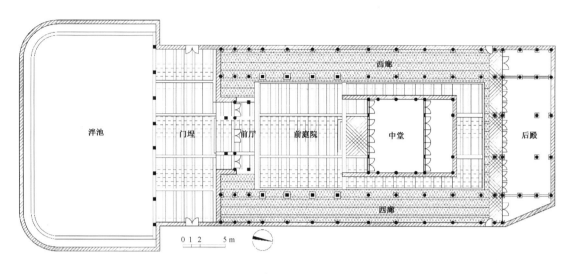

回字形平面形态

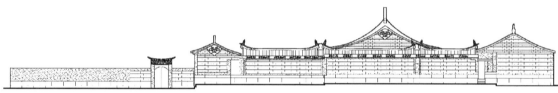

侧立面图

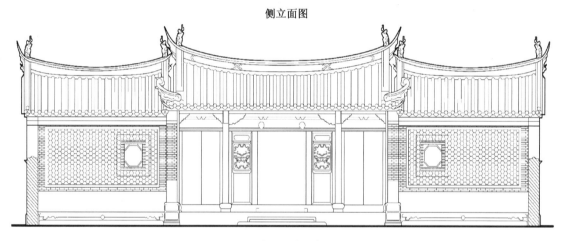

正厅立面与大门立面

图 5-52 陈埭丁氏宗祠

连城县吴家坊上篙村炎德公祠平面形制独特❶。上篙和培田村紧邻,同宗共祖。始祖八四郎公定居上篙后生二子,长子胜轻,次子胜能。胜轻公生四子,四子长大后,由于上篙地段狭窄,长子文贵公迁居到赖屋居住,三子石文和四子文清分别迁往他处发展。次子潘福公则留居上篙祖地发展。潘福公一支由于人口不多、经济有限,始终没有建造自己一支的祠堂。每年祭祖,上篙族人便将八四郎公的上篙老屋作为祭祀场所。到第五代时老屋因窄小已无法适应祭祖的需求,四世祖巳季的子孙便在原始祖八四郎公老屋的基础上,建起祭祀四世祖的"巳季祠",因巳季又称炎德,祠堂故称为"炎德公祠",内供祀始祖八四郎公至炎德公等四代先祖。

炎德公祠整座建筑坐西面东。前后三进两院,正门(院门)为独立门楼,朝东,位于整个建筑群东北角。进入院门为第一进院,是宽敞的雨坪。雨坪西侧是一排十间坐西面东的房子,每两间做一个分隔,分成五个部分,正中两开间做成牌楼式门楼,是进入第二进院的二门,门口有一对小石狮。门楼左右的四间分别是炎德公一支第五世以后的四个小房祠,大小相同,面对雨坪,前檐敞开,均不设门窗。雨坪东侧是围墙,在围墙的内侧,正对二门位置曾有两对石桅杆。雨坪的左侧(北侧),即院门楼与十间房子之间的北侧是戏台,每逢祭祖演戏时,雨坪就作为观众席,四个小房祠就是小包间。从二门进入第二进院内,左右各有一间独立厢房,作为神坛。左侧供奉珨瑚侯王塑像,右侧供奉五谷真仙塑像。左厢房设立神坛的原因是:十三年轮一次的"入公太"游珨瑚侯王,是两村共同举力,每次花费巨大,且百姓企盼已久,而迎来之后却只能在培田从农历二月初三日到八月初三日供奉半年,农历八月初三日转到上篙,供半年至来年的二月初三日,而上篙族众期望能长久沐浴神的恩泽,后来就拨来香火,在左侧厢房塑上神像进行常年供奉。每逢旱涝灾荒、天灾人祸,族人就在此焚香祷告。久旱不雨时还把神像抬至深潭浸泡以求雨,由此,香火不断。族人认为,祖先与神合祭一处,信神者往神处烧香之后,必定会往祖宗处烧香,往祖宗处烧香者更会往神处烧香,这样香火常年旺盛不断,使祖宗和神互相沾光,共享人间烟火。

第二进院内的正房是三座并列相连而又相互独立的建筑,它们均坐西朝东。正中一座是炎德公祠,面阔三间,有前檐廊,敞开不设门窗,当心间宽4米,两次间较窄,宽近2米,作为祭祀活动时的文武乐间,当心间后隔一极窄的天井接出一间,前后总进深约10米。神橱在厅堂最深处,上面悬挂着黑底金字的大匾"渤海堂"。

与中轴炎德公祠并列而建的左侧和右侧两座建筑均为房祠。四世祖炎德公生四子,三房很早就迁往江西定居。上篙只剩长房、二房和四房,当这三房逐渐有了经济实力后,便共同集资建起这座炎德公祠。祠重建好后,长房延续炎德公香火,在中轴的炎德公祠内祭祀,二房和四房便分别在炎德公祠左侧和右侧两座建筑内祭祀,右侧成为二房祠,左侧成为四房祠。四房祠又称"报德堂",是独立的小院,仅有正房与倒座房,均为小三开间。它除了是四房的房祠外,过去村中穷苦人家,人死入殓装棺后,因日、月不利,无法迅速殡葬,需停棺等待。若家中厅堂小,就把棺椁停放在这里的倒座房内,进行守丧守制等活动。待殡葬吉日一到,再行出殡。

❶　引自:李秋香.培田村宗祠等级与职能探究[C]//陆元鼎,等.中国民居建筑年鉴(2008—2010).北京:中国建筑工业出版社,2010:2149-2150.

6　祠堂营造图与大木作

宗祠在族人心目中的特殊意义使其汇集了营造中最精湛的技艺。闽海祠堂建筑集中体现了闽海传统建筑工艺,主要通过木作(大木、小木)、石作、泥作、地方特色的灰塑和彩绘,还有屋面和脊饰的做法体现出来,涉及大木、小木、石匠、泥水匠、油饰、彩绘、堆剪、灰塑等八大工匠。其中,大木匠师是整个祠堂建筑的营建者,同时肩负择地、测量、设计、取材与施工等重任,是整栋建筑的领头人、总设计师和总工程师。建造过程是以大木匠师为主来规定其构造的统一尺寸。大木匠师根据实践经验,熟悉"坐山""寸白""水卦图",懂得使用篙尺等算法与应用,其中,画水卦、点篙尺是施工的前期准备工作。

6.1　营造图

在闽海地区传统建筑包括祠堂建筑的营造中,大木匠师起着核心的作用,其承担的任务主要包括:基地与建筑群体的总体处理、建筑群体与单体的处理、建筑整体用材、装潢及做法与造价的控制等。大木匠师除了掌握"图纸"形式之外,更重要的是具备一种"综合能力",用以进行沟通、协作、施作、管理等活动。因此,大木匠师技艺中最重要的一环是统筹管理整个营造活动。❶

大木匠师技艺中的"图纸"是一种操作手段的统称,其形式既有纸本,也有杉木板或木椽条等,它们除了是设计的表达方式外,也是一种设计程序,被广泛运用于整个营造团队施工、管理中。因此,闽海地区大木匠师所运用的图纸类型不尽相同,但无疑地,每位大木匠师的图纸都将自成一完整体系,各种图纸之间具有环环相扣的密切关系。根据张玉瑜学者的研究,福建地区图纸名称包括有:平面图系统,主要有地盘图、地面图、平面图;剖面图系统,主要有侧面图、样板图等;另外,还有水卦图、记数图与篙尺等。其中,闽中及闽东地区的匠师都使用记数图的技艺传承,这些地区的构架为扁作梁架体系,其梁枋多为拼帮做法,出榫的做法依结构位置及受力作用而有上、中、下三种位置的差别,大木匠师需对榫卯尺寸作出设计与通盘考虑,同时为了工匠团队的协作有序,需将这些梁枋的榫卯形式与尺寸标示出来以供整个团队察看、施作,此即记数图。而闽南地区为圆作梁架体系,其榫卯形式与做法并不需要标注在任何图纸上,因为榫卯的做法与尺寸是相对应的,只要施工的工匠明白构件的位置即可操作,因此,在闽南地区没有记数图的种类。❷

地盘图(地面图)、水卦图(剖面图)与篙尺是闽海地区大木匠师最基本的营造图纸系统。

绘制水卦图的尺子主要有:鲁班尺、玉尺、文光尺、子思尺等。

鲁班尺,即鲁班营造尺,也俗称曲尺,是建造民居、祠堂等建筑的测量工具。在金门的祠堂建筑建造中,凡是中脊高度、进深、面阔、天井的尺寸规划均以鲁班尺为度量单位。相传为春秋鲁国公输班所作,后经风水界加入八字,以丈量房宅吉凶,故称为门公尺,又称角尺,主要用来校验刨削后的板、枋材以及结构之间是否垂直和边棱成直角的木工工具。鲁班尺有八格,即八个字,分别是:财、病、离、义、官、劫、害、本,在每一个字底下,又区分为四小字,来区分吉凶意义。其八个字及附带的小标格分别代表的吉凶含义为:财——吉,指钱财、才能;病——代表凶,指伤灾病患及不利等;离——代表凶,指六亲离散分开;义——代表吉,指符合正义及道德规范,或有募捐行善等行为;官——代表吉,指有官运;劫——代表凶,意指遭抢

---

❶ 引自:张玉瑜.福建传统大木匠师技艺研究[M].南京:东南大学出版社,2010:13.

❷ 引自:张玉瑜.福建传统大木匠师技艺研究[M].南京:东南大学出版社,2010:27.

夺、胁迫;害——代表凶,祸患之意;本——代表吉,事物的本位或本体。一般来说,古人认为八字中"财、义、官、本"所在的尺寸为吉利,另外四字所在的尺寸表示不吉利。但在实际应用中,鲁班尺的八个字各有所宜,如义字门可安在大门上,但古人认为不宜安在廊门上;官字门适宜安在官府衙门,却不宜安于一般百姓家的大门;病字门不宜安在大门上,但安于厕所门反而逢凶化吉。《鲁班经》认为,一般百姓家安财门和吉门最好。据此,鲁班尺由于其特殊的功能,在风水文化、建筑文化中表现最为广泛。建造房屋和制作度吻合,避开与灾凶有关的刻度,以适应人们祈求平安吉祥的心理,从整体到每一部位的高低、宽窄、长短,都要用此尺量一下,求得与吉利有关的刻度。

玉尺,其实也是鲁班尺的另一种称谓,但其算法不同。玉尺计算,同样根据"坐山"纳八卦,分别是天父、地母,计算出玉尺的尺,它的起点为1尺,叫尺白。玉尺的九星是:一贪狼、二巨文、三禄存、四文曲、五廉贞、六武曲、七破军、八左辅、九右弼。其中,取一贪狼、二巨文、六武曲、八左辅、九右弼为吉祥。玉尺天父的起数是:乾右弼、离破军、兑贪狼、巽廉贞、艮武曲、坎文曲、坤禄存、震巨文;天父不起左辅。玉尺地母的起数是:巽右弼、乾巨文、离廉贞、兑禄存、坎武曲、艮文曲、震左辅、坤破军;地母不起贪狼。其计算程序与计算寸白一样。

文光尺,是专门用于选配门窗尺寸的尺,即"造门窗一切阳用",台湾地区称之为门公尺、门光尺。每尺分为八格,名曰:财、病、离、义、官、劫、害、本八字。其中取财、义、官、本四字,即一、四、五、八格,余者不用。门窗以室内净光面积为准来计算尺寸。文光尺每尺等于1.44鲁班尺,每格为1.8鲁班尺。但使用时不取"齐头尺",也就是不使用整尺。如取用第三尺财字,换算鲁班尺是2.88尺加1.8寸,为3.06尺,使用时,只能用2.9尺或3.05尺,因为3整尺为齐头尺,不取用。而3.06尺刚好在字边,叫太边,也不取用。

子思尺,专门用于佛座、佛身、神龛、神位及制作香案桌、八仙桌等细木,即"制神主石牌神龛人像等阴用",属于阴尺,台湾地区也称之为丁子思或丁字书、丁字诗。选配构件尺寸的尺,每分10格,一字一尺二寸八,名曰:财、失、兴、死、官、义、苦、旺、害、丁十字。其中,一般只可用财、兴、官、义、旺、丁六字,个别地方只用官、财、义、丁四字,每尺为1.28鲁班尺,每格为1.28鲁班寸。

6.1.1　水卦图

水卦图类似于建筑剖面图,是设计的重点,一般采用1:10的比例画在整块木板上或篙尺背面,各类施工人员依据水卦图施工。画水卦首先要推算出寸白和该房屋的屋顶造型。闽海地区,特别是闽东南沿海地区,祠堂建筑屋顶造型一般采用硬山。画水卦图前,大木匠需要熟悉坐山、八卦纳坐山和古建筑使用的几种尺的算法与运用,并推算寸白等。一般画水卦图的高度以桷枝向下为准,面阔、进深以柱子的圆半径(即柱丁中轴线)为准。寸白的具体推算方法如下:❶

坐山:共分二十四个山头,是将整个圆周划分为24格,叫作二十四山头,即二十四个朝向,具体为:乾甲、坤乙、艮丙、巽辛、丁巳、酉丑、庚亥、卯未、癸申、子辰、壬寅、午戌共24字。

八卦纳坐山:八卦即乾、坤、艮、巽、兑、震、坎、离,八卦纳坐山是九星中"天父地母"起数的依据。其归纳为:乾纳乾甲、坤纳坤乙、艮纳艮丙、巽纳巽辛、兑纳丁巳酉丑、震纳庚亥卯未、坎纳癸申子辰、离纳壬寅午戌。

九星:因九在我国是极数,也因寸白最高限位九,因此,将鲁班尺的一寸至九寸分别命名为:一白、二黑、三碧、四绿、五黄、六白、七赤、八白、九紫,曰九星。

天父:九星纳入天父,天父的起数为:乾四绿、震七赤、巽五黄、坎二黑、坤三碧、艮六白、兑九紫、离八白。天父不起一白。天父卦的尺白、寸白是用于垂直向度的尺度口诀。

地母:九星纳入地母,地母的起数为:乾一白、离二黑、震三碧、兑四绿、坎五黄、坤六白、巽七赤、艮八白。地母不起九紫。地母卦用于水平向度的尺寸设计中。

---

❶　本段内容参考:泉州鲤城区建设局.闽南古建筑做法[M].香港:闽南人出版有限公司,1998,并加以整理。

　　寸白:建筑专有名词,"尺白"与"寸白"的合称,是决定"尺"与"寸"单位的吉凶口诀。根据古建筑的坐字,纳入八卦,查出天父地母在九星中的起数,其起数为鲁班尺的第一寸,接连推算,凡算到一白、六白、八白谓之寸白,是画水卦计算尺寸的依据。

　　水卦图首先根据平面图画出该建筑的中路栋路,即确定是几架梁。接着确定建筑物的滴水、加水等数据。滴水是指瓦板到地面的尺寸,加水是在滴水的基础上往上折45°,二者的尺寸皆应根据寸白来确定。如果是两进的建筑,先确定下落的滴水、加水、中脊等尺寸,再确定顶落的滴水、中脊的尺寸。一般下檐不超过庑水,因为闽海地区风雨天气较多,如果超过,则风雨对檐口的侵蚀较严重。确定上下两落的中脊后,就可以画出牵手规,由此,水卦图就可以大致画出。水卦图在闽海的具体地区略有不同,操作上也有一定的差异。❶

　　根据《闽南古建筑做法》所载水卦设计程序一:"水卦图画在门板上,画之前先要弄清推算出来的寸白以及建筑的屋顶造型。在弄清寸白和房屋功能与屋顶造型,通盘考虑成熟后,才开始画水卦。高度以桷枝向下的抛光面为准,深阔丁(指步架与柱距)以柱的圆半径(即柱丁中轴线)为准。""水卦图上的标示:应将脊高、檐高、柱高、地座(坐山)、阔丁、深丁等关键性尺寸写在水卦(图)上,使人一目了然。做法是:首先确定中脊、前后桷脚出檐的高度。一般三开间、五开间建筑顶落坡度是30%～40%或者大一些,祠堂庙宇要更大一些。但下落与榉头的坡度受限制,要比顶落低,因此会小一点。"程序二:"落运,在中部降低形成弧形,根据房屋进深而定,普通三间张(三开间)、五间张(五开间)的落运为3～6寸,祠堂宫殿要大得多。报水,根据已确定的落运数标定圆仔的高度。自脊圆、副圆、青圆等分别标出圆仔的降数。"

　　对于闽南地区,特别是漳泉地区,水卦图下方标注檩距,上方标注前檐口和中脊标高,最关键的是加水数值与报水尺寸,也要标出与水卦设计密切相关的构件高度及木柱下方的石柱标高。在这个设计中,最基本的原则是合乎寸白,这需要将具体的"尺法"手段落实到建筑设计上。具体而言:

　　首先,确定中脊、前后桷枝脚出檐的高度,产生屋面前后棚的坡度。一般三开间、五开间的祠堂屋顶坡度略大于30%～40%,但下落与榉头的坡度限制较小。

　　深阔丁的约制。房屋隔间大小要主次分明,厅比房大,中厅大于周边的房,而房也分大小,大房大于次房,次房大于五间,五间大于护厝。其次,顶落约制下落。如顶落厅宽与榉头阔丁为1:0.8,即1丈厅配用8尺榉头阔丁;榉头的深丁应退过中厅中路的公孙桷枝约7～8寸;顶落厅阔丁要比下落厅阔丁大1尺左右;下落房阔丁要比顶落房大5寸左右,总之,要根据寸白进行计算,确定具体制约的尺寸。

　　构件标高的约制。为保证顶落的通风、采光,下落脊圆的标高不能高于顶落的寮圆,因而下落与榉头的屋面较低;下落向天井一面的桷枝脚与榉头的桷枝脚要保持同一标高,所以下落与榉头的屋面坡度就会比较小。

　　地座的标高前低后高。地座的标高及砛石的厚度均按天父地母的寸白来推算,一般顶落后房的地面应高于厅地面4寸左右,称为擅土;顶落厅地面应高于榉头与下落地面4寸左右,称为踏土,下落厅与榉头的地面平。

　　屋顶的起翘与落运(屋面举折)。通过起翘与落运,使得屋面具有优美曲线的天际线。中脊与规带(垂脊)的弧形起翘,其做法:一、中路栋与四路栋按寸白计算,高差1尺左右,使构架两边高于中间;二、钉桷枝后,在桷枝面上加暗厝圆桷枝,俗称蜈蚣脚;三、泥水在土路方面加以制作。❷因此,整条中脊形成弧形,两端燕尾脊高高翘起,规带同样也做弧形起翘。

　　四路栋的起翘数字的控制与脊下圆仔的下降数相等;四路栋一起翘,脊圆与桷枝脚也随之起翘,但脊圆的起翘数应大于桷枝脚的起翘数。闽东南及台湾地区将整个构架称为栋架,将明间的横向构架称为中路栋,次间为四路栋、前廊半架以及后轩半架等。

　　落运在产生前后棚时确定:除了四路栋高于中路栋,棚身两边已有起翘外,前后棚的排水通风不能成

──────────
❶　参考:张玉瑜.福建传统大木匠师技艺研究[M].南京:东南大学出版社,2010:67-68.
❷　引自:姚洪峰,黄明珍.泉州民居营建技术[M].北京:中国建筑工业出版社,2016:66.

直线，在棚身中部降低，成弧形，其曲线的大小根据房屋的进深而定，普通三间张、五间张的祠堂，一般落运大于 3～6 尺。

屋角安装起翘的帅杆梁(笑杆)。帅杆梁是钉在桷枝后，安装在屋四周转角处，寮圆顶的桷枝面上。安装起翘，上面有剑脊形，杆身两边加补水木条，使两边随之起翘。杆身长应伸出桷枝，使封檐板能钉成向外圆形起翘。

算水，是计算屋面坡度与高度的设计技艺。算水需要全面考虑建筑的平面布局、柱网尺寸以及桁间距离等，另外，还要考虑建筑的规模、功能以及主人的偏好、审美等，最终确定屋面的曲率。算水首先要确定中脊高度，然后定加水数值。加水指屋面坡度的总举高度。报水则是每檩下折高度。一般家祠加 30～35水。即祠堂建筑中，挑檐桁高、跨度之比为 30%～35%，这样就初步计算出屋面总体坡度和挑檐桁的高度值，然后进行补水。补水分为加小水和减水，加小水是在加水的基础上再小幅度加桁的高度，减水是小幅度降低桁的高度。通过补水的微调，最终使得屋面形成平滑的曲线。(图 6-1)

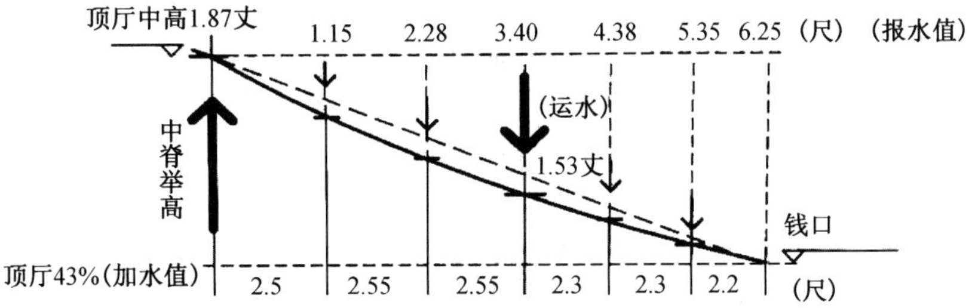

图 6-1 漳泉地区的水卦设计示意图

关于屋面开间方向的曲率计算：开间方向的屋面由中间向两边逐步弯起，称为升起。升起的计算是由脊桁高度开始计算的。中间明间脊桁不变，由次间开始，每一丈升起 5 寸，至稍间。以此方式，其他桁条也与脊桁保持一致，使屋面形成双向凹曲面。大木匠师确定屋面曲线后，就可以确定每一根桁条的标高，进行检验柱料长度、榫眼位置是否合适等。总之，要将脊高、柱高、地座、阔丁、深丁等关键性尺寸写在水卦上，使各类匠师在建造过程中，均可以使用此设计图。

在祠堂建造过程中，还需注意：首先，不能使屋子"不见天"，即站在顶落的步口柱处，按照一人的身高约 170 厘米的视线往下落看，要见到天空，如果见不到，则为"不见天"。另外，站在同一位置，往顶落滴水看去，遮檐要能够遮住滴水，如果遮不住，要加大楣。

在顶落与榉头中开设门，一般都开设为双开门，并且，门栋不能超过顶落的砛石，最少得压住砛石 2 寸。

榉头柱与顶落大石砛之间一般距离 5 寸(1 寸约合 29.8 厘米)，称为公孙巷。

深井与大埕。顶、下落间设深井，深井宽是顶落厅加两边公孙桷(指明间前后坡各有两根通长的椽条，通常是在上梁仪式时钉上去的)，即两缝桷枝的 1.2～1.4 尺左右，深井是榉头宽两边加柱畔 6～7 寸左右，具体数码以寸白计算。深井与大埕的周边均设有明沟，集水流沟涵(即暗沟)，沟道设计多带有一定的弯度。

具体到闽南泉州南安地区，画水卦图的程序则主要有三道：一、加水。水即斜率，一般加 38、40 或 45 水。"加 45 水"是指若中脊高 1 丈，减 4 尺 5 下来即为钱口(挑檐檩)高度；或钱口高度往上加 4 尺 5 即为中脊高度。加水的步骤为先定中脊高度，必符合"天父寸白"。根据平面布局、柱网布置，以中脊至前檐口的水平距离为跨度计算加水值。其次，定钱口高度。二、运水。这是使屋面产生曲度的方式。下凹的数值称为"运路"，操作的过程称为"落运"。以前半坡屋面斜长的中点定运路值，一般前坡跨度 3～6 米者落运 5～7 厘米，即落 2 寸或 2 寸半。可依桷木的长短加以调整，长则可落得稍多；短则落得少。曲度大好看，但太大桷木会翘起、屋瓦也会下滑，因此，要适中。定好运路后，以薄板条弄弯草绘出此道曲线，看效果再做调整。三、报水，根据已确定的运水数值标定圆仔(檩条)的高度。

　　漳州地区的水卦图与剖面图(样板图)结合在一起,其算水程序为二道:一、加水。由地理师先定钱口高度(消水高度),须看顶皮标高。然后,大木匠师算加水,前后坡加水运水皆相同。加水须符合"天父寸白",一般祠堂加45-5(50%)水,以此确定中脊高度。二、运水,也是在前坡跨度的1/2位置进行运水设计,一般加45-5(50%)水时运水值为8～10厘米(12厘米少用)。(图6-1)

　　三明地区算水包含了加水与加小水两道程序:一、加水。民居、祠堂基本自3(30)起水,先定尾柱高(檐口柱),并符合"天父"尺寸。总体而言,多为30%～40%的坡度,前后坡统一算法,但坡长不同。二、加小水,是一种灵活的数值,使屋坡斜线成为一道曲线,其方法是"以加水后的坡度为基础,自檐口以总加水值为起点,往上依一定的比例提高每一根桁条的坡度(加水值)。如第一步(檐柱)不加,第二步+0.2(2)水,第三步+0.3(3)水,第四步+0.4(4)水,脊柱+0.5(5)水……由于步架值不均等,因此通过一个个桁条往上推,累加其升起值,最终达成整个屋面中间软一点,顺顺地往上弯上去的效果。"❶(图6-2)

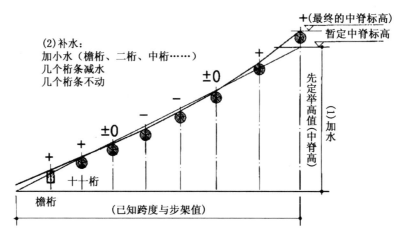

图6-2　福安雷师傅的算水程序示意图

　　闽东地区,其算水程序为:先定举高,即加水,再补水。其中,加水,一般民居与祠堂加6(60)水。中脊的高度要符合吉利尺寸,然后得出前檐(挑檐檩)高度。补水做法较为复杂,含小加水以及减水两个步骤。祠堂屋面呈现微凹形的双坡面。柱网位置根据地形及居住使用需求排布好后,就要进行"算水",以确定屋面的高度与曲线。"算水"时,先确定堂柱的高度,然后进行加水。在福州的木工口诀中,有一句"斜水加三三",意指每丈进深,垂直高度加三尺三,这样椽板与地面的角度约为18°,由此可以决定门柱的高度。接着对部分桁木进行适当的"加小水"和"减水",使屋面呈现优美的微凹曲线,小充柱或者充柱是减水最多的地方,最多可以减水八寸到一尺。一般而言,充柱和后步柱的斜度要大于步柱之间的斜度,堂柱大充间的斜度也大于大小充柱之间的斜度,这样有利于屋面排水顺畅。而门柱到檐口的屋面则开始向下压,其斜度小于门柱和步柱之间的斜度,有利于雨水的快速溅落。"斜水加三三"并不是绝对的,明代的屋面一般较缓,大致为加三,清后期屋面则较陡,大致加三五等,在亭子等建筑的屋面,甚至加六,以形成攒尖顶。❷(图6-3、图6-4)

　　闽东莆田地区,屋面坡度为起水,其程序为先定举高(起水),自中脊往下每缝回2分,具体包括:一、定水,一般民居与祠堂为50起水。为此,首先定中脊高度,计算方式是"前坡跨度×起水值=中脊加高的数值"。然后定檐口高度,依总体建筑具体情况综合考虑其檐口标高,再将"中脊加高值"加上檐口高度即为屋架的中脊标高。二、回水,使屋面产生曲度的方式仍是以起水得出的直斜线为基准,一般回两分水,自中脊高度往下每檩下降两分水的高度。(图6-5)

❶ 引自:张玉瑜.福建传统大木匠师技艺研究[M].南京:东南大学出版社,2010:68.
❷ 引自:阮章魁.福州地区木结构古建筑的梁架形制(一)[J].古建园林技术,2012(01):11.

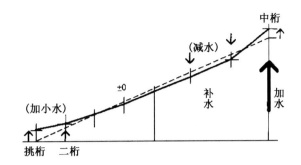

图 6-3 福安地区算水示意图

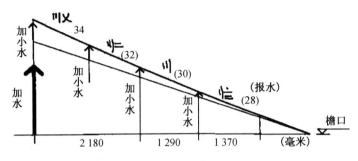

图 6-4 三明地区算水示意图

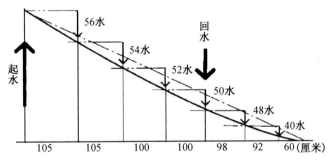

图 6-5 莆田地区算水示意图

再如闽北地区,屋面的曲坡度为水梁,其程序为:一、加水,加多少水称为水度,一般民居与祠堂是 3 分 8(38 水)到 5 分 5(55 分)。二、退水,每一步架的收水值不一样,大致是第一架 40 度,二架 55 度,三架 80 度等等。

基于上文,尽管闽海各地在水卦技艺中的用语、名称等方面有些不同,操作也略显差异,但总体的设计原理存在共通的特点❶:

(1)跨度——以前坡挑檐檩至中脊为距。由于福建传统民间建筑特别是民居、祠堂建筑,以悬山、硬山的两坡顶类型占多数,且其屋面都是前坡短而檐高、后坡长而檐低,因此,匠师在进行坡度设计与草算时,都是以前坡屋面为基准执行的,但画定稿时则需将前后坡一并绘制出来,以便标出每一檩条的标高。前后坡的计算方式相同,但因步架与板椽长度不同,所以造成了两坡屋面斜率的差异。

(2)举高值——以"加水"方式得出举高值与一道斜直的屋面坡线。

举高值即是高跨比,福建匠师以百分比表示此数值,谓之"加水"。加水值依建筑类型而定,各区匠师皆有其习惯使用的数值,如表 6-1 所示。

❶ 引自:张玉瑜. 福建传统大木匠师技艺研究[M]. 南京:东南大学出版社,2010:69.

表 6-1　福建各区匠师习用民居祠堂类屋面举高数值

地区		民居祠堂类建筑						
闽南	漳州市						45	50
	漳州龙海					40	45	
	泉州南安				38	40	45	
闽中	三明	25	28	30		40		
闽北	邵武				38	40		
闽东南	莆田						50	55
闽东	福安							60

数据来源:张玉瑜.福建传统大木匠师技艺研究[M].南京:东南大学出版社,2010:69.

上述表格的比值反映了民居、祠堂建筑的屋面较缓,且比值的数据差距稍大。同时,将这些比值与匠师所在区域对应起来,民居祠堂类建筑的举高值大致可分为三区片:一、举高值最低的是闽南山区片、闽中与闽北地区,其举高值相当于宋式整跨比的八分举起一分—五分举起一分(25～40 水)。二、闽南沿海地区的举高值相当于整跨比的五分举起一分—四分举起一分(40～50 水)。三、举高值较大的是闽东地区,相当于整跨比的四分—三分举起一分(60 水)。

(3) 屋面坡度先举后折——以斜直线为基础再下折或上加调整成曲线屋面。

屋面坡度设计的第二道程序则是在斜直线的屋面上进行微调,使其成为"上檐陡一点、中间弯一点、下檐缓一点"的曲度效果。这种微调都是以高跨比的方式去运算,匠师在每一步架的跨度与单一步架的举高值之间进行调整,然后每一步架都以其上(下折者)或下一步架(上加者)的值为基准再进行计算。

(4) 对"天父寸白"的讲究——檐口及中脊标高的尺寸规矩。

除了屋面坡度计算的基本方法外,匠师们多会强调中脊的总标高需符合"天父寸白"的规矩。

(5) 板椽——形成曲线而非折线。

6.1.2　点制篙尺

篙尺是闽海地区祠堂建筑及传统民居大木作最重要的工具之一,在大陆北方地区称为"杖杆"、广东潮汕地区称为"丈杆"、闽东地区称为"篙鲁"、闽中三明地区称"鲁杆"。

篙尺由设计房屋的大木匠师针对该屋的构架点制,即大木匠师将房屋的高度、进深、面阔和各种构件等用统一的尺寸系统地标注在木料上,利用篙尺上标注的记号来放样木构件尺寸、木构件上的榫卯位置,再进行大木构件的制作,是每栋建筑独一无二的营建尺。

篙尺主要记载构架内大部分构件的垂直距离,以符码交叠方式表现各构件之间的相互关系与设计构思。其内容以线型符号为主,实际上包括了整体屋架的形式、构材之间的相互关系及构材的实际尺寸。原则上以一副篙尺记录一落建筑的尺寸。匠师在落篙程序中,对柱、梁、楣等整个构架的设计和安排都是以三维立体的空间形象进行思考操作的。一副篙尺不仅涵盖了整座建筑构造的大部分信息,同时也通过层层分工的协作方式将篙尺上的设计符号转化为立体的构架关系,这一设计技艺与传统营造工匠技术培养的方式密切相关。对于大木匠师而言,这是其技艺中最为关键的技术内容。篙尺在传统建筑的营建中具有不可替代的地位,在设计阶段时制作,应用于营建工作,兼备放样、对比、栋架组合构成的功能。在建筑物完工之后,一般安置在步口檐处,也作为日后修缮参考之用。

篙尺是建筑构架尺寸的主要记录工具,它所记录的标示与建筑构架的尺寸为等比例关系,因此也是最全面反映建筑构件尺寸和比例关系的辅助工具。篙尺的绘制与建筑构件设计思考的顺序是一致的,侧样图与篙尺的绘制都是建筑设计的重要步骤,侧样图是反映构架剖面关系的图。

点制篙尺需要根据建筑物的尺寸及水卦图,篙尺与建筑物是采取1∶1的比例来绘制的。篙尺的制作是每到一处工地,架起新木马后在现场制作的。以单层建筑为例,篙尺的长度应略长于中柱,如明间中脊高7.36米,则篙尺总长约7.7米;若下段为石柱,则标画至无卯口的石柱上端为止,则长约4米左右……❶丈篙的杉木料需刨细,宽6～20厘米,厚约3厘米,长约4米,为四方形扁方木。❷ 辅以工具尺——"十三尺篙"用以丈量桁条、柱子等构件的长度,"六尺篙"用以量楣、梁等构件的长度。点制好后悬挂于工寮中或制作现场,悬挂高度以眼睛平视易看为准。篙尺一般多绘制在一面,但泉州匠派因其标画内容十分复杂精细,而有四面标画的传统。篙尺所标示的每个构件与实际建筑物的构件是严格采用1∶1的比例来制作的。

绘制篙尺的过程称为"落篙"。传统篙尺不仅涵盖了整栋建筑构架的绝大部分信息,同时也通过层层分工的协作方式将篙尺上的设计符号转化成立体的构架关系,这一设计技艺与传统营造工匠技术培养的方式密切相关。对大木匠师而言,这是其技艺中最为关键的技术内容。落篙之前匠师已经对整体建筑的平面柱网、体量尺度、造价与细部做法有了通盘的设想,另外还需掌握柱子与穿入柱身之数根大通梁的粗胚尺寸以及檩条标高(亦即需先进行屋面坡度的设计)才能进行落篙设计,落篙的顺序即大木匠师进行建筑设计的思考程序,多依构件在扇架上的标高顺序,自中脊往下画至柱脚,然后将之标画出来。具体而言,根据画水卦的报水、推算中梁及梁架各个部分的高度,由中梁往下点制到屋顶通随,依构件在栋架空间上的标高以及与柱子的关系按顺序标在篙尺上。自上而下至大通之后,再于最后一架檩的位置往回检视计算。大通为一个尺寸控制点。先从脊圆皮面起点,将整条脊柱所有的构件,用各种代号在篙尺的左角上点制成一条直线,然后点制付圆、青圆、步圆等,每圆都从圆皮面起点,将所有的构件在同一面的篙尺上点制成一条直线。每路每丛柱身的构件,也点制在同一篙尺面上。

如闽东福安地区将建筑进深方向的一榀构架称为一扇,五开间的建筑则有六扇构架,自边扇起称为一到六扇。由于建筑两侧有升起,柱子的标高也因此不同,所以,每扇构架会有小的差异,而构架以中轴对称,因此,一、六扇的篙尺标示相同,二、五扇的篙尺标示相同,三、四扇的篙尺标示相同。而在篙尺上,则将其分为三个区,将三组数据分别标识在三个区域上。如最左边为一、六扇尺寸,中间为二、五扇尺寸,最右边为三、四扇尺寸,同时在中间一列还会注上二、五字样。

另外,闽东南莆田与泉州地区又特别强调明间的构架,匠师将中脊位置的构架标画在篙尺的中间区域,然后以中脊为主,篙尺左半边标画前坡的构架,右半边为后坡构架。其标画都是兼及纵横两向构架的,并且也会将其他扇架的相异之处标示或说明出来。如大木匠师吴庆泉的篙尺内容以明间(厅)的构架为主,除了表现横剖立面之外还兼及纵向的构架。如明间、次间有不同的做法则会标画或说明。闽中三明地区的篙尺则不见前后坡的区分,亦无与对应构架相对固定的标示区域。❸

篙尺的标画中还有一部分为文字内容,一般表示此线段代表的构件名称,有时还具有做法说明的作用,如莆田地区的"承水两头束打柴":指承水(檐擦)位置的水束构件之两端头皆为出柴做法;"三厅二节"指三开间皆有重檐做法,且高度尺寸相等……虽然各区篙尺的文字标注繁简不一,但基本上皆与其构架的繁简情况相对应的。❹

以福州为中心的闽东南部地区的一个木工尺合30公分,大木工匠采用的尺子一般是自己制作的曲尺,大曲尺长边2尺,短边1尺,而小的曲尺则大小不等。木工的尺寸数字记号与汉字的数字文字不同,有自己的独特写法(表6-2)。❺

❶ 引自:张玉瑜、朱光亚. 福建大木作篙尺技艺抢救性研究[J]. 古建园林技术,2005(3):3.
❷ 引自:乔迅翔. 杖杆法与篙尺法[J]. 古建园林技术,2012(3):30.
❸ 引自:张玉瑜、朱光亚. 福建大木作篙尺技艺抢救性研究[J]. 古建园林技术,2005(3):4.
❹ 引自:张玉瑜、朱光亚. 福建大木作篙尺技艺抢救性研究[J]. 古建园林技术,2005(3):5.
❺ 引自:阮章魁. 福州地区木结构古建筑的梁架形制(一)[J]. 古建园林技术,2012(1):7-12.

表6-2　福州地区木工数字记号对照表

1	2	3	4	5	6	7	8	9	10	二尺八	三尺四
一	二	三		为	⊥	亠	亖	久	十	‖亖	川×

再如上文闽东南的莆田地区的吴庆泉大木匠师的篙尺中有一些符号，并还留有线条及文字。其中文字内容分为两部分：一、构件名称。如脊头即中脊；脊束束尾；斗分为九斗、八斗、七斗、六斗、五斗等；桁并圭，即桁条下方的三舌圭；云卓、云士即驼峰等等。二、做法。如"…带…"指"加上"，如云卓式带加科。"…并…"指"此构件与彼构件高度相等"，如"云卓并脊下两头栱"。"三厅"指此建筑有三开间，而"此一构件三开间皆有并等高"如"三厅后楣梁身"（指厅、房的后楣梁身等高）。以文字附加说明，如前楣房科头走邦、前充桁并圭、房连替、厅带圭等。

篙尺的符号代表具体的含义，如吴庆泉师傅的篙尺符号与泉州南安梁明夏大木匠师的篙尺符号释义（表6-3、表6-4）。

表6-3　泉州师傅吴庆泉篙尺符号释义

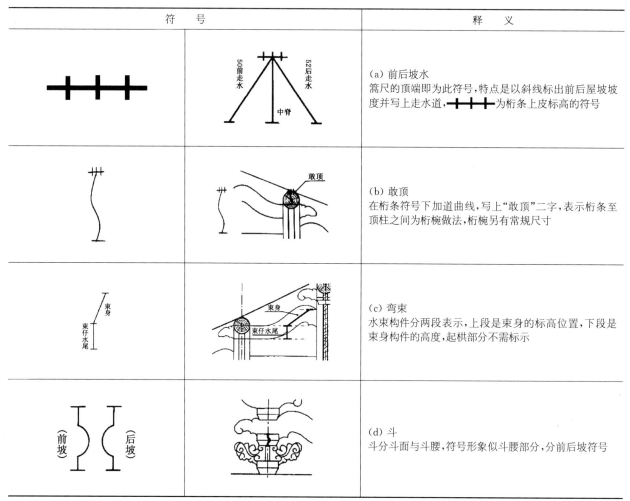

符　号		释　义
	50前走水　52后走水　中脊	(a) 前后坡水 篙尺的顶端即为此符号，特点是以斜线标出前后屋坡坡度并写上走水道，╪╪╪为桁条上皮标高的符号
	敢顶	(b) 敢顶 在桁条符号下加道曲线，写上"敢顶"二字，表示桁条至顶柱之间为桁椀做法，桁椀另有常规尺寸
束身　束仔水尾	束身　束仔水尾	(c) 弯束 水束构件分两段表示，上段是束身的标高位置，下段是束身构件的高度，起栱部分不需标示
（前坡）（后坡）		(d) 斗 斗分斗面与斗腰，符号形象似斗腰部分，分前后坡符号

资料来源：张玉瑜. 福建传统大木匠师技艺研究[M]. 南京：东南大学出版社，2010：78.

而泉州南安地区，据梁明夏大木匠师介绍，梁师傅的篙尺一般长4米左右（仅标画至木柱为止，通常下段为石柱），选一根3×10—12厘米较直的桷料，其上四面皆标画，若五开间或构架较复杂则画2根篙尺。标画的分区方式是大面画厅间（明间）点进柱与港间（次间）的构架；侧面一边画门楣的构架（即大门头/三弯五弯），另一边画上尺寸当营造尺用，于整尺位置标写大写的"壹、贰、叁"等。构架较复杂的在第二根篙尺上标画四路、付港（歇山山面构架）、斜港（45度角梁构架）等。其符号释义如图6-6所示。

表6-4　泉州南安梁明夏大木匠师篙尺符号释义

符号							
构件	圆仔(桁条)	梁	卯洞位置	钱口(挑檐)	斗扎	升起	作榫
解释	以斜线分前后坡,圆圈为红笔符号,起醒目作用	只圆作梁两侧削下去的形象	此部分要凿洞	分前后坡	因此部分有受力作用,故需标出	斜线表述栱的升起值	此处要挖卯洞

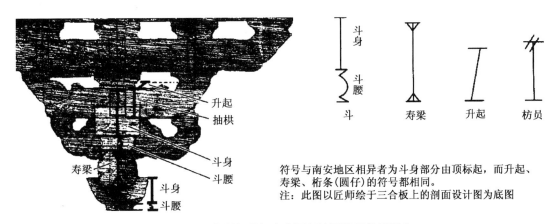

水　束

一个水束构件包含两段符号,一是束头的总高度,一是束尾的总高度

斗　栱

斗栱组包含升起、栱身、斗扎三段线条符号,斗扎通常有固定的尺寸,如3~4寸
注:左图以匠师手绘栋路图为底稿

资料来源:张玉瑜.福建传统大木匠师技艺研究[M].南京:东南大学出版社,2010:88.

符号与南安地区相异者为斗身部分由顶标起,而升起、
寿梁、桁条(圆仔)的符号都相同。
注:此图以匠师绘于三合板上的剖面设计图为底图

图6-6　泉州梁世智大木匠师结网篙尺符号释义

资料来源:张玉瑜.福建传统大木匠师技艺研究[M].南京:东南大学出版社,2010:91.

　　一个木工工场,以大木工匠的曲尺为准。大木工匠,被称为"呼樯",作为整座建筑的总设计师,根据场地的大小排布柱网结构,规划建筑的形制,并进行"水篙"的制作,配合口口相传的木工口诀,就可以进行整座建筑的设计,不需绘制图纸。闽海地区的"水篙"是一根细长的木杆,状似竹篙,与堂柱等长。大木工匠用墨线在其四面自上而下绘制各种符号,以标记各个构件的位置以及穿插关系、尺寸限定等,而其他工匠则根据"水篙"所画的尺寸加工构件并安装建设。一般一个相对的榀架画各个面的记号,如明间榀架画一个面,次间榀架画一个面,七开间的榀架只需画三个面,剩下一个面绘其他的构件记号作为补充。有的大木工匠会少画一些面,而将榀架的变化记在头脑中,在加工构件时进行少许的调整。也有的大木工匠在画三开间的水篙时,只取平滑的椽板正反面做标志。

　　水篙上标志的主要是柱与柱之间横向连接的穿枋,包括行木、烛仔、蝴蝶四等的位置关系,符号的大小与实际木构件的加工尺寸相同。标志符号在水篙上呈列状分布,堂柱两侧的穿枋画在中间,两侧分别绘制副柱、充柱等的穿枋卯口的位置。穿枋卯口位置的符号用Ⅰ(长工形)来表示,在穿枋符号上方,有一

些小的斜线标志,如"/"(单条短斜线)表示该穿枋处于落地柱上,"//"(双条短斜线)表示该穿枋处于矮筒上。

对于进深的掌握,大木工匠口诀有"七不过五""五不过三""三不过二",七柱的楄架前后门柱距离不超过五丈,五柱的楄架前后门柱距离不超过三丈,三柱的楄架前后门柱距离不超过二丈,这样可以控制柱间距离不致过大,影响结构安全。大木工匠还用一种门金尺,即鲁班尺,1鲁班尺=1.44尺。尺上标注"财""病""离""义""官""劫""害""本"八个字,在进行尺寸设定时,一般总是要选择尺寸落在"财""义""官""本"这四个吉字之间,而不能落在其他四个凶字上。特别是门窗等的尺寸,大门一般要选择"义""官"字,厢房的门窗则多选择"财""本"字。❶

对于台湾地区而言,匠师绘篙通常不落文字,以一系列记号来标示。(图6-7、图6-8)

图6-7　陈允北匠师制作的篙尺(以第13～14尺为例)

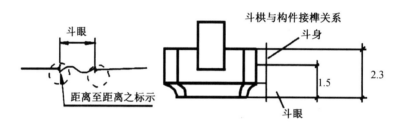

图6-8　斗眼的位置与篙尺绘制示意图

如图6-7～图6-9所示,篙尺为1:1的比例,其中,标出了构件尺寸以及各构件之间相互存在的关系,篙尺辅充架扇图(侧面图)的不足,篙尺显示的是三维空间的思维方式,所以,台湾学者徐裕健认为"我们将匠师的落篙程序更深入一层地说为——设计思考程序,较为符合匠师落篙的精神"。篙尺一般为各柱匠师于工地所遵守的尺寸原则,因此,台湾的篙尺与大陆一样,其所标注的尺寸必须精准到足够成为施工的依据。台湾篙尺的制作由上而下,同一面篙尺上分别绘制出中脊楄、前二副楄、后二副楄、前三副楄、后三副楄、前四副楄、后四副楄等位置和尺寸,以及各相关构件以其相互之间关系的位置。(图6-9、图6-10)

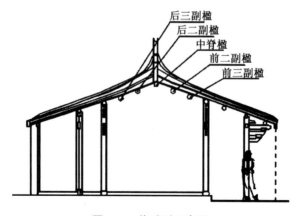

图6-9　前后副示意图

❶ 引自:阮章魁. 福州地区木结构古建筑的梁架形制(一)[J].古建园林技术,2012(01):7-12.

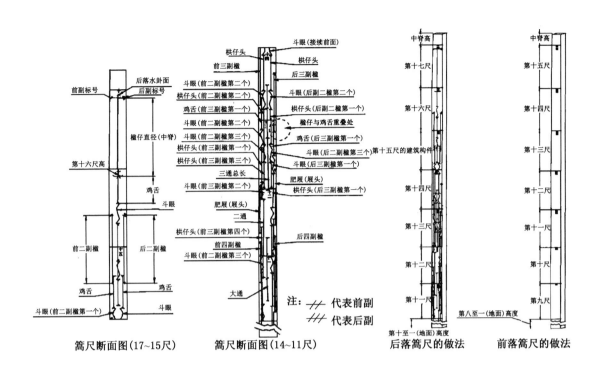

篙尺断面图(17~15尺)　　篙尺断面图(14~11尺)　　后落篙尺的做法　　前落篙尺的做法

后落篙尺的做法

图6-10　篙尺的正反面做法

6.1.3　台湾打图

在台湾地区,通常会绘制侧样图及平面图,并辅以文字,对此,台湾匠师称之为"打图"。其中侧样图类似于水卦图,比例为1:10。匠师以尺为丈、以寸为尺、以分为寸、以厘为分、以毫为厘来绘制一份1:10比例的侧面样图,除了表现构件的节点外,更重要的是尺寸的沟通以及营造上的禁忌,都须通过图面来解决。关于营建尺寸的记录以及工时的计算等,匠师采用"唐人字"的方式来进行数字的书写。(图6-11、图6-12、图6-13)

　(一)　(二)　(三)　(四)(五)(六)(七)(八)(九)(十)
　　|　　II或二　III或三　乂　8　上　二　三　文　十或0

图6-11　唐人字的写法

对于平面图,其比例也为1:10,此图主要标示出柱位、墙位、门位、地坪高差、分尽显等位置,同时对于空间水平尺寸的标示,包括面阔与进深(图6-14)。

对于图纸尺寸的标注,台湾地区祠堂建筑属于架栋建筑,营建尺寸以柱中到柱中的度量数值为主。据金门金湖镇大木匠师陈顺清的表述,"祠堂属于栋架起,一定要以中心线(如柱中)为准,凡事不离中,中即宗也,也就是天地的规律,代表的是一。民宅就不一样,民宅都是以墙内以及包外尺寸计算,祠堂就一定以中为主,所谓中对中观念原则。祠堂除了盘线,还有架栋中心线,这两条线出来之后,表示正厅宽的尺寸已出来"。

对于间架数与高度的关系,遵循"九不过七,七不过五"的比例原则,即七架不可超过高度一丈五尺,九架不可超过一丈七尺。由房屋的架数来控制建筑物的高度,形成一个适宜的、充满视觉美感的整体比例关系。金门大木匠师杨再兴认为:"由地基来算架数、总深宽以及高,有多深宽才有多高,如20尺7架,

30尺9架,小七架即为五架,架即格局。"另外,据台湾学者们的研究,金门匠师配尺寸并不需要考虑"寸白",对于"尺"的尺寸限制却另有一套依循法则:匠师对于基地规模大小,先计划出建筑物的格局(架数),而此格局又深深影响着建筑的尺度。

对于整体比例的控制则遵循"天父压地母、地母压天父"的口诀,即祠堂高度(天父)大于宽度(地母),深度(地母)要大于高度(天父)。

金门匠师将屋卦斜度称为"加水"或"退水",台湾习称为"水卦"。"屋卦斜度"称为"加水",金门大木匠师王呈祥认为:加水需要看整体比例,如三水,加四五等。首先看总宽多少先对分,再看要加多少(如果加四五则一尺加四寸半,一丈加四尺半,以此类推)。从后寮墙的高以及从后寮墙算过来的净宽对半,高度看要加多少再加。前坡一定要再比后坡仰3~4寸。前面一定要高于后面(指的是屋坡),但不要仰太

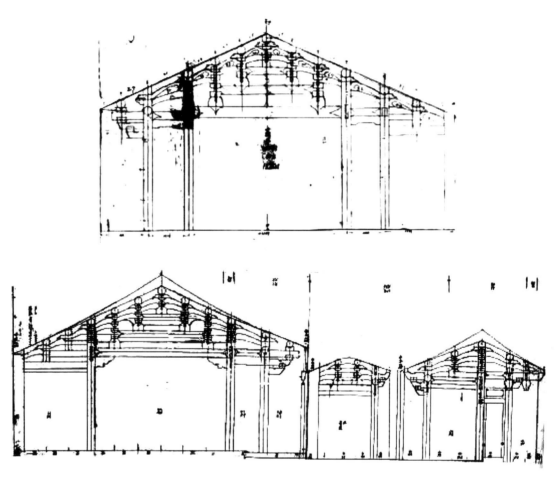

图6-12　大木匠师陈允北手绘家庙侧样图稿

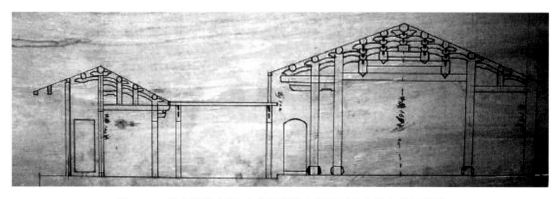

图6-13　洋山陈氏宗祠,大木匠师蔡水燐绘制在夹板上的侧样图

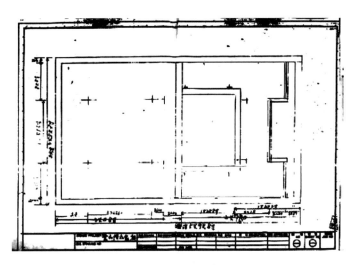

图 6-14　洋山陈氏宗祠平面图

多,以免出现"倒翻狮"。前面要比较短,后面要拖,一般短 8 寸左右。而金门大木作匠师杨再兴认为:"在金门所谓退水,就是加水,屋越小则退水越少。九架则加水三尺半,指的是后寮桷桶面到中脊底的高度。十一架则加水三尺八。十五架则加水四尺。长度越长则加水越多。深与宽都要配合,有多深就要配多宽。"(图 6-15)

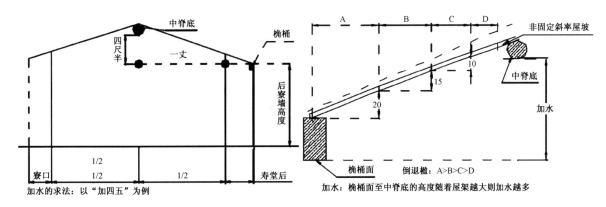

图 6-15　金门祠堂加水求法示意图(左)与屋架加水示意图(右)

由此可知,加水多少与屋架大小有关,屋架越大则加水越多,即屋顶的坡度也就越陡,并且,屋坡有阴阳坡之别,"前坡一定要高于后坡,后坡要长于前坡"。金门现在采用算水的匠师已很少,通过采用尺子,从捧钱面上面到中脊上面弯曲画出弧度,要起造时,只要依据这条比例大样板即可。加水处理的方法,可以归纳为:一、加水要视建筑物整体比例计算,如九架屋加水 35(三尺半)。二、前坡要高于后坡(通常前坡仰约 3~4 寸),后坡长于前坡(相差约 8 寸)。三、祠堂加水要比民宅多,一般祠堂加水 55 或 5,而民宅为 45。而且后坡加水又须多于前坡,如后坡加 45,前坡则为 35 即可。四、前檐一般会较后檐高约尺一、尺二,前檐也需考虑"见白"的尺寸。五、家庙祠堂的屋架举高是由若干折线所形成,即为"揾水",宋代营造法式中称为"举折"。六、大木匠师手绘水卦图时,图线的上方会另外增加一条线,这是必须预留水挂线上的空间(台湾地区称为起翘)的标示。就是用"瓦舌"(即做起翘塞缝用的瓦片,匠师称之为瓦舌)去叠砌到所标示的弧度线。

对于寸白的推算,就台湾地区的祠堂建筑而言,有着一套有别于福建的做法。台湾本岛在闽南沿海地区推算的基础上,进一步增加了调整,形成了吉利推算法,其数值需要经过五行本体的相生相克来推演,才能得出最终的数值。以陈允北匠师规划营造的祠堂为例,该祠堂坐向"坐辛乙兼巽乾"。陈师傅配的尺寸为:天父(2、4、6),地母(2、4、9)。天父包括:后落后高(桷桶面到地面)1 丈 1 尺 2;捧钱底(封檐板底面至地面)1丈2尺2;两廊后高1丈0尺4;前落后高1丈0尺2;中脊高1丈8尺2。门高8尺6寸。地母包括:寿堂后深7尺2;后落厅深1丈2尺4;寮口深4尺9;四点金柱距离(深)4尺2。祠堂尺寸规划以柱中至柱中,墙路不算白,但总加起来的面阔与进深都需符合白的数值。(图6-15、图6-16,表6-5)

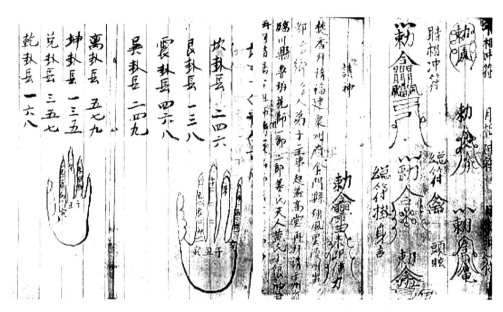

图6-16　指诀与看字便用诀(大木,寸白簿)

资料参考:许雅惠. 金门家庙建筑营造技艺之研究[D]. 云林:云林科技大学,2003.

表6-5　台湾本岛与金门寸白的推算比较

步骤	台湾本岛推算	金门推算
一、纳卦	经由纳甲法口诀,得知为"巽卦"。 纳甲法口诀:乾卦纳甲,震卦纳庚亥卯未,艮卦纳丙,离卦纳壬寅午戌,坤卦纳乙,巽卦纳辛,兑卦纳丁巳酉丑,坎卦纳癸申子辰	经由纳甲法口诀,得知为"巽卦"。 纳甲法口诀:乾纳甲,坤纳乙,艮纳丙,巽纳辛,坎纳癸申子辰,离纳壬寅午戌,震纳庚亥卯未,兑纳丁巳酉丑
二、天父寸白	天父寸白口诀:乾四震七赤,巽五坎二黑,兑为九紫宫。离八坤三碧,天父如卦法,以合白。 九星序诗云口诀:一白水、二黑土、三碧木、四绿木、五黄土、六白金、七赤金、八白土、九紫火。其中三白为大吉,四绿与九紫为次吉。 因此,巽卦由"五黄土"起算一,得知天父大吉数字为:2、4、6,次吉为5、9	天父寸白口诀:坎二黑、坤三碧、乾四绿、巽五黄、艮六白、震七赤、离八白、兑九紫、乾一白。"巽卦"五黄开始数一,逢白便吉,因此天父吉利数字为2、4、6
三、配合方位与尺白的五行属性与比和、生入、克出,求得最终吉利数字	五行属性口诀:正体五行,寅甲卯乙巽宫木,巳丙午丁南方火,申庚酉辛干金全,亥壬子癸大江水,辰戌丑未艮坤土。由此,巽卦方位五行属"木"。 由九星序诗云口诀:一白水、二黑土、三碧木、四绿木、五黄土、六白金、七赤金、八白土、九紫火。从中找出尺白五行属性。 五行相生、相克只有"比和、生入、克出可用"	

卦别	天父卦				
初步吉利数字	一白	四绿	六白	八白	九紫
	6	9	2	4	5
方位五行属性(巽山)	木	木	木	木	木
尺白五行属性	水	木	金	土	火
生克关系	相生	比和	克入	克出	生出
吉凶	吉	吉	凶	吉	凶
最终吉利数字	天父可用数值:4、6、9				

步骤	台湾本岛推算	金门推算
四、地母寸白	地母寸白口诀：乾起一白、离起二黑、震宫三碧、兑起四绿、坎起五黄、坤起六白、巽起七赤、艮起八白。"巽卦"由七赤起算，求得大吉数字为：2、4、9；次吉为3、7	地母寸白口诀：乾一白、离二黑、震三碧、兑四绿、坎五黄、坤六白、巽七赤、艮八白、兑九紫。"巽卦"由巽七赤起算，求得吉利数字为：2、4、9

步骤							金门推算

五、配合方位与尺白的五行属性与比和、生入、克出，求得最终吉利数字	卦别	地母卦					
		一白	四绿	六白	八白	九紫	
	初步吉利数字	4	7	9	2	3	
	方位五行属性(巽山)	木	木	木	木	木	
	尺白五行属性	水	木	金	土	火	
	生克关系	相生	比和	克入	克出	生出	
	吉凶	吉	吉	凶	吉	凶	
	最终吉利数字	地母可用数值：2、4、7					

资料参考：许雅惠. 金门家庙建筑营造技艺之研究[D]. 云林：台湾云林科技大学，2003：115-116.

　　关于台湾本岛与金门的祠堂大木作尺寸除了前文的论述外，还需遵循一些约定俗成的规则：一、尺寸都不能为"齐头尺"。二、墙路(壁路)都不算白，其可作为计算寸白尺寸的伸缩之用。三、房屋格局要与用地相匹配。四、祠堂空间的尺寸是以"柱中至柱中的尺寸，及柱中至内墙尺寸，都需留白"。五、需要遵循天父要求的尺寸主要有：中脊底面至地面的高度、捧钱底面(封檐板底)至地面高度、后寮桷桶底面至地面高度。六、地母方面主要包括：前落深度、后落深度及包括外尺寸都要有"白"。两廊深度不能超过正厅的深度。总面阔(含外墙厚度)需有"白"，前落面阔要小于后落面阔，即所谓"包"的含义。

　　深度前后比例方面，由中脊中心到檐板线(捧钱面或捧檐板)(b)，一定要小于中脊中心到寿堂外墙(a)，两者长度相差20~30厘米左右。捧钱一般要缩出料(五层料)的檐板线10厘米，这是为了滴水滴不到大砖石，后寮墙到中脊中心(c)大于中脊中心到捧钱面(d)。两廊面阔加10厘米的出料的总长(e)，加上前落深度(f)，必须小于(c)+(d)，即(d+c)大于(f+e)。对此，金门地区有两种说法：第一，两者相差15厘米；第二，两者一样。(图6-17)

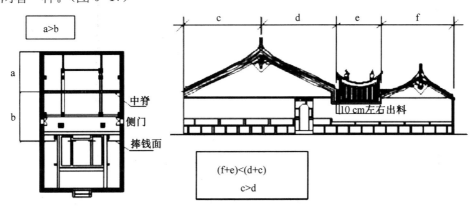

图6-17　配厝计算建筑物比例关系图

6.2　大木施工

　　众所周知，我国传统建筑中常出现两种构架形式，其一为抬梁式构架，其二为穿斗式构架。穿斗式木构架以柱直接承檩，没有梁，原作穿兜架，后简化为"穿逗架"和"穿斗架"。穿斗式构架的特点是沿房屋的进深方向按檩数立一排柱，每柱上架一檩，檩上布椽，屋面荷载直接由檩传至柱，不用梁。每排柱子靠穿透柱身的穿枋横向贯穿起来,成一榀构架。每两榀构架之间使用斗枋和纤子连接起来,形成一间房间的空间构架。斗枋用在檐柱柱头之间,形如抬梁构架中的阑额;纤子用在内柱之间。斗枋、纤子往往兼作房屋阁楼的龙骨。穿斗式构架是一种轻型构架,柱径一般为20~30厘米;穿枋断面不过6×12~10×20平方厘米;檩距一般在100厘米以内;椽的用料也较细。椽上直接铺瓦,不加望板、望砖。屋顶重量较轻,有优良的防震性能。

闽南及台湾地区传统建筑常使用一种介于抬梁式与穿斗式构架之间的混合构架,即插梁式构架。其特点是承重梁的两端插入柱身(一端或两端插入),与抬梁式构架的承重梁压在柱头上不同,与穿斗式构架以柱直接承檩、柱间无承重梁、仅有拉接用的穿枋的形式也不同。这种结构体系在我国南方地区,如浙、闽、粤等地民间一些重要建筑中常出现。

插梁式构架在闽南称为"五架坐梁式栋架"。闽南称木构架为栋架、栋路、大栋架、大屋架。明间的横向构架称为中路栋、正路栋,次间的为四路栋,有东四路、西四路之分;若为五开间的房屋,尽间的梁架称六路栋,两山梁架为壁路栋;四导水(歇山顶、庑殿顶)两山的梁架称边路栋、边掩、掩路栋、掩栋路。

关于构架设计,福建各地区构架与构件做法存在一定的差异,基本上形成了闽南、闽东、闽北与闽西四大区域,其构架特征及其挑檐类型如表6-6所示:

表6-6　福建传统木构架的区系特点

分区	主要梁架类型	构架主要特征	挑檐类型
闽南	圆作直梁	插栱、替木、看架式屋内额	插栱式挑檐
闽东	扁作直梁	插栱、看架、托架梁式大屋内额	插栱式挑檐
闽西	扁作月梁	副檩、顺脊串、托架梁、顺身串式屋额	斜撑式挑头挑檐
闽北	直梁月梁混合区	副檩、顺脊串、托架梁、顺身串式屋额	混合式

资料来源:张玉瑜. 福建传统大木匠师技艺研究[M]. 南京:东南大学出版社,2010:34.

以福州为中心的闽东地区,其梁架横向(进深方向)结构是穿斗式结构的核心。横向的榀梁结构在闽东地区称为"扇"。扇是由扁方形的穿枋将不同高度立柱串成片的支撑结构,同时可以安装灰墙用于分割室内空间。根据屋子的深度,通常扇面由五或七根立柱构成,称为进深五柱、进深七柱。多组基本结构相同的扇面平行排列,构成不同的开间布局,民间有"四扇三""六扇五"的说法。纵向(面阔方向)结构,则将多个扇面并联在一起,形成完整的结构空间。除了檩木连接外,在厅堂或次稍间敞廊的前门柱、前充柱、后充柱及后门柱,均有纵向的枋木相连,而次间、稍间的厢房中则只有门窗之上的枋木相连。厅堂及敞廊枋木,是闽东祠堂建筑中装饰的重点。如连江丹阳坂顶村杜堂三落厝郑氏宗祠,就是典型的穿斗式屋架。该宗祠始建于明代正德年间,现为清代遗物,为面阔五间二落四合院式建筑,其正厅为三开间七步架大厝,稍间为典型的穿斗式,明间为抬梁形式,但实质为穿斗屋架,并施减柱法,减去了明间的四根金柱,使得正厅开间宽阔(图6-18)。

图6-18　连江丹阳坂顶村杜堂三落厝郑氏宗祠

对于闽南及台湾地区而言,其梁架结构大多采用砌上明造,宗祠正堂通常为五架坐梁式栋架,底部大通一般为4个或6个步架,一般插入前后盒柱中,其上立瓜筒(或叠斗、狮座等)承托二通,二通较大通短两个步架断面尺寸亦略小些。二通之上再立瓜筒或叠斗承托三通。三通中央置瓜筒或叠斗承托脊檩。五架坐梁的另一个特点是以叠斗抬梁,即构架以层层叠叠的斗代替瓜筒,斗上直接承托檩。以叠斗代替瓜筒的构架,称为叠斗式木构架,是闽、粤、台寺庙、祠堂、大宅最典型的木构架。而门厅等次要的建筑中则用规格较低点的"二通三瓜"构成。而联系左右两缝梁架的纵架,即阑额或内额上的构架,在闽东南沿海地区又被叫作"看架"或"排架"。通常做法是在门柱、寿梁或枋之上置二、四、五或六个坐斗,斗两侧有时施以斗抱(斗座),斗之上施连续的弯枋,其上再承托一斗三升、素枋等,再上为圆引,直至圆仔下。看架中大通位置较低,纵向上的门楣、阑额等也随之降低,其上再设以斗栱、弯枋、连栱等构件形成了较为虚空的结构,有利于闽东南沿海地区及台湾地区湿热气候的通风需求,既通透又美观。纵架的特色在于"弯枋"构件的运用。对于这种独特的式样的缘由,曹春平先生认为:"江南的宋元建筑,扶壁栱多为单斗素枋或单栱素枋层叠的做法。在闽南地区,发展出素枋做成弯栱的形式,额枋与檩间的距离也比较大,形成比较空透的立面效果,是扶壁栱古法的延续及变形。"

具体而言大木作祠堂建筑主要有:一、栋路。具体包括立柱、步架、举架、榫卯等。二、斗栱。三、枋类构件。四、檩椽构件。五、其他构件。其间因福建地区方言种类繁多,各区大木匠师对木构架的称谓也各不相同(见表6-7、表6-8),为了便于论述,本研究以闽南地区的称谓为主。(图6-19、图6-20)

表6-7 福建各地构架称谓表

地区	构架称谓
闽南地区	称为栋架或木屋架;称明间的横向构架为"中路栋",次间为"四路栋""前廊半架"以及"后轩半架"等
莆田地区	称为道架
闽北邵武	称为扇(搧)架,称屋架的横向构架一整片为一扇、二扇、三扇……
闽东福州、福安地区	称为扇(搧)架,称屋架的横向构架一整片为一扇、二扇、三扇……
闽中三明地区	称每一榀横向屋架为"并"(枅),如乙并、二并、三并……

表6-8 台湾地区部分构件名称及形态特征

台湾名称	宋式或其他名称	形态特征
通梁	托梁(虹梁)	卵形断面,上下有板路削平
束木	月梁(剳牵)	卵形断面,向上弯曲,有时一端略高
寿梁排楼	额枋补间铺作	以连续斗栱或一斗三升及弯枋叠成
灯梁	灯梁	在厅堂内独立梁,以悬挂灯
鸡舌	压跳(机)	在桁之下,呈尖头形,并有反勾
栱	栱	栱身较富曲线,未成定制
斗	斗	斗敝呈曲线,下有皿板线条
蜀柱	瓜柱	呈上小下大瓜形,外观常有瓣
梭栓	柱	上部与下部皆施卷杀
包袱彩书	包巾彩书	在大梁上续以锦纹包袱图案

资料来源:李乾朗.从大木结构探索台湾民居与闽、粤古建筑之渊源[C]//中国传统民居与文化(第七辑):中国民居第七届学术会议论文集.太原:山西科技出版社,1996:13.

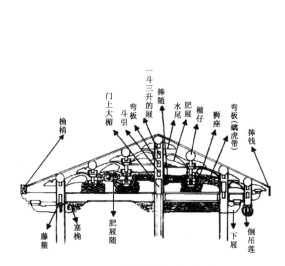

图 6-19　前落构件细部名称图

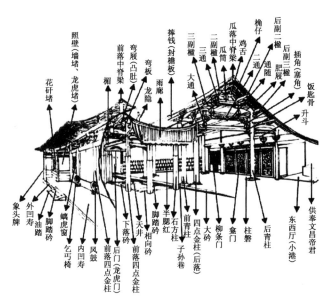

图 6-20　金门祠堂家庙剖面构件名称示意图

6.2.1　栋路

（1）立柱

对于以福州为中心的闽东地区而言,其穿斗式构架的立柱,以中间堂柱为界,往两边为充柱、门柱。根据进深,还安装有不落地的蜀柱,称为矮筒,按位置不同,又称为副柱、步柱等。桁(檩,檐口的檩木称为橑)间距约为100～120厘米,这个距离有利于椽板适度弯曲,且足够承载瓦片的重量,因此步架间距也必须调整在100～120厘米之间。在七柱构架中,又根据进深,排布不同数量的矮筒,可分为七柱全缝与七柱半缝结构。七柱全缝的构架属于完整的七柱进深结构,适合营造大体量的建筑,因此也具有相对高的等级身份,而七柱半缝则是在仅有五柱进深体量的建筑中排入七柱构架,以提升所谓的等级身份。如前文的漈下甘氏宗祠、屏南代溪镇康里村郑公祠主厅则为七柱全缝的结构形态。而连江丹阳坂顶村杜堂三落厝郑氏宗祠就是典型的七柱半缝的结构形式。全缝的构架在堂柱和大充柱之间以及在大充柱和小充柱之间均立有副柱,而半缝的构架仅在堂柱和大充柱之间立有副柱,在充柱与门柱之间一般立有两根不落地的步柱,形成密集的柱网结构,虽然达到排布七柱进深的目的,但较浪费木材。也有的建筑,明间、次间的架构稍有不同,明间使用全套的构架,次间则进行减柱,以达到省料的目的。一个榀架的立柱数量为奇数,以五、七居多,在门头房或小型结构中也有用三柱的。在带前廊檐的缝架中,前步柱成为卷棚轩廊的支撑结构,而后小充与后门柱之间的后步柱则同时跨在后行上,在比较讲究的建筑中,厅堂的后小充与后门柱之间也做卷棚,后步柱则成为卷棚轩廊的支撑结构。除前廊外,立柱的两侧均做抱框,称为贴翅。因杉木自下而上树径缩小,为保证门扇开合,安装灰板壁,均需制作贴翅使框内平面周正。有的建筑的前后檐使用垂柱托檐檩,这种垂柱称为悬充,一般在前檐悬充下部雕刻花篮、人物等造型。带阁楼建筑的走马廊悬于门柱之外,走马廊装有水柱,水柱不落地,底部倒悬莲花柱头,也有落地的,成为廊柱,但不计入五柱或七柱。

闽东祠堂木构架建筑的落地立柱一般为圆形,取整根福杉制成,直径约20～30厘米,在较大体量的单体建筑中,前门柱一般为方形,耗材较大,可达40厘米见方,也彰显了主人的财力。明间副柱与前步柱面向厅堂的一边多做平面,取其工整造型,而面向厢房的一面仍为圆形,截面多数为扁方形,后步柱截面一般做圆形,次间扇面的副柱与步柱都做圆形。(图6-21)

对于闽南及台湾地区的祠堂而言,栋架的尺寸的顺序为:木柱、大通、中脊、二通、步通、正屐,所有枋材、副屐(栱)。其中,柱径是木构架整体尺寸的基准。柱子在穿斗式体系中地位重要,整个木构架中纵横四向的梁枋构件皆与木柱发生关系,因此,在大木匠师心中,柱子即是具体空间位置的代表,一切的设计都从此开始。

图6-21　连江杜堂郑氏宗祠与福鼎西昆村孔氏家庙

　　柱子根据其所在位置的不同,有不同的称谓。前后檐柱在闽南称为步柱,步柱以内的金柱称为青柱,位于梁架中间支撑脊檩的中柱称为脊柱。柱的断面一般为圆形或者方形,圆形应用较多,而方形一般应用于走廊、护厝等。除此之外,还有的截面为梅花形,称为梅花柱。按照既定的寸白,以水尾为基准点,到屋脊处的屋面坡度的比例来推算立柱的高度,一般为坡度尺寸的3‰~3.5‰。柱身采用收分直柱,收分约为柱径的1‰。柱与柱础之间的连接有平接和榫接两种,榫接是榫与柱础相连,而卯在柱子上。柱头榫卯形式是根据木构架构造而定。如果柱子上端直接承檩,则以柱包檩的形式开榫,将柱顶挖出与檩相配的弧形,并留有凸榫进行固定。檩下方两侧也要挖出与柱顶相配的两个弧形,使两个构件咬合在一起。如果柱顶不直接承檩,一般以坐斗承接,则需将柱顶做凸榫,顶在坐斗下的卯眼上,坐斗上承檩并与鸡舌连接。❶（图6-22）

图6-22　大田县大华镇小华村广崇堂

　　柱子在构架中地位缘于榫卯对结构的重要性。泉州梁明夏匠师认为,"柱上的榫洞须考虑四个方向,有三种类型的构件相较于柱上(指受力作用不同)——深丁方向的大通、阔丁方向的楣(枋等)以及圆束

❶　引自:姚洪峰,黄明珍.泉州民居营建技术[M].北京:中国建筑工业出版社,2016:71-72.

等"。漳州张碧强匠师认为,"榫卯是结构中最重要的,制作时柱尾较重要(因为所有榫洞皆开在此段木柱上)"。据此,柱身榫洞的设计将成为整体木构架受力作用合理与否的关键。❶

通梁之上的短柱称为瓜筒,最上层承接脊檩的瓜筒称为脊瓜筒,其余则称为副瓜筒。瓜筒断面呈圆形或椭圆形,早期也有的呈瓜瓣形。在有些祠堂建筑中,瓜筒的断面也有呈现为方形的。筒的长度应加筒底,低于栱仔底3～5厘米,筒的直径应大于筒样厚的三倍以上,各种筒身要留有适当的栋路高度作为藤步,以加固筒身。瓜筒柱与通梁连接十分重要,它是整个梁架承载传力的关键,也直接决定了整个梁架的稳定性,所以瓜筒的制作也十分讲究,是梁架构件中比较费工的一类。瓜筒下端一般做出鹰爪状或鸭蹼状,咬住下面的大通。安装时,需要先将大通穿过瓜筒,然后再将通梁固定在青梁上,这种瓜筒较为费料,其直径需明显大于通梁,才能将通梁包住。瓜筒的筒身宽大,给装饰加工留下了发挥的空间,雕刻、彩绘经常应用于瓜筒上,形态各异的瓜筒成为集中展示建筑工艺美的地方。瓜筒之上一般并不直接承檩,而是以斗栱承接梁檩,当只有一个斗时,也常常将瓜柱上端直接雕刻成斗的形式。(图6-23)

图6-23　厦门海沧莲塘别墅学堂陈氏家庙内屋架

在柱檩节点处理方面,闽海祠堂建筑构架体系中,维持整体结构稳定的纵向构件主要有檩条、额枋、串枋、替木、插栱等,几乎所有构件皆与柱子联系在一起。这也是穿斗结构的基本特质(图6-23、图6-24)。

图6-24　大田玉田村范氏宗祠:插栱替木式的柱檩节点

❶　引自:张玉瑜.福建传统大木匠师技艺研究[M].南京:东南大学出版社,2010:43.

其次,柱檩。柱檩节点作法有三种:(1) 插栱替木式。特征是柱上插栱纵向承托替木与檩条。这种作法在大部分的福建祠堂中是基本类型,也与其他类型混合使用,并且成为闽海地区插梁式结构的特征。(2) 顺脊串式。使用于屋架较高大或特别强调空间意义的祠堂厅堂前内柱上,额枋两端出榫入柱的节点通常以替木加固。顺脊串式屋内额使用的位置与《营造法式》的用法相同,其形式在月梁式梁架中为矩形断面,在圆作直梁中则为圆作。该类形式主要在闽东及闽北地区、闽南安溪土楼民居等地区。其特征是脊檩下方增加一道平行于脊檩但不紧贴着脊檩的顺脊串。其用材特点是断面与脊檩相近,甚至大于脊檩,两端出榫插入柱身,顺脊串与脊檩之间不加任何联系,与柱子之间则有三种处理方式,即不增加任何构件。较为典型的如宁德屏南降龙村韩氏宗祠正厅正脊即采用了顺脊串,且顺脊串断面为圆作,大于脊檩,两端插入脊柱上,整个步架采用插梁式,一行心(梁)插入前后充柱中,并施三挑丁头栱承托,减去了前后堂柱,使得正厅宽阔。该宗祠由二世祖善八公始建于明弘治年间,是全村的祭祀场所(图 6-25)。(3) 副檩式。此种作法是在檩条下方重复施用一根檩料,结构作用与随檩枋相似,而其特征即在于用料几乎大于上方的檩条,断面为下方削平的椭圆形。副檩紧贴着檩条,两端出榫入柱身,节点位置以替木、插栱加固。❶

图 6-25　宁德屏南降龙村韩氏宗祠:顺脊串

(2) 步架

步架是指相邻两条桁(檩)之间的水平距离,也简称步,宋《营造法式》称架,或椽架。根据檩的布置和数量,常将木构架划分为若干个步架。

以福州为中心的闽东地区的穿木是扁作直梁形式,柱与柱之间一般使用三根扁方形的穿枋穿接在一起,从下到上称为“一行心”“二行心”“三行心”,民居与祠堂建筑行木的截面约 5—8×20—40 厘米。行木主要作用是将立柱牵拉成一个平面整体,让排扇更加平稳,平行网架结构使得整个排扇具有一定的韧性和扭力,在地震等外力的作用下能保持屋架空间形状。较高的建筑,三行心还分上下两层,称为上三行、下三行。一行、三行一般较少受力,二行为主要受力件,防止前后摇动。在行木上一般还落有矮筒,因此行木除了承受两端的拉力外,还承受矮筒及檩木的垂直压力。基于受力考虑,行木一般为整块木料做成,宽的行可以用一圆木锯成三片,中片木料做行底,边上两片木料“合掌”放在行底之上拼接。在屋面斜坡下,柱与柱之间使用类似猫梁的扁弧形穿接件相接,福州民间称为“烛”。烛的称呼根据所穿的柱而定,在脊柱两侧、三行心之上的穿木则称为“蝴蝶四”。整个横向结构,主要由各种柱、行、烛构成一个平面。次间、稍间有阁楼的建筑,还有搁置楞木的穿木,在支撑楞木的同时,也起到串接立柱的作用。

挑檐是闽海地区祠堂建筑极具地方特色的结构形式。挑檐是穿木在檐口的延伸,在以福州为中心的

❶ 引自:张玉瑜. 福建民居木构架稳定支撑体系与区系研究[J]. 建筑史,2003(1):26.

闽东地区,可分为两大类,一类是挑檐斗,一般通过三跳丁头接二行穿门柱出的二行尾承檐檩;另一类是悬充挑檐,穿出门柱的二行尾前端落一悬充,悬充上承檐檩。民国时期的挑檐,还出现一种檐口伸得较长,因支撑距离较远,容易下垂,故需二行尾直接承封檐板。封檐板的尺寸和椽板差不多,但较大体量建筑的封檐板有使用到封檐椽,这样的檐口称为硬檐,与使用封檐板的软檐有所区别。在一些祠堂建筑中,还使用飞椽,安装里外双重封檐板。飞椽底部常做竹节、蝠磬、如意等雕刻,做竹节雕刻时形似雁爪,故这种飞椽又称为"雁爪椽"。

檩木,在闽东地区称为桁,檐口的檩木又称为橑。桁或橑下类似随梁枋的方木或者替木都被称为桁机或者机。门翘也可以称为门机。桁不但是屋面的承重构件,还是扇面的重要连接件。密集的桁将各种柱的顶部连接成一体,构成完整的建筑空间。

闽南地区额枋上方施加斗栱与枋子,即为"看架",除了加强构架稳定之外,也表现出较强烈的装饰效果。如莆田明代"大宗伯第",仅使用一层枋(呈下弯曲上平直状)和短柱与檩枋、檩条相承托(图6-26)。其他清代民居和宗祠中,为连弯枋与斗栱层叠组合的看架式屋内额。依地区又各自有组合特征:福安地区多以一道弯枋和二斗三升斗栱层叠组合;福州地区则使用两道弯枋,一道素枋与一斗三升斗栱层组合成大面积的看架层。泉漳地区有多种组合方式,运用较灵活。而福鼎地区,完全不使用弯枋构件,仅以尺度较大的栌斗和一斗三升补间斗栱与檩枋、屋内额相承托。

图6-26　莆田明代"大宗伯第"看架

图片来源:莆仙网,https://www.toutiao.com/i6411623145463087618/。

对于闽东地区而言,前门柱的纵向连接檐枋的最下一根称为"一楣",截面做长方形(截面12—16×30—40厘米)或圆形(直径约20～30厘米)。五柱缝架或者前檐口较低矮的建筑的一楣,上部不安装装饰构件;七柱缝架的一楣,上部一般承接一斗三升的装饰件;有的一楣两端下曲而中央略为凸起,形似长弓。楣一般与其他部件一起组成一套完整的纵向连接体系。这样的连接体系可分两种:① 自大楣而上,形成封闭的墙堵。前充柱与卷棚廊"回头水"(与大屋面方向相反的卷棚屋面)相接处的纵向连接构件由一组楣、锯花等构成。自下而上依次为一楣、灰板壁、二楣、锯花、桁机、桁木组成。其中灰板壁为木骨竹(或苇秆)筋黄泥底白灰面;锯花为木板刻花,以白灰填凹地以突出雕刻图案。② 非封闭的牌楼面。五柱平廊扇的前充柱和七柱前大充的连接枋,大楣或二楣上承接三升担(倒人字弯枋)与一斗三升,形成一个牌楼面。后充柱的连接枋也有类似的牌楼面,与屏门上的"窠方"(镂空格心)等构成一组丰富的立面。后牌楼面的屏柱上还插有"插把"做装饰。(图6-27)

闽东祠堂的穿斗式构架在实际建造中,根据不同的居住需求,产生了一定形式的变化。首先,在梁造方面。穿斗式构造的柱网密集,特别是横向缝架的立柱,除前后廊外,七柱的柱间距只有1～2米。因纵向木构架长度受木材长度及屋面重量限制,柱网密集的穿斗式构架无法建造大敞厅,因此发展出了梁造(减柱造)的结构,很好地解决了这个问题(图6-28)。由此,梁造的构架呈现出地域特点:① 梁造主要指的是厅堂缝架的堂柱和前大充不落地,而且一般穿斗式构架的一行心也被省去,前大充只落到类似二行心的"直撑",而堂柱只落到三行心。② 前大充穿过二行心架落在贯穿三个开间的一楣上(又被称为"横撑")。在横撑和前大充之间常设一"柱唐盘"(平盘斗)。为承接厅堂缝架前充所承接的重量,前充的一楣被加粗放大,一般为40厘米左右的圆木。③ 不设横撑的构架,前大充的重量转由"直撑"承受,相应的用材亦被加粗,形成类似抬梁式构架的扛梁。但立柱承接檩木的力学特征没有改变,因此这样的梁造构架仍为穿斗式的变形。④ 梁造主要是为扩大厅堂的使用空间,设横撑的次间的缝架多数仍为完全的穿斗式构架。而不设横撑的次间构架与厅堂相同,为减柱扛梁造。❶

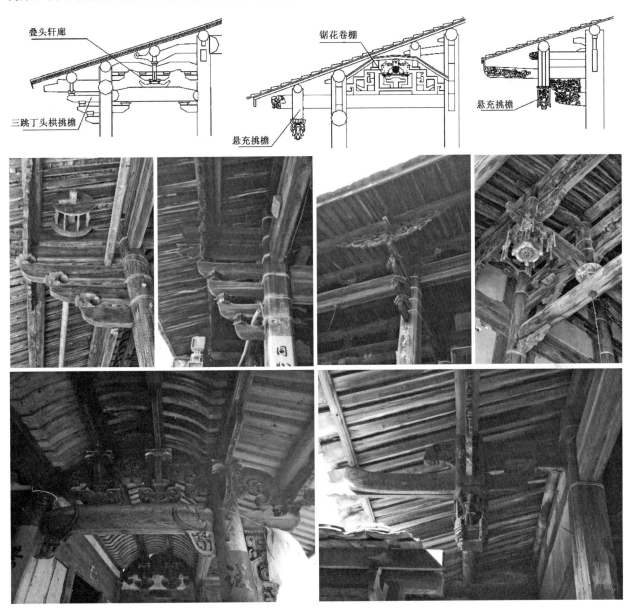

图 6-27　闽东地区不同类型挑檐示意图

其次,搭步造。搭步造指梁枋上数斗相叠,斗与斗之间以烛仔相接,以代替矮筒的结构做法,可以方便烛仔与丁头栱、替木的穿插,防止矮筒上开太多榫洞而开裂,是一种以结构做装饰造型的构造形式。明代建筑中大量出现搭步造屋架支撑结构。搭步造构架有以下特点:① 承托屋脊的搭步造构架均是与扛梁相结合,基本出现在厅堂扛梁的堂柱和前后副柱位置,桁木落在烛仔上,类似抬梁式的受力结构,但前后

❶ 引自:阮章魁. 福州地区木结构古建筑的梁架形制(二)[J]. 古建园林技术,2012(2):7-8.

充柱依然是典型的穿斗构造,这种搭步造是抬梁式和穿斗式结构相结合的产物。因明代的屋面坡度较缓,搭步造结构与梁造结合就可满足屋面高度要求。② 搭步是一斗三升荷叶雀替十字隔架斗栱的变形,搭步将扛梁与三行心架隔,并实际支撑三行心。搭步中的大斗坐在扛梁方向的驼墩上,大斗上接支撑三行心的丁头栱或替木,并纵向伸出替木、爨栱。二斗承接三行心,并纵向伸出副栱,副栱之上是正栱。三行心插于二斗和正栱之间,三斗坐在正栱之上,承接蝴蝶四或爨仔。正栱纵向伸出承托檩下替木。③ 清中期后的搭步造主要出现在大厝前轩廊和天井回廊,这时的搭步已经大为简化。卷棚一梁上坐驼墩或大斗,爨仔直接坐在驼墩或大斗上,并纵向伸出丁头栱,承接檩下替木。爨仔上坐"柱唐盘"或斗栱,上架月梁。❶

连江丹阳镇杜堂村郑氏宗祠正厅明间减前大充、减堂柱

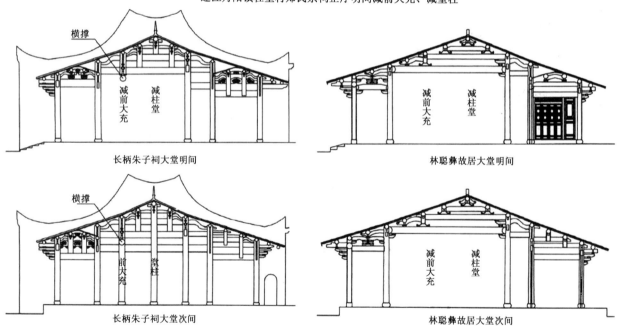

图6-28 梁造建筑明、次间扇面对比

剖面图来源:阮章魁. 福州地区木结构古建筑的梁架形制(二)[J]. 古建园林技术,2012(2):7.

如福州市罗源县飞竹乡梧桐村的黄氏宗祠,即"祠堂里"。根据《罗源县志》《罗源黄氏族谱》及口碑文献,梧桐村黄氏为唐乾宁初黄敦、黄膺之后。罗源始祖黄执躬第十八代黄能勇开基梧桐村,距今已有三百

---

❶ 引自:阮章魁. 福州地区木结构古建筑的梁架形制(二)[J]. 古建园林技术,2012(2):7-8.

多年的历史。"祠堂里"包括前后两个院落，现仅存前院。前院为完整的四合院，宽18.8米，进深15.9米。正落为三层，一层厅堂采用草架和正架两个层次，三层搭建在一层厅堂的后房。一层前厅堂在三开间三进深的范围内，为了得到开敞的大空间，内部的四根柱子全部减去。明间的两个梁架梁头插入两侧柱身，每条檩下不设瓜柱，用烛载(束木)连接，前廊采用草架和正架两个层次，用楹梁承托弧线形的椽子，前廊挑檐采用了垂莲柱，形成悬充，镂空雕刻。前厅堂和前廊的烛仔、梁头、斗栱都施雕刻装饰。在纵向上采用插入柱身的联系梁相连，构成木构架。在明间，前方纵向联系大充的有三道枋子。上下两道为直枋，中间为弯枋，上承托"一斗三升"，并且做出连栱形式。枋子均为圆作。后方联系后大充之间的联系枋(寿梁)，枋下做内檐装饰，是当地典型的福寿门。梁上是弯枋承托"一斗三升"，做工较为纤细。三层在进深方向上有落地的柱子五根，两根落地柱间各有瓜柱一根，两根檐柱间有梁两道，下面一道直梁为前一梁，上面为一道月梁。承重梁的梁端插入柱身。瓜柱骑在梁上，柱间有烛仔连接。在堂柱和金瓜柱顶端都挑出一跳的斗栱，承托上面的檩。从檐柱上挑出三挑的"插栱"，承托上面的"二行"，"二行"的顶端承托檐檩。明间，大充纵向有木构架联系，构件尺寸相对较小，但装饰精美。在前充柱与前檐柱间用斗栱替代瓜柱。(图6-29)

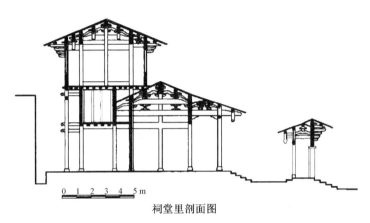

祠堂里剖面图

三层构架　　　　　　一层厅堂看架　　　　　　三层斗栱

一层厅堂次间构架　　　一层厅堂看架　　　一层厅堂民间构架　　　前廊明间构架

图6-29　飞竹乡梧桐村黄氏宗祠

在闽南沿海及台湾地区，梁称为通梁或通。通，根据其位置又可以分为大通、二通、三通、步通。大通插于两青柱之间(金柱)，其围合空间为架内。二通以瓜筒架于大通之上，三通以瓜筒架于二通之上。步通则是一端插入青柱，另一端插入步柱(檐柱)。通梁以承接檩的数目决定其规格，如上面承接七个檩，称为七步梁。七檩之间有六个空当，相邻两檩间的水平距离称为步架，根据不同位置分为廊步、金步、脊步、顶步等。同一栋房屋中，除了廊步和顶步在尺度上有所变化外，其余各步架尺寸基本相同。每一个节间长度的尺寸,根据建筑进深大小、大通梁的长短、步架数量等而定。几层叠用的通梁,统称为梁架,各梁有按本身承托圆仔的总数目,称为几架梁,每架梁有几个圆仔档就均分几个等份,圆仔间的水平距离称为步架。一般前棚短后棚长,连脊圆算在内,不论前棚或后棚都是单数步架。大通长一般为四至六个步架,二通相对大通少两个步架,三通再少两个步架。步通一般长两个步架。

如岵山陈氏宗祠为三间张二落带前埕的大厝,坐东偏南朝西北,祠内顶厅堂面阔三开间,明间为插梁式构架。其中,顶厅为七檩六步架,厅堂结构为两通三瓜坐梁。其特点是:梁架用料硕大,做工精致考究,空间高大开敞,前部檐廊空间采用轩顶,为了体现宗祠的地位,主要构架雕饰精美,梁端、随梁枋、瓜柱等处的雕刻细致繁复,彩绘颜色亮丽,局部形式变化多端。(图 6-30)

平面图　　　　　　　　　　　陈氏宗祠

剖面图

图 6-30　岵山陈氏宗祠

在通梁之中，大通用料最大，二通与步通相当，三通较小。梁的做法有圆作、扁作之分。另外，还有圆作月梁式与扁作月梁式及混合形式等多种类型。

圆作是指梁的断面呈圆形或者椭圆形。闽南地区则多以叠斗瓜筒取代短柱。梁枋下方多以布满雕饰的枋子通随、束随增加装饰效果，次间的梁架以扁作的梁枋或曲度较平直的束木为主，雕饰较少，短柱则圆作、方作皆有。圆作直梁多以闽南漳泉地区为主，往东到莆田地区，往西到龙岩、永定地区皆属于此类型的基本分布区域。

圆梁的断面一般呈椭圆形，上下面刨平，也有的通梁断面呈细高的六边形。通梁两端有卷杀，以便接榫插入柱中。由椭圆形柱或六菱形的柱过渡到榫，自然形成横放的人字棱纹或曲线纹，称为鱼尾叉。鱼尾叉所围成的三角形或长半圆形区域，向内凹进。

如台中张廖家庙正厅、台中林氏家庙正厅、台北市古亭区和平西路的周氏大宗祠正厅和泉州吴氏宗祠、洪氏大宗祠正厅步架均为典型的圆作梁。其中，洪氏大宗祠始建于清代，属于泉州洪氏家族祭祀祖先和先贤的场所，位于泉州东门草埔尾（现温陵路与湖心街交界处）。原占地约1000平方米，建筑面积约550平方米。祠前三面环墙，设一大边门，门额匾书"洪氏庙门"。进门为花岗岩铺砌石埕，面积约165平方米。宗祠朝东南向，沿中轴三进，一进祠门，二进正祠，三进住户，并配两翼护厝。虽历经拆除重建，但主体建筑仍保持完整，具有典型的闽南风格的家族传统祠堂特色。（图6-31）

扁作直梁式又称扁柴栋，即直梁断面为矩形，短柱（瓜柱）多为方柱（方筒），束木断面也多为矩形，弯曲较小，少作雕饰，整体较为简洁，装饰主要表现在短柱与直梁交接处添加两片施满精细雕饰、有如驼墩的面板。从福州地区的祠堂实例中，可以看到削薄的插栱与十分厚实的梁枋形成福建穿斗体系中扁作直梁式的特征。扁作梁主要分布以福州、福安等闽东地区为主，而闽中、闽北地区则出现混合使用的做法。如永泰同安镇九斗庄祖厝正厅、宁德屏南降龙村韩氏宗祠正厅、宁德蕉城区城南镇叶厝村叶氏宗祠、罗源梧桐村的黄氏宗祠、福州高湖村南湖郑氏宗祠等。其中，九斗庄祖厝的梁架为"四梁抬井"，彰显了永泰地域的营造技艺；叶氏宗祠始建于明朝永乐年间，其梁架以扁作式为主，同时融合了圆作一行心，扁圆混合使用。（图6-32）

左为台中林氏家庙、中为台中张廖家庙屋架、右为金门琼林蔡氏十世宗祠❶

泉州洪氏大宗祠剖面图（部分）与泉州吴氏宗祠东观西台整体剖透视图

❶ 林氏家庙图片来源：林谷隆．台湾林氏宗庙纪录两岸一家，http://www.CRNTT.com，2015-06-25.

泉州吴氏宗祠东观西台

官桥镇洪邦村蔡氏宗祠

图 6-31 闽南地区步架

图 6-32 永泰同安镇九斗庄祖厝正厅(扁作式)与叶厝村叶氏宗祠(混合式)

再次,圆作月梁式,特征是在厅堂明间梁架上使用矩形而琴面明显的月梁,梁肩的弧度较大,其双步梁的圆曲弧肩与泰宁地区明代早期的民居相近,在厅堂的次间梁架上,使用栱脊式斜置的搭牵,形象简洁,其下倾角度接近于叉手的状态。此类型的分布以闽东地区为主,如福鼎白琳镇翠郊大厝、福鼎点头镇孙店村郑氏祠堂、柘荣乍洋乡凤里村凤岐吴氏大厝祖厅等都是较为典型的圆作月梁式梁架。(图 6-33)

上为福鼎白琳镇翠郊大厝，下为凤里村凤岐吴氏大厝祖厅

图 6-33　圆作月梁式梁架

复次，扁作月梁式。其形式与使用位置有多种变化，几乎每一个地区皆有其地方特点，该类主要分布在闽北的闽江上游、中游区域，以及闽西山区的上杭、连城等地，如南平的陕阳地区，梁项雕刻卷草花纹或简单的满月形，梁垫施以精细的花草透雕，月梁上方为驼墩，不用短柱构件，并加以细致复杂的花草祥兽雕刻，与梁项、梁垫的雕饰共同形成和谐的整体比例，并成为最具装饰感的地方。如宁德福鼎后首堡杨氏祠堂(图 6-34)。

杨氏祠堂圆作月梁式梁架

图 6-34 宁德后首堡杨氏祠堂

　　另外,扁作月梁与圆作直梁混合使用,其形式通常是以圆作直梁为主要梁架,次间辅以扁作直梁,在纵向梁枋则为扁作月梁,并将圆作直梁的梁项处理成"鱼尾叉"状入柱。如上文的叶厝村叶氏宗祠、大田济阳济中村岱山堂、大田济阳上丰村豫章堂等都是较为典型的混合形式的梁架结构。其中岱山堂为清代二进五间张大厝,坐东朝西,通面阔 15 米,通进深 14 米,由门厅、天井、正堂组成。正堂面阔三间,进深五柱,其步架为典型的扁作月梁与圆作直梁混合使用的形式(图 6-35)。

图 6-35 大田济阳济中村岱山堂纵剖面图及其室内步架

对于大通、木柱、中脊(跨度约为五架梁)的尺寸,闽东南地区(莆田、泉州、漳州)大木匠师认为:中脊(直梁)=柱子=大通梁=承水梁(挑檐桁条)或者是"一中二寮"——中脊大于寮圆(挑檐檩),同时特别强调"柱子与大通等重要",甚至认为"以大通定所有构件的尺寸"。大通梁是横向构架中跨度最大的构件,它的榫卯尺寸据其跨度而定,而柱子的柱径必须充分考虑卯洞的尺寸,也即基本的柱径是受大通梁尺寸制约的。"以大通的尺寸为尺寸"显示出闽东南地区构架做法的特殊之处,这是由大筒(即挫瓜筒、木爪鸭脚蹄)构件所引起的,由于瓜筒构件是"穿骑"在大通梁上的,而瓜筒之上则承托、衔接了一系列相关的构件直至中脊,由此,将屋面与构架的受力传递下来,而大通梁的尺寸决定了这一受力的情况,所以,在闽东南地区大通梁成为整体梁架的尺度依据。另外,闽南祠堂进深一般较大,因而檩数多,有多至19檩的;同时,檩条间距并不一致,即各步架距离并不相等,愈近脊檩处步架愈小,称为"步步进"。因此,有别于北方按照宋式的举折或清式的举架的计算方法。(图6-36)

图 6-36　晋江金井镇塘东蔡氏家庙

在闽中、闽北地区采用的是纵向大额作,闽东福州则是横向大额作,这类木构架的特点是:以大托架梁抬起梁架,取代明间两至四根内柱的设置,与廊步梁架延续成为一整体,并且成为构架中跨度最大的构件。如福州仓山区盖山镇高湖村南湖郑氏宗祠,其步架为扁作,祠堂始建于明正德年间(1506—1521年),由吏部验封司郑善夫捐资倡建。清道光十七年(1837年)重修,至今保留完好。祠坐北朝南,三进,木构,由门楼、前厅、后堂、厢房、天井组成,占地854平方米。祠门呈牌楼式,单檐硬山顶,斗栱层层出挑,较完整地体现了明代福州地区的建筑风貌。(图6-37)

图 6-37　仓山区高湖村南湖郑氏宗祠

图片来源:仓山区文体局提供,严可清摄于2009年10月。

另外,在闽南及台湾地区的民居建筑与祠堂建筑中,常以"闽南厅堂"型梁架出现,该种梁架的特点为:① 檐下一般不设斗栱,檐檩用"硬挑"或"软挑"。如台湾新竹北埔姜氏家庙,其回廊檐口出挑的外形都相同,但通梁部分为通扆的做法,即通梁为贯穿檐柱成为出挑之梁头,其表面再以螭虎彩绘装饰,其上方有蝶形的捧前砧,用以支撑挑檐桁;通梁下方的通随亦为通屐之做法,表面施以雕刻,但实质上,左右两侧外栋架的通随,并非一完整木构件,其出挑两端为另一木构件,以雁尾榫与通梁组成一木构件,再穿过檐柱安装,可能是匠师节省材料的做法。② 瓜柱上常有一斗三升栱承托檩,也可以柱端直接承檩。③ 除大通两端常直接插入柱身之外,其余各通两端亦插入瓜柱上端。④ 内柱柱端常施大斗一枚承檩。⑤ 檐柱柱端多作矩形仿木代檩椽,柱端与枋上皮同高。其中,如果将二通、三通等置于瓜柱柱端的坐斗上而不是直接插入柱端,再在其上施一斗三升栱承檩,由此构成了变异的梁架形式。如上文的泉州洪氏大宗祠,这类梁架上往往满施雕饰,易于渲染华丽的空间气氛,使空间观感更富于变化。(图 6-38)

石狮永宁镇沙堤董氏宗祠　　　　　　　　　　　塽尾村陈氏宗祠

塽尾村陈氏宗祠　　　　　　　　　　　芷溪村杨氏宗祠(杨仕云祠)

图 6-38 "闽南厅堂"型梁架

在进深较大的场合,置于大通上的瓜柱柱端有时需垒置若干坐斗才能达到规定的屋檩高度,更有完全以垒置的坐斗来替代瓜柱的做法,又构成"闽南厅堂"型梁架的另外一种变化形式。这种情况在闽海地区都较为常见,较有代表性者如石狮永宁林氏家庙和李氏家庙、金门琼林六世宗祠及台中张廖家庙等(图 6-39)。台湾学者林会承先生所谓"垒斗式构架",实即此种变化形式。❶

图 6-39 石狮市永宁林氏家庙与李氏家庙、琼林六世宗祠

---

❶ 引自:杨昌鸣,方拥.闽南古建筑木构梁架的基本类型:《闽南古建筑系列研究》之二[J].古建园林技术,1995(4):12-13.

再如台湾宜兰壮围游氏家庙,其正堂为抬梁式结构,进深采十二架五柱的屋架,架内皆做较朴实的蜀柱,柱底直接跨在三根通梁上,不作尖峰筒,亦不做繁复的叠斗与瓜筒;柱头未置柱头斗,直接承桁,明间自蜀柱出上、下两栱承桁,桁下做鸡舌束置桁引,两栱即正栱与副栱,正栱作关刀栱,副栱则作草花状,而次间则未出栱,正栱栱眼部位做成一圆弧倒勾,以及束木之形栱起,如波浪,束底部作横向"S"状,两者皆属于宜兰传统建筑木构件的特征。至于柱身与横梁皆为方料,断面四隅做线脚,桁的断面则做成方带圆状,中脊桁较其他桁木粗壮。大通与二通下方置托木,三通下才置通随。排楼面栋架皆不施看架斗栱,次间栋架除了横梁与生起之桁外,都不设置斗抱或连栱等排接斗栱等雕作,四路搁檩式桁木直承山墙。

（3）举架

所谓"举",是确定各檩的具体高度及位置的方法。相邻两檩中的垂直距离称为举高,举高与对应步架的比例称为举架。

宋《营造法式》不但规定了"举"（即屋顶部分的总高度）,也规定了"折"（即各檩的相对位置）的确定方法,也就是先在平整墙面上"点草架",即画出建筑的剖面草图,再根据建筑的进深（一般是以前后橑檐枋的间距为准）,按规定分为若干份（依房屋规模大小而有所不同）,然后取其一份自橑檐枋心连线向上求得脊檩的高度,再自上而下按照规定的折算比例定出其余各檩的位置,屋面曲线即随之确定。清工部《工程做法则例》将类似做法称"举架",但它却是由下向上渐次计算出各檩的位置,因为它对每一步架应举高的距离都有明确规定。

闽南谓之"折水""搵水""倒水""运水"或"落运",也即前文论及的算水。屋面举折,闽南一地似无严格的做法,从现有实例及工匠说法来看,屋面曲线的确定,与宋、清两代官式做法皆不相同。

举高,具体做法是以寮圆（挑檐檩、橑檐枋）为基准定脊圆（脊槫）的高度。匠师中流传着一些口诀,如民居屋面"大者三八,中者三五,小者三三";庙宇重檐"上四下五",即挑檐檩至脊檩的水平投影长度分为10份,民居、祠堂脊檩的高度为3.3~3.8份,庙宇殿身4份、副阶5份。

《营造法式》规定:以前后橑檐方心（余屋等以檐柱心）相去远近,分为3份（"看详"定为4份）,脊槫举起1份。与之相比,闽南古建筑的举高是比较小的。

举折的计算,以挑檐檩至脊檩的水平距离,而不是如《营造法式》以前后檩檐方心相去远近为基准,即屋面前后两坡分别计算,因为闽南古建筑中普遍有"阴阳坡"的禁忌。庙宇重檐殿身举高4份,副阶5份,与《营造法式》副阶举高小于殿身举高的规定适相反。

下折,闽南古建筑的屋面下折做法则较为简便、直观,具体做法是取一根长竹片或薄木条,上下端分别置于已确定举高的脊檩与挑檐檩上,将竹片用力弯曲,即可做出屋面曲线,求得各条金檩的相对位置。因此,举高与下折的数值没有统一的定制,通常由匠师根据经验或业主的要求来确定。这种做法看似随意,施工中却不会出现太大的误差。由于竹片挠度有限,檩条的下折值是比较小的。一般而言,举步的高度等于步架长的50%（五举）、60%（六举）、65%、70%等,以90%为极限。每一步升起的高度就是举架。屋面举架的变化,使屋面形成柔和的曲面。

《营造法式》规定的举折之制,自脊槫向下至橑檐槫,每缝槫下折的比例递减;清式的举架做法,自檐步用"五举"或"四五举",依次渐上,至脊步用"九举"。宋清两代的屋面曲线,越接近脊部则越陡峭,近似于一条抛物线。闽南古建筑屋面曲线,中间凹曲最大,至两端渐小,则近似于一条对称的圆弧线。

从闽南古建筑举折做法可知,屋面先"举屋"后"折屋",其程序与《营造法式》相似。闽南古建筑的外观,屋面凹曲较大,但其横剖面的"举屋"值、"折屋"值与宋《营造法式》、清《工程做法》的规定相比,是非常小的。

《营造法式》中的举折之法,各条平槫的高度,只能通过作图法求出。故《营造法式》卷5"大木作制度二·举折"说:"以尺为丈,以寸为尺,以分为寸,以厘为分,以毫为厘,侧画所建之屋于平正壁上,定其举之峻慢,折之圜和,然后可见屋内梁柱之高下,卯眼之远近。今俗谓之定侧样,亦曰点草架。"闽南地区的屋

面折水,一般按1/10的比例画在整块木板上,即上文论及的"画水卦"。❶

　　闽南及台湾地区祠堂屋脊曲线系由两个构造部分结合而成:一是室内脊柱由心间向稍间逐间升起,使脊檩呈中间低两端高的折线状。这些脊柱升高的距离视建筑的等级、面阔等具体情况而定,如晋江塘东村蔡氏家庙屋脊达二丈九尺九寸。为了获得如此高耸的屋脊曲线,常在屋脊的两端加以特殊的构造处理,来增大脊檩端部升起的高度。这种构造被称作"假厝",亦即假屋之意。

　　借助假厝的处理,闽南及台湾地区的传统建筑屋顶坡度呈现出由中轴线位置的极小值向垂脊位置的极大值缓慢过渡的状态,其间的差异不等,如洪氏大宗祠正厅中轴线处为1/5.88,垂脊处为1/5.07;而在阿苗宅正厅中,则为1/6.17和1/5.34。总之,闽南祠堂建筑及其传统建筑的檐口呈和缓的曲线状,反映出对曲线美的一种特殊偏好。另外,增设假厝后的翼角,在外观上有以下两个特点,一是使檐口平缓曲线结束于较为明显的反翘;二是使整个翼角呈现出轻盈昂扬的姿态,建筑的沉重感亦随之大大减弱。总的来看,闽南建筑屋顶造型与具体做法都在继承唐宋古制的基础上融入了自己的独创精神,走上了一条与北方官式建筑不尽相同的发展道路,创造出独具特色的轻灵柔美风格,这种格局的形成除了有文化传统方面的考虑之外,也与本地人民善于因地制宜、巧妙经营有关,而不是单纯追求外观形式的结果。❷(图6-40)

图6-40　晋江市塘东村蔡氏家庙屋脊

　　对于以福州为中心的闽东地区而言,为了使祠堂建筑的屋面正脊呈现优美的曲线,建筑的不同扇面结构还有"超扇"的做法,即从厅堂开始,两侧次稍间每个扇面桁木均做提升,这种柱升高在较大的开间建筑中很常见。每间超扇一般为一寸,也有根据屋面的坡度调整为二寸或三寸。超扇一般从二行灰板壁开始,逐层调整。由于超扇做法不能将屋面抬升太高,在体量更大的祠堂屋面需要更大的屋面曲线弧度,桁木的提升已不满足超扇的需要,就在靠墙的脊柱上再接一个矮柱,做斜形的檩木,铺椽望板,形成一个三角形的屋面,形似鲎壳罩在屋脊的两端,这种假屋面被称为"鲎壳",类似于闽南暗厝的处理。其次,在祠堂的戏台或亭榭,还常用到歇山顶,福州称之为"翘角"屋面。翘角屋面根据戗角部分结构不同,可分为三种。一种是翘角垫木:自小充柱伸出象鼻木,斜向下置于桁交圈上,象鼻上垫二至三道翘角垫木,形成起翘的屋面。翘角垫木尾端等长,做成楔形。这样的翘角结构适用于厚重的屋面,起翘程度不是很高。一种是犁担翘角:自小充柱伸出象鼻木,斜向下置于桁交圈上,象鼻木上斜插犁担,形成向上的屋面。这样的翘角结构适用于轻巧的屋面,可以将翘角挑得很高。还有一种翘角是垫椽翘角:转角的椽板交互叠落在一起,形成向上的翘角,椽板尾端做成楔形,以增加起翘的高度。这样的翘角结构简单,但起翘高度非常有限。❸

　　(4)榫卯

　　木构在垂直构件与水平构件的拉结、互交处使用各种榫卯组合,做工较细的工匠会根据各个构件的大小来调整榫卯结合处,使其不至于过大而需要使用钉子来加固,这是古建筑的一大特点。宋《营造法式》对于这种技术加以总结,将木构榫卯概括为鼓卯、勾头搭掌等数种,分别用于柱、枋、梁、檩之间的榫卯结合。榫卯设计巧妙,结合紧密,构造合理,结构功能很强。闽东南沿海及台湾地区的祠堂中常见的榫卯种类有透榫、半透榫、卡腰榫、压掌榫等。(图6-41)

❶ 引自:杨昌鸣,方拥. 闽南古建筑屋顶的曲线构成:《闽南古建筑系列研究》之一[J]. 古建园林技术,1995(3):11-14.
❷ 引自:杨昌鸣,方拥. 闽南古建筑屋顶的曲线构成:《闽南古建筑系列研究》之一[J]. 古建园林技术,1995(3):11-14.
❸ 引自:阮章魁. 福州地区木结构古建筑的梁架形制(一)[J]. 古建园林技术,2012(1):11-12.

构件的榫卯有一定的要求。如寿梁上的栱、束仔的榫深，必须考虑不影响寿梁的断面，安排不当就会发生对砍，寿梁截面受到破坏，受力减退；其他束仔、斗仔衔鸡舌，一般需造 7～8 分；斗衔栱仔束，一般不超过 0.5 寸高，以防破斗眼；通梁、寿梁等的榫头宽度、高度之比为 1：0.4，就是 1 寸高 4 分宽。闽南地区的大木匠师认为"大通梁一般榫厚 4 寸（指一般金柱的柱径在 30～35 厘米时），若柱径为 38 厘米，则大通出榫厚 12 厘米以上，不受力者的构件如楣等，一般榫厚 6～8 厘米受力已够"。在闽东拼帮直梁体系中，柱径虽然可能较小（一般约 20～28 厘米），但一般榫厚也是 6 厘米（2 寸），梁身出榫最厚者为 14 厘米。❶

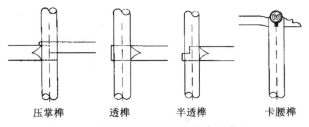

图 6-41　闽南地区部分榫卯种类示意图

（图中自左至右依次为：压掌榫　透榫　半透榫　卡腰榫）

榫卯在形式上注重"互让原则"，如构件在同一柱身上集中交叉时，"非受力柴（材）让受力材通过""直柴（材）与直柴相互交叉在同一柱身上则采用上下针互相叠置，确保榫头受力传在全柱身上""主要构件要透榫，连系构件用小榫即可"等。另外，大木匠师在对构架进行整体设计与衡量时，常用一些设计方法来强化榫卯结构，如在纵横两向构件的相交以及柱子两侧有同向构件相交时，会特意将构件中某些构件的高度设计为等标高，以充分利用榫卯相互勾结的特点，如闽南做法中的"顶落栋路一郎并后楣，二郎并上格"等，从而加强整体的稳定性。❷

在台湾地区也有类似于闽南的做法，另外，还常用"燕尾榫"等榫卯形式。如台湾新竹北埔姜氏家庙，瓜筒之卯榫为明榫，在瓜筒的边缘与瓜筒一体成形，借以与通梁接合。大部分构件的榫接方式为构件的榫接处采用"燕尾榫"，且为上窄下宽的形式。瓜筒迭斗的组合构件有：(1) 公榫构件，包括束木、束随及看随等；(2) 母榫构件，包括正栱及副栱。固定斗栱及瓜筒则在构件底部或顶部凿有方形楔孔（约 1.5 厘米×1.5 厘米），利用小木条活塞式卡榫（约 3～5 厘米）上下各半以固定所在位置。❸

6.2.2　斗栱

斗栱是我国传统建筑特有的构件，由斗、栱与昂组成。斗栱被广泛地使用于构架各部节点上，是横层结构与立柱间重要的关节。斗仔有大、中、小各种规格，用何种规格的斗，是按照柱距的大小宽度比例来配置的，一般长度在 2 尺至 3 尺 3 寸（约 60～100 厘米）之间，也根据所衔构件离缝的大小来确定。如斗衔栱，斗的宽度以栱空后两边不少于栱的厚度为原则。斗高的三分之二以下起线做倒棱。鸡舌斗的鸡舌长一般为两倍栱长，二分之一斗宽。再如栋路用方筒，一丈宽厅的鸡舌长可配 8 寸；走筒因筒身肥大，一丈宽厅，鸡舌一般在 2 尺 2 寸至 2 尺 5 寸（65～75 厘米）。

斗根据形态可分为方斗、圆斗、八角斗、六角斗、四角斗、海棠斗、梅花斗、莲花斗、碗斗等。斗的形态不同，主要是由它作为传力构件所连接的柱、筒等构件形态不同而决定的。如圆斗一般坐于圆筒或圆柱之上，方斗一般坐于方柱或方筒之上。根据斗所处的位置不同，又可以分为柱头斗、瓜头斗、栱尾斗、鸡舌斗、连栱尾斗等。柱头斗位于柱头上，瓜头斗位于瓜筒上，这两种斗的宽度或直径一般与其下面的柱头或瓜筒相仿。斗底设有卯眼以便与柱头或瓜筒顶部的榫头相接。斗的形态呈扁平形，高宽比约为 1：3。栱的形态呈窄高形，斗与栱在宽度上比例近似于 1：3。由此，斗与栱结合形成 T 形的外观，有别于其他地区的斗栱。栱依据其在构架上的位置通常可以分为大通出尾、副栱、屐❹尾。通称栱尾段为"屐尾"。斗栱组可分为单面做和双面做。若有五开间一般梁上的斗栱为双面做，栱等长；若为三开间则可单面做，正面凿花较长，背面栱身短。（图 6-42）

---

❶ 引自：张玉瑜.福建传统大木匠师技艺研究［M］.南京：东南大学出版社，2010：44.
❷ 引自：张玉瑜.福建传统大木匠师技艺研究［M］.南京：东南大学出版社，2010：44.
❸ 引自：薛琴，张朝博.新竹县县定古迹北埔姜氏家庙之解体调查［A］//第三届中华传统建筑文化与古建筑工艺技术学术研讨会暨西安曲江建筑文化传承经典案例推介会论文集，2010：90.
❹ 栱与屐：闽南方言称栱曰"屐"，主受力作用的出挑的华栱，称为"正屐"（或正栱），其余不论位其上或其下，都称为"副屐"（或副栱）。

平和县大溪镇永思堂狮座与斗栱

福清一都镇东山村东关寨（新旧寨）斗栱

福清港头镇后叶村叶氏华侨祖厝

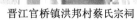

晋江官桥镇洪邦村蔡氏宗祠　　　　　　　晋江锦江村林氏宗祠

图 6-42　福建祠堂、祖厝斗栱形式

斗的加工工艺也别具特色。在我国古建筑中,宋及以前的斗斂有内凹的曲线,至清代则简化为斜面。而泉州地区的斗斂,向外突出一两道线脚,作为装饰曲线,更显精致。在闽东南沿海及台湾地区,栱的形式颇具特色,如关刀栱、螭虎栱、草尾栱等。关刀栱外缘呈 S 形曲线,形如半个葫芦,故也称葫芦栱;螭虎栱的栱头形如螭虎;草尾栱的栱头雕成卷草形。另外,工匠们还雕刻出龙头、象鼻等栱头的形式。如台湾宜兰壮围游氏家庙,外寮使用檐斗栱来承挑挑檐桁,出檐斗栱使用三种斗与栱:八角斗、桃弯斗及碗斗搭配着平栱、关刀栱及葫芦平栱,造型简练且富有变化,斗下皆施斗底线,且为皿斗做法。(图 6-43)

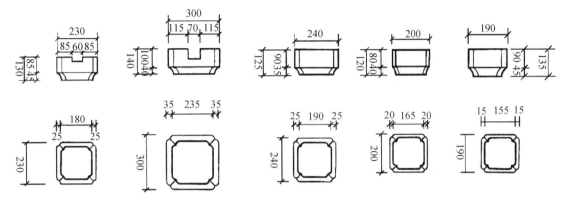

图 6-43　闽南地区部分斗栱

斗栱广泛地用于构架各部节点上,是横层结构与立柱间最重要的关节,是构架中极为复杂的工作。特别是高大的厅堂中,出檐深度越大,斗栱的层数也越多,以示尊严华贵。斗有大中小各种规格,用何种规格主要根据所衔接构架离"缝"(每步架的中心线)的大小确定,如斗衔栱,斗的宽度以栱空后两边不少于栱的厚度为原则,斗面倒棱为十分之一。圆光、梁巾、束巾等构件的斗眼深度都是三折一。鸡舌斗的鸡舌长度一般为二倍的栱长、二分之一斗宽。如栋路用方筒,一丈宽厅的鸡舌长度可配用 8 寸,走筒因筒身肥大,若一丈宽厅,鸡舌长度可 1 尺。❶

如三明永安市西洋镇福庄村耸翠山庄,即邢氏祠堂,始建于清乾隆八年(1743 年),由衍庆堂、古戏台、富十公祠、南山拱秀等建筑组成。衍庆堂与山庄大门偏左相对,供奉有邢氏"河间郡历代宗亲"牌位,是祭祖的祠堂。衍庆堂左边墙面立有一块刻于清嘉庆年间的"大岚山禁伐碑",为邢氏祖先立下的禁止采伐大岚山森林的禁伐令,是永安最早、最完整的保护森林的法典。衍庆堂前空坪立有六根石制旌表,彰显邢氏家族成员考中科举功名的荣耀。衍庆堂前右侧是古戏台,戏台台面距地面有 1.65 米高,戏台左、右侧及后侧另起有供戏班化妆和乐队伴奏的场所,其中,戏台顶上藻井仍然保存完好,藻井雕花非常精细。其斗栱制作精良,多为如意斗。(图 6-44)

在闽东地区,传统民居、祠堂建筑的斗栱主要有三种类型:挑檐斗栱、隔架斗栱、雀替斗栱。其中,雀替斗栱多在卷棚构架或椽桁之下,主要起到装饰作用。挑檐斗栱是由柱身伸出单向多栱出挑的偷心栱,此类做法在闽东祠堂建筑中较为普遍。且一般挑檐斗栱为三出挑,前挑檐斗栱上面设一或两根承桁梁,承桁梁的头部多做兽头、卷草或鸟形雕刻,两侧装饰镂空花板替木,上一根承桁梁多作烛仔状弯曲。在一列的挑檐斗栱中,需有一根以上的栱或梁由门柱内的构架中穿出,起到支撑的作用。

隔架斗栱指的是扇面缝架之间横向的牌楼面上部的三升担斗栱。明代牌楼面的三升担数量较少,明间多为两组,明代后期数量有所增加,但整体的连栱弧度十分舒张。连栱底部雕卷草,形似虎头,称为"虎头栱"。清早期的隔架斗栱与明代类似,表面较为朴素,不作雕饰,连栱底部做如意造型,不做虎头栱。清中期的隔架斗栱装饰性开始增加,栱身边缘出现多种造型,斗和栱也多见各种雕刻图案,但栱身和斗还能明显区分,这一时期隔架高度有所增加,经常见双层三升担。清晚期隔架斗栱变形严重,雕刻图案繁缛,

❶ 引自:张玉瑜.福建传统大木匠师技艺研究[M].南京:东南大学出版社,2010:39.

隔架常见一块雕花板,弯栱部分变形为卷书、人物等图案,连栱部分变形为花瓶,即使一些能清晰分辨的三升担,连栱的底部也拉得很长,该时期隔架斗栱已经成为装饰构件。民国时期,隔架斗栱继承了晚清的复杂变形及雕刻,甚至在二楣上也雕刻各种图案,由于民国时期的建筑常做油漆,在雕花板上贴金成为一种时尚。

耸翠山庄戏台如意斗栱

图6-44　永安市西洋镇福庄村耸翠山庄

6.2.3　枋类构件

枋为水平受力构件,承托上面的受力。通梁之下,有类似于随梁枋的构件,称为通椭或梁巾,常常雕刻各式花纹。前檐阑额位置的构件,称为寿梁。寿梁呈弓形,挖底削肩,并将底部木料拼在背上,形态粗壮,造型美观,在前檐立面突出。弓形的寿梁不仅在明间使用,在次间也会使用,使得祠堂立面更加大气、精美。

束木是位于梁架之上、两根檩之间起到拉结作用的水平构件。虽同为水平受力构件，但几乎不受弯剪应力，其受力功能较枋更为纯粹。束木通常呈弯月形，故也称弯弓、弯插。束木较为扁平，束头与束尾高差较小，侧面不施卷杀，故称扁束。

台湾地区的束木（月梁）的造型增加了雕饰，栱身也喜雕成螭龙形，斗的形式有六角、八角、菱花及莲花等，瓜柱的雕饰也增加许多内容，一根瓜柱可分为瓜盖、瓜仁及瓜脚三部分。由于小构件增多，木材内部的榫卯也复杂化。如台湾新竹北埔姜氏家庙，其回廊的木结构就是其典型的案例，回廊为三开间，前后两侧各立四柱，左右各两组栋架，栋架为卷棚式，虽为过廊但却极为精致，通梁之下为有雕刻螭虎纹样的通随，通梁上方置金瓜筒，瓜筒之下为二层斗栱，有鸡舌、正栱、附栱出挑，双脊桁中间有八字束，八字束下方的束随为螭虎纹样的透雕，两瓜筒间的看随则以兽形图案雕刻装饰；瓜柱的外侧各有一束木，束木下方的束随有雕刻但略简于中央的看随雕刻。前侧排楼面的两檐柱间为圆形断面的寿梁，寿梁上方为花草斗座，斗座上有八角斗，八角斗再与桁引相接，临柱子部分的花草斗座仅为 1/2 且无八角斗，纯粹为装饰性质。后侧排楼面的寿梁为矩形断面的额枋，上有极精致的彩绘，该彩绘在中庭能被观之，并不会为前侧的寿梁所遮蔽。❶

其次，从弯枋构件的细部特征来看，可以发现看架式做法存在着两个地区系统：闽东福州与福安两地区的弯枋底下不施坐斗，仅以一块枋座与梁枋拼叠，置于层内额枋之上。而弯枋上方只承一斗三升，若欲增加看架层的高度，则施用素枋与弯枋。因此并没有形成闽南式的叠斗看架。如闽侯白沙镇林柄楼厝与闽清梅溪镇樟洋村林氏宗祠的大厅明间金柱间做成四组三升担的隔架斗栱，弯枋间距较大，弯枋曲线较大而且疏朗。其中，林柄楼厝又称"横头厝"，坐东朝西，合院式古厝，其形态为福建传统建筑中罕见的"横头假正厝"，面阔四扇三间，进深七柱出游廊，建筑用材考究。厅内屏门上梁架浮饰内容丰富，以带有吉祥寓意的瑞兽、花果、八宝等为主，间有福、禄、寿、喜篆书文字。梁枋桁架亦纹饰多样，集线刻、浮雕、镂雕于一体。（图 6-45）

图 6-45　左为闽侯县白沙镇林柄楼厝，右为闽清县梅溪镇樟洋村林氏宗祠

而樟洋村林氏宗祠又称炉边厝、炉边寨，为合院围屋与寨堡相结合的建筑群，占地 9000 多平方米，平面布局由回廊、书院、天井、正座、横厝构成。正座为六扇五间两侧夹封火墙，正座前是天井，天井左右为书院各三间。它背靠青山，面览田野溪流。古厝前水口交密，群山耸立。依地势高低分上、下两寨，依地

---

❶ 引自：薛琴，张朝博. 新竹县县定古迹北埔姜氏家庙之解体调查［A］//第三届中华传统建筑文化与古建筑工艺技术学术研讨会暨西安曲江建筑文化传承经典案例推介会论文集，2010：90.

势相邻而建,都是三进院落。上下寨的单体建筑,通过横厝彼此相连。

对于闽南及台湾地区而言,联系左右两缝梁架的纵架即金柱阑额、内额上的构架,称为看架、排架。看架是在门楣、寿梁、枋之上施斗栱及弯枋、素枋等,形成纵向的稳定系统。在民居、宗祠与庙宇中,看架用斗栱及弯枋、素枋等层叠组合,一般的做法是在门楣、寿梁或枋之上,置二、四或六个坐斗(没有一、三或五个坐斗的做法),斗两侧施以斗抱(斗座),斗之上施连续的弯枋,其上再承托一斗三升、素枋等,再上为圆引,直至圆仔下,以象征三朵、五朵、七朵补间铺作。一斗三升多连续成组,且多做成连栱的形式,相连的横栱共享一斗,类似于《营造法式》中的"鸳鸯交首栱"。连栱的木构实物最早见于福建莆田大宗伯第门屋(明万历二十一年,1593 年)。弯枋也称眉板,左右相连,有"三弯枋""五弯枋""七弯枋"之称。在闽南地区,因室内大梁(大通)的位置较低,纵向上的门楣、阑额等也随着降低,其上以斗栱、弯枋、连栱等组成看架。闽南建筑进一步发展出弯栱连枋、牌楼面的纵向构架,使得弯枋连栱看架多重层叠,层次丰富,规模较为宏大。弯枋连栱式看架,表现出强烈的装饰效果,具有独特的闽南地方特色。❶

如厦门集美陈氏大祠堂,始建于元代至正三年(1343 年),由集美陈氏二世祖陈基所建。现祠堂坐北向南,为二落三间张传统式样的古厝。前后两殿,中有天井,两侧设有庑廊,面阔三开间 10 米,进深 21 米,前有大埕,西南边建有戏台。后落为插梁构架,顶落屋顶为三川脊,正厅荟集浮雕、沉雕、圆雕、镂雕、影雕等精粹,梁栋施黑色油漆,寿梁、门楣、弯枋、叠斗、三星栱等层叠组合,绘五颜六色的"雄鹰""鲤鱼"彩画,寓意"高瞻远瞩""年年有余"等吉瑞。狮座、雀替等木作构件均精雕细刻,美轮美奂。其看架采用了斗栱及弯枋、素枋等层叠组合。(图 6-46)

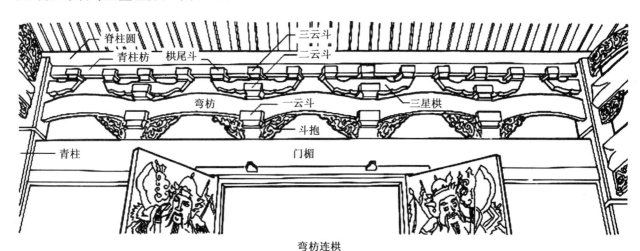

弯枋连栱

图 6-46 厦门市集美区陈氏大祠堂

❶ 引自:曹春平. 闽南传统建筑中的五架坐梁式构架[J]. 华中建筑,2010(8):160.

6.2.4 檩椽构件

檩在闽东南沿海及台湾地区称为圆或楹。脊檩即为脊圆,上金檩称为前一架楹或后一架楹,中金檩称为二架楹,下金檩称为三架楹。其中,脊圆是建筑中位置最高、直径最大的檩,又称中脊、中脊梁,绘有太极八卦图,安放时举行上梁仪式。相邻的两根檩之间的水平距离称为一步架,如果檩上椽子的长度相同,则步架长度会随着屋面坡度增加而减少,称为步步紧。檩的断面一般为圆形,下面不设檩板或随檩枋,但青柱圆下设置门扇时,则需在檩下增设圆引或楹引的枋木。除了硬山搁檩式外,圆的两端一般设有鸡舌承托。

檩条生起。唐宋以后,中国古代建筑的屋顶在纵向与横向上都略呈凹曲面,即双曲面。在纵向上,由举折、举架形成曲线;在横向上,其做法是,于尽间脊檩及各条平榑末端加三角形的生头木,在整体上使屋面中间低、两端高。还有一种做法,是在尽间各榑末端下增加短柱,使其内端低、外端高,但这种加短柱的做法并不普遍。闽海地区的祠堂建筑的屋面曲线很大,正脊起翘极高。在构造上,除使用"生头木"外,尚有一些地域特有的做法,特别是闽南及台湾地区,如檩条生起的做法:除明间外,所有檩条称"圆",都不是水平的,而是由明间向左右两边的次间、梢间、尽间渐次生起,即次间、梢间、尽间的脊檩、金檩、檐檩外端高、内端低。这种处理与《营造法式》卷五"大木作制度"规定的"自平柱叠进向角渐次生起,令势圆和"的做法相似,唐宋建筑中也常见到。但《营造法式》规定只用于檐柱,阑额、檐檐枋随柱之生起呈一和缓的曲线,而榑本身是没有生起的,只在尽间的榑端部加生头木。闽南及台湾地区的祠堂建筑中檩条的升起,是靠梁架即"栋路"来解决的,即明间的栋路高于次间的栋路,次间的又高于梢间的,高差在尺左右,但要按"寸白"来计算。而在具体的构造上,是在栋路的柱头瓜筒或叠斗上加置一至数个斗,做法简便。由于所有檩条均"生起",檐口、正脊均为曲线。檐口下的"水车堵"也随之生起,外观较为特别。❶

托木,即雀替,其长度可以为该开间宽度的八分之一或者九分之一左右。托木多雕花,因装饰上的需要可适当加长一些。

6.2.5 其他构件

(1)桷枝

椽在闽东南地区及台湾地区称为桷、桷子或桷枝。桷子的断面为扁方形,高宽比为1:4左右。由于形似木板,又称为桷子板、板条等。将桷子满铺屋面,可以兼作望板,是闽东南沿海地区及台湾地区特有的做法。一般檐椽不做飞椽,并在椽子的端头用封檐板封住。圆仔间密排桷子,先在中厅的中心线上钉合角,然后分两边钉起。合角用一根长圆木对开为透长角。每开间包括两边栋路的牵栋在内,所钉的桷枝数都为双数。台湾地区,桷仔数不可为三或六的倍数,其口诀为"天地人富贵贫",不可为"贫"字,所以,桷仔数一定为双数。在尺度方面,台湾新竹北埔姜氏家庙楹仔上方的桷木,在左右回廊其尺寸为8.5公分宽、1.8公分厚,比前堂桷木4.5公分厚薄许多,材质皆为杉木。回廊为卷棚顶的形式,弯桷木之上方隐藏有一支中脊桁,中脊桁并未由栋架所支撑,而是借由弯桷木上的角材将中脊的载重传递至弯桷木,而角材系每隔一弯桷木设置一个。❷

(2)暗厝(蜈蚣脚)

由于结构及构造上的限制,脊檩、金檩、檐檩的生起值比较有限。而庙宇、祠堂为了获得比较陡峭的屋面、正脊、垂脊及角脊曲线,使用了一种称为"暗厝"的构造方式。依位置区分,暗厝有三种:屋面暗厝、脊端暗厝和翼角暗厝。❸

---

❶ 引自:曹春平.闽南传统建筑屋顶做法[J].建筑史,2006(22):94-95.

❷ 引自:薛琴,张朝博.新竹县县定古迹北埔姜氏家庙之解体调查[A]//第三届中华传统建筑文化与古建筑工艺技术学术研讨会暨西安曲江建筑文化传承经典案例推介会论文集,2010:90.

❸ 引自:曹春平.闽南传统建筑屋顶做法[J].建筑史,2006(22):97-98.

（1）屋面暗厝，在屋顶脊檩、上金檩、中金檩、下金檩上再各自增设一条檩，即增加了一个楔形空间，以增加脊部的陡峻形象。由于原有屋面在暗厝之下仍然布椽、铺设望砖或望板，在室内看不到这个增设的暗厝部分，因此得名，也称"假厝"或"蜈蚣脚""倒养"。

江南明清建筑中有一种"轩""卷"的重椽做法。《园冶》卷3"屋宇"："前添敞卷，后进余轩，必用重椽，须支草架，高低依制，左右分为"，"卷者，厅堂前欲宽展，所以添设也。或小室欲异人字，亦为斯式，唯四角亭及轩可并之"，"须用复水、重椽，观之不知其折"。"轩""卷"，苏南地区亦称"翻轩"。《营造法原》亦称作"轩"，且列举了"弓形轩""茶壶档轩""船篷轩""鹤胫轩""海棠轩""一枝香轩"等各种形式。轩、卷用在寺庙、宗祠、住宅大厅的前廊内，闽南地区称这个空间为步口，因轩椽与屋椽之间形成一个三角形空间，这个空间称为"步口暗厝"。

（2）脊端暗厝，是在正脊与垂脊交汇处采用特殊的处理，具体做法为：在脊檩（闽南称"中脊圆"）两端各竖立一根短柱，短柱的高度视脊尾起翘所需而定，没有硬性的规定。短柱上搁置暗厝的脊檩（称"暗厝圆"），每条暗厝脊檩的水平长度一般为屋脊长度。暗厝脊檩的外端搁在短柱之上，内端端头砍杀成斜面，钉在屋面脊檩上。这样，两条暗厝脊檩与原有屋面脊檩构成折线形，呈折线形状。同时，由暗厝脊檩的内端向垂脊尽端钉一根斜向的椽子，以限定暗厝的边缘。在垂脊的位置，亦在屋面各条金檩外端钉高度递减的短柱，短柱上搁置暗厝的各条金檩，暗厝金檩的内端则钉在斜向的椽条上，因此，暗厝的脊檩最长，暗厝的上、下金檩长度则随之递减。每个暗厝的空间形态是一个四棱锥体的三角形空间。歇山顶由于使用了暗厝，山面部分的三角形山花一般用砖或木板封住。

暗厝上布椽，一般用通长的椽子，即暗厝的屋面只举不折或下折值甚微。暗厝与原有屋面的相交部位，填充灰土，以便铺瓦后形成圆和的屋面曲线，即"双曲面"。

闽南古建筑的横剖面曲线的曲率较小，但由于使用了脊端暗厝，纵剖面在接近脊檩处的曲线曲率是较大的。与脊端暗厝相似的做法，是在屋正脊与垂脊交汇处垫以一至十数层砖瓦材料，愈至交角处垫层愈厚。当砖瓦垫层重量太大时，屋架可能无法承受。砖瓦垫层的做法，只用在次要的建筑中。一些重要的建筑如寺庙、祠堂的大殿，还可以使用多层暗厝的做法，即在已做出的三角形暗厝上再加一个暗厝，使屋脊形象更加陡峭。脊端暗厝的做法，是闽南古建筑的特色之一。《营造法式》卷五"大木作制度"之"举折"条中，记载八角或四角斗尖亭榭，为得到陡峻的屋顶形象，规定在大角梁上立折簇梁，因而在大角梁、折簇梁与槫杆之间也形成三角形的暗空间。

（3）一些重要的建筑，除了正脊与垂脊相交处增设"暗厝"外，还在翼角处增加"翼角暗厝"。闽南古建筑大多只使用一层角梁，没有子角梁，檐椽之上也很少用飞椽。其做法为：在原有屋面布椽铺设望板之后，于子角梁尾部斜插一根短柱（称"观音手"），短柱上施一根圆木，作为暗厝的角梁。圆木一端立在短柱上，另一端搁在子角梁背上，然后再在圆木上斜向布椽（这些斜向的椽子称"补水木条"）。故增设的一根圆木相当于增设了一根角梁，使檐口曲线在翼角处明显上翘。这种翼角暗厝，闽南称为"风吹嘴"。由于翼角暗厝的使用，须在封檐板端部之上，另加一条类似生头木的三角形封檐板，故翼角虽有起翘，但略显笨重。需在翼角上砌卷草、凤尾等装饰（称"帅杆尾"）来调整形象，故一般建筑较少使用翼角暗厝。

（3）灯杆

六角形，采用以九、五分六角的做法。灯杆一般安装在中厅前副圆外至下副圆之间，高度与一郎顶平，由刻花灯杆座钉在一郎身顶托，房屋较低的可钉在二郎身顶托。如闽清县梅溪镇樟洋村林氏宗祠的灯梁为六边形，两端由雕刻精美的狮座承托。（图6-47）

大木构件组构程序是在各种构件制成后，先分栋路在地面进行试装，经试装完好，将五弯面架在地面先组好，立起来后与前点金柱榫接，再将大通榫接前点金柱与后点金柱，接着先组立完成其他所有构架，最后再组立四点金柱内的瓜筒、弯插等，最后钉棚、作暗厝、装帅杆，至此构架制作组装完成。木构件在垂直构件和水平构件的拉结、互交处使用各种榫卯。做工较细的工匠会根据各个构件的大小来调整榫卯结合处，使其不至于过大而需要使用钉子加固。

闽清县梅溪镇樟洋村林氏宗祠灯梁

图 6-47　灯梁

7 小木作技艺

众所周知,传统木作分大小之别。大木作是指木构架房屋中承担结构构件的制造和木构架的组合、安装、竖立等工作的专业,小木作是指非承重木构件的制作和安装专业。在宋《营造法式》中归入小木作制作的构件有门、窗、隔断、栏杆、外檐装饰及防护构件、地板、天花(顶棚)、楼梯、龛厨、篱墙、井亭等42种。清工部《工程做法则例》称小木作为装修作,并把面向室外的木作称为外墙装修,室内的称为内檐装修,项目略有增减。而承担大木作的工人称"大木匠",承担小木作的工人称"小木匠"。

在闽东南及台湾地区,台基以上、圆枋以下、左右到柱间的门窗隔扇、大门及天花等木构件的制作,称为小木作,也称细木作。

7.1 木雕装饰

7.1.1 雕刻用材

闽海地区的木雕工艺极具地域特色。木料是该地区祠堂的主要建筑构件,也是雕刻的重点。木料主要为杉木,在一些装修构件上,也有的选择使用楠木、榆木、樟木、黄杨木、马尾松、竹子等。作为雕刻使用的木料,要求纹路清晰流畅,没有或极少节瘤。

杉木树干通直、高达、耐腐性中等、抗虫性强,木材纹理顺直,材质轻柔,结构细致均匀,经脱脂脱水处理后不翘不裂,且防腐处理容易,油漆、胶接性能好,是极好的建筑用材和雕刻用料。樟木强度较低,但木材纹理交错,干燥后不易开裂、不易变形,且有浓郁的樟脑香味,具有很强的抗虫性,油漆、胶接性好,加上樟木成材后树形巨大,适宜用作细木雕刻构件。因此,在闽南及台湾地区的祠堂中,雀替、瓜筒等大量使用樟木制作雕刻构件。楠木有多种,色泽淡雅匀整,伸缩性小,容易操作而耐久稳定,是非硬性木材中最好的一种。楠木有三种:(1)香楠,木微紫而带清香,纹理美观。(2)金丝楠,木纹里有金丝,是楠木中最好的一种,有的楠木材料结成天然山水人物花纹。(3)水楠,木质较软,多用来制作家具。在祠堂中,最常采用的是杉木,往往采取整个树径的材料,乃至多个木料进行拼接,体量小的雕刻则多用材质较硬或纹路优美的木料,如楠木、榆木、黄杨木等,便于雕刻精细的形象。

7.1.2 雕刻工艺

雕刻工艺包括选料、截料、起稿、落墨、出胚、錾活、雕活等。要求雕刻线条盘屈有力、繁而不乱、层次分明、疏密相间,刀口要求有力度感、层次感。工具主要包括扁铲、翘圆铲、底铲、斜铲、挑铲等。在闽南地区常用的整套雕刻工具通常达43种。在闽东地区,刀具可以分为:(1)斜口刀,用于起雕做图案隔开、图案轮廓之直线或曲线雕刻及切削、外圆弧、V形槽等,为用途较为广泛的雕刀。(2)平口刀,用于削平面板,修整方槽、圆角及雕刻推深等。(3)圆口刀,用于雕刻凹圆弧或孔,以表现柔软曲线。(4)V形刀,用于雕刻基本线条,如V线等。

雕刻工艺一般需通过画草图、凿粗坯、掘细坯、修光、打磨等工序。

(1)画草图即设计阶段,一般由熟练的匠师先构思,会根据木料的形状、疤结、纹路等进行设计,再用铅笔在木材上画出图案进行雕刻,或者在白纸上画出1:1的大草图,然后转印在木头上,再根据草图进行雕刻。

（2）凿粗坯：即先用锯、斧将要雕刻的图案之外的木料部分剔除，清理出一个粗坯，闽东地区谓之"头过坯"。凿粗坯是整个作品的基础，它以简练的几何形体概括全部构思中的造型结构，初步形成作品的外轮廓与内轮廓。在这个过程中需注意虚实得体，并留有余地，如果有需要修改的地方，才好修改。

（3）掘细坯：这是雕刻成型的一道重要工序。它可以修补凿粗坯工序中的不足，并加强细节部分的雕刻，即二过坯、三过坯。打坯的过程中，要将木料用水浸泡，使其有韧性、不易断裂。掘细坯注意要先从整体着眼，由内到外，调整比例和各种布局，然后将雕刻内容的具体形态逐步落实形成。如雕刻人物，刻出人物形体结构后，人物的面部表情、动作、服饰等细节都要充分注意到，要将人物的喜怒哀乐表现出来，眼睛和嘴角是最关键的。而要让人物有动感，则主要是通过各种表现手法来展示衣服的纹饰、褶皱的朝向等。这个阶段，作品的体积和线条已趋于明朗定型，因此要求刀法圆熟流畅，要有充分的表现力。

（4）修光工序是一道精加工制作过程，闽东地区谓之"坯光五五对四五"，可见其重要性。在掘细坯过程中出现的不足或缺陷，可由修光来补救，谓之"打坯不足修光补"。修光讲究用削、剔、刮等技法，运用精雕细刻及薄刀密片法按照木纹的顺序修去细坯中的刀痕凿垢，使作品表面达到细致完美、质感分明的艺术效果。要求刀迹清楚细密，或是圆转，或是板直，特别是在作品的起伏错落交界处，一定要认真仔细地用小刀和凿子刻画修好，力求将雕刻痕迹巧妙地融入木纹之中，把各部分的细枝末节及质感表现出来。修光的技术要领是：灵、纯、飘、薄、松、软、柔、顺。

图 7-1　门窗、吊筒、花牙子、托木、坐梁狮等部位的木雕

（5）打磨：经过修光，所要雕刻的作品基本完工，为了更好地展现雕刻作品及木材的纹理，增加艺术感染力，让作品看上去浑然天成，雕刻完成之后，需要耐心细致地用粗细不同的木工专用砂纸将木雕作品打磨得细润、光滑。要求先用粗砂纸，后用细砂纸，顺着木纤维方向反复打磨，直至刀痕砂路消失，显示出美丽的木纹。至此，一件细木雕刻作品方算完成。（图7-1）

7.1.3 雕刻技法

雕刻技法，根据《营造法式》卷三记载：宋代雕镌制度有剔地起突、压地隐起、减地平钑、素平四种。对于闽海地区的传统民居、祠堂建筑而言，一般常见的雕刻技法有混雕、剔地雕、透雕等。

图7-2   混雕

（1）混雕。混雕相当于雕刻技法里的圆雕，具有三维立体的效果，可多面观赏，这就要求雕刻者从前后、左右、上、中、下全方位进行雕刻，要求匠师从各个角度去推敲雕刻的构图，特别是其形体结构的空间变换。民居与祠堂建筑中的撑栱、垂花等部位，常采用混雕技法，将雕刻造型刻画得非常精致，充满生机。（图7-2）

图7-3   剔地雕

（2）剔地雕。该技法是传统木雕中最基本的方法，即"压地隐起华"，通常指的是剔除花形以外的木质，使花样更明显突出。通常有两种刻法，一种是半混雕刻法，将花样做很深的剔地，再将主要形象进行混雕，成为半立体形象，常用于额枋上。另一种是浮雕刻法，花样周围剔地不深，花样不是很突出，然后在花样上做深浅不同的剔地，以表现花样的起伏变化。或者在花样上作刻线装饰，勾勒花形，增强作品的装饰效果，或表现花瓣的轮廓和结构，多用于装板、裙板的雕刻中。（图7-3）

（3）透雕。即在木材上保留图案花样的部分，将木板凿穿，背景全部剔除，造成上下左右的穿透，形成镂空的效果，然后再做剔地刻或线刻。这种雕法需要有高超的技巧，刻成的作品正反两面都可观赏，常见于花罩、雀替、束随、木门窗、隔扇中。（图7-4）

图7-4　透雕

祠堂建筑的木雕装饰几乎涉及所有构件，如梁枋、斗栱、雀替、吊筒、垂花柱、轩廊、灯杆、要头，以及门扇、窗棂、正堂内的神龛、匾额等处。木雕在承重构件上时，对构件用材直接雕刻，为保证构件的强度，雕刻多使用压地隐起、减地平钑与素平的方式，另外还可以对非承重构件进行精雕细刻，雕刻的工艺多种多样，以剔地起突为主，包含透雕、圆雕、镂雕，形成丰富多彩的造型。

图7-5　海云家庙正厅梁架雕刻

其中，在梁枋上，闽南及台湾地区的祠堂常采用插梁式，其梁架下不做天花板而使梁架自然显露，大梁、连系梁、随梁枋、瓜柱或坐斗等都是雕饰的重点，形式多样，雕饰多极为繁复，甚至施金饰，色彩绚丽。

如漳浦县旧镇镇浯江村的海云家庙,为漳浦林姓的主要祠堂之一。其始祖林安于南宋时由长乐迁居漳浦,后代聚居于海云山麓。浯江溪畔形成了以旧镇、深土、赤土、霞美为中心的四十多个林姓村庄,总称乌石社区。乌石林姓分衍四宗,四座宗祠均称为"海云家庙",以乌石宗的海云家庙为大,堂号"世德堂"。该家庙由七世祖林普玄等创建于明正统十三年(1448 年),明正德十五年(1520 年)林震重修,万历八年(1580 年)由雷州通判林楚、南京礼部尚书林士章等主持在原地重建,重建时改变了家庙的坐向,但地址不变,形成现在的规模。清康熙年间,内阁中书林琛再修,清同治年间、民国间、20 世纪 70 年代等均有不同程度的修缮。该家庙建筑的斗拱、搭牵、梁、枋之间均做镂花木雕,梁枋之间还保存着明清时代的彩画,石、木构件大量使用雕刻装饰。(图 7-5)

其次,在狮座、束木、束随方面,梁上的瓜柱、步口处的驼墩和瓜筒常以狮座代替,或者雕刻成大象、花篮等形式,形态各异,并在表面用金、彩绘,使其形象更为突出,成为祠堂建筑中重要的装饰元素。位于梁架的束木或弯弓,其下束随或束巾,多雕以花草或螭虎图案,如台中张廖家庙、晋江市金井镇溜江村陈氏宗祠、石狮市永宁林氏家庙等。其中,陈氏宗祠系榕霞陈氏十二世与十三世祖叔侄两辈于明代嘉靖四十三年(1564 年)自榕霞迁居溜江所建,为溜江溪美陈氏一派,建筑为二落五间张古厝,斗拱、狮座、束随、月梁、雀替雕刻精致,部分采用了混雕、透雕,并局部施鎏金。再如宁德赤溪镇杨氏宗祠始建于明代,其梁枋、斗拱、束木处的雕刻多为混雕,窗户雕刻为剔地雕,麒麟、鳌鱼、花草形象逼真,雕刻细腻、工艺精湛。(图 7-6、图 7-7)

图 7-6　上图为溜江陈氏宗祠,下图为台中张廖家庙

再次,在吊筒、雀替方面,祠堂挑檐檩下多有"吊筒",端头常饰以莲花、花篮或花灯等装饰。为了遮住吊筒外缘的榫眼接缝,吊筒正面多斜置神仙人物或动物木雕,成为"竖材"或"斜撑"。柱头和梁枋相交处的雀替,常施以镂雕、透雕等工艺,雕刻成龙、凤、鳌鱼(龙首鲤鱼身)、花鸟、金蟾、花篮等形式。如大田玉田村范氏宗祠、永安槐南乡洋头村溯源祠、九峰镇曾氏宗祠等都是木雕艺术的典型代表。范氏宗祠的束

木、月梁、雀替等都采用了透雕,清水素面,不施油光,天然的木质纹理彰显了祠堂建筑雕刻艺术的精致。(图7-8、图7-9)

图7-7　宁德赤溪镇杨氏宗祠

图7-8　大田玉田村范氏宗祠木雕

图7-9　上图为永安槐南乡洋头村溯源祠正脊雕刻,下图为九峰镇曾氏宗祠雕刻

　　复次，在门扇、窗棂方面，门窗是祠堂的门面，其上面的雕刻不仅显示出宗族的气势，还表达了族人趋吉避凶的夙愿，多以螭虎、螭龙为图案，采用透雕的技艺，既美观又利于通风。(图7-10)

　　如平和县九峰镇杨厝坪杨氏宗祠，供奉杨厝坪杨氏始祖念三公及其下三世神位。该祠始建于明嘉靖年间，扩建于清雍正戊申年(1728年)，现存建筑法式保持清代风格。宗祠坐东北向西南，占地面积约计1876平方米，建筑面积458平方米，前为半圆形水池和宽阔的庭埕，埕以鹅卵石铺地。山墙砖砌，墙裙制安素面条石，下置卷草纹硅脚石。明间为双开板门，大门两侧青砖砌墙，成网格图纹，上制安透雕石窗花和石栅栏窗。门前有人物、动物、花草浮雕集一身的抱鼓石一对。门楣上方书写"杨氏宗祠"，两侧各镶嵌一幅乾隆年间的"龙凤呈祥"景德镇彩瓷。内墙面抹灰。主体建筑面阔三间，大门外观如六柱三楼式牌坊，次间、稍间均以青砖精砌几何连续图案，青石雌虎窗，青石高浮雕旋纹门鼓，内侧为三开间门厅，进深一间；六方形石廊柱，四架檩，卷棚顶，天井墁花岗岩石板。前厅进深二间，主堂进深三间。前厅九檩三架梁，主堂架十五檩，进深第二间三架梁；过水廊道五架檩；梁架间制安透雕或剔雕的花草纹、香草龙纹

图 7-10　木雕艺术

花板,保留梁架彩画,色彩鲜艳,装饰较为繁缛。主堂金柱均为花岗岩石柱墩接木柱,下置石柱础;柱础雕工精细,有剔雕花鸟纹束腰方形柱础、浮雕杂宝走兽纹束腰八角形柱础和素面瓜楞形束腰圆柱础等形制。梁架为穿斗抬梁混合式,梁为月梁,栱为肥束栱,坐斗有花篮斗、瓜斗上为莲花方形雕花斗等形制,方斗开海棠线,是为梅花斗;前厅和主堂的内外檐装修均在襻间制安斗栱。宗祠屋面覆板瓦,檐口高且出挑较深,举折曲线柔和;正脊为燕尾脊,正脊脊堵内剪粘花草脊饰,工艺也较为细腻。天井均以花岗岩条石铺墁,室内铺墁八角菱形红砖及方形红砖。主堂天井两侧设过水廊坊相连。主堂铺以方形红砖。祠堂中还保存有清乾隆年间重修的碑记等。杨氏宗祠是平和九峰镇、长乐乡、崎岭乡,云霄县下河乡,广东潮阳、饶平,以及台湾台北、高雄、台中、屏东、云林、台南等地杨氏后裔共有的大宗祠堂。(图 7-11)

图 7-11   九峰镇杨氏宗祠

7.2   石作雕刻

由于木构件易腐朽、瓦件易碎裂、砖墙易重砌,在历经多次维修后能较完整保留下来的不多,而石构件因笨重且价廉不易被挪用,又因石构件材质坚硬不易风化、体积不大不易破损,在祠堂维修中能一次次被留用,所以成为祠堂年代考证的有力证据之一。

7.2.1   雕刻用材

闽海地区多石材,因此,祠堂朝外的门窗框多以石材砌成,常见的有辉绿岩、花岗岩、白梨石等。辉绿岩,又名福建青、古田青、青石,成分相当于辉长岩的浅成岩;为显晶质,常具辉绿结构或次辉绿结构;颜色有深灰、灰黑色、色青带灰白,石纹细腻、质地较硬,适于雕刻磨光,且不易风化,因此,多用于精细部位的装饰雕塑。如剔地起突、压地隐起、减地平钑、素平等。常见的构件有柱础、栏杆、漏窗、石狮、石碑等,也用于立柱或门框。

花岗岩是火成岩,属于硬山材,构造致密,呈整体的均粒状结构,常按其结晶颗粒大小分为伟晶、粗晶、细晶三种,通常为灰色、红色、蔷薇色或灰与红相间的颜色,是闽海传统建筑石作的主要品种。花岗岩在闽南地区称为"白石",辉绿岩则称为"黑石"。白石质地较粗,色泽较浅,偏黄或红色,较辉绿岩易加工,常用于天井、台明、台阶、柱础、裙堵、门框、墙体、漏窗、石狮、石碑等。

白梨石主要产于闽安镇,石质硬度适中,纹理缜密均匀,色泽洁白晶莹,如切开的雪梨,故名"白梨石"。福州历史上许多重大工程如王审知扩城、元代万寿桥、亭江迥龙桥等均采用白梨石。白梨石常用于栏杆、门框、漏窗、石狮等。

7.2.2   雕刻工具

在传统的石雕工艺中所使用的主要工具有:大锤、小锤、扎锤、钟锤、针平、錾仔、扁子、磨子、细锁、枫仔、錾平、梅花锤、钢条仔、刀子、哈子等。

粗加工用的有:(1) 大锤用于采石。(2) 小锤作敲打用,分花锤、双面锤和两用锤等。花锤锤顶带有网格状尖棱,主要用于敲打不平的石料使其平整;双面锤一面作花锤,一面作普通锤;两面锤一面作普通锤,一面可安刃子,因而既可作锤又可作斧用。(3) 錾缠,方嘴,用于剔除较大面积的边角斜料;錾仔,尖嘴,是打荒料和打糙的主要工具。

精加工及艺雕用的有:打琢(尖扁錾嘴)和斜琢(斜扁嘴),主要用于石料齐边或雕刻时的扁光,类似錾仔,但体质较细小。剁斧,形状介于斧子与锤子之间,一端是锤,另一端像斧子的刃,只是没有斧子锋利,专门用于截断石料和用于剁光石料表面。梅花锤,方形嘴,表面有梅花点,用于剁平较大面积的石料表面,比剁斧效率高。钢条仔,细长尖嘴,用于镂出石料,根据雕作的不同要求也有多种型号。刀子用于雕刻花纹,既有雕刻直线的直刃刀,也有雕刻曲线的圆刃刀。哈子是一种特殊的斧子,专门用于花岗岩的表面处理。其他如墨子、尺子、线坠、画签之类为较常见工具。❶

7.2.3　雕刻工艺

石雕工艺,第一步是平直,即将荒料加工,留出需要雕刻的位置,其余地方全部平整成欲雕的形状。

第二步是打巧,又称打坯,一般由雕刻的头手(石雕大师傅或技术较为熟练者)来完成。泉州地区,以惠安石雕工艺为代表,其工艺流程包括捏、镂、摘、雕四道工序。

(1) 捏,即打坯样。先在石块上画出线条,或先用墨笔勾勒轮廓,加工粗坯。对于线条较为复杂的图案,可先在厚纸上绘制,然后在纸上扎眼,用粉扑子将图案转移到石材上。有的还先捏成泥坯或石膏模型。

(2) 镂,在坯样捏成后,根据石块上的线条图形把内部无用的石料挖掉。对于有镂空要求的作品这是必须完成的程序,这个技术是体现石雕工匠基本功的重要环节,因为镂空操作极易损伤一些该保留的细小部分,所以在镂空时要求工匠的细致和耐心。如小石狮子口中滚动的小圆球的雕凿,对工匠的镂空技艺有很高的要求。

图7-12　惠安石雕雕刻工序:捏、镂、摘、雕❷

(3) 摘,是按照图形剔去雕件的外部多余的石料。这是对坯的细加工。在剔除的面积和深浅程度上都要求工匠对图样造型特点的理解,同时,工匠操作工具要轻巧、熟练。与镂空相比,这个工序相对容易。

(4) 雕,是进行最后的雕琢加工,使雕件定型。(图7-12)

第三步,剔、刻。剔是挖空透孔,刻是刻线找层次和关系,精雕细刻。

第四步,晟工(镂剔),这是最后一道工序,即在剔刻工序的基础上,进一步精雕细琢,并加以磨光,使得整件石雕莹润。

7.2.4　雕刻技法

石作的雕刻技法主要有六种:(1) 圆雕,又称立体雕、四面雕,即《营造法式》中提到的“混作”。圆雕用于立体型的雕刻品,一般为单件艺术作品,其工艺以镂空技法和精细剁斧见长。圆雕既有主要观看角度,也有前后左右全方位观看角度,因此雕刻技艺要求比较高。同时,圆雕还具有强烈的空间感和立体感,它可以产生变化丰富的光影效果和很强的力度,具有清晰的轮廓。它要求雕刻者从前后、左右、上、中、下全方位进行雕刻,这是雕刻中最基本的技法。由于圆雕作品极富立体感、生动、逼真、传神,所以圆雕对石材的要求比较严格,从长度到厚薄都必须具备与实物相适当的比例,雕刻师们才能按比例“打坯”。圆雕既有以单一石块雕塑的,也有由多块石料组合而成的。它适合放在需要独立占领空间的位置,在建筑上常见的有石狮、龙柱、石将军、抱鼓石、各种人物造像、飞禽走兽等。(图7-13)

❶　引自:汪峰.崇武石文化[M].惠安:惠安县文学艺术界联合会印,2000:125.
❷　图片来源:林怀钏.惠安石雕在传统建筑中的应用研究[D].泉州:华侨大学,2007:15.

图 7-13　圆雕

（2）浮雕，即"沉雕"或"突雕"，对应《营造法式》中的"压地隐起"和"剔地起突"。它是闽南地区在建筑应用中最广的一种石雕类型。浮雕是一种半立体型的雕刻品，其形体具有占有空间的实在体积，其起伏程度被压缩，有相当大的绘画性，又因图像造型浮凸于石料表面，故称浮雕。浮雕是介于线雕和圆雕之间

图 7-14　浮雕：南安官桥镇洪邦村蔡氏小宗祠

的一种雕塑形式,分为浅浮雕和高浮雕两类:单层次造像的称浅浮雕,其内容比较单一,平面性强,更依赖于光线的辅助;有镂空的多层次造像的称高浮雕,其内容比较繁复,立体感强,远距离即可观看到。浮雕直接依附于一定的体面,起伏不如圆雕强烈,常需要借助侧光或顶光来展开其形体的表现力。惠安石雕中,有些浅浮雕图像起伏极小,微微高出底面,仅靠轮廓显露其形象,这就有利于保持墙面的平整;而高浮雕则富有立体感和表现力。浮雕被广泛应用于传统建筑的室内外墙面、基座、花窗、柱体、门槛等许多部位的装饰上。如南安市官桥镇洪邦村蔡氏小宗祠大门门簪、门窗、柜台角、柱础等均采用了浮雕的雕刻技艺,使得整个雕刻作品线条饱满,立体感强烈。(图7-14)

　　再如福清叶氏宗祠,位于港头镇后叶村,始建于明万历四十三年(1615年),系明内阁首辅叶向高的祖祠。宗祠坐北朝南,由戏台、天井、殿堂等组成。祠堂外墙为砖石结构,内为木质结构的官式斗栱建筑。现存祠堂为叶氏后裔、旅外华侨出资修缮。祠内大厅之彩绘、浮雕、镂雕等十分精致;殿堂面阔三间,进深五间,穿斗式木构架,歇山顶。栋梁、斗栱、门窗雕刻精美。(图7-15)

图7-15　福清港头镇后叶村叶氏宗祠

　　(3)线雕,也称平花、减地平钑。这是在加工成平滑光洁的石料上,以线条的粗细深浅程度,按照所描线条,用雕刻的技法在平面石料上刻绘图形、文字等,并将图案以外的底子很浅地打凹一层的石雕工艺。线雕形式在中国古代石雕作品中最为古老,其线条明朗,图案清晰,效果明显,装饰性强。线雕多用于建筑外墙面的局部装饰处理,如祠堂的窗框、腰线石、楹联、匾额和碑塔、牌坊等。如石狮市蚶江镇锦江村纪氏宗祠,其门柱对联"锦水家声振,龙安世泽长"采用了线雕,雕刻线条流畅、苍劲。通过此联传达了纪氏宗族的发展历程,据《龙安纪姓本源世系综述》:"闽地纪氏是宋代从山东迁来的。开闽第一世祖讳日,名江仁,谥赐忠简……宋理宗时,因抗疏九重,批龙鳞于北阙,投荒万里,卜鹌积于石狮龙安。"宗祠中祭拜闽海第一世祖忠简公。根据族谱,后代播迁台湾澎湖、台中、台南、高雄等地。(图7-16)

　　(4)沉雕,又称"水磨沉花",即一种浅浮雕,是在较为光滑的石材上描绘图案,然后雕凿凹入,利用阴影产生立体感。雕刻图案的表面也可以磨平,底子上则凿出点子,通常用于门框、石柱、壁堵等建筑物构件的表面。如闽南与台湾地区的诸多祠堂的粉堵、相向堵、麒麟堵等多采用沉雕,其线条自然流畅、柔顺修美,雕刻刀法凌峻,盘曲有力,深浅适中,体现出闽南工匠的超凡技艺。(图7-17)

　　(5)透雕,又称"镂空雕"。这是对浮雕进一步加工而派生出来的一种特殊形式,即在浮雕画面上保留有形象的部分,挖去衬底部分,将石材镂空,形成虚实相间的透雕,从而达到多层次表现。透雕讲究石材镂空的技法,常与浮雕结合,雕刻内容一般追求"图必有意,意必吉祥"的美好愿望,具有既美观又坚固的艺术特点。透雕不像一般浮雕那样沉闷,相反显得空间流通,光影变化更为丰富,形象更为清晰。透雕因其雕刻空间很小,雕镂工艺复杂,技艺要求很高,在建筑上较少使用,多用于祠堂的漏窗、雀替和牌坊等装

饰上。如南安市官桥镇洪邦村蔡氏宗祠的窗户、晋江市陈埭敦朴丁公宗祠的圆形窗,都是较为典型的透雕作品。（图7-18）

图7-16　蚶江锦江村纪氏宗祠

图7-17　沉雕

图7-18　透雕

（6）微雕，其特点在于微小，是传统工艺精巧手法的延续。其作品有的薄如蝉翼，有的细似发丝，巧夺天工。此外还有素平，即将石材表面雕琢平滑而不施图案题材的加工技法。

石刻一般用于台基、大门、墙裙、屏风、排水口、天井，以及阶条石的圭角、地袱、水车堵、石门框上楣、门簪、漏窗、栏杆、柱础等。如闽南地区多用于镜面墙的裙堵和柜台脚，以及螭虎窗、石鼓、柱础和旗杆石的须弥座上，客家风格的祠堂建筑前还有石笔。（图 7-19）

陈埭镇西板村东湖陈氏宗祠柜台脚

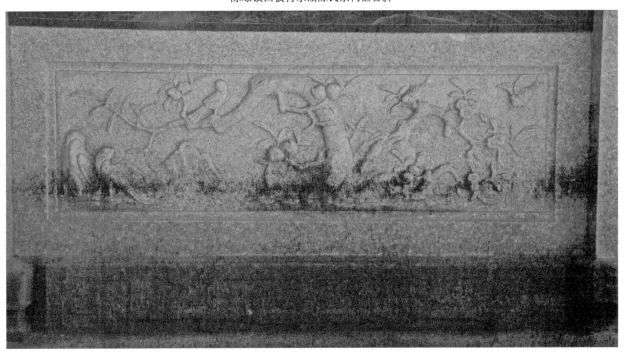

图 7-19　晋江金井镇福全村陈氏宗祠柜台脚与裙堵石刻

7.2.5　石雕运用

石雕在祠堂建筑中的运用，最为突出的是闽南及台湾地区，主要用于大门、外墙、柱础等地方。

一、大门，往往被视为家族的社会、经济、政治地位的象征，所以，在闽海地区，特别是闽南的祠堂建筑，大门正立面往往是石雕装饰的重点。大门部位石雕的运用，主要在门楣、门簪及其门框两侧、门枕石等。门楣即门框上沿，其正中设有一块与门洞同宽的石匾，早期石匾大都采用线雕，现常出现影雕石匾。石匾刻有与宗族身份相应的文字，石匾两侧有走马板，走马板为石雕，内容多为人物故事。如晋江金井镇福全村的陈氏宗祠、福清港头镇后叶村叶氏宗祠、南安官桥镇洪邦村蔡氏小宗祠、宁德屏南的甘氏宗祠等，除了门头匾额直接标明姓氏家族外，许多将郡望、堂号或灯号精心设计在显眼位置，突出家族的非凡。如陈氏颍川衍派、鹤峰衍派、射江衍派、飞钱衍派等都记录着其派系的郡望。匾额所在的整个牌楼面，色彩较民居更丰富、艳丽，多设鎏金，以显示其家族的兴旺发达，及其在整个村落中的显赫地位。（图 7-20、图 7-21）

图 7-20　福全村陈氏宗祠门楣匾额及其两侧雕刻

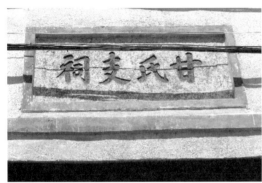

图 7-21　石匾额、门枕石、门簪

门簪,即"刀挂簪",就是在门楣上的凸出的两个雕刻,平面圆形,犹如印章或龙头,后尾穿过门楣以锁住门臼,还具有辟邪的象征意义。门框两侧余塞板位置自上而下,分三段进行雕刻,并结合图框的长短不同,选用适合的题材,如上段最长,所以雕刻对联;中段接近方形,多以单个的动物为雕刻内容;下段矩形框较短,以雕刻花瓶和植物为多。(图 7-21)

门枕石,立于大门门框两侧的巨大石块,实际上是门轴的支点。其作用是平衡门扇重量,防止门框摇动,同时夹住门槛,又成为门槛的支撑体。门槛在将门枕石分隔成内外两部分的时候,也为匠人们留下了充分展示其技艺的空间,往往成为装饰的重点,正面分别雕刻松、鹤和竹、鹿等,寓"福禄双全、平安长寿"之意。(图 7-21)

二、外墙体。石雕常应用于闽南祠堂外墙体件如门堵、地伏、石阶、石窗等。

门堵,即墙上的石块。通常分为正面门堵和侧面门堵。正面门堵的装饰构图类似于隔扇门的构图,自上而下分为五段,依次为:顶垛,多做成高浮雕;垛仁,内外分别用不同颜色的石材制作,以明确界定区分边框和图面;腰垛,技法多用浅浮雕或线刻;下裙垛,整块石作,内雕图案;座脚,即石制地伏或勒脚,与墙面转角处的柱珠雕刻相呼应。侧面门堵的装饰构图基本与正立面石门堵相同,不同之处有:(1) 内容不同,侧立面基本以诗句或对联为内容,而正立面多以人物故事为题材;(2) 材料不尽相同,侧面的视线吸引度低于正面,可以是石雕,也可以是砖雕;而正面为了保证门廊材质在视觉感觉上的统一,只能用石雕。门堵上的石雕题材常用山水、花鸟、楼台、亭阁、博古与人物等形象,丰富生动。如陈埭丁氏宗祠、金井镇塘东蔡氏家庙、赤溪杨氏宗祠、陈埭林氏宗祠、溜江飞钱陈氏宗祠等都在顶垛、垛仁、腰垛、下裙垛等处大量地使用了高浮雕、线雕,甚至透雕,以彰显宗族的社会地位与悠久的历史。(图 7-22)

顶垛：陈埭丁氏宗祠　　　　　　　　下裙垛：金井镇塘东蔡氏家庙

身堵：左为赤溪杨氏宗祠，中为陈埭林氏宗祠，右为溜江飞钱陈氏宗祠

图7-22　墙体石雕

地伏，包括地牛和虎脚。在闽南及台湾地区，地牛指外墙体最下层的矮平线脚，形态单一，只做出简单的素平线脚，有一定的视觉找平作用，给人以平整稳定之感，有时与虎脚连作。虎脚，即勒脚，又称为大座，一般用整块的白石加工而成，其上砌筑粉堵，总体形态如同两只背对背行走的猛兽，脊背平直，腿脚有力。地伏石雕，有的以青石雕刻，和墙身青石腰线、门口嵌砌青石雕件的材料及雕刻手法都相一致。有的以花岗岩刻成，色泽、质地与青石雕的腰或门口装饰都不相同，形成材料的质感及色彩上的对比。此外，在檐口柱与步口柱之间的地伏雕刻，别具一格，主要运用线雕手法，线条清晰而凹凸较小。题材有"连(莲花)生贵子(莲子)""喜鹊登梅"、云纹、龙纹，蕴含吉祥意义，装饰色彩浓郁。(图7-23)

图7-23　闽南柜台脚形式

石阶，即台基边缘的石条。闽南及台湾地区祠堂与民居建筑大门入口处的石阶与踏步，因传统观念避讳，特别要求石条整块完整，不能有接缝，所以选用比较大而完整的石板。尤其是踏步，一般是用一块完整的条石雕刻而成，同时，在底层还做出细细的线脚，使踏步产生情趣，具有一定的轻盈感。

石窗，又称漏窗，是闽南及台湾地区祠堂建筑中最重要的构件，同时又是石雕主要的装饰部位。石窗主要有条枳窗(即直枳窗、石条窗)、竹节枳窗(竹节窗)、螭虎窗等。条枳窗的窗枳用竖向的直枳，枳条数

一般为奇数,窗棂断面为正方形或扁方形。有的祠堂把直棂雕成竹节状,寓意步步高升,竹节上附花卉、人物、动物等图案,多为透雕形式。有的祠堂则用圆形的螭虎窗,如石狮市锦江村林氏宗祠、金门琼林潘伯宗祠、龙海市九湖镇林下村郭氏宗祠等。其中郭氏宗祠的螭虎窗雕刻工艺精湛,一边为螭龙纹,中间雕有"福"字,一边为蛟龙得水,寓意飞黄腾达。(图7-24)

龙海市九湖镇林下村郭氏宗祠螭虎窗

图7-24　祠堂窗户

三、柱础。祠堂及民居建筑中出现装饰机会最多的是柱础。位于房屋立柱之下,与地面直接接触的石柱础,顾名思义是柱子的基础,其最重要的功能是抬高柱子,防止雨水与潮气对柱子木材的浸蚀,使其保持干燥,大大延长了其使用寿命。明代以前柱础一般不加雕饰,清代的柱础则普遍加以雕饰,图案有麒麟、马、狮、虎、龙和各种各样的花卉、人物等。柱础包括柱珠与磉石:柱珠,就是在柱子下方的石块,其造型丰富;磉石,在柱珠下面的正方形石块。柱珠与磉石是祠堂及民居中雕饰较为集中的建筑部件之一,形式多样,内容丰富。其中,用于门廊的柱珠与磉石因其上的柱子都是倚柱,所以它们只能露出两面或三面,是一组门廊的柱珠与磉石形象,而用作独立支柱基础的柱珠与磉石造型则更为多样。柱珠主体有扁鼓形、连珠形、连珠复叶形、圆鼓形、方鼓形、方形、八角形等多种变体形式,同时,柱珠与磉石连作,衍化出更多形态复杂的多层柱础。(图7-25)

纵观闽海地区的石刻,其内容与木雕相似,多为有寓意的吉祥图案,如石门框上板两端的石刻一般为鹤、鹿、花等形象,图案较小。阶条石上刻有圭角,以连续不断的海棠花瓣纹为多。漏窗多为石窗格或螭虎窗、竹节窗等,雕饰内容多为螭虎图案,螭虎身体弯曲修长,表示"长寿"(长兽)之意。柱础石作形式多样,早期多采用覆莲状,清中晚期一般为四方尊形或石鼓形,少数采用圆尊形,雕刻以压地隐起、减地平钑、素平为主,图案多采用花卉、灵兽、双菱等。石刻还用于祠堂的立柱上,如龙柱等。抱鼓石、门枕

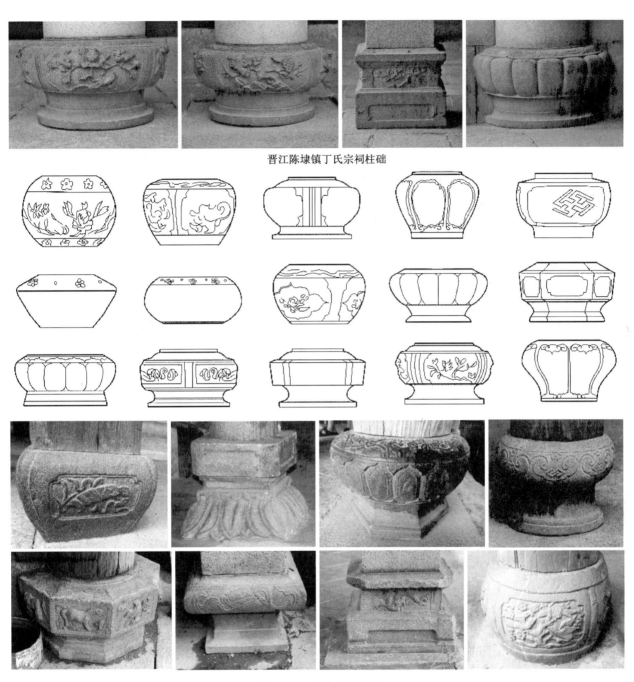

图 7-25　祠堂各类柱础

石、石鼓,置于祠堂中门门柱前方,一般用同一石料凿出,用来稳定门框和门槛。其形式一般上部如鼓,侧面略凸,常作螺旋纹雕饰,鼓下雕"托巾"。下部设基座,常饰柜台脚或花鸟虫鱼浮雕等。如金门琼林蔡氏十一世宗祠、潘伯宗祠,石狮市锦江村林氏宗祠等,其正立面采用了透雕、线雕、圆雕与沉雕等,题材包括了麒麟、松柏、花鸟、狮子等。(图 7-26)

　　此外,还有旗杆石(石笔)、祠堂碑刻、堂内天井和外埕的拼石做法,以及前厅台基处的排水口等,也多为石制。排水口有鱼形、蟹形、古钱状等,形象生动,如金门琼林潘伯宗祠、南靖塔下张氏德远堂、永宁李氏宗祠、龙海市九湖镇林下村郭氏宗祠等。南靖塔下张氏德远堂的石笔全部用花岗岩雕刻而成,高约 10 米,分为三段,上段圆形石柱,如为文官或举人,则柱头雕笔形,如为武官则柱头雕狮形,中段布满高浮雕的蟠龙,下段刻有官阶、辈分、姓名、时间等,底部有一个八角形或六角形的基座。段与段间则用圆盘或方斗形的石构件连接。(图 7-27)

图 7-26　上图为石狮市锦江村林氏宗祠,下图为金门琼林潘伯宗祠

图 7-27　南靖塔下张氏德远堂

再如龙海市九湖镇林下村郭氏宗祠（崇本堂），始建于明朝，民国二十六年（1937年）重建。祠堂为二落三间张古厝，前设上埕、下埕，整栋建筑为钢筋混凝土构架，大量采用灰塑。据口碑文献，重建时郭氏族人聘请大陆与台湾两位工匠师装修，以中轴线为界，两位工匠师各承担一半。新塘上林师傅采用欧式风格，颜厝师傅采用中式风格，最终成中西合璧。祠堂采用了透雕、线雕、浮雕、圆雕等技艺，雕刻内容包括龙、花瓣、狮子头，甚至在祠堂梁上还镶嵌着圣母圣像等。崇本堂既有浓郁的闽南传统红厝特征，又兼具西方古典建筑风格，表现出独特的艺术魅力。（图7-28）

图 7-28　龙海市九湖镇林下村郭氏宗祠

7.3　堆剪与灰塑、交趾陶

　　闽海地区的传统民居、祠堂建筑屋脊两端高高翘起,形成极具地域特色的"燕尾脊",同时,屋面的正脊、垂脊、翼角等,以堆剪、彩塑或灰塑装饰。正脊为装饰重点,中间筑有高耸的人物、动物、花卉等堆剪装饰。

7.3.1 堆剪

堆剪也称剪瓷、剪碗或嵌瓷,是在灰泥未干之时,将剪好的彩色陶片嵌入,组成造型的一种结合灰塑和陶瓷的特殊装饰物。如石狮市永宁镇林氏宗祠、晋江市金井镇塘东村蔡氏家庙和溜江村陈氏宗祠、台中张廖家庙等(图7-29)。

晋江金井镇塘东村蔡氏家庙:屋脊双龙戏珠

石狮永宁林氏宗祠

台中张廖家庙

晋江陈埭镇陈氏宗祠

图7-29 屋脊堆剪艺术

剪瓷雕选用胎薄质脆的彩色瓷碗为原料,按照需要,用钳子、木锤、砂轮等工具剪、敲、磨成形状大小不等的瓷片,剪成各种形状,然后再用水泥、贝壳灰、麻绒、红糖水(红糖水,起到增强黏性的作用)搅拌而成的粘胶,把它贴到以瓷条、铁丝、壳灰捏就的胚胎上。按照艺术造型的需要砌粘出人物、动物、花卉、山水,或镶嵌于民居的照壁,或耸立于寺庙宫观与府堂之屋顶、屋脊、翘角、门楼以及墙面的水车堵上。

剪瓷雕的"剪刀"非同一般。它形似平口老虎钳,但钢口不能太硬,如果硬碰硬,就容易将瓷片剪碎。这种钢口偏软的剪刀,长度在25厘米到35厘米间,它在熟练的艺人手里,能很快地将瓷器分割成各种形状,再修整出所需要的、边缘光滑的瓷片。

剪瓷雕分为平雕、叠雕、立体雕、圆雕、半浮雕。平雕着重于构图,一般用于近景;叠雕则多用于高处屋顶的龙凤走兽、水族飞禽和花卉树木,用片片彩瓷表现凤毛麟角、红花绿叶,无不栩栩如生;立体雕难度最大,多用于古装戏曲人物,如武将的盔甲、文官的蟒袍、才子佳人的宽衣窄袖,只有立体雕方能奏效。立体雕须先用硬度强的铁丝或竹篾做骨架,敷上用黄麻绒或稻草绒和着红糖浆拌成的黏性泥灰,打好泥塑坯型;再粘贴一块块色彩斑斓的剪瓷片,一个个形神兼备的人物、动物便呼之欲出。

剪瓷的工序主要有如下四步:

(1)白描。先用铅笔在白纸上画出要做的堆剪形象。底稿是根据房屋的大小、屋脊的长度等比例画出。这些均凭匠师的经验来决定。

(2)打底。根据描绘出来的堆剪形象,做模型。堆剪以灰泥为依托,早期都是使用红糖、糯米、白灰等材料。先将糯米放在水中浸泡五六天后,再加入红糖、白灰浸泡六天,这在闽南俗称糖水灰。这样做出的堆剪风干后,非常坚硬,可保存数百年。堆剪形象的主要筋骨用钢筋,其他细枝末节用钢丝扎出一个大概的形状,放在白描的纸上,根据画出来的形象倒入灰浆制成模型。如果模型比较长,一般采用分段制模,再用木板夹住。

(3)安模。制作好的模型风干后,将其运到屋脊,安放在事先立在屋脊上的钢筋上,再用灰浆将其固定住,并用灰浆层层堆灰,将模型修圆,使其形象丰满。等水泥浆干后,再抹上一遍白灰,作为上色之前的打底。堆灰时需要注意不要太厚,应留出镶嵌瓷片所需要的厚度,否则做出来的剪粘作品容易显得臃肿。

(4)粘瓷。剪切瓷片是堆剪中非常重要的一道工序,是将专门到瓷厂定制的高温烧制、色彩鲜艳的碗,用钳子剪成各种需要的尺寸。首先,用尖嘴剪子将瓷片剪下来,再用平口剪子修边缘。剪粘所用瓷片范围十分广泛,从碗口到碗底,各种碟子都可用。有些剪粘也需要特别制作,如人物的头部、盔甲战袍等需要用模具印制,然后入窑烧制。其次,趁着模型将干未干时,由外而内,由上而下,一层层覆盖成型,其下面的灰塑很少露出,大部分都被瓷片所覆盖。嵌瓷片时,根据题材不同、位置不同,镶嵌的方法也不同。如龙头,瓷片斜插镶嵌,而身体的鳞片较平,则近似平铺镶嵌。花卉镶嵌更为明显,花瓣从中间逐渐张开,角度越来越缓,而花径枝干则平铺镶嵌。堆剪还可以用油漆上色或描金边,以增加其艺术感。(图7-30)

图7-30　溜江村陈氏宗祠堆剪艺术

如大田济阳济中村涂氏祖祠,为德化涂绵十支派第十四世涂轸九公在明宪宗成化年间(1465—1487年)兴建,清代重建,为二落三合院大厝,坐北朝南,平面呈长方形,由堂前半月大空坪、山门、院墙、左右凤雨亭、正殿、配殿、后散水坡组成,插梁式结构、悬山屋顶,正堂面阔五间,进深四柱,明间正金柱处设神龛,地面为红色三合土铺设,天井两侧围以披榭。厅堂内使用圆柱和八边形柱础,主殿采用穿斗减柱造,瓜柱雕成鹰爪纹,柱上以莲花座承托斗栱与鸡舌,柱间穿枋(束肥)做成鳌鱼状,减掉的四根柱柱头木雕花卉,做成垂花柱。补间铺作为一斗三升,檐口以二跳斗栱承托出檐。脊檩、金檩两头收分明显,处理为梭形。屋脊燕尾脊上翘突出,脊堵内堆剪艺术精致细腻,饰有花草、松柏、鹿等。(图7-31)

图7-31 大田济阳济中村涂氏祖祠

7.3.2 灰塑

灰塑在闽东南及台湾地区的传统民居及祠堂建筑中广泛使用,常见于水车堵、屋脊、山墙等处装饰。木雕是使用刻刀由外而内,一步步通过减去废料,将造型从材料中剥离出来的过程,而灰塑是通过打撒、组合、拼接、剔除等方式对材料进行组合,以达到形成艺术形象的过程。

灰塑一般是用灰泥在现场塑造加工而成的。灰泥的成分包括石灰(或牡蛎壳灰)、砂、棉花(或麻绒)。闽东南沿海及台湾地区贝壳来源丰富,将牡蛎、蚬、蛤等贝壳煅烧成灰,再经筛选,得到不同粒径的灰渣,可以用于不同的建筑需求,粉状的壳灰是制作墙上灰塑的主要材料。而将石灰、砂、棉花等三种主要材料混合之后充分搅拌均匀,筛掉杂粒,加水养灰。养灰是指将调好的灰放在大桶中,养护60天左右,使灰在空气中经化学变化渗出灰油,增加黏性。有时为了增加黏性,也常常在水中掺入红糖或糯米汁。

制作灰塑时,一般要以钢丝作为骨架,有时也用竹条或木条代替。骨架之下伸出一段支脚,以固定泥塑之用。泥塑的堆灰要从内向外层层进行,对于层次较多的泥塑,还需要分层进行。浅雕平面的作品,直接衔接墙面以粗砂灰施作。立体浮雕则必须从墙骨撑出雕塑,一般以砖为胎,辅以块石,轻巧延伸的部位采用粗细铁线支撑,依序分别是砖胎、粗砂灰,再敷以细泥层为表面,其制作工艺与堆剪大体相似,只是少了一道粘瓷,多了一道上色工序。趁着白灰七八分干时上色。早期均使用矿物质颜料、水胶(取自橡胶树),这样制作出来的颜色鲜艳持久。一般使用红、黄、绿、青、水红等比较鲜艳的颜色。(图 7-32)

屏南寿山降龙村院墙灰塑

石狮市永宁古厝水平堵灰塑

晋江金井镇福全陈氏祖祠水车堵

南安市官桥镇洪邦村蔡氏宗祠水车堵

图 7-32　闽东南祠堂灰塑

灰塑主要装饰于墙体的各个位置,如马头墙的墀头、门额、观音兜、墙头壶边、鞍墙、截水墙及屋脊翘角、影壁、漏窗等。马头墙是闽东、闽北、闽西等地区民居与祠堂建筑的标志性形象。在大门两侧的墀头墙上部盘头部分,饰瑞兽、花草、人物、博古、福寿等题材的灰塑,闽南及台湾地区还会出现大力士等人物形象的泥塑或石雕,盘头上部的墙头帽部分,通常饰如意云纹或卷草螭龙纹,在石门框上常常饰太师少师、麒麟等灵兽图案;在月门和边门上常饰如意卷书图案,在天井四周的墙头壶边,常以直线回形夔龙纹或蔓草做开光边框,将墙头分割若干区域,饰狮子、仙鹤、亭台楼阁等图案。在这些灰塑中,常镶嵌蓝色或绿色瓷片、琉璃等物,增加形象的色彩与层次。(图7-33)

图7-33　宁德霍童镇贵村陈氏宗祠墀头灰塑

在闽东南及台湾地区的民居、祠堂建筑的山墙装饰上,常以泥塑做成花纹,以丰富视觉效果。纹样有火纹、云纹等,两边对称,中间饰以花灯、花篮。这些纹样装饰大体构成一种如意葫芦形,色彩上,蓝白相间,并用一些紫色调穿插其中,以取得与墙面协调的效果。另外,山墙也常画狮子咬花篮庆牌、如意云头挂八宝等,水车堵则常用戏曲人物形象,如岳飞精忠报国、郭子仪打安禄山、二十四孝、八仙过海等等。墙面装饰细部图案还有戏台、人物、文字、海棠花等,这些图案常带有一些象征和隐喻意义,以表达美好愿望。如宁德霍童镇黄宅(黄厝轩130号)始建于清末,平面为二进二开间,大门开在左侧,门楣两侧镶嵌灰塑兰花、海棠等图案,天井正面照壁中央书"福"字,大厅正中设神龛,祭祀黄氏历代祖先神位。(图7-34)

宁德霍童镇黄氏祖宅灰塑

闽南山墙装饰

闽东马头墙装饰

图 7-34   闽地灰塑

7.3.3 交趾陶

　　交趾陶是一种低温彩釉软陶,是以陶土塑造形象、上釉,入窑烧制的陶艺,由 800～900℃ 之间的温度烧结而成,属于低温陶。交趾陶的制作过程可分为选配土与练土、成型、挖空、阴干、素烧、制釉、上釉与釉烧等程序,其特点是色泽层次饱满、温润,造型繁多,釉色丰富,色彩美观,有各种各样的人物、鸟兽、花卉等。但由于低温烧制的工艺所限,硬度不高,在制作较大的构件时往往需要分开烧制,拼接安放。交趾陶制作的建筑构件材料较为粗重,工艺不如灰塑精致,再加上要避免碰撞、损坏等,不适宜安置在较低的部位,而常用于屋脊等只可远观的部位。另外,在建筑入口的正面墙上,也常常安放交趾陶,以增加建筑立面的色彩效果。(图 7-35)

晋江金井镇陈阳坛祖厝大门两侧的交趾陶

左边2张为南安市官桥镇漳里村蔡氏祖祠,右边2张为晋江市金井镇福全蒋氏祖祠

图7-35　交趾陶

7.4　砖雕

　　在闽海地区的传统民居、祠堂建筑中,镜面墙、塌寿墙、天井、门头等随处都可见到砖雕与镶嵌的运用。根据制作方式不同可以分为窑前雕与窑后雕两种。

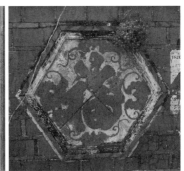

图7-36　砖雕艺术

　　(1)窑前雕,即先按照制作砖(如胭脂砖、青砖等)的工序来制作雕刻的基础——砖坯,然后在制作好的砖坯上,用手工或者模具制作图案造型,阴干后放入窑炉中烧制。因烧制过程中不可控制因素较多,所以产品率不高。(2)窑后雕,其工序较窑前雕复杂,根据雕刻内容的需求,挑选适合雕刻、烧制好的砖。在砖上画好图案,然后使用铁制刻刀和锤子,在砖上进行细细地切割或雕刻,一般以浅浮雕为主,结合线雕或拼花,再将雕刻制作好的砖按照一定的组合方式镶嵌到墙上(图7-36)。如晋江市金井镇福全村南门陈明安祖厝的镜面壁竖向墙垛上还用红色花砖组砌成篆体对联"择里为美,德必有邻",而西门蒋氏祖厝的对联为"竹报平安,花开富贵"。(图7-37)

　　根据雕刻形式不同,砖雕又可以分为单砖雕和拼砖雕及拼花等多种形式。单砖雕面积较小,形态多样,有圆形、方形、六角形、八角形等。制作一般都较为精细。雕刻完毕,一般还得有精细修光磨面等工序,将雕刻的边缘休得整齐、圆润。单砖雕完工后,再按照设计好的图案,将单砖严丝合缝地拼接起来,形成表面平整、装饰感极强的砖墙面。拼砖雕则面积较大,布局讲究中轴对称,常分布于大门两侧或墙体看面。在大门的对看堵上,砖雕安装上墙后,常在砖雕的其他空凹处填以白灰,使之与砖面齐平。抹白灰既对砖雕形成一定的保护作用,又将拼接的砖缝完全覆盖,使之形成较为完整的画面。一般多做成长方形的方框,砖雕内容在方框之中,组成一个完整的主题。(图7-38)

图 7-37　镜面壁堵砖堵上的篆书对联

图 7-38　左边 2 张为：晋江金井镇福全村陈氏祖祠身堵砖雕，右边 2 张为：官桥镇蔡氏祖厝身堵砖雕

　　在闽南及台湾地区，祠堂建筑的身堵是整个镜面墙最大面积的部分，也是核心的墙面，所以也称"大方堵""心堵"。身堵四周用红砖砌筑数道凹凸的线脚，形成堵框，称"香线框"，镶边线框较墙面凸出或凹进，使墙面更为突出，墙面用花砖砌筑形成万字堵、古钱花堵、工字堵、人字堵、龟背堵等"拼花"，呈现卍字纹、双钱纹、盘长纹、柿蒂纹、龟背纹等。

　　另外，砖拼，即不在砖上施雕刻，而是根据烧制好的各种砖类型分门别类地按照要拼成的图案，直接拼接而成，这适用在较大面积的墙面上，墙面下部常用白色花岗石砌筑而成。砖刻与花岗石组合而成的墙体，极具装饰意蕴。（图 7-39）

　　在雕刻题材方面，一般多以几何图形、吉祥图案、祥禽瑞兽、文字文辞为主。最常见的题材是几何图形。吉祥图案有八宝博古纹等，一般不作为主体装饰，而是被用作装饰或衬托主体图案。而祥禽瑞兽类的题材在砖雕中多见有飞禽、走兽、虫鱼等动物题材，用这些动物的象征性寓意来表达人们对美好生活的向往和消灾祈福的愿望。文字文辞类的题材较有特色，一般是直接用文字作图案，使用楷书、草书、篆书或隶书，将"福、寿、吉祥"等字样或者各种诗词歌赋、名言警句等雕刻在砖墙上。在这类雕刻中，祠堂建筑一般将传世祖训或者生活观、世界观等主题融入其中，将砖雕艺术与人生哲理有机结合在一起，给予族人警世、教育、赞颂等之感。

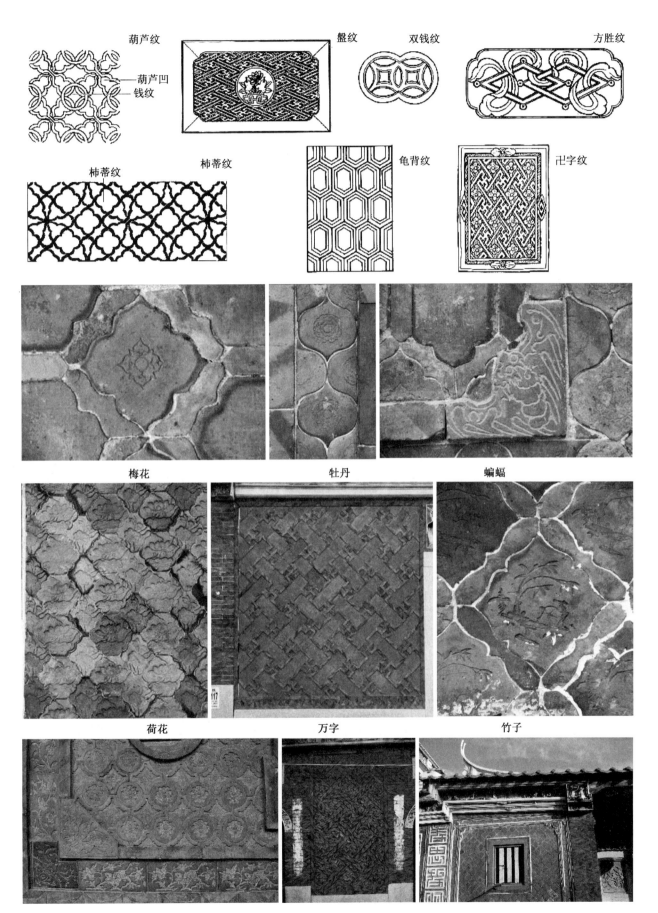

葫芦纹
葫芦凹
钱纹
盘纹
双钱纹
方胜纹
柿蒂纹
柿蒂纹
龟背纹
卍字纹
梅花
牡丹
蝙蝠
荷花
万字
竹子

图 7-39　闽南祠堂建筑镜面墙砖雕艺术

7.5   油饰彩绘

7.5.1   作用与内容

油漆彩画工艺,源于古代为了保护木结构建筑的构件免受日晒、风吹、雨淋而进行的保护和装饰。在中国古代早期的木结构上,只做地仗和油漆,而没有彩画,在保护古建筑木构件上具有很强的实用性。后来随着社会发展,在建筑上"雕梁画栋"逐步兴起,开始在建筑木构件上做地仗、油漆及各种形式的彩画和贴金,经过上千年的发展和完善,最终形成了一整套具有中国特色的古建筑装饰工艺形式。而古建传统油灰地仗及油漆彩画又在古建筑保护与装饰中起着最为重要和不可缺少的关键作用。

据此,油饰彩绘主要有两种作用:一是保护房屋的木构件,二是为了美观而装饰房屋。油饰彩绘主要反映工匠自身的审美趣味,同时也受到当时士大夫阶层的审美趣味的影响。彩绘内容多以戏曲故事与宗教神话故事为主,通过向世人展示劝世和向善情结,以达到教育子弟、传递审美的目的。

油饰彩绘主要体现在雕刻构件、斗栱、藻井天花、大通、屏门、隔扇、门头、山墙、墙体等部位。在不同部位采用不同的彩绘图案,如大梁一般绘龙凤呈祥;灯梁主要体现五伦,即用凤、牡丹来表示君臣,用松、鹤来表示师徒,用梅、雀来表示兄弟(妹),用鸳鸯来表示夫妻,用菊花、鹦鹉来表示父子;在祠堂门堵上绘铜钱中的字如"正德通宝",意为富贵万年。另外,还在围板、门堵上绘墨水画、泥金线画(黑底金色)。(图 7-40)

图 7-40   上图为风檐墙彩绘,下图为水车堵与山墙檐口处的彩绘

　　在构图上,彩画梁枋部分用"分三亭"的构图。正中部分称为堵仁、垛仁,两头接近柱身的部分称为堵头。包巾在传统民居与祠堂建筑中主要用于两处:(1)用在大通、二通上。通梁正中、两端及瓜筒相接处,都画出包巾。瓜筒下的包巾在闽南地区称为"木瓜佩"。包巾的边缘常作折角,有软折、硬折之分,并在折角的正反面绘以不同颜色,以增加立体感。(2)用在脊圆下,斜置成菱形,包住脊圆正中下部,常配合太极八卦、河图洛书图案使用,并写上吉祥语,如"添丁进财"等,两端加"锦头"。在屋架坐梁式梁架中,大通两端与瓜筒相接处画包巾,中间则多留出素地,不施彩画。脊圆多用写实的题材与笔法绘出山水、人物、花卉等,或工笔画彩,或水墨淡渲,或墨地金线等。外墙彩画,主要施于水车堵、山尖、笼扇、门楣等部位。水车堵彩画的构图,也仿照枋木构件,分为堵仁、堵头等几段处理。水车堵的堵头,用泥塑塑出如苏式彩画的软硬卡子及岔口,称为盘长、线长。曲线盘长多做出螭虎、蝴蝶、蝙蝠、如意、云纹、卷草等图案,直线盘长则为雷纹等几何纹。盘长以彩画绘出退晕效果,立体感强。如三明沙县郑氏宗祠脊檩、永泰县长庆镇中埔寨祖堂灯笼梁、晋江金井镇塘东蔡氏家庙脊檩等,都结合木雕施彩(如图7-41)。另外在大门粉堵、相向堵、麒麟堵等处也常饰彩绘,如晋江金井镇留廷川祖厝彩油饰彩绘(图7-42)。

图 7-41　上图为三明沙县郑氏宗祠脊檩、下图为永泰长庆镇中埔寨祖堂灯笼梁

图 7-42　晋江金井镇留廷川祖厝彩油饰彩绘

　　彩画题材根据不同的场合而不同,常见的吉祥图案有:一是寄寓科举成名的图案,有鱼龙变化、鱼跃龙门、马上封(蜂)侯(猴)、连(莲)升三级(戟)、一路(鹭)连科(窠)、三甲(蟹、虾等)传胪(芦、鲈)、蟾宫折桂、太师(狮)少师(狮)、三元及第等。二是寓意婚姻美好的图案,有和(荷)合(盒)如意、和合二仙、珠联璧合、琴瑟和谐等。三是祈求福寿富康的图案,有三多(石榴——多子、佛手——多福、桃子——多寿)、三官(福星、禄星、寿星)、耄(猫)耋(蝶)富贵(牡丹)、五福(蝠)捧寿、福(蝠)庆(磬)有余(鱼)等。四是希望吉祥平安的图案,有必(笔)定(锭)如意、富贵(牡丹)平(瓶)安(鞍)、富贵(牡丹)万(万年青、卍字)年(鲶鱼)、万(万年青、卍字)象(大象)平(瓶)安(鞍)、风(宝剑)调(琴)雨顺(锦貂)等。五是反映文士气节的图案,有四君子(梅兰竹菊)、岁寒三友(松竹梅)、春花三杰(梅花、牡丹、海棠)、香花三元(兰花、茉莉、桂花)等。如金门邵氏宗祠、金门琼林蔡氏十一世宗祠、金门叶氏宗祠等都有较为典型的彩绘案例(图7-43)。

图7-43　上图为金门叶氏宗祠,下图为金门琼林蔡氏十一世宗祠

　　另外,吉祥图案还根据族人的历史文化、地位等有所侧重,如官宦之家族对科举高中、文士气节的图案较为偏好,商贾世家则追求富贵平安。如台中林氏家庙与海云家庙等的大门门堵、水车堵、门神、梁架都是彩绘的典型案例(图7-44)。

图 7-44　台中林氏家庙梁架彩绘与海云家庙门神

7.5.2　油饰彩绘工序

一、地仗处理工序及材料。在木构件表面进行油漆彩绘，需要将表面找平，做一层底子，称为地仗。为此，先将木材面“砍净挠白”，即将木材面上的旧地仗砍掉，直至见木纹；然后，再用挠子将旧地仗彻底挠净。砍挠时都应横着木纹，不得顺着或斜着木纹，不得损伤木骨质。接着用小斧子将木材表面砍出斧痕，斧痕深度为 1～1.5 毫米，间距约为 7 毫米，这样可使油灰与木材表面粘结牢固。然后，撕缝。将木材面上较深的洞缝挖净见新，称为撕缝。其方法是用铲刀尖顺缝隙两边将其扩大，撕成 V 字形，再将缝里的树脂、油迹、灰尘、脏污清理干净，对于较大的缝洞，应下竹钉、竹片或干燥的木条嵌牢固。在整个过程中，用白色腻子刷涂木基层，以填充木材裂缝和不平的表面，需要遵循“见底就白”的规则。早期地仗使用灰料主要有石灰、瓦灰、砖灰、猪血灰、桐油灰等。现在多以树脂腻子代替。在墙壁作画，一般先披白灰，也有采用白灰、棉花、糯米混合起来捶打的，捶打这些混合物至拉成丝，再用来给壁画打底。披麻使用一般麻料（夏布）、玻璃丝布、塑胶网布等。

二、工具与颜料。工具为漆刷，南安地区油饰匠人使用的漆刷多达 14 把，其中最长的一把有 22 厘米。另外，还有刮平油漆的牛角板、用来画弧度的橡胶刮板、用来搅拌油漆的搅漆板、用来画绘图案的画笔，以及用来补、抹平灰底的抹板等。颜料主要是矿物质原料，如朱砂、群青（蓝色）、墨绿（绿色）、土黄（土粉）、铁红（土赭色）等。

三、工艺内容与基本流程。（1）打底。打底前将树眼挖掉，用老漆拌瓦灰、石膏粉填上。（2）披麻。主要使用夏布（麻布），其目的是防止木头裂开，一般用在柱子、大门、匾额上。柱子先用生漆加粗灰均匀抹上，再用麻布盘旋缠绕而上。大门如有拼版处，先挖一个 3 厘米的槽，在槽内先放入粗灰、麻布，补平木板，再披横、竖两层麻布，再上漆。（3）打磨。披麻之后需要打磨，使整个平面光滑、无突起。（4）上漆。漆有生漆、广漆之分。生漆是漆稍微加工后直接使用；广漆要过滤，经过日晒后，按照时间、空气湿度等加入相应比例的明油（即煮熟后的桐油）。第一遍使用生漆，如需要上颜色，就用色粉加生漆加桐油，其中生漆和明油的比例为 1∶0.2；第二遍使用广漆，生漆和明油比例为 1∶0.5；第三遍使用广漆，此时的比例为 1∶0.65。（5）贴（擂）金。祠堂室内金碧辉煌就是因为贴金这道工序。金箔纸非常薄，因此，在贴金之前，需要先把金箔贴到纸上，用约 50 度的白酒涮一下金箔纸，目的是使金箔固定住，在使用时不至于到处飞扬以致浪费。另外，根据上述四道工序，每上一遍油漆，都要等其完全干透后才可进行下一道工序。最后再上一遍广漆加明油，这时根据气候情况来加明油。待这层油漆有八成干后再贴上金箔，这样的金箔才会发亮。也有的把金箔处理成粉末，再用手抹到需要贴金之处，这样可以产生深浅不一的效果。（6）罩油。木构件上彩绘一般最后都要罩油，即刷上一层清油来保护彩绘。墙壁上抹白灰，待干时描线条，再用麻拌石灰粉或石膏，磨平后最后涂上一层桐油或光油即告完工。

　　其较为典型的案例如晋江金井镇福全村林氏家庙、陈氏大宗祠。其中,林氏家庙始建时间难考,毁于清初迁界,后在清道光十六年(1836年)重建,据《林氏家谱》记载:"叔、侄闻其声宏实大,即往台湾,请宏炉同回福全所,共建大宗祠。"林氏家庙占地305平方米,建筑面积198平方米,前埕约70平方米,为十三架三开间两落古厝,砖石木结构,建筑用木料相对粗大,门窗、梁枋、柱础等构件雕刻精美细腻,正厅宽阔宏伟,沿街下落厅、下房构件、身堵、裙堵等雕刻精美,前埕宽阔。福全林氏一世祖林延甲于唐中和四年甲辰(884年)随王绪南下入闽,取汀州、漳州。光启三年丁未(887年)与弟林延第率众聚集圳山戍守,景福二年癸丑(893年)定居福全,随后在福全繁衍生息,因此,家庙神龛的柱楹联刻有"骠骑开先,布政钟美……元龙拱秀,福凤肇基……"在家庙下厅石柱、侧柱等,都刻有楹联,正厅两侧四堵粉壁各书二米见方的"忠、孝、廉、节""龙飞凤舞"等大字。正厅神龛雕刻精美,上悬"思本堂"匾额。(图7-45)

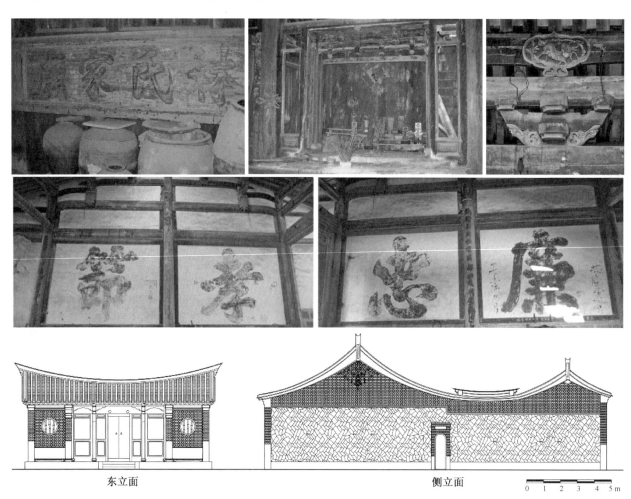

东立面　　　　　　　　　　　　　　　　　　　侧立面　　　0 1 2 3 4 5m

图 7-45　林氏家庙

　　陈氏大宗祠始建于嘉庆,完工于道光年间,位于太福境土地庙西南。据文献及地方传说,陈氏大宗祠为泉南五十三乡共有,另一说法是东陈——金井、深沪十三乡陈氏集资,选择在风水宝地的福全所城内兴建陈氏宗祠,共祀陈氏始祖舜帝。金井、深沪各乡陈氏至今仍保持每年轮值隆重恭迎舜帝的习俗。现福全陈氏大宗祠为五间张两落单护厝传统式样的建筑,建筑占地365平方米,大门处雕刻精美,镜面墙身堵刻了龙凤图案,大门上高悬"陈氏宗祠"匾额,大门楹联为"重华遗圣家声远,颍川绵延世泽长",两侧石柱楹联为"祖庙傍古城根深柢固,宗祠面碧水源远流长"。大门两侧左右墙面多开一对子午窗,镂雕螭虎窗。这种开窗方式有神如虎视,祖厝、祠堂、家庙用于驱邪。子午窗两侧开侧门,并书写有字,以警示后人。大门两边多置一对抱鼓石,鼓镜有螺纹、鸟兽花草或螭龙浮雕,有振聋发聩、警示子孙后代和震慑邪煞的用意。中央为大门,门板上以彩绘的形式绘有秦叔宝与尉迟恭两门神,以辟邪祈福。两侧镂雕螭虎窗下刻有麒麟望日,两边侧门上书写有"恭谦""礼让",侧门两侧的相向堵上书写"龙飞""凤舞"。檐口处的吊筒、雀替、束随等都施鎏金,大殿内狮座、束随、斗栱、雀替等木雕精美,雕成龙、蛇、羊等生肖形态,并施鎏金。整个大殿气势宏伟,彰显了陈氏家族的兴旺发达。(图 7-46)

图 7-46　陈氏大宗祠

8   闽海祠堂建筑文化

8.1   宗祠的风水观

众所周知,祠堂是宗族的象征,在以血缘宗亲为主的聚落中,祠堂更是整个聚落布局的中心,因此无论是在选址还是在修建、装饰上,都非常考究。家族在祠堂修建的过程中会精心设计风水与布局,要能藏风聚气、察砂点穴、背阴向阳,不惜花费大量财力、物力和人力。在族人眼中,好的风水就是家族兴盛、时运发达的保证。

古人在长期的实践中发现地上水与地下水在不同的地域有不同的成分,含有特定成分的水长期滋养当地的土壤。土壤的矿物成分达到一个特殊比例,会形成异常适合动植物生长生活的环境。这个特殊土壤,称为龙砂。古人通过大量实践发现这种特殊土壤极其滋养动植物生长,因此认为可以为人带来财富、好运,由此引发了根据一些地势地形及动植物活动特征去寻找有龙砂的地区。根据宅基或坟地周围的风向、水流等来推断吉凶祸福,并用以指导阳宅和阴宅的定向、定位、布局及营建,成为福建及台湾地区祠堂、民居、聚落等营造中的重要指导思想。

8.1.1   选址文化

闽海地区传统建筑的营造,优先选择向阳的朝向。向阳、背靠山丘以避风,前有河流以取水的地方,是古人选址的基本要求。随着营造技术的发展,古人将选址的一般规律进行了理论总结,形成了独特的择址理论。

古人在选择和布建生活环境时,总要把聚落、住宅、宫庙、祠堂等与天象、自然联系起来。"法天象地",力求"天助""人助";"万物并育而不相害",使人和周围的生活环境、气候、天象、动植物、地形等达到和谐、共进、互助的关系,从而达到"天人合一""天人互助"而"致中和,天地位焉,万物育焉"的境地。

具体在选址上,地形要求"负阴而抱阳",古人将山之南、谷地或河滩之北,温度较高,日照多,地势高的地方称为阳;将山之北、谷底或河滩之南,温度低,日照少,地势低的地方称为阴。从生活经验中,人们体会到"阴盛则阳病,阳盛则阴病",良好的地址具备让人们繁衍生息、安居乐业的环境物质条件,这种理论包含了地形、水文、地质、气候、植被、生态、景观等诸多要素。

在闽海地区,传统聚落、民居、祠堂等选址都遵循上述指导思想。山区的聚落选址强调"枕山、环水、面屏",即"傍山结庐"的聚落布局结构。沿海地区则以海为佳,依山面海是最佳的环境。基于这些选址原则,对于祠堂建筑而言,宗祠布局上一般由泮池、照壁、戏台、主体祭堂等建筑元素组成,且常依着山坡的祠后有半圆形的草坪,草坪后的山坡养护着风水林。如南靖县金山乡乐土(也称和溪,旧称六斗)黄氏龙湖祠建于明初,坐北朝南,在祠后"卧牛眠地"形状的后山营造了300多亩的风水林。宗祠为两落带两护厝的悬山顶式建筑,前设前院,以围墙围合,西南向设门楼,前有月牙形泮池,总占地约20亩,建制完整,规模宏大。地形貌似向南开口的马蹄形,是闽南地区有代表性意义的宗祠建筑。宗祠的梁架斗栱和装修构件雕刻精细,雀替花板装饰简繁有度,瓷雕彩画丰富艳丽,表现出较高的工艺水平,有较高的艺术价值。"龙湖祠供奉开基祖黄英及派下列祖列宗神位,由二代祖黄孟昌始建于明洪武二年(1369年)。"现宗祠为清乾隆二十六年(1761年)扩建而成。1993年由台湾各地黄氏宗亲捐资修缮。据族人口述:从清初,六斗黄氏就开始大批向台湾移民,第十世到十五世就达到305人。移居台湾规模较大,迁台六斗黄氏子孙目前分布于今台北、南投、台南、桃园、彰化、高雄、云林等地,人口数万。其中康熙初年迁台的黄氏十世祖黄承细,繁衍后裔就在六脚乡六斗村等地。后黄承细被奉为六斗黄氏开基祖。因思念故土,把聚居地命名为"六斗",他们同奉一世祖黄英。另外,嘉义县还有几个以"六斗"命名的村庄,比如六斗子社、内六斗、外六斗、六斗尾等村社,也奉十世黄承细为开基祖。(图 8-1)

图 8-1 南靖县金山乡乐土黄氏龙湖祠,左为宗祠,右为风水林❶

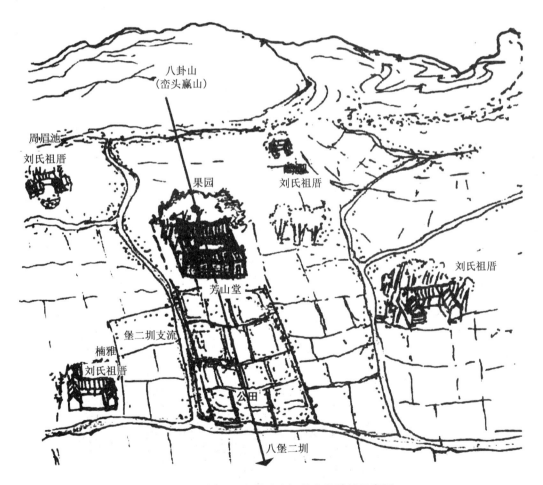

图 8-2 彰化社头刘氏宗祠芳山堂选址示意图

图片来源:李树宜. 台湾彰化社头刘氏宗祠的空间组成及审美意识本土化初探[C]//第九届海峡两岸传统民居理论学术研讨会论文集,2011:551.

---

❶ 图片来源:闽台六斗同根源 江夏黄氏一家亲. 海峡之声网,2015-07-23。

　　再如彰化社头刘氏宗祠,位于"湳水",即道光年间周玺《彰化县志》大武郡东堡的"湳仔庄",此区为泉水涌出地带,土层多孔隙,易塌陷。刘氏族人于康熙中叶自福建漳州府南靖县施洋来台,初居今枋桥头、新厝,后由刘兴明派下后裔移至现址。其中,宗祠芳山堂及邻近多刘宅祖厝,依刘氏族人的说法,各宅第祖厝设有家庙,为芳山堂分支,有团圆堂、孪远堂、芳山堂、芳茂堂、芳源堂等诸多堂号。各祖厝发展至今已有多落护龙。以团圆堂为例,家庙两侧共八护龙,共约 42 户。而宗祠芳山堂为刘氏族人供作共同祖祠的祖厝,类似于宗祠。芳山堂坐甲卯向庚酉间线,依循背高前低方式,取"隆起果园—宗祠—埕—水圳"的空间排列方式,形成"外围水田、屋前宅,宅后果园"的一种坐向格局,山区(八卦山脉)为聚落的边缘。这种布局方式与刘氏原籍南靖县西北向东南倾斜、东南丘陵起伏的地形关系接近,因此,台湾学者们研究认为芳山堂是利用原乡的耕作技术、制度,复制一个与原乡相近的宗族空间意向。以宗祠为中心,向外拓展,设有公田、祖厝家庙。地理上为山与平原间的丘陵地,成为刘氏族人的主要空间意向。(图 8-2)

　　再如南靖书洋镇塔下村便是因地制宜、依山近水发展而成的,体现了典型的地缘文化的特点。塔下村位于东西大山夹峙的峡谷中,山中古木参天,浓荫蔽日;一条曲折的山溪由南向北再转而向西北蜿蜒流过峡谷,水色清碧,被当地人誉为"九曲十八溪",给峡谷增加了勃勃生机。这样的地理环境使得塔下村背后有靠,两侧有护,前有朝案,形成了山环水抱、负阴背阳的风水格局。同时,前几章论及的塔下的张氏家庙便位于村庄东南面的山坡上,虽不是村落的中心,却是最高的地点,也是当地所谓的"风水堂穴"之所。其建筑形制、细部装饰均是全村最隆重、最华丽的,无疑是全村的核心建筑,在村落布局中起到画龙点睛的作用。(图 8-3)

图 8-3　塔下张氏家庙❶

　　郭璞《葬书》中强调,风要藏、水要聚,只有藏风得水,"生气"才能旺盛。由此,良好的建筑环境用地专指使气"聚之使不散,行之使有止",也成为祠堂建筑选址的核心问题。具体到祠堂及民居建筑的选址与

❶　图片来源:福建漳州塔下村的名字藏着一段怎样的美? http://dy.163.com/v2/article/detail/EI9HLB5F05248K9Q.html。

营建时,闽海地区都要先请"牵罗庚"。匠师在选址时以太极、两仪、四象、八卦为基础,结合河图、五行、九星、合数等,用罗盘仪来定方位、看地势、择山水、测风向、观水势等,进行现场踏勘后,再定建筑的朝向。

在众多祠堂建筑中,南、东是首选的朝向,且以宽阔的"前埕"迎之,深广的"后宅"受之。这符合闽海人心目中的"阴阳"思想,闽海人认为,在天地之间,只有阴阳和谐,才能万物有序。以四方论,北为阴、南为阳、西为阴、东为阳,因此,祠堂建筑多南北纵向布置,所谓"背阴面阳",东西横向为阴阳等值相济,由此,形成了闽海祠堂建筑多坐北朝南、东西对称的布局特征。而这一布局特征契合了采光、避北风的现实需求。

如三明将乐县龟山公祠,坐北朝南,背倚将乐县城北郊的封山,遥对葱翠的龟山和凤凰岩,祠前翰溪水绕村而过,又有古驿道经祠前穿行,是山环水绕、灵秀汇聚之地。而永安贡川陈氏大宗祠、明溪夏坊高洋徐氏宗祠、大田济阳上丰涂氏宗祠等均背倚巍巍青山,面临潺潺溪流,因而来龙势大,去脉宽广,山环水绕,视野开阔,均为经典的藏风纳气之地,符合"四灵守中"的要求。青龙、白虎、朱雀、玄武谓之"四灵"。风水著作《阳宅十书》云:"凡宅左有流水谓之青龙,右有长道谓之白虎,前有污池谓之朱雀,后有丘陵谓之元武(玄武),为最贵地。"❶"四灵"呈环抱萦绕之势,便能藏风聚气,形成一个优良的"蓄气场"。

再如诏安秀篆陈龙村王氏龙潭家庙。该祠坐西朝东,位于陈龙村东南方向,背依巍峨绵长的金溪岭,前方正对着一座小山丘,侧面有两个小山包分列左右,祠堂前面是蜿蜒曲折的岭下溪,正了应风水理论的"后倚祖山,面朝屏山,左右案山,秀水环绕"。当地人称这种地形为"交椅穴",与理想的风水空间模式极为相似。王氏族人对此环境极为珍惜,祠堂前立石为碑,上书"宗祠为本族之命脉,周围禁止挖山伐木",以昭示后人。

对于祠堂建筑本身而言,一样强调需藏风聚气。祠堂前厅正大门多做门斗,称作"凹寿"或"塌寿",即入口处内凹一至三个步架的空间,形成一个可以挡风避雨的过渡空间。凹寿形似葫芦塞,可使堂内气不易外泄,是聚气的一种做法。不少祠堂的大门不在祠堂正中而是侧开,便是出于"聚气"的考虑,如南靖高联卢氏宗祠与上文塔下的张氏家庙外围大门都是侧开的。而一般有过水廊房的二进以上的祠堂两侧均开有侧门,平时大门紧闭,多从侧门进出,无"散气"之忧。

另外,择址建祠,水系是重要的参考因素。祠前除有溪流蜿蜒潆洄,还往往会置一个至多个圆形或半圆形的池塘以作明堂,称为"迎堂聚水",又云"明堂水"。如宁化石壁张宣公祠,祠前即有两口池塘,龟山公祠、永安青水龙吴王氏罗兜祠、三元莘口王氏明德祠以及台湾台南鹿陶洋江家村江氏宗祠等祠前均有一眼月池。池塘总是蓄满水,既可聚气,也象征着聚宝盆,为族人聚财;水又可"避煞",灭火,并增强整体建筑的美感。祠堂的外形基本为长方形,内有天井采光,外有明堂聚气,符合天圆地方、天地互通的理念。水为阴,长方形平面建筑则为阳,又体现了刚柔相济、阴阳合德的内蕴。

8.1.2　禁忌文化

在祠堂建造过程中,闽海地区的族人们已经形成了一套固定的程序,按照这几道程序建造,从而保证祠堂的营造质量与内涵的文化特色。

首先,动土。祠堂建筑选定基地之后,要举行动土仪式,方可动工。动土要选择吉日良辰,一般选择天刚亮时(寅时)。由择日者写一张符,另写"福德正神"于一块约1～2尺长的木头上,将这两样供于厅上,然后泥瓦匠(带头师傅)用铁杆沿宅址四周挖戳一遍,称为"动土"。接着,泥瓦匠于厅中心立一基石牵绳测量,纳地基。在房屋没建好前,每逢初二、十六都要烧香祭拜,直至谢土之日,进行一番祭拜后,将二者烧掉,另请土地公塑像于正厅供桌上。

其次,安门。安装下落大门的门框与门楣时,要举行祭谢土地公仪式,门底埋"五谷",门柱顶压红布。下落的大石砛必须为一块整石,这道程序由石匠师傅主持,念吉语,并将包有五谷的红包置于大石砛正中

---

❶　引自:(清)陈梦雷. 古今图书集成第476册[M]. 上海:中华书局,1934:35.

预先留好的空穴中。

再次,上梁。上梁是房屋施工中的重要工序,大梁主要选用大、长、材质硬、质量好的木材。上梁时要请大木匠师、木工师等主要施工人员到场。上梁前,先由木匠主持,手持三炷香,拜请各工匠的主师、宗族的祖先、当境神、行业神、土地神,以及办理买卖地券的当事神、镇守宅舍的四方神等。主人家要准备三牲或五牲、五果(一般是五种水果)、红布、五谷、春花(用红、白两色纸扎成花朵,固定在一个染红的小木棍上),于吉时置于大梁前下方的供桌上,举行祭拜仪式。由大木匠师升梁定位,上梁前,需先对大梁装扮一番,先用红布包裹住梁的中间,把春花插在红布的两边,将6个一元硬币分别敲进大梁包红布处,将红布固定在大梁上。梁的两边各挂一串粽子,民间传说这个粽子有药效。大梁一头扎红布(左边为大边),一头扎花布(右边为小边),布长两丈八,宽约1米,让主持者、参与者用这两条布来吊起大梁。上梁者按照自己站的位置(大、小边)分别身披红布、花布。大木匠师主持上梁,架梁时,要念吉语:"日吉时良皇子孙,人造华堂好上梁,此木身姓梁,生在山中万丈长,造主请你今日做中梁。"主事接着再念吉语:"丁兴财旺,富贵双全,房屋发福,支支繁荣,世代富贵,钟灵毓秀。"然后大喊"进哦",在场所有人都跟着喊"进哦",由大木匠师和土木师站在梁架上,将大梁往上吊,直至大梁上。大木匠师用斧头敲梁三下,并说一些吉利话,族人则同时在梁下烧香拜佛,放鞭炮。

闽海地区,上梁仪式是最隆重的仪式之一,各地风俗不同,但同样都是庄严、喜庆、神圣的。传统的仪式流程遵循了上述过程,即:首先是出梁,后是祭梁(拜梁),梁中央以红丝线(或红布)绑,两末端用红纸圈起来。还要在梁上贴好事先写在红纸上的"万代兴隆",寓意子孙后代枝繁叶茂、万世兴隆。贴好后就是祭梁,在场的宗亲们一起向梁祭拜。一切准备妥当,接着就是上梁(升梁),需要众人齐用力量将梁稳稳架好。梁上好后就是最热闹的抛梁环节,最后是上香祭拜列祖列宗。

如建宁永安余氏家庙举行的祠堂重修上梁仪式,就是典型的案例❶:2018年7月3日上午(农历五月二十)吉时,三明市建宁县里心永安余氏家庙举行祠堂重修上梁仪式。里心永安余氏各房族人以及湖南、江西等地宗亲代表参加了此次仪式活动,里心江氏、曾氏等送来祝贺。活动还邀请到建宁县客家联谊会会长参加,并主持仪式。

里心永安余氏祠堂(家庙)始建于清康熙三十年辛未(1691年),至今已有320余年。建筑面积400平方米,主庙上下两厅,中间天井,外墙为徽派马头墙,右侧另建有子全公小祠堂,正厅前院子立有6根拴马柱石。围墙、门楼建筑独特,采取花格式,彰显美观大气。门楼有固定联"入闽传继即第一,泗州下邳无凌族",横批"簪缨奕世"。院内立有祠堂建成所立碑。建筑气势雄伟,风格古色古香。余氏家庙也成为近三百多年来众族人崇宗祀祖的重要场所,院内《祠堂碑记》记载曰:"古者报本,特重庙祭。庙何为而设也?盖祖功宗德没世不忘,精气游魂于昭在上,易垂萃涣之义,诗咏《閟宫》之章,凡以妥先灵而展孝思也。虽朴素不足以美观,而寝成孔安,幸不蹈野祭之陋。"但因祠堂(家庙)年久失修,濒临倒塌,经过多年数次商议,众族人决定维修。

在上梁仪式中,要敬酒祭梁。有的地方风俗是在梁木的卡槽里倒酒,据说此举寓意着地久天长。也有的地方是将公鸡的鸡冠血、酒滴到梁木的卡槽里祭梁,边滴边"喝彩"和放鞭炮。"升梁"是由屋顶上的人抛下几根红布条,下面的人将它分别系在梁木的两端,然后由屋顶上的人将梁木拉到屋顶,按照头梁在前、二梁在后的顺序安放在屋梁上。

上梁仪式最热闹的程序就是抛梁。梁木安放好后,就开始抛梁,前来看热闹的男女老幼齐齐守在下面。抛梁时,大家都争相去接捡抛下来的食品。屋顶上提着箩筐的人边抛边说吉利话,下面的人要大声叫好,不然,他们就延迟抛撒箩筐里的糖果、花生、糍粑等。当下面亲人"接包"后,上面的匠人便将糖果、花生、馒头、铜钱、"金元宝"等从梁上抛向四周,让前来看热闹的男女老幼争抢,人越多越高兴,此举称为"抛梁",意为"财源滚滚来"。在抛梁时,匠人要说吉利话,他们常说:"抛梁抛到东,东方日出满堂红;抛梁

抛到西,麒麟送子挂双喜;抛梁抛到南,子孙代代做状元;抛梁抛到北,囤囤白米年年满。"(图8-4)

图8-4　建宁永安余氏家庙举行的祠堂重修上梁仪式

祠堂建造期间,每月的初二、十六日及下石砛、安门、上梁、封规合脊等重要工程完成后,族人都要设宴招待工匠,并给工匠们红包,故有谚语"初二、十六,土刀斧凿;封规合脊,师傅肚必"。(肚必:方言意为饱得撑破肚子)

最后,谢土。祠堂建成后,要举行谢土仪式,选择吉日,祭祀天公、土地公、境主等神祇,并请土、木、石等工匠,有的还请道士或和尚。谢土时辰到,先到户外去请神明。在谢土前,用红布画一八卦,包"五谷六斋"及剪刀、尺等物,放于中脊上,继而进行土、木、石三师的仪式。并请族内"好命人"(即父母子女双全的人)到祠堂来筛红丸祈福。谢土仪式完成后,要给族人发"封礼"(即红包),沿途放鞭炮,请道士念经。

8.2　木主文化

众所周知,宗族祠祭以祠堂这一场域为中心,是以祖先木主为直接祭祀对象。于是,木主就被赋予了超乎物质层的符号象征意义,它既是自古以来宗法主义的象征物,也是地方宗法制度的践行物。自明朝嘉靖年间夏言提出家庙制度改革以来,历经清代统治阶层对宗族制度的多次宣扬,木主制度随民间宗族活动的兴盛而渐趋完善,并呈现出区域多样化发展趋势。

8.2.1　木主及其宗族意义

木主,即为神主牌、主牌,是指供奉在祠堂里按照特定的等级秩序依次排放在神龛里的祖先牌位。古时,只有官僚大宗才有祠庙立主牌以祭祖的权利,程颐所言:"白屋之家不可用,只用牌子可矣。如某家主式,是杀诸侯之制也。"❶后世力倡宗法平民化实践的朱子,亦持保守态度对待木主,认为:"祭礼极难处,窃意神主唯长子得奉祀,之官则以自随,影像则诸子各传一本,自随无害也。"❷但自明代以降,宗族不断平民化发展,民间祭祖世代范围和木主制度不断放宽,清代时闽海地区祠堂祭祖木主制度已十分完备,祠堂置神龛,祀列祖木主,已成为普遍现象和宗族主要活动内容。

石狮市永宁蔡氏家庙与三明沙县郑氏宗祠神龛神主排位

图 8-5　永春仙侠镇侠际村华昌堂宗祠与永宁宋氏宗祠神龛神主排位

清代闽海地区祠堂木主之设,基本沿袭朱子《家礼》之制。"为四龛,以奉先世神主。祠堂之内,以近北一架为四龛,每龛内置一桌。大宗及继高祖之小宗,则高祖居西,曾祖次之,祖次之,父次之。"❸根据《家礼》,祠堂神龛最多供奉四代祖先,且为男女分立神主,置于神椟中。而神主的摆放,则以西为上,高祖考、高祖妣、曾祖考、曾祖妣、祖考、祖妣牌位自西向东依次陈列于神龛,且考右妣左。这种神主陈列方式到明

---

❶　引自:(宋)程颐,程颢. 二程集卷十八[M]. 北京:中华书局,2004:286.

❷　引自:(宋)朱熹. 朱子全书(第二十二册)[M]. 上海:上海古籍出版社,2002:2375.

❸　引自:(宋)朱熹,注. 家礼[M]. 王燕均,王光照,校点. 上海:上海古籍出版社,1999:876.

代发生了变化,即由"神道向右"变为"左昭右穆"。明成化十一年(1475 年),国子监祭酒周洪谟上疏整顿祠堂制度:"今臣庶祠堂之制,悉本《家礼》,高曾祖考四代设主,俱自西向东。考之神道向右,古无其说。惟我太祖高皇帝太庙之制,允合先王左昭右穆之义。宜令一品至九品止立一庙,但以高卑广狭为杀,神主则高祖居左,曾祖居右,祖次左,考居次右,于礼为当。"❶丘濬在其《家礼仪节》中认为应"祠堂并列四龛,高祖考妣居中东第一龛,曾祖考妣居近东壁一龛,祢居近西壁一龛,皆考左妣右"❷。经过明清民间建祠祭祖实践,这一神主陈列次序被普遍遵循以至今日,而以往的男女祖先分立神主的现象也变为男女祖先同立一块神主。(图 8-5)

　　在朱子看来,祠堂最重要之物为神主;而木主则是这股"神秘力量"的重要来源之一,它是祖先神灵的依附物品,祖先"降神"于木主,以"降福"惠及子孙。与宗教神明信仰不同的是,其并非单纯依靠信奉的力量,而是更直接地依靠父系血缘宗法关系来维系的一种皈依和认可。

8.2.2　祠堂木主制度

　　木主入主祠堂,需遵循一定的制度和原则,这种原则又因祖先世代和对家族功德大小而产生差异。首先,应遵循木主配享制度。

　　从闽海地区现场的祠堂所祭祀神主来看,一般实行以尊始祖为中心,兼尊功德、品爵为一体的配享制度。如南靖庄氏祠堂所祀神主即如此,而在其大宗祠中以尊其庄氏始祖庄三郎为不祧之祖,处于最为尊贵的地位。其余则论对家族贡献大小和官爵大小而列。"一世开基始祖,大宗祠入主奉祀,承不祧之祖也,列世祖附配之者,何迨通乎逝者,萃聚合祀一堂之意也。"❸庄氏祠堂位于南靖奎洋,是由一系列庄氏宗族的血缘型村落组成的聚落群,主要散布在西溪上游的奎洋溪、霞峰溪、船场溪流域以及以南一水库为中心的崇山峻岭之间。因山形似上水龟,元末明初庄三郎开基入垦后,逐渐形成聚居点,名汪洋甲,周围土地经开辟成为一片平坦田洋,因名"龟洋",清代皆称"奎洋"。历经几百年的繁衍生息,庄姓渐成为当地的大姓,分布店美、东楼、上洋、中村、霞峰、松峰、后坪、赤坑、罗坑、奎坑、星光、顶寮、烟行等十几个村落,人口超 1.5 万,占全镇人口 90%左右。❹ 其中,上洋村有祠堂三座,聚精堂为最精美的一座。该祠堂主祀九世望达公,初建于明万历年间,清乾隆十五年(1750 年)重建,历代几次重修。其神龛内神主的排列与大宗祠、星光村宗祠余庆堂(主祀四世良茂公)神龛内的神主类似,仍采用清代神主排列方式,其中,大宗祠原本仅次于始祖的第二排中心位置,所列木主并非二世、三世,而是其五世祖庄逷德。其缘由在于逷德公对于家族有着重要的特殊功德。"五世祖实为起家焉,礼宜尊为先祖。今冬至日,特以五世祖考妣,附配于从中,尊功德也。"❺"大宗祠鼎建奉祀聿追始祖三郎公而递下列世祖者,则由五世祖逷德公之堂构,是承者,五世祖之子,若孙也。是盖益不祧之祖者。"❻五世庄逷德无法取代的功德,在于其于明代艰辛创建大宗祠,开家族祠堂建设先河,故被后世尊为仅次于始祖的不祧之祖。而在五世祖庄逷德下方中心位置,所列神主为六世庄云岩和六世庄盘谷,其主要原因也在于其对家族的功德。❼ (图 8-6)

　　尊功德之外,木主还需兼顾"尊亲"。上文奎洋庄氏宗祠中配享木主即体现了这一原则。除五世庄逷德外,其余家族功德位均按照世代远近排列,以严等级尊卑秩序。"始祖列祖考妣位次在上左右者,尊亲亲之义,亦功德也。既祭始祖以列祖附配之,则六七世列祖,义当出,以合享焉。此敬其所尊,爱其亲而及之也。"❽

❶　引自:(明)丘濬. 丘濬集第八册[M]. 海口:海南出版社,2006:2940.
❷　引自:(宋)朱熹,注. 家礼[M]. 王燕均,王光照,校点. 上海:上海古籍出版社,1999:879.
❸　引自:(清)编者不详. 南靖奎洋庄氏族谱[M]. 清宣统抄本,复印本,十一世贞毅系族谱.
❹　不包括迁播外地人口.
❺　引自:(清)编者不详. 南靖奎洋庄氏族谱[M]. 清宣统抄本,复印本,十一世贞毅系族谱.
❻　引自:(清)编者不详. 南靖奎洋庄氏族谱[M]. 清宣统抄本,复印本,十一世贞毅系族谱.
❼　引自:丁向阳. 清代漳州宗族祠祭研究:以南靖奎洋庄氏为个案[D]. 漳州:闽南师范大学,2017:30.
❽　引自:(清)编者不详. 南靖奎洋庄氏族谱[M]. 清宣统抄本,复印本,十一世贞毅系族谱.

图 8-6   上图为聚精堂,中图自左向右为:聚精堂、大宗祠、余庆堂,下图为大宗祠与聚精堂❶

　　一般而言,祠堂神龛中,最上排者最为尊,往下依次之,而每排最中间的位置又是最为尊。南靖庄氏祠堂虽尊功德为先,但也以遵循等级尊卑为前提。另外,南靖庄氏在神主之祭推及旁系族叔列祖,但由于神龛木主位有限,不能尽列其中,其做法是在祭日另设一木主,以享祭祀。"至于族叔祖旁亲,礼祭所弗及,第浩旧设主位,情不忍废,于祭日另请附食,聊准乎设位望拜余意也。总之报本追源远惟仁孝诚敬之至者,知而行焉。夫前人敬而行之,尤欲后人恪而守之,后人恪而守之,更欲后人光而大之也。"❷此举意图或在于借大宗祠享祀名义,尽量凝聚更多房支族人。

　　❶   图片来源:南靖奎洋庄氏村落之宗祠神庙篇,https://www.meipian.cn/1e231vm6.
　　❷   引自:(清)编者不详.南靖奎洋庄氏族谱[M].清宣统抄本,复印本,十一世贞毅系族谱.

其次,定期进主制度。祠堂建设之初,享祀神主较少,随着后世子孙繁衍,祠堂神主也会不断得到扩充。根据家族祠堂神主配享制度,每个家族都会择期举行进主仪式,以扩充祖先神主数量。进主仪式之隆重不亚于祠堂祭祖仪式,反映家族对于进主的重视和祠祭的注重。进主仪式并非随时可以进行,需要有契合的时机。如上文的庄氏宗族,其祠堂进主或于祠堂重建之后择吉日进行,或于某些年份的祠堂祭祖日之前举行。"……(大宗祠)庙貌而圮颓,迨至清康熙三十八年己卯(1699年),十二三世三房之众裔孙同心协力经营重新,是年十二月初五吉日兴工。其择课则以遄德公生命辛未为主焉。告土则以三房子孙俱名焉……至于辛巳十一月吉日,则进火附庙,轮焕继美。维新庆成,而俎豆荐馨香,将百世之未艾也。"❶南靖庄氏借康熙三十八年(1699年)大宗祠重修之机,新进神主享祀。祠堂重修,木主新进,均以家族经济实力为物质后盾,假设遇灾荒年份,人民生活困顿,祠祭荒废,自然进主也无法正常进行。又七世庄仁德派下朝阳祠,于乾隆二十七年(1762年)重修祠堂,原祠所祀神主由七世至十一世,新修祠堂增扩新修神龛,并择吉日吉时举行进主。"尊奉七世考仁德庄公,为朝阳之基祖,前者仅以八世至十一世配之,至乾隆二十七年壬午岁(1762年),重兴宗祠栋宇维新。至丙戌岁(1766年)五月换宗龛造新主,于二十四日卯时进主合火。再附两世十二、十三世而下,以中为尊,序定其次,立图共四百五十四位配之。"❷朝阳祠新修,扩建神龛,择十二、十三世祖先进主。从时间跨度来看,原祠祀及十一世,新祠祀及十三世,其间历经约两到三代人的时间,约六十至九十年。这种时间跨度,与正常年份中家族修谱时间跨度相类似,可见祠堂入主与家族修谱时间间隔的相对一致性。

8.2.3　木主文化的空间化

木主文化在祠堂建筑中的映射,首先呈现在平面上,即建筑平面布局规则、方整、对称,具有明确轴线。这一布局特色,利用差序格局区分伦理上的等级分明、尊卑有序,突显了木主文化的伦理秩序蕴涵,并彰显了以中为尊的理念。

闽海地区宗祠建筑数量众多,但平面布局类似,多呈传统的合院式格局,主要建筑分布在中轴线上,由外而内依次展开,一般由门厅、过厅或拜殿、享堂或正殿等组成。中轴线左右则多分布廊庑或护龙,围合前后两个天井或庭院,既泾渭分明,又利于采光通风。另外,还常常附有门楼、华表、旗杆石、大坪(前埕)、围墙等,由此形成一个建筑群体。

闽海各地祠堂建筑虽面积大小有异,但平面布局均层次分明,功能分区明晰。一般而言,各主要功能空间面积较大,如作为举行祭祖仪式场所的拜殿、用于供奉祖先牌位的享堂等,而侧厢面积通常较小。如建于清中期的三明泰宁城关李氏宗祠,面阔15米,进深50余米,占地770多平方米,含门厅(戏台)、回廊、天井、祭拜亭、中厅、后厅和辅房等,为封火墙护卫的木构架建筑群,高耸威严,颇有气势。宗祠大门面北,为重檐式砖雕门楼,通高近9米,宽8.1米,精工细雕,华贵大方,把清代门楼的风格呈现得淋漓尽致。大门为仪门,只在举行重大宗族活动时才开。除大门外,两边墙面还对称设置两个拱形边门,平时人们进出多走此门。祠堂门厅宽7米,进深约6米,通常均高架成背门向厅的戏台,逢年过节、迎神庙会时即可开台唱戏,热闹非凡。戏台台板为活动型,祠堂须大开中堂时,把台板拆卸即可,灵活自如。戏台两侧边门过道接回廊,回廊尽头则为中厅。中厅宽15米,进深12米,明间前廊向天井突出一块平台,为亭式结构的祭拜亭。中厅是祭祀和聚会议事之地,悬挂了众多匾额和楹联,肃雅庄重。穿过中厅则是进深4米多的空坪天井及后厅。后厅为明间与次间组成的穿斗式悬山建筑。明间为厅,面宽5米多,进深6.5米;次间为房,两边各有前后两间。后厅厅首高架神龛,龛内供奉李氏宗族历代祖宗牌位。再往里则为辅房,深10米有余,宽度则比前几进多2米以上,专供祭祀时操办伙食、摆席聚餐。整座宗祠布局区分有度,古朴凝重。

其次,为凸显肃穆神圣氛围,许多宗祠由门厅至享堂设置高差,各进建筑由前向后逐渐增高,主体建

---

❶　图片来源:南靖奎洋庄氏村落之宗祠神庙篇,https://www.meipian.cn/1e231vm6.
❷　引自:(清)编者不详.南靖奎洋上洋庄氏族谱[M].同治六年重修本,复印本,朝阳祠中元祭祀便览.

筑置于后位,有主有从,又颇具变化。如尤溪中仙池氏宗祠,建筑面积为 570 平方米,中轴线上由北至南分别是前埕、下堂、天井、正堂,呈前低后高之势,层叠而上,步步为上。族人在拾级而上之时,敬畏仰慕之感也油然而生。

　　闽海祠堂建筑这种强调中轴线观念、注重对称平衡的建筑布局是儒家尊卑有序的伦理秩序的呈现,也是木主文化"礼"的要求的映射。礼是中国古代的治国之本。《礼记》云:"夫礼者,所以定亲疏、决嫌疑、别同异、明是非也。"又云:"道德仁义,非礼不成;教训正俗,非礼不备;分争辨讼,非礼不决,君臣、上下、父子、兄弟,非礼不定。"因此,礼是决定人伦关系、明辨是非曲直的标准,也是制约道德仁义、规范思想行为的法则。礼浸染了中国古代社会生活的方方面面,也在建筑的空间布局、体量大小、色彩应用及屋顶样式、装饰构件等多方面产生深刻影响。《礼记》论及建筑功能,即有"以降上神与先祖,以正君臣,以笃父子,以睦兄弟,以齐上下,夫妇有别"的阐述,直接道出了建筑布局对于调节人际关系、实现国泰民安的重要意义。

8.3　祭祀文化

　　一个姓氏血缘群体成为自觉性的宗族的关键在于形成共祖的认同,祠堂的始祖之祭就是将共祖这一隐性事实转化为显性的客观存在,从而在宗族成员的观念和情感上确立这种认同,并通过不断的祭祀仪式加以维系。正是宗族祠堂的设置使自在性的宗族开始转变为自为性的宗族。一个自为性宗族就会建立相应的组织、制度来进行宗族社会的运作。❶

　　闽海地区现存的祠堂主要有两种形式:一种是纯粹的宗祠,用于祭祖联宗,商议族中大事;另一种是祠居合一的建筑,集宗祠与同姓支脉居住于一体的,即只将中间的明堂设为祭厅,两厢或护厝则为住宅。闽东南地区,许多大厝均是这两种类型,如福鼎白琳镇翠郊村洋里大厝、福清渔溪镇侨丰村陈白自然村陈白林厝、永春岵山福兴堂等等,但无论这些大厝、祠堂的大小、样式如何,祠堂的最后均为享堂,通常享堂的台基比前厅高。宗祠中按照宗祖、基祖、派祖、堂祖、房祖、支祖的顺序排列,享堂正中按照左昭右穆的古制排放神祖位,固定祭祖位置。祖先的木制牌位被整齐排列于龛中,面向庭院,每天由族人香烛供奉。

　　祠居合一的多是房祠或支祠,随着宗族人口的繁衍,原来的祠堂定然无法容纳所有宗族的成员,那些血缘已尽的和达到一定代数的族众要离开被供奉的宗祠,设法另建新祠,由其嫡系子孙供奉。如上文三明泰宁的李氏宗祠即为典型的案例。入籍泰宁的李姓分三支,一支于唐会昌元年(841 年)由邵武迁入朱口音山,始祖李禹,后繁衍到杉城民主村、朱口石辋村等地。第二支祖籍江南路(今江苏无锡),于唐末五代迁徙邵武,始迁祖李天乙。李天乙生子李赓。李赓生三子,次子李龙于宋哲宗元祐元年(1086 年)前后迁入杉城际溪横坑尾,传 14 世至李泰,再迁县城东隅街。李泰的曾孙李春烨中明万历丙辰年(1616 年)进士,累官太子太师兵部尚书,其旧居"尚书第"现为国家重点文物保护单位。第三支是南宋著名宰相李纲的后裔,于宋宣和年间(1119—1125 年)迁入泰宁,现居大布饶山、下渠等地。旧时仅泰宁城关就有 3 座李氏宗祠,一座在昼锦门附近,为李春烨家族祠堂,另一座在该祠堂的后面,1950 年代曾作为县酒厂的厂址,即李禹支系的祠堂。第三座即今尚书第东侧的李氏宗祠,系李纲支脉的宗祠。祠居合一的形式使空间组合更为灵活多样,祭祀与生活空间不再界限分明,使得伦理与功能在中国传统的祠堂建筑中找到了结合点。如祠堂周围的住宅立面,既风格统一,又丰富多彩。

8.3.1　祭祀对象

　　众所周知,祠堂首要的功能就是祭祀、祭拜先祖。祠堂是祖先神位安放的地方,祖先的神灵居于此,因此祠堂就备受族人的重视。祖先去世后,神主入祠堂,按照昭穆顺序排列,接受后世子孙的祭祀。每逢

---

❶　引自:郭志超,林瑶棋. 闽南宗族社会[M]. 福州:福建人民出版社,2008:59.

节日祭祀的时候,全宗族都要集合,齐聚祠堂内,由宗子或者是族长主持祭祀祖先的仪式。有的宗族的祭祀礼仪还相当严格,通过祠堂的祭祀活动,可以强化宗族成员尊祖敬宗的观念,凝聚族人。

关于祭祀对象,各宗族所选择的不一定一样的。始祖或者始迁祖为宗族的发展奠定了基础,为子孙开创了生活之源。各宗族一般祭祀的是始祖以下的各祖先。始祖并不一定是一世祖,多数的始祖都是始迁祖。其中,金门琼林蔡氏于清代所兴建的祖祠,均以追远奉祀明代各房祧之登科先祖,而非始祖,如建于清初的藩伯宗祠就是奉祀蔡守愚的专祠,建于道光二十年(1840年)的新仓上二房十一世宗祠为奉祀蔡宗德(嘉靖十年举人)的专祠。另外,金门多数宗祠主祭对象为开基祖(开发金门之祖先),少数为开闽始祖。

台湾台中林氏家庙,则为台湾中部地区林氏大宗祠,其主祀林氏始祖比干公及坚、禄、玄、泰、韬、披、昌、尊、萍、九牧、廷玉、大用、子慕公等及其他进主至宗庙的各代世祖,左护龙顶厝明间陪祀"开林太始祖殷太师比干",右护龙顶厝明间陪祀"天上圣母林默娘",其祭祀时间为春秋两祭。而台中张廖家庙主祀清武派下及六世祖天与公派下祖先,左次间陪祀第十四世祖先"皇恩特赐乡钦大宝明经进士本公业建设元勋张廖公大胜、大连、大会、华栋禄位",右次间陪祀第十五世祖先"创建家庙董事裔孙张廖国治、建三、登渭长生之禄位"。

另外,前文论及的南靖奎洋庄氏大宗祠,则主祀五世遐德公祖妣。而庄氏各房支祠奉祀祖先都严格遵循祭祖礼制,不可违背或超越大宗祠礼制。但"自六世祖云岩、盘谷公以下,各房各有小宗,自有宅舍,各子孙自由奉祀,则不得在此混滥兴杂之。列祖不然礼且议祧矣。或有不识此义者,自家公婆父母既殁,将棺椁凡筵,拥于中堂。既葬,则抢主填于祖龛,俨而置之中尊,与太高祖列世祖并尊,无论祖灵,不妥质之,□公婆父母之分,大有不安焉。嗟夫,体统大坏,昭穆失序,莫此为甚,则不敬祖宗,孰大? 于是今议另设小神龛,列之两旁及追祭"❶。可见,随着宗支衍派渐多,分祠林立,出现了房支祠奉祀祖先次序混乱的现象,各支祠主祀各自认为的先祖,由此形成纷杂的祭祀对象。(表8-1)

表8-1　明清时期南靖县域内部分庄氏各房支祠主祀情况

祠堂名称	世序	所在村落	主祀先祖	具体地址	现存情况
余庆堂	四世	梧宅	良茂(天湖房)	星光村石楼仔	咸丰十年(1860年)火灾烧毁,1993年复建
善昌堂	四世	下峰	良茂(天湖公)	下峰双头仔	咸丰十年(1860年)毁,1986年重修
裕庆堂	四世	店美	良盛(中村房)	顶圩大宗角	原祠倒塌,90年代复建
龙伯堂	四世	店美	良惠(垅头房)	店美中学下	淹没,90年代复建
纯禄堂	四世	店美	良显(塘后房)	店美过溪塘后	淹没,90年代复建
诒谷堂	六世	东楼	云岩公	下洋黄东埔	1976年废,后有重修
萃英堂	六世	店美	本隆公	下洋过溪塘后	嘉庆九年(1804年)淹没
聚英祠	六世	店美	本聪公	店美中村社	淹没
玄泰祠	七世	店美	玄泰公	顶圩大宗角	淹没
朝阳祠	七世	店美	玄弼公	顶圩后肖洋	嘉靖年间淹没
六成祠	七世	东楼	玄甫公	下楼厝背后	雍正五年(1727年)淹没
追远堂	七世	店美	玄珪公	店美枫林坑	淹没
垂裕堂	七世	店美	玄珪公	下洋上洋仔	原址淹没,八世有人重建
福星堂	八世	店美	丕等公	顶圩大楼厝	淹没
昌谷堂	八世	店美	丕承公	顶圩大楼厝	淹没
丕远堂	八世	店美	丕远公	顶圩大楼厝	淹没
寿昌堂	八世	船场	伯武惠公	梧宅禾仓坑	1991年重修
求德堂	八世	上洋	伯英公	上洋埔头洋尾	1991年重修

❶　引自:(清) 编者不详. 龟洋庄氏族谱[M]//陈支平,林嘉书. 台湾文献汇刊第三辑第九册. 厦门:厦门大学出版社,2003:207.

续表

祠堂名称	世序	所在村落	主祀先祖	具体地址	现存情况
后美堂	八世	东楼	伯义公	东楼下楼厝	淹没
种德堂	八世	东楼	伯嵩公	东楼圩边	淹没
承德堂	八世	船场	伯嵩公	赤坑村石梯	保存完好
惠迪堂	八世	店美	伯岳公	店美大塘厝	淹没
芳壁堂	八世	店美	伯纪公	店美后壁厝	淹没
成裕堂	八世	东楼	伯重公	东楼黄东埔	淹没
新美堂	九世	东楼	望奕公	东楼新厝顶	淹没
丕基堂	九世	店美	望洋公	店美顶圩下楼	淹没
厚经堂	九世	下峰	望尊公	下峰风洋头	完好
聚精堂	九世	上洋	望达公	埔头大山顶	1986 年重修
光裕堂	九世	下峰	望美公	霞峰锦洋	
成德堂	九世	店美	望爵公	顶圩大楼厝	淹没
种玉堂	九世	东楼	望旭公	东楼榕树边	淹没
述志堂	九世	下奎洋	望修公	下洋堀坑仔	淹没
燕翼公	九世	下奎洋	敦绍公	下奎洋地方	淹没
望融祠	九世	店美	望融公	店美拱照楼边	淹没
克昌堂	十世	店美	应文公	店美水井顶	淹没
五岳堂	十世	东楼	应剑公	东楼村寨兜	淹没
庆星堂	十世	店美	益梧公	下洋门口坑	淹没
振古堂	十世	松峰	应考公	上峰村溪边	1984 年重修
珠佳祠	十世	松峰	应考公	上峰虎形山脚	
安厚堂	十世	松峰	逸德公	上峰村后坑	
垂裕堂	十世	下峰	期兴公	下峰村湖洋	

资料来源:丁向阳.清代漳州宗族祠祭研究:以南靖奎洋庄氏为个案[D].漳州:闽南师范大学,2017:18-20.

木主是木制的神位,在上面写上受祭者的姓名,又称神主,俗称牌位。一般的祠堂神主的摆放为一二十个,再多了则按照五世则祧的原则了。堂边设有夹室,收藏祧主。祧又称祧迁,是指主祭者将与本人血缘关系较远的祖先的神位迁入另一个屋内,也就是夹室。❶ 一般可在宗族内有重要的事情需要庆祝时,将祧主迁出来共同受后人的祭祀。

另外,宗族祠堂除了祭祀始祖外,还要有配享者。所谓配享者即可以随始祖一起共同享受子孙的祭祀的人,永不迁祧。然而并不是所有的人都有资格配享的。许多宗族根据功德和对祠堂的贡献给个别人设立从祭的牌位,甚至也能捐资入主。另外,为了宗族的发展,也供奉在经济上资助数量大的个人。从宗族的发展看,宗族推崇有作为的族人,也是提高宗族地位的需要。祠堂祭祀始祖或始迁祖,扩大了宗族的规模,增强了宗族的凝聚力。

8.3.2　祭祀物品

祖先信仰是维系家族社会的精神力量,闽海地区的人们通过祠堂祭祖等系列的祭祀活动,强化着宗族内部的联系,保持宗族组织稳定传承,并以此显示宗族延续的生命活力。祭祀过程中,首先,在祭祀物品的选择上,明代对品级官员的祠堂祭祀祭品的规定:"二品以上,羊一豕一;五品以上,羊一;以下豕一。皆分四体熟荐。不能具牲者,设馔以享。所用器皿,随官品第,称家有无。"即:二品以上的官员,祭祀祖先的时候,祭品可以有羊头和猪头;三品到五品的官员可以用羊头祭祀;五品以下的可以用猪头。摆放祭品的器具可以依照官员的品级,也要考虑经济状况。而清朝政府对于官员的祭品则更为细化:"一至三品,

❶ 引自:冯尔康.中国古代的宗族与祠堂[M].北京:商务印书馆,1996:65.

羊一、豕一,每案俎二,铏、登各二,笾、豆各六。四至七品,特豕,案一俎,笾、豆各四。八品以下,豚肩不特杀,案一俎,笾、豆各二。"❶即:三品以上的官员可以用羊头和猪头;四品到七品的只能用特备的猪头;八品以下的只能用猪腿。器具使用和数量上则要求:俎、登是盛肉的祭器,铏是盛菜的器具,笾是盛祭品的竹器,豆是盛食物的器具。

上述是品官之家的祭祀物品配置,对于民间百姓宗祠而言,并没有具体的规定,各宗族根据经济实力与地域文化确定,如《泉州桃源庄氏族谱》记载:"每年以岁首一日,冬至一日,会族祭祀始祖,各以祀者,俱配享。每祭,猪一只,羊一只,糖五事……神前各位供酒,供饭";"祭日,会族姓子孙入庙。设通赞二人,读祝文一人,执事二人,各以有衣巾。请礼仪者为之。"由此可见,主祭的猪头、羊头都有,干鲜果品齐备,细致到物品的重量与多少。可以看出,庄氏宗族的做法是想通过丰盛的祭祀物品,来表达自己敬祖的心情,而要读书人参与主持祭祀典礼,是以此来告慰祖先,宗族人才兴旺。

8.3.3　祭祀礼仪

明代对于品官祭祀礼仪的规定:"前二日,主祭者闻于上,免朝参。凡祭,择四仲吉日,或春、秋分,冬、夏至。前期一日,斋沐更衣,宿外舍。主祭者及妇率预祭者诣祠堂。主祭者捧正祔神主椟,放置各主考神主,主妇放置各祖妣神主,置东西壁。执事者进馔,读祝者就赞礼,陈设神位后。主祭者居东,伯叔诸兄立于其前稍东,诸亲立于后;主妇在西,母及诸母立于其前稍西,妇女立于后。赞拜。主祭者于香案前跪下,三上香,奠酒。礼毕,主祭者复位,与主妇皆再拜,再献终献,礼毕再拜。焚祝并纸钱于中庭,安神主于椟。"❷由此可见:(1) 女性也可以参加祠堂的祭祀,而且还有相应职责分配和地位。(2) 男尊女卑。男性站在东面,女性站在西面。(3) 突出主祭者和主妇的核心地位。从神主的请出和祭祀结束后神主的安放看,都是主祭者和主妇在负责。

清代有关祭祀的礼仪则是:"岁祭以四时仲月诹吉,读祝、赞礼、执爵皆子弟为之。子孙年及冠,皆会祭。前三日,主人暨在事者斋。祀日五鼓,主人朝服,众盛服,入庙。主人俟东阶下,族众俟庭东西,顺昭穆世次。主妇率诸妇盛服入,入东房治笾、豆,陈铏、登、匕、箸、醯、酱以俟。质明,子弟长者启室,奉主陈之几,昭位考右妣左,分荐者设东西祔位。主人升自东阶,盥讫,诣中檐拜位立。族姓行尊者立两阶上,卑者立阶下,咸背面。主人诣香案前跪,三上香,进奠爵,兴,复位,率族姓一跪三拜。主人诣高祖案前献爵,曾、祖、祢案前毕献如仪,分荐者遍献祔位酒,读祝。每献,主妇率诸妇致荐,一叩兴。初献匕箸醢酱,亚献羹饭肉胾,三献饼饵果蔬。卒献,主人跪香案前,祝代祖考致嘏于主人,主人啐酒尝食,反器于祝,一叩兴,复位,送神,一跪三拜。视燎毕,与祭者出,主人率子弟纳神主,上香行礼。彻祭器,阖门,退。日中而馂。"❸可以看出,清代的官员祭祀更加细致。除了和明代一样选择吉日、沐浴换衣服外,更具体表现在:一是祭祀器具上有严格的配置规定。笾是盛祭品的竹器,豆是盛食物的器具;铏、登是盛肉食的器具;箸是筷子;醯是醋。这些器具宗族内平时就要备好。二是有了专门的祭祀程序。有"初献、亚献、三献"等环节。三是有代替祖先赐福的细节。"主人跪香案前,祝代祖考致嘏于主人。"嘏是福的意思,表明主祭者可以将祖先的赐福带给族人。四是分别祭祀。主人在高、曾、祖、祢等神位前要分别献爵进酒。

国家对祭祀活动的制度规定,促进了民间对祭祀规则的重视,因此,对于闽海普通人家祭祀祖先的礼仪也具有相应的规则。如晋江青阳庄氏家庙,始建于明代嘉靖九年(1530 年),是十世孙高州知府庄科倡议修建的。经过历代重修,现在是七开间二进硬山顶抬梁式木构架砖石木建筑。青阳庄氏可追溯自唐光启二年(886 年)庄森入闽。森,字文盛,河南光州固始县人,入闽后择居永春桃源里,为闽南庄氏始祖。元太宗三年(1231 年),桃源十二世孙古山徙居青阳,曾任廷署之职,是为青阳庄氏肇基始祖。自创青阳以来,青阳庄氏裔孙多有徙居外地,主要繁衍同安、惠安、南安、龙溪、长泰、海澄、泉州各地,以及广东潮州一带,

❶　引自:赵尔巽.清史稿:卷 87 礼制七[M].北京:中华书局,1977:2611.
❷　引自:张廷玉.明史:卷 52[M].北京:中华书局,1974:1342.
❸　引自:赵尔巽.清史稿:卷 87 礼制七[M].北京:中华书局,1977:2611-2612.

旅居海外族亲主要分布在马来西亚、印尼、菲律宾、新加坡、美国、加拿大等国,总人口就达数十万之众,仅菲律宾庄氏宗亲会青阳籍人就占70%以上。对于祭祀仪式,据《晋江青阳庄氏家庙现状》记载(图8-7):

> 祭日,会族姓子孙入庙。设通赞二人,读祝一人,执事二人,各以有衣巾,请礼仪者为之。
>
> (通赞唱)序立,各子孙依次排班,不得挽越混乱。
>
> (通赞唱)四拜,宗子以下各拜。
>
> (通赞唱)行初献礼。上香,酹酒。主祭离班,诣神前。执事者各执香,执酒,替主祭行礼。
>
> (通赞唱)跪,读祝文。主祭以下皆跪。读毕。
>
> (通赞唱)平身,复位。
>
> (通赞唱)行亚献礼,上香,酹酒。依家礼三献,以三人为之。择年高,有爵位,或有衣巾者,离班。诣神前,行礼各如初。
>
> (通赞唱)复位,行三献礼。行礼如前。
>
> (通赞唱)复位,四拜。宗子以下各拜。
>
> (通赞唱)平身。焚金帛,祝文。礼毕。

从上文可见,民间祭祀有以下几个特点:一是设有专门的司仪人员,而且要有学问者"各以有衣巾",体现了对读书人的尊重。二是突出宗子在宗族中的特殊地位。三是对长者、地位和知识的尊重,"择年高,有爵位,或有衣巾者,离班"。从以上祭祀礼仪看,明清时期无论是官员还是普通的百姓,都十分重视祖先的祭祀活动。通过祭祀表达了子孙祭祖的虔诚态度,加深了个人的宗族观念,增强了宗族凝聚力,也突出了主祭者的核心地位。

图8-7 青阳庄氏古山公三子公茂宗祠晋主仪式场景

8.3.4 祭仪流程

首先,定日期。按照《家礼》,根据祠祭类型不同,家族祠祭也于一年中不同时间举行。"时祭用仲月,前旬卜日"❶,"冬至祭始祖"❷,"立春祭先祖"❸。此处所谓"卜日",即确定祭礼举行时间。其中冬至、立春之祭时间较为固定,而时祭时间需由家族自主定夺,至于确定的方式,《家礼》中给出了具体的操作方案:"置桌子于主人之前,设香炉、香合、杯珓及盘于其上。主人摭笏,焚香薰珓,而命以上旬之日,曰:'某将以来月某日诹此岁事,适其祖考,尚飨!'即以珓掷于盘,以一俯一仰为吉,不吉更卜中旬之日,又不吉,则不复卜,而直用下旬之日。"❹

清代南靖庄氏举行祠祭前,会到祠堂举行"告期"仪式,并宣祝文,以告知祖先祭祖时间。如庄氏《大宗祠冬至告期祝文》:"维,同治……年岁次……,十一月朔……,越……日,……遐德祖派下孙……等将以来日冬至有事于始祖考三郎庄公、始祖妣何氏孺人暨二世、三世、四世、五世、六世、七世、八世、列位祖考

---

❶ 引自:(宋)朱熹,注. 王燕均,王光照,校点. 家礼[M]. 上海:上海古籍出版社,1999:936.

❷ 引自:(宋)朱熹,注. 王燕均,王光照,校点. 家礼[M]. 上海:上海古籍出版社,1999:941.

❸ 引自:(宋)朱熹,注. 王燕均,王光照,校点. 家礼[M]. 上海:上海古籍出版社,1999:943.

❹ 引自:(宋)朱熹,注. 王燕均,王光照,校点. 家礼[M]. 上海:上海古籍出版社,1999:936.

姒。谨告。"❶又如《朝阳祠中元告期祝文》："维,同治……年岁,在……孟秋月……朔……,越十有四日,……主祭,孙……等将以来日中元有事于七世祖考仁德庄公、七世祖姒陈氏孺人、七世祖姒巫氏孺人、八世、九世、十世、十一世、十二世、十三世列位,十四世、十五世祖考姒。谨告。"❷

平和何氏家族则在春冬祠祭之前,已据家族实际情况,确定春祭时间:"兹时祭,各房配定,外详开悬牌。每年定立春冬至日……但立春有一年双至,今春祭改定二月十五日。"❸再如台湾台中林氏家庙,则在春冬祠祭,春祭为正月十二日,冬祭为十一月十二日。而张廖家庙(承祐堂、天与公祠)则分为春祭、夏祭、秋祭与冬祭。其中春祭用春分日,夏祭取夏至日,秋祭选九月初二,冬祭为十一月十三日。清武家庙(垂裕堂)则春祭为春分,忌辰是正月十二日,秋祭为秋分。张家祖庙则春祭为正月二十日,或三月十五日,秋祭为八月十六日,冬祭为十一月七日或十五日。台中市西屯区何氏家庙春祭则配合南屯妈祖字姓戏祝寿后,即四月六日,秋祭为八月初四。台中市南屯区简氏家庙(溯源堂)春祭配合南屯妈祖字姓戏祝寿后,即三月二十九日,秋祭为九月九日。可见,冬至、春分祭祖,也会随特殊年份,而由家族自主确定祭祀日期。

其次,祭品准备。祠祭祭品及其他所需祭祀物品,在正式祠祭仪式开始之前就需要提前做好准备。南靖庄氏要求祠祭前三日准备祭品,"三日前,致斋预备,毋得苟焉,所以致谨"。而祭品置办可以随各房支子孙自主办置,"祭猪羊之外,难以一一买办,凡子孙各备酒粿,又鸡鸭殽品,随凑数味,以充食桌,务期整办。家有果者,以果献,渔者以鱼献,猎者以猎献。祭毕,自收,不宜混用"。对于祭品的品质,则有着较为严格的要求,以此彰显子孙虔敬之心。"祭品森列,俎豆边房,务期洁净,以荐苹藻,以羞神明……其宰牲务期躬省。至于羹汁,必戒贮洁,毋得亵焉,所以致虔。"❹此外,则需进行祭品、祭器的陈设。

复次,奉主出位、参神、降神与登馔。按照《家礼》祠堂之制,祠堂内所奉神主牌位平常都安放在龛位中,逢祭祀时需举行奉主出位仪式,请出神主享祭。"神主皆藏于椟中,置于桌上,南向。龛外各垂小帘,帘外设香桌于堂中,置香炉、香盒于其上。"❺正式祭祀的第一件事便是开启龛门,奉主出位;其后,接受家族子孙的敬拜;最终降神就位。奉主出位的同时,需要举行隆重的祭拜仪式,以示对祖先的敬重。这是正式祠祭奠献礼之前最为隆重的祭拜仪式。南靖庄氏对于奉主出位、降神的时间有着细致要求:"致祭,必先致主出椟,自鸡鸣早,凡我子孙齐到祖祠,今既分居,难以即赴,候至天色渐明,而后行礼,毋得迟焉,所以致神。"❻

但对于奉主出位、降神的具体过程,在庄氏家族文献中已不得见,以下则以云霄何氏家族为例,进行阐述。

厥明,预祭者同□庙行礼。主祭者同执事盥洗,启龛门。主祭焚香跪告曰:"某年月日,元孙某,今有事于始祖考姒,列祖考姒,敢请神主出就正寝,恭伸奠献。"礼生唱曰:"奉主出就位。"执事一人升,奉主出龛。主祭者恭迎始祖考姒升位。众执事恭迎列祖考姒升位。分献人同执事分诣衣冠功德龛。依次奉主就位。坐次如龛中,以中为长。众子孙序立。盥洗。复位。跪。众子孙皆跪。读戒词。大声宣读曰:"祭祖奉先,必须诚敬,内积专一,外著静正。神其来享,汝则有庆。倘有心存什虑,拜跪倾欹,私相耳语,行列参差,神则汝弃,汝福以替,戒哉勿忘,祖宗临汝。"俯伏兴,参神,众子孙皆拜。兴,拜,兴,拜,兴,拜,兴,拜,兴。降神。宗孙诣香案前。跪,上香。酹酒。俯伏兴。拜,兴,拜,兴。复位。

可见,仅奉主出位、降神这两个环节,就有着较为隆重的祭拜程序,且参祭子孙皆已到场。这与《朱子家礼》中的流程"厥明夙兴,设蔬果酒馔……质明,奉主就位……参神……降神……进馔"❼基本一致。

此外,奉主出位是对常奉于神龛内家族祖先神主而行的礼节,有时家族也会在祭祀过程中临时设立

❶ 引自:(清)编者不详. 南靖奎洋上洋庄氏族谱[M].同治六年重修本,复印本.
❷ 引自:(清)编者不详. 南靖奎洋上洋庄氏族谱[M].同治六年重修本,复印本.
❸ 引自:(清)何子祥编. 何氏族谱[M].清乾隆二十年刻本,民国十七年平和瑞溪华英书社工艺石印,复印本,卷一.
❹ 引自:(清)编者不详. 南靖奎洋店美仁和庄氏族谱[M].清光绪抄本,复印本,五世敬旺岩岭开基祖系.
❺ 引自:(宋)朱熹,注. 王燕均,王光照,校点. 家礼[M].上海:上海古籍出版社,1999:875.
❻ 引自:(清)佚名. 南靖奎洋店美仁和庄氏族谱[M].清光绪抄本、复印本,五世敬旺岩岭开基祖系.
❼ 引自:(宋)朱熹,注. 王燕均,王光照,校点. 家礼[M].上海:上海古籍出版社,1999:938-939.

供桌,专祀对于家族有恩的祖先。如南靖奎洋庄氏大宗祠祖祭后在下厅口设一香案,牲醴粿,望空恭祭外祖恩舅杨清张公、妗尤氏张妈之神前,曰追念祖妗大德无垠,保护我祖养育成人,克昌厥后,祖舅之恩,有恩当报,宜享明烟。❶

再次,初献、亚献与终献。祠祭的主体仪式在于对列祖的奠献,清代漳州地区祠祭惯用借鉴《家礼》祭祖仪节的"三献礼",即初献、亚献和终献。对已请出就位的先祖神主行奠献礼,奠献过程可细分为两部分,即奠献祭品与行跪拜礼。三个奠献过程中,除奠献者与奠献的祭品不同外,其余内容均相同。

行初献礼,诣□世祖考、□世祖妣暨列世祖考妣神位前就位。跪,献茶,献汤,献箸,献毛血,献馔,献牲,祭酒,三奠,叩首三,兴。诣东序祖考妣,献如初,无毛血,无牲;诣西序祖考妣,献如初,无毛血,无牲。复位,行读祝礼。诣香案前就位。跪,众与祭皆跪,读祝文,叩首三,兴,复位。

行亚献礼,诣□世祖考妣暨列世祖考妣神位前就位。跪,献粢盛,祭酒,三奠酒,叩首三,兴。诣东西序如之。

行三献礼,诣□世祖,献果品,祭酒如初。诣东西序亦如初,复位。

行分献礼。行侑食礼。诣神位前就位,跪,献羹,献饭,叩首三,兴,复位。主人出,众与祭孙皆出。主人入,众与祭孙皆入,就位。行献帛礼,诣香案前就位,跪,献茶,献财宝,叩首三,兴,复位。❷

就所奠献的祭品来看,初献、亚献与终献所献祭品均不同,分属三种不同类型,依次为酒、粉面与粿、羹饭,而这三种祭品奠献的顺序,应按照日常家庭饮食进餐习惯进行。

最后,分胙与礼毕。分胙是祠祭之后的重要环节,是指参祭者分配祭品,以期获得祖先赐福,又称盼胙、散胙、散福。盼胙过程中礼生需引唱,宣读祝文,带领跪拜。礼毕,撤去祭品。

(通唱)行饮福受胙礼。

(引唱)诣香案前。

(通唱)就位,跪。

(嘏词高曾)祖考妣命工祝,致告于尔孝孙。孝孙宜稼于田,眉寿永年,受禄于天,子子孙孙勿替引之。饮福酒,受福胙,俯伏,兴,谢惠,跪,叩首三,兴,叩首六,兴。

(引唱)复位。

(通唱)化财宝,焚祝文,瘗毛血,就位。辞神,跪,众与祭皆跪,叩首三,兴,叩首六,兴,平身。礼毕,徹牲馔。❸

南靖奎洋庄氏家族分胙时要宣读祝词,由于分胙旨在让族众通过享受祭品,感恩祖先赐福,从而达到敬宗收族这一目的,所以祝词内容多为宣扬祖先垂赐恩德,勉励族人和睦、向善。其内容与《家礼》中的仪规相类似。分胙之后,即辞神,并由子孙施四拜三揖礼。(图8-8)

图8-8　霞峰村克昌堂与庄式大宗祠祭祖场景

❶ 引自:(清)编者不详. 南靖奎洋庄氏族谱[M]. 清宣统抄本,复印本,十一世贞毅系族谱.
❷ 引自:(清)编者不详. 南靖奎洋庄氏族谱[M]. 清宣统抄本,复印本,十一世贞毅系族谱.
❸ 引自:(清)编者不详. 南靖奎洋庄氏族谱[M]. 清宣统抄本,复印本,十一世贞毅系族谱.

8.3.5　祭祀仪式空间化

祭祀先祖是我国古代社会的民间信仰之一,也是一种权力的象征,是社会身份的标志。而祭祀仪式则是其重要的呈现载体。因此,祭祀仪式的空间化是解读祠堂建筑的重要途径。下文以台中张廖家庙祭祖仪式为列,剖析其祭祀的空间化特征。

张廖家庙祭祖仪式程序主要包括 13 项仪式:(1) 典礼开始:擂鼓三通、鸣金三点、响号、开花炮、奏大乐、奏小乐。(2) 行盥洗礼。(3) 行迎神礼。(4) 行上香礼。(5) 行初献礼。(6) 行读祭礼。(7) 行亚献礼。(8) 行终献礼。(9) 行分献礼。(10) 行饮福受胙礼。(11) 行谢胙礼。(12) 行望燎礼。(13) 行送神礼。❶

基于上文,可知:礼仪是祭祀行为中,祭祀孙在表达礼文和运用礼器时所衍生的精神意义,是祠堂建筑空间在宗族信仰中的显现。因此,从迎神降神的"发炮""灌茅砂""跪读祭文""行三献礼""奉祀酒茶""牲醴菜饭"等饮食顺序,乃至祭乐演奏,"引福受胙"等等都具有象征性的意义,是"事死如事生"的"再现",也是动态的空间观念。

以张廖家庙为典型案例的祠堂祭祖仪式,其行为繁多,并有一定的仪式程序与模式,这些都属于"礼文"的范畴,呈现出深层次的意义。

一、前尊后卑、左大右小。即裔孙行止间的排列次序,主祭在前(阶下天井)、陪祭在后(前殿通梁下)。对于主祭与陪祭中的引导人与协助人,在仪式进行时,当阶上的司仪高唱将要进行仪式,如果需要主祭升阶上香或献礼,引导人会先微笑面向主祭,行拱手揖礼,主祭则微笑拱手回揖,并举手让行,以显示两者之间的前后关系,然后就随着引导人、协助人升阶行礼。再如,行"侑食礼"时,主祭、陪祭人主从易位,也是通过揖让与空间上的互动完成的。总之,整个仪式过程都体现出"前尊后卑、左大右小"的空间内涵。

二、进退升降,即指祭祀孙等,为了祭祀上下台阶、进位退位之礼。台阶即指位于拜殿下东西两侧的石阶,《朱子家礼》中称为"阼阶、西阶",通常各有三级,也有四级或二级,如张廖家庙为四级,台中林氏家庙为二级。升降位置则为东台阶升、西台阶降、左进右出,其深层次的内涵是依据先秦之礼"尚左"行仪,觐见先祖如见天子般的大礼。

三、左还❷右转,即是以家庙的"神主"为参考点,端看裔孙"左进右出"祭祀的过程中,"左还右转"的礼仪动作有二次,第一次是在裔孙上了"东阶"之后,左转进行到拜殿或正殿的拜位前,准备要"面向祖先"时。第二次是在完成献礼后,再由拜位左转进行到"西阶"步口,准备"离开祖先"时,祭祀人员依次"右转三分之四圈"后,改面向前殿方向,继续从"西阶"退下。"左还右转"仪式的设计,是为了达到"矩形动线、庄严典雅"与"行礼如仪,但不背向祖先"的目的。每位献礼仪式的祭祀者行

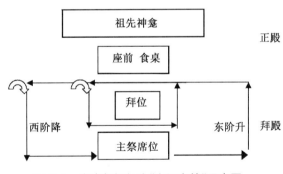

图 8-9　家庙祭祀行为"左还右转"示意图

止间"左旋右转",对应于阶上正殿、拜殿的空间族群生产的动线,形成一个较大的矩形图形,并成为一个循环,中规中矩而显得庄严典雅;对于"行礼如仪,但不背向祖先"而言,当祭祀者行经拜殿(或主殿),到达拜位时,以祖先而言,乐见裔孙从"左"边"还"回祭拜的"正位",然后又喜悦地看着裔孙"没有背祖"地从"右"边"转"回"备位"(阶下的裔孙准备位置)。将要离开祖先视线之际,如果祭祀人员继续左转(以祭祀者而言)前进,就会背对祖先了,这将意味着背叛祖先。而在二次的"左还右转",只见引、主祭者、赞三人,心存爱诚、面容怡然地瞻望祖先。(如图 8-9)

四、仪式节奏有序,感恩情怀热络。典礼开始,擂鼓三通后,从庄严而肃穆的范围开始,接以敬畏之

❶　引自:黄庆声. 家庙祭祀行为与建筑空间关系初探:以台中市家庙为例[D]. 云林:云林科技大学,2005:79.
❷　还,复也,复返也. 引自:段玉裁. 说文解字[M]. 台北:艺文印书馆,1970:72.

忧,发炮迎神、降神、灌茅砂就位,众裔孙安静凝视礼文细节,期待家神安然莅临的场景,令人印象深刻。及至上香、初献、亚献礼仪,虽然"重复"动作,但在不同的空间表演不同的礼文,配合着传统北管乐声,气氛逐渐转为喜悦与热络,对祖先的感恩之情溢于言表。尤其是在行"侑食礼"与"终献礼"后,众裔孙自由参拜,而得到"祖先赐福"的满足,各个喜上眉梢,场景热烈,最后在"望燎""撤班"之后"食祖",在人神共欢的连续高潮乐章中,裔孙笑声不断。综上论述,可以发现祭祀行为的空间观念,呈现出井然有序、层层推进、庄严典雅的氛围。❶

进一步剖析,祠堂建筑的空间形态,常为由主殿、拜殿、两廊、前殿以及两侧护龙组成的"合院式"的封闭性的空间,加上合院外的外埕、水池、后院、花园、围墙、大门等,形成完整的祭祀空间。而直接作为祭祀行为的空间;可分为主要祭祀空间和次要服务空间两大类。主要祭祀空间包括:正殿、神龛、神桌及供桌、拜殿、天井及两廊、前殿,属于"圣的空间",是祭典仪式主要的空间;而次要服务空间,是位于两侧的护龙,具有会议、更衣等服务性功能,属于"俗的空间"。前文论及的张廖家庙,其建筑空间为三堂二横加围屋形式。祭祀行为的空间,以中轴为神圣空间,以左护龙为服务空间。(图 8-10)

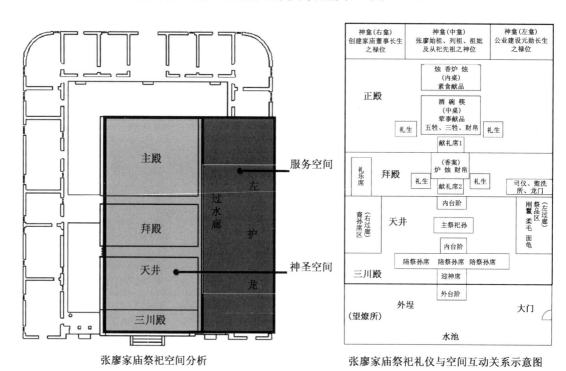

张廖家庙祭祀空间分析　　　　　　张廖家庙祭祀礼仪与空间互动关系示意图

图 8-10　张廖家庙祭祀仪式空间化分析

8.4　其他祠堂文化

祠堂具有非常丰富的文化内涵,除了建筑周围的风水环境、建筑本身体现的伦理道德理念外,其室内的匾额、堂号、楹联及题材丰富的各类装饰内容等都寄托着人们美好的生活态度。

8.4.1　姓氏文化

福建人在移民和再移民的历史过程中,保留了中原最为完整的宗族文化形态。历代中原汉人举家或举族南迁,都以聚族或聚乡而居的形式,来巩固发展自己占有的生存空间。闽人南迁台湾,同样秉承了这种家族性迁徙形式,传承了闽人宗族观念,形成了祠堂、族产、谱牒、宗法、祭祀等系统的宗族文化形态。

❶ 引自:黄庆声.家庙祭祀行为与建筑空间关系初探:以台中市家庙为例[D].云林:云林科技大学,2005:116-119.

慎终追远,这种延绵不息的宗族文化,在闽人向外拓展、开创事业的创造发展中,推进合作、增进交流、凝聚力量,使闽海各地保持着紧密的社会网络关系,增进了闽海文化与中华文化的血缘认同。

由于举家、举族移民闽海地区,形成了独特的姓氏文化,在福建地区,较为常见的姓氏有陈、林、黄、张、吴、李、王、郑、蔡等。其中,陈姓为福建第一大姓,占福建人口的11.51%,主要分布在福州、漳州、泉州、莆田、龙岩、厦门等地区。林氏也是闽海地区的大姓,林姓是由商朝末年的名臣比干而来。黄姓起源于北方的黄国,被楚国消灭后,族人南迁入闽。

随着社会发展,各大姓氏逐步形成了各自的文化,影响着一方文化的发展。如莆田蔡氏❶,于唐末黄巢农民起义时,由居于浙江钱塘的屯田员外郎(掌天下屯田之政令)蔡彦礼之子用元、用明,以及彦礼之弟蔡镐,先从浙迁徙至同安,后入莆阳,择居于仙游枫亭赤湖蕉溪,蔡用元成为莆阳一世祖。其弟用明后转迁晋江青阳开族。

蔡用元,排行三,人称三公,在莆传一子——蔡瑾,字宗盛,排行五公。瑾生四子:显皇、文禾、文轸、文辙,分伯、仲、叔、季四房。传至宋代,蔡用元家族已发展成为莆阳望族。其中突出表现在两大支派,一是伯房的蔡襄家族,一是季房的蔡京家族。其后子孙在莆阳各地开族,也有部分迁徙境外。

伯房中,第五代济公及子蔡确、蔡硕迁居泉州。第六代蔡易亦徙居泉州。伯房中蔡高后裔迁居浙江温州、平阳、苍南、瑞安等地,主要在瑞安开族繁衍。

仲房中,第四代有一支蔡谅迁徙广东陆丰、海丰,另一支蔡俊迁茂名等地。仲房世系中,蔡柽传至十二世(代)蔡有、蔡佑徙居惠安。

季房蔡衮世系中,第九世(代)蔡熙家族迁居崇德县;第十世(代)蔡澄、蔡泳两支迁居浙江临安(今杭州);蔡京长子蔡攸第七世的一支徙居雷州(今广东雷州市);蔡攸三子传至第九世(代)蔡峰,徙居湖南衡阳;蔡京次子蔡衡(第八世)徙居江西;蔡京六子第七世徙居白州(今广西博白县)。

此外,还有徙居台湾的宗支。明熹宗天启年间(1621—1627年),莆人蔡文举渡海抵达台湾,先在台南市设立慎德堂,后居高雄县冈山镇,为蔡氏最早入台者。清至民国陆续有蔡氏入台者,主要居台北、彰化等地,现为台湾第八大姓。

现存忠惠祠,位于市区南厢三里许的蔡垞村。它的前身是蔡襄出仕后卜地建造的蔡府故居。蔡襄去世110年后,曾孙户部尚书蔡洗请于朝,赠少师,赐谥忠惠,后人遂把莆田城南蔡襄故居尚存部分改建为"忠惠祠",奉其牌位。忠惠祠修建以后,蔡府故居即成为蔡氏祠堂。忠惠祠不仅成为蔡氏族人缅怀先祖的圣地,而且也成为历代莆田的名臣学士拜谒和悼念忠魂的处所。

8.4.2　匾额文化

在闽海地区的祠堂及民居建筑中,常常可见"紫云衍派""延陵衍派""陇西衍派"或"开闽传芳""九牧传芳"等门匾,这是家族迁徙的历史记忆,是千百年移民历程的见证。中原汉人迁移闽海地区,往往是一位官员、士人、宗族首领或流民领袖率领数百家、千家流亡迁移,结寨自保,垦田自给,所以,移民有强烈的宗族性、地域性和集团性。他们在迁居地也总是聚族而居,为彰显本族的辉煌历史与传承历史文化,增强凝聚力,往往以繁衍地的郡望名称或祖先的丰功伟绩等作为郡望堂号,镌刻在家族祠堂和民居的门匾上。

祠堂匾额直接书写或悬挂于祠堂大门上,其语言精练、寓意深长,与建筑、民俗、文学、书法等相结合,表达了当地人的美好愿望。按其悬挂的位置和内容大致有以下几类:姓氏派系匾、堂号匾、祖先名号匾、荣耀匾等。姓氏匾一般都挂于祠堂大门的正上方。

祠堂根据始祖及分脉分为家庙、宗祠、家祠等几个等级。如平和五寨新圩林氏大宗的"林氏家庙"匾、晋江龙湖镇衙口施氏大宗祠的"施氏大宗祠"匾额汇集透雕、彩绘、书法、用金等多种技艺,极具艺术和文物价值。也有家庙直接以官衔命名的,如南靖南坑镇赖太史家庙。

---

❶　资料来源:俞杰.八闽姓氏:莆田蔡姓.福建省海峡品牌经济发展研究院.

　　堂号本意为厅堂或居室的名称,是祠堂名号的简称,是一个家族区别于他姓的特有名号,它代表着一个家族的血统、历史和荣誉,也寄托着教育后代的深刻含义,一般挂于享堂的正上方。由于家族派系不断繁衍,为了保持亲近的血缘关系,同一个姓氏,只要同出一脉,一般沿用同一堂号,如平和九峰杨氏追来堂、南靖塔下张氏德远堂、华安银塘赵氏崇本堂等等。因古代同姓族人多聚族而居,往往数世同堂,或同一姓氏的支派、分房集中居住在某一处或相近数处庭院、宅院之中。堂院就成为某一同族人的共同徽号。同姓族人为祭祀、供奉共同的祖先,在其祠堂、家庙的匾额上题写堂号,因而堂号也含有祠堂名号的含义,是表明一个家族源流世系,区分族属、支派的标记。堂号往往以先世之德望、功业、科举、文字或祥瑞典故自立,如九牧传芳(林姓)、彭城世胄(刘姓)、让德传芳(吴姓)等。

　　闽海地区宗祠中每个家族的堂号,都有非常深刻的含义。或以姓氏发源为名,如漳浦赤岭石椅蓝氏种玉堂,取自"种玉蓝田",蓝姓发源于今陕西蓝田。或出于典史,如漳浦长桥丹井陈氏凤仪堂,取自《尚书·益稷》"《箫韶》九成,凤凰来仪";或以赐赠官衔为名,如漳浦中营张氏太尉堂;或以名言警示命名,如南靖奎洋庄氏聚精堂,云霄阳下方氏咸正堂;或以道德伦理为堂号,如漳浦赤湖西城陈氏崇孝堂、漳浦杜浔洪氏诚敬堂、云霄阳霞方氏孝思堂、龙海九湖许氏纶恩堂、长泰塘边林氏崇礼堂、平和九峰曾氏雍睦堂等。(图8-11)

图8-11　堂号匾额

　　"郡望"一词来源于秦汉时期,郡是行政区划,望是名门望族,郡望即表示某地的名门望族。至汉代门阀制度兴起,地位较高的家族为了彰显自己的权势,会在姓氏前加上自己居住地的名称,以此而有别于其他的同姓族人,郡望由此形成。隋唐时期,郡望从实际权力的象征逐渐向姓名标志转化,影响至今。如:

芦山衍派——苏姓；延陵衍派——吴姓；颍川遗泽——陈姓等。（图8-12）

大田均溪张氏清源祠　　　　　　　　　　螺江陈氏宗祠

图8-12　祠堂匾额

　　祠堂中多是鼓励读书耕作、勤俭节约的匾额，如南靖梅林镇坎下村怀远楼的"斯是室"，为子孙读书、祭祀祖先、族人议事之所。入口正对楼门，正面上石刻"诗礼庭"。平和县五寨乡埔坪村林氏大宗祠内的"文武世家"匾额，以及中堂顶上四角有"四点金"祖训——勤、诗、悦、礼。晋江金井镇塘东村蔡氏东蔡家庙正厅山墙上书"节、孝、忠、廉"四个大字，以训勉族人。这些都充分体现了祠堂的教化功能。（图8-13、图8-14）

图8-13　塘东蔡氏家庙的"节、孝、忠、廉"

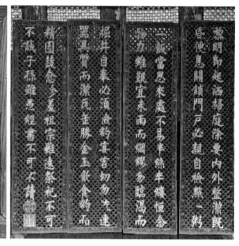

图 8-14　祠堂匾额与训勉

　　另外,最能炫耀宗族历史和声势的莫过于荣耀匾了,它包含着祖先创业的丰功伟绩、科举及第的辉煌业绩,以及官衔显赫的政绩战绩等。如晋江金井镇塘东村蔡氏东蔡家庙的"都督""国师""大学士"等匾额;福安溪潭镇廉村陈氏支祠的"进士"匾额;晋江龙湖镇衙口施氏大宗祠的后厅梁枋上悬挂皇帝赐予的"玉音"匾额及"勋德齐班马范曹"、"忠勇性成"、"勋庸懋著"、"天下第一清官"(为施世纶立)、"彰信敦礼"、"锦堂萱茂"等额;晋江福全蒋氏宗祠正厅中门的门楣高悬"四代一品"匾额,两扇厅门的门叶书写"将勋"和"相业";永春县桃城镇留安留氏宗祠留存有"鄂国恭王"、三朝元老留正的"圣旨"牌和"奉天敕命"牌匾、留从效兄留从愿和孙留朴的"开国元勋"牌匾等四块御赐牌匾;金门琼林蔡氏十一世宗祠的"进士""父子文宗""文魁"等匾额,蔡氏六世宗祠的"忠烈""右侍郎""左参政""进士"等匾额。(图 8-15)

晋江龙湖镇衙口施氏大宗祠

福安溪潭镇廉村陈氏支祠　　　　　　　　　　**塘东蔡氏东蔡家庙**

金门琼林蔡氏六世宗祠

图 8-15　彰显宗族荣耀的匾额

此外,还有一些联宗赠送的题匾等,如漳浦佛昙岸头杨氏大宗祠里面就有多块台湾、金门宗亲题赠给祖堂的匾额。这些堂匾与堂柱上的楹联共同书写着家族的渊源流派,到此拜谒的人举头便可领会先人贤者的教诲,备受鼓舞。(图 8-15)

8.4.3　祠联

祠联多刻在石柱上,也有刻于联板上,挂在石柱或木柱上,有专用和通用之分。通用祠联,即本姓祠堂皆可通用的楹联,内容多反映对祖先的崇拜及绍继祖风、光耀门楣等;专用祠联只能用于姓氏家族派系的祠堂,其内容与该姓氏的历史渊源、家族名人的辉煌业绩(道德文章、文治武功等)密切相关。因而,专用祠联具有约定俗成的"专利权",这类专门祠联可称为姓氏家族的堂联。❶ 根据祠联的内容,大体可分为四类:一是炫耀风水宝地的风水联;二是寻根问祖、勾勒宗族迁徙的寻根联;三是颂扬祖先功德伟绩、科举功名的史迹联;四是训勉后人、激励家族不断进取的训勉联。(图 8-16、图 8-17)

图 8-16　金门琼林蔡氏六世宗祠

❶ 引自:欧阳宗书,符永莉.祠联与中国古代祠堂文化[J].南昌大学学报(人文社会科学版),1993,24(2):69-74.

风水联：

石狮市永宁古卫城李氏大宗祠正厅中有柱联："鳌城凝紫气,宝盖射灵光。"联中"鳌城"指永宁古卫城,"宝盖"指的祠堂后面的宝盖山。高氏宗祠步口有柱联："霁辉晃彩功天宝,江水骊珠美地灵。"

漳州云霄龙文黄氏蓝田种玉堂："赖他好景来龙远,宗我蓝田衍派长。"联中"来龙"指祠堂后有绵延山脉。

东山美山杨氏四美堂："龙潭护卫为襟带,虎山排阔做屏风。"据云,"阴居阳宅"背依如动物盘踞之山,面临如襟带之水,系吉地。

龙海海澄和平卢氏追远堂："前飞凤后盘龙此地钟灵垂祖泽,左伏牛右卧狮他年育秀贻孙谟。"

寻根联：

漳浦赤岭石椅蓝氏种玉堂："由镇海而分支,木本水源思先德;卜长溪以衍派,文经武纬振后昆。"

诏安桥东霞河何氏祀先堂："自光州固始以来莆才侨居三四世,由化郡新安而入诏乐斯土千万年。"

台湾义溪口张氏宗祠："鲲岛累迁昭祀典,清河长出尚高风。"

石狮市永宁古卫城高氏宗祠正厅中有柱联："学道昆仑铲纣扬勋称尚父,隐名渭水扶周受聘识文王。"

图 8-17　晋江金井镇塘东村蔡氏家庙对联

史迹联：

福全林氏家庙神龛的柱楹联："骠骑开先,布政钟美;元龙拱秀,福凤肇基。"

南靖县和溪林氏家庙"聚斯堂"："唐宋元明,五百进士三顶甲;高曾祖考,十二宰相九封侯。"

石狮市永宁古卫城王氏祠堂："表海无双地,开闽第一家。"

漳浦佛昙岸头杨氏大宗(祠)："翊主南迁矢志昌危惟报宋,思君北向甘心就隐不臣元。"歌颂祖先不二臣的高风亮节。

诏安秀篆王氏龙潭家庙："盛祖出三槐,光前裕后垂青史;衍高常赦典,继往开来复壮光。"

漳浦赤岭石椅蓝氏种玉堂："三楚大巡案,胜国曾持节钺;六部少宗伯,朝圣与掌丝纶","铜柱海疆曾著绩,铁衣戎略凤知名"等。

晋江福全蒋氏宗祠厅中神龛的柱上楹联:"天彩寿山麓,人才福海生;子孙昭孝弟,法祖尚丕前。""承先绥俊烈,昌嗣启鸿图;世泽惟宏业,家声振远猷。""肇基于寿,锡封于福,惟福寿开两地,本基可忘忠孝;建功以武,济美以文,惟文武演千秋,弓冶用勖子孙。"厅中横梁上悬挂"世袭罔替""文武为宪"等多方金匾。

训勉联:

台湾南投县竹山镇林氏敦本堂:"进士难进士不难,难是七科八进士;尚书贵尚书非贵,贵在三代五尚书。"

漳浦旧镇林氏海云家庙:"重礼仪而教诗书栽培祖德,别尊卑而敦敬爱缀属宗亲。""家之兴在礼仪朔望参谒者礼仪之本,族之大在孝敬春秋祭祀者孝敬之源。"

漳浦佛昙陈氏鉴湖堂:"至孝至忠至正至中以天下之大仁行天下之大公天下第一,笃亲笃敬笃诚笃信以人间之传德成人间之伟业人间无双。"

南靖奎(龟)洋上洋庄氏聚精堂:"聚会肃冠裳入庙须知孝敬,精灵倚杖履登堂无废诗书。"

平和五寨林氏大宗(祠):"读古人书留意天地经纬,为后世法无忘祖德宗功。""要好子孙须从尊祖敬宗起,欲光门第还是读书积善来。""绍祖宗一派真传克勤克俭,教子孙两行正路惟读惟耕。"

福清市海口镇牛宅村林氏宗祠:"聚族衍象山,仁义礼智绵世泽;斯堂开麟野,士农工商振家声。"

南靖梅林镇坎下怀远楼:"诗书教子诏谋远,礼让传家衍庆长。"两端屋架斗栱上雕刻着书卷饰物,镌篆书对联:"月过花移影,风来竹弄声。""琴书千古意,花木四晓春。"门柱上还有多处勉学劝善的对联,浓烈的文化氛围充分表现了崇礼重教的观念。

9　余　论

9.1　历史尘埃中的祠堂

宗族是一种以血缘关系为纽带,以父系家族为脉系,体现家庭、房派、家族等宗亲间社会结构体系,并具有一定权力的民间社会组织结构形式,是一种社会群体,它具备血缘、地缘两大因素,并需要有组织原则与相应的机构。儒家经典和历史社会变迁,闽海地区的祠堂空间形态一般分为三部分,即从前到后,分别是:一、大门门房;二、拜殿(或称享堂、祀厅),举行祭拜仪式的地方;三、寝室,专门为供奉祖先神位的木主空间。

闽海祠堂建筑属于我国东南系建筑中的重要组成部分,因此具有东南系传统建筑的普遍特征,同时又因地理环境等因素,闽海各地的祠堂又有着极其丰富的地区作法差异,不论是建筑空间布局、形态风貌特征、梁架形式、挑檐类型、屋面与廊步作法、建筑材料、装饰艺术等,都具有各自的乡土地域特征。

首先,在用材方面,闽海祠堂除了土楼与土堡这两种类型外,主要可以区分为红砖、灰砖区两类。大致以福州与永定的连线为界,此线以东南是"红砖区",约占全省面积的五分之一,包括闽南方言区与莆仙方言区的绝大部分;此线以西北为"灰砖区",约占福建省域面积的五分之四,区内除了用灰砖建筑的砖石结构和砖木结构外,还包括完全木结构祠堂,夯土墙与砖木结构混合结构的祠堂等,台湾地区绝大多数为红砖区。

其次,在构架方面,以祠堂所使用的梁枋类型,将闽海祠堂区分为五个区,即一、圆作直梁区,主要分布于闽南漳、泉及其台湾大部分地区,往北延伸到闽中莆田地区,往西则影响到龙岩、永定地区;二、扁作直梁区,主要分布于福州、福安等闽东地区;三、圆作月梁区,以闽东的福鼎地区为主;四、扁作月梁区,主要分布于闽北、闽西地区;五、混合区,即为扁作直梁与圆作月梁混合使用,主要分布于闽西北地区。

再次,闽海的祠堂建筑主要分为五大类,即以福州建筑为代表的闽东传统建筑、分布于闽江上游三大流域的闽北传统建筑、以客家建筑为代表的闽西传统建筑、以土楼土堡为代表的闽中山地建筑、以红砖红瓦为特征的闽南传统建筑等五大类。其中,闽南红砖红瓦建筑向外传播,成为在台湾及东南亚地区占据主导地位的台海传统风格建筑。

最后,闽海祠堂建筑的大木作、小木作技艺得到官方和民间较好的保存,充实了中华传统木作技艺。祠堂建筑文化表现丰富,主要包括:风水选址、禁忌、木主、祭祀及姓氏文化等。

9.2　新时代下的祠堂

祠堂是汉民族供奉祖先神主牌位,并进行祭祀的场所,是宗族组织存在的象征。祠堂实际上是宗族文化的物理空间,是宗族文化传统的物质承载者。平民建祠祭祀祖先,自南宋理学家朱熹倡导开启,明清以来立祠已成为普遍的宗族文化现象。

祠堂是族人祭祀祖先或先贤的地方,也是宗族议事和教育的中心,被视为宗族的象征。解放后,祠堂作为"四旧"遗物被改为他用或拆毁。改革开放后,宗族与祠堂文化的积极意义得到肯定,在海内外乡亲的支持下,很多祠堂被修复,家谱也得到续修,以前没有祠堂的乡村宗族,也新修了属于本支宗族的社区祠堂。同姓宗族联谊、联合修宗谱等活动也逐步恢复。

祠堂文化不仅彰显着对家族祖辈的敬仰与怀念,也是祖辈精神进一步的传承与发扬。它体现着中国这个大国的凝聚力与国魂,还表达出一种至高无上的家族观念与信仰。现时代下,对于宗族与乡村治理的关系成为热点话题,寄望历史留存的宗族、祠堂建筑能在乡村振兴、乡村治理过程发挥积极的作用。

在文化学理论里,文化一般有三个层次,第一是物质层次,第二是制度层次,第三是精神信仰层次。祠堂文化在第一个物质层次是祠堂建筑,是一种可视的文化。祠堂是家族文化存在空间上的体现,祠堂建筑多为传统院落建筑,以木结构为主,内部装饰精致,具有独特的人类学和美学意义。祠堂文化在第二个层次是宗族的制度文化,如家族祭祀、节俗活动、族谱、族规与家训、宗族名人文化甚至族墓形制等。祠堂文化在第三个层次是由祭祀承载的儒家孝道文化内核。其细节体现如祠堂有三个门,左右两道边门上面分别写着"出悌""入孝",祠堂的壁画经常有宣传传统孝道的"二十四孝图"以及族规、家训类的宣传语等。

新时代下的祠堂发挥着更大的作用,表现如下:一、祠堂是农村新型社区公共生活空间。祠堂供奉着祖先神主牌位,祭祀与缅怀祖先是其最重要功能。在当代农村社会中,祠堂作为乡村社区公共空间得到合理的利用。很多祠堂也是乡村老人的活动场所,设有专人管理,每天开放。祠堂里有桌椅板凳,茶摊与麻将桌,另外还有电视、棋牌等娱乐设施,是乡村最热闹的公共场所之一。平日里,老人们可以在这里打牌、下棋、看电视、看书报;也可以喝茶聊天、休息等。逢节庆日,老年协会举行电影放映、唱戏、聚餐等活动。在福州闽侯青口镇青圃村,将老人的活动中心移到了林氏祠堂里。村庙与祠堂理事会主任认为,在祖先神主前娱乐,相信祖先也不会怪罪。有的祠堂还有戏台,可以进行戏曲表演,由族人捐资请戏班来演唱,村民们得以免费观看。另外,祠堂也是族人举办婚丧嫁娶宴请宾客的场所。福州地区的祠堂建筑规模都较大,祠堂内备有很多桌椅,供村民办酒宴之用。二、祠堂事务的组织者是推动基层社区公益事业的带头人之一。祠堂设的祠堂管理委员会往往与村老年协会重合,推动社区公益事业开展,如修桥补路、组织演戏娱乐活动、奖励族人读书上进、维护老年人权益。有些祠堂管理委员会还设有慈善公益基金,以方便开展奖励与救济族人的活动。以宗族组织为内核的老年协会组织在乡村社区特别活跃。老年协会是政府承认的合法性组织,用来维护老年人合法权益,也负责管理祠堂和村庙,是三合一组织。在福建农村,许多村庙与祠堂门前挂上"某某村老年协会"的牌子,一些乡村依托富裕族人奉献与集体经济支持,还为本族老人办起公益性质的食堂,提供照顾居家老人、留守儿童的服务等。老年协会充分发挥了祠堂文化的积极作用,有助于凝聚村庄集体的力量,争取村中经济精英的捐款,开展互助服务活动,推动了社区居家养老事业的发展,也体现了中国新农村的新风貌。

9.3　祠堂空间功能的畅想

祠堂作为具有经济基础和场地条件的文化物的象征,具有明显的文化功能:一、在祭祀祖先活动中缅怀先祖美德;二、祭祖、联宗活动,祠堂有强化宗族乃至两岸民族文化认同心理的功能;三、利用堂号堂联以及祠堂风水传承发扬祠堂文化;四、祠堂具有学校的功能,对后人"登科举,有选拔"的文化意识传播;五、通过祠堂组织主办社会公益性事业,促进两岸民间文化交流等。

对于闽海两地而言,以同宗同族为代表的祠堂文化是获得文化归属感与共享感的直接媒介,对于海外移民,海峡两岸的文化认同和归属,具有现实与历史意义。祠堂让身在异乡的海内外宗亲记得住乡愁,是海内外宗亲扯不断的根。

自 2009 年由中国政府提名、福建莆田市湄洲岛管委会和湄洲妈祖祖庙董事会联合申报的妈祖信俗,通过了联合国教科文组织政府间保护非物质文化遗产委员会第四次会议审议,成功列入世界人类非物质文化遗产代表作名录。妈祖信俗香火绵延千年,精神传扬寰球。2014 年徽州祠祭被列为国家级非物质文化遗产项目。祭祀文化是中国传统文化的重要内容,更是人类最原始的信仰表现形式之一。

据此,笔者认为闽海祠堂文化也可以申报"世界非物质文化遗产",向世界人民展示祠堂文化的魅力,这也是保护与传承祠堂文化的一种很好的方式。2019 年 11 月 7 日,首届中华姓氏申遗大会在福建福州成功举办,中华姓氏文化将申报世界记忆遗产,中华姓氏典籍是中国五千年文明史中具有平民特色的文献,记载的是同宗共祖血缘集团世系人物和事迹等方面情况的历史图籍,也完全符合"世界记忆遗产"要求。2020年福州将承办第44届世界遗产大会,届时"古泉州(刺桐)史迹"将作为中国唯一申报项目冲刺"世界遗产"殊荣。值此文化保护与传承的时代,闽海祠堂建筑的研究具有极大的现实意义和社会意义。

闽海一家是本书的基本观点和立场。福建是台湾同胞的主要祖籍地,台湾现有福建同乡会143个,宗亲会106个,遍布台湾地区21个县、市。围绕祖籍地文化,以各地姓氏祠堂为平台,举行形式多样的宗亲联谊,不断增进台湾同胞对"根""源""祖""脉"的文化认同,增进两岸宗亲情谊。这种无形的血缘纽带关系,使福建与台湾的联系更密切,有利于祖国统一事业的发展。

我们通过多次实地考察调研和对闽海祠堂建筑进行空间解析后,得出如下几点结论:首先,台湾地区文化是一种移民文化,地处台湾海峡西岸的福建沿海地区,尤其是闽南地区则是台湾的祖籍地,其"地缘"要素促使了台湾移民文化的发展。其次,台湾部分少数民族的祖先主要来源于闽越族,因此,蛇图腾的崇拜、文身等民俗文化,印证了台湾移民文化中的"亲缘"关系。再次,中华民族文化精神在福建传播与发展,同样也随着闽南人移居台湾而成为最早的传播者,台湾的教育科举文化、语言文化、礼乐器皿、地方戏曲等文化的融通,说明了闽海两地的"文缘"关系十分融洽。最后,台湾移民文化中的衣食住行及婚丧嫁娶等习俗和礼仪与福建极为相似,甚至民间崇拜的神明也是从福建祖庙分灵,其庙宇建筑、民居建筑、官式建筑等都可以在海峡西岸找到原型,甚至传统匠师、建筑材料等都来自闽南及周边地区。因此,"物缘"关系十分清晰。所以,闽海祠堂文化承载着中华民族海峡两岸文化认同的重大时代意义。海峡两岸和平统一是两岸同胞的共同期盼。

中国传统文化中的"缘"是一个带有浓郁情感色彩的社会或人际的网络,这个无形的网络无所不在、无时无刻地发挥作用。祠堂文化就是通过血缘和神缘关系来加强人缘关系。祠堂的建立,使宗族成员间获得一种具体的、形象的符号形式和完成性身份认同。历代相传的祠堂族谱是台湾同胞落叶归根的依据,积极倡导并促成台胞的认祖归宗,加强两岸同胞的民族认同感,增加民族凝聚力,是当下中国处理两岸关系的一种有效手段。

主要参考书籍

［1］钱杭. 中国宗族史研究入门［M］. 上海：复旦大学出版社，2009.

［2］葛剑雄. 中国移民史［M］. 福州：福建人民出版社，1997.

［3］林国平，邱季端. 福建移民史［M］. 北京：方志出版社，2004.

［4］陈支平. 福建六大民系［M］. 福州：福建人民出版社，2000.

［5］连横. 台湾通史［M］. 北京：商务印书馆，1983.

［6］苏黎明. 家族缘：闽南与台湾［M］. 厦门：厦门大学出版社，2011.

［7］刘大年，丁名楠，余绳武. 台湾历史概述［M］. 北京：生活·读书·新知三联书店，1956.

［8］林嘉书. 闽台移民系谱与民系文化研究［M］. 合肥：黄山书社，2006.

［9］谢重光. 闽台客家社会与文化［M］. 福州：福建人民出版社，2003.

［10］刘登翰. 中华文化与闽台社会［M］. 福州：福建人民出版社，2002.

［11］林国平. 闽台民间信仰源流［M］. 福州：福建人民出版社，2003.

［12］冯尔康. 中国古代的宗族与祠堂［M］. 北京：商务印书馆，2013.

［13］郑振满. 明清福建家族组织与社会变迁［M］. 北京：中国人民大学出版社，2009.

［14］班固. 白虎通义［M］. 上海：上海古籍出版社，1990.

［15］常建华. 明代宗族研究［M］. 上海：上海人民出版社，2005.

［16］林耀华. 义序的宗族研究（附：拜祖）［M］. 北京：生活·读书·新知三联书店，2000.

［17］冯尔康，阎爱民. 中国宗族［M］. 广州：广东人民出版社，1996.

［18］郭志超，林瑶棋. 闽南宗族社会［M］. 福州：福建人民出版社，2008.

［19］王铭铭. 溪村家族：社区史、仪式与地方政治［M］. 贵阳：贵州人民出版社，2004.

［20］麻国庆. 家与中国社会结构［M］. 北京：文物出版社，1999.

［21］陈其南. 台湾的传统中国社会［M］. 台北：允晨文化实业公司，1987.

［22］庄英章. 林圯埔：一个台湾市镇的社会经济发展史［M］. 上海：上海人民出版社，2000.

［23］刘黎明. 祠堂·灵牌·族谱：中国传统血缘亲族习俗［M］. 成都：四川人民出版社，1993.

［24］福建省文化厅. 八闽祠堂大全［M］. 福州：海潮摄影艺术出版社，2003.

［25］戴志坚. 闽台民居建筑的渊源与形态［M］. 福州：福建人民出版社，2003.

［26］戴志坚. 福建民居［M］. 北京：中国建筑工业出版社，2009.

［27］吴庆洲. 中国客家建筑文化［M］. 武汉：湖北教育出版社，2008.

［28］李增德. 金门宗祠之美［M］. 金门：财团法人金门县史迹维护基金会，1995.

［29］余英. 中国东南系建筑区系类型研究［M］. 北京：中国建筑工业出版社，2001.

［30］曹春平. 闽南传统建筑［M］. 厦门：厦门大学出版社，2006.

［31］李乾朗. 金门民居建筑［M］. 台北：雄狮图书公司，1983.

［32］潘安，郭惠华，魏建平，等. 客家民居［M］. 广州：华南理工大学出版社，2013.

［33］张玉瑜. 福建传统大木匠师技艺研究［M］. 南京：东南大学出版社，2010.

［34］泉州鲤城区建设局. 闽南古建筑做法［M］. 香港：闽南人出版有限公司，1998.

［35］姚洪峰，黄明珍. 泉州民居营建技术［M］. 北京：中国建筑工业出版社，2016.

［36］阮章魁. 福州民居营建技术［M］. 北京：中国建筑工业出版社，2016.

[37] 陈其忠. 济阳古镇古村[M]. 福州:海峡出版发行集团,2016.

[38] 闽台文缘编委会. 金门传统建筑与文化[M]. 福州:海峡出版发行集团,2016.

[39] 杨莽华,马全宝,姚洪峰. 闽南民居传统营造技艺[M]. 合肥:安徽科学技术出版社,2013.

[40]《泉州民居》编委会. 泉州民居[M]. 福州:海风出版社,1996.

[41] 李乾朗,阎亚宁,徐裕健. 台湾民居[M]. 北京:中国建筑工业出版社,2009.

[42] 李乾朗,胡先福. 台湾建筑史[M]. 北京:电子工业出版社,2012.

[43] 张杰. 海防古所:福全历史文化名村空间解析[M]. 南京:东南大学出版社,2014.

[44] 张杰. 穿越永宁卫[M]. 福州:海峡文艺出版社,2016.

[45] 张杰,庞骏. 移民文化视野下闽南民居建筑空间解析[M]. 南京:东南大学出版社,2019.

[46] 庞骏,张杰. 闽台传统聚落保护与旅游开发[M]. 南京:东南大学出版社,2018.

[47] 林从华. 缘与源:闽台传统建筑与历史渊源[M]. 北京:中国建筑工业出版社,2006.

后　记

　　本书的写作历经十多年,笔者多次带领研究生在闽海多地进行社会调查实践和传统村落、建筑测绘,先后形成了一系列科研成果。其中指导研究生完成闽海聚落与建筑研究的毕业论文 20 余篇,发表相关学术论文 40 余篇,获得国家级、省部级科研资助 6 项,主持完成福建历史文化名村、传统村落、历史街区、文物保护单位等规划设计横向课题 10 余项,这些成果为本书的写作奠定了坚实的基础。

　　福建自古历史悠久,其名来自福州、建州,又因两宋时有八府、州、军,元有八路,明有八府而别称"八闽"。对于行走在八闽大地多年的学人,我们感受了福建人的开拓进取、勇敢创新精神,我们感怀于闽海千百年历史变迁的精彩;我们对华丽缤纷、神秘多元的福建传统聚落、传统建筑激动、亢奋、羡慕不已;我们更对闽人的朴实无华、彪悍爽真、坦诚好客而感动。正是这些,令我们十多年来沉醉其中,不厌其烦、自得其乐。

　　祠堂是一种纪念性的建筑,在当代具有重要的文化象征意义。祠堂文化不仅是一个姓氏道德情操和生产、生活素质的反映,也是一种深厚的民俗文化,其主流是健康的、积极的,充满福运祥和与纯真质朴的人伦情怀,也是中华民族绵延数千年所特有的文化魅力之一。

　　祠堂及宗族文化作为儒家文化的活化石,体现出一定的宗教特质。其宗教性主要体现在以祖宗或先贤信仰为核心的观念的宗教性;以血缘、宗族为纽带的组织的宗教性;以祠堂为场所、祖先神位祭拜、朱子《家礼》为礼仪的活动的宗教性;以程朱理学为圭臬、儒学伦理为本位的教化的宗教性。每年的清明节祭祖活动、春节家族团聚活动,都倾注了这一文化的精髓。

　　在当代新农村建设实践中,我们要充分利用民间遵循的文化概念,与之紧密结合起来。在社会层面,祠堂组织积极支持宗族公益事业发展,有利于乡村社会自治水平的提升。利用祠堂发展民间文物保护和文化事业,创建乡土教育、德育教育,这是加强文化凝聚力的有效方式,这有助于将传统文化与现代化相结合,推进国家现代化和利民政策的实施。

　　我们也常常思考:我们为什么要供奉祖先? 中华上下五千年,中国人的勤奋从来都不是为了自己,而是我们心中最美好的未来。为了我们的子孙后代,我们心中永远都是满满的希望和憧憬,永远都是斗志昂扬,而且会将这种精神永远传承下去。就祠堂建筑表现出的文化不可谓不丰富,寻根问祖、落叶归根、血浓于水、慎终追远、尊宗敬祖、感恩报本、家规祖训、宗族联谊、敦亲睦族、诗书传家等系列文化传统,这是一种植根于百姓骨髓的文化传承,具有无可撼动也无可替代的重要文化地位,拥有无与伦比的社会影响力和历史文化价值。

　　在时下城镇化、商业化与工业化的冲击下,一些地区的祠堂文化传承也存在一些问题。诸如祠堂被拆迁问题、祠堂产权登记问题等,需社会共同克服、积极倡导新风尚。

　　在此由衷感谢福建各地方政府、乡亲的热忱支持,感谢爱国华侨许瑞安教授、曾国雄、许自展等,感谢《文汇报》原高级记者施宣园、包明廉两位前辈的帮助与指点。施老师是闽南人,他善良、乐于助人,且博学、多才。现在施先生已驾鹤西游,包老师也步入古稀之年,但两位先生的笑容依旧历历在目,在此表示感恩。

　　感谢好友台湾华梵大学的萧百兴教授、许婉莉先生,台北科技大学的张昆振副教授,铭传大学的徐明松先生,金门大学的林美吟先生,以及厦门大学的戴志坚教授、福建建筑设计院原院长黄汉民先生、华中科技大学的赵逵教授、北京建筑大学的张笑楠副教授、中国矿业大学的丁昶教授、泉州博物馆陈建中研究员、大田博物馆馆长陈建忠先生,以及中国艺术研究院的郑长铃研究员等,每次与这些学者们讨论闽海聚落与建筑事宜,我们都受益颇丰,感谢他们对本研究的支持与帮助。

感谢东南大学出版社的杨凡编辑多年来对我们的支持与帮助。杨编辑认真负责,对行文进行了逐词逐句的推敲,付出了辛勤劳作,感谢她对"闽台传统聚落空间形态研究"丛书一如既往的关注与热情。

回想十多年来多次往返于沪闽海地,福建多山,尤其是闽北和沿海地区,我们坐过当地各式交通工具,大巴、小三轮、翻斗车、电瓶车、摩托车、拖拉机等,师生一行人在一条条崎岖的山路间盘回转车,我们中有从不晕车的人开始晕车呕吐,而在城里连坐出租车都要晕车的稚子或许是兴奋于那一路山海相连的美景,各地的美食海鲜、风俗民情,竟然不晕车了。现今,稚子已经是闹着要穿西装的青春小子了。

搁笔合卷,感慨系之。

愿赋小诗一首:

> 东南姓望,贸海渔航。
> 停云嘉树,林陈郑黄。
> 月明松下,近入千家。
> 维桑与梓,必恭敬止。

是为记。

张杰

2020 年 3 月 17 日于上海华理苑陋室